정예강군 육성을 위한

북한 바로알기

김인수 · 성기은 · 유동궁 · 김건우 · 손대선 · 조선웅

도서출판 양서각

정예강군 육성을 위한 북한 바로알기

초판 발행 2017년 8월 31일

수정판 6쇄 2025년 7월 31일

값 25,000원

ISBN | 978-89-5568-457-5

저자 | 김인수 · 성기은 · 유동궁 · 김건우 · 손대선 · 조선웅

발행인 | 신대영

발행처 | 도서출판 양서각

출판신고 | 1992년 4월 30일 제3-412호

주소 | 경기도 가평군 소돌말길 7-6

TEL | 010-2063-5489

E-Mail | ysgbook@hanmail.net

머리말

2차 세계대전의 종전과 함께 시작된 한반도의 분단은 70여년이 지난 오늘날까지 지속되고 있다. 정전협정으로 멈추어질 것 같았던 6·25전쟁의 포성 역시 끊이지 않고 있다. 2010년의 천안함 피격사건과 연평도 포격도발, 2015년의 목함지뢰 도발에 이르기까지 북한의 군사도발은 그칠 기미가 보이지 않는다. 특히 최근에는 북한의 핵실험 및 ICBM 발사 성공으로 국제사회의 대북제재가 더욱 강화될 것으로 예상되면서 한반도를 둘러싼 군사적 긴장이 그 어느 때보다 높아지고 있다. 이로 인해 우리 사회의 일각에서는 북한에 대한 무조건적인 양보와 포용만이 한반도의 평화를 지킬 수 있는 유일한 방법이라고 주장하고 있다. 이들에게 있어 북한의 위협에 대한 굳건한 대비태세는 남북 갈등과 대립을 심화시키는 불신을 초래할 뿐이다.

이 책은 이러한 주장의 허구성을 밝혀 국군 장병들의 정신전력을 강화시키려는 의도로 집필되었다. 육군사관학교에서 1996년 북한학 교재를 처음 발간할 당시 국내의 북한학 서적은 손으로 꼽을 정도로 적었다. 이에 따라 육군사관학교의 북한학 교재는 육사 생도는 물론 국군 장병들에게 북한 사회에 대한 올바른 이해를 제공하는 일종의 지침서로 활용되었다. 그러나 이후 20여 년 동안 남북한 사회가 급격하게 변화하면서 북한을 바라보는 새로운 시각이 필요하게 되었다. 첫째, 화해와 협력을 위한 대북포용정책을 추진한 이후 '남남갈등'이라는 신조어가 형성될 정도로 북한에 대한 우리 사회의 인식이 첨예하게 대립하게 되었다. 둘째, 대량살상무기 개발로 남북의 군사적 균형을 무너뜨린 북한은 군사적 주도권을 장악할 수 있게 되었다. 셋째, 이러한 상황에서 장교 및 부사관 양성을 위해 군사학과를 설치하는 일반 대학이 증가함에 따라 미래 국군의 정예 간부들에게 북한 위협의 실체를 정확하게 교육해야할 필요성이 커졌다.

이 책은 여타 북한관련 서적들과 구분되는 다음과 같은 특징을 갖고 있다.

첫째, 이 책은 육군사관학교에서 북한학 교육을 담당하는 정치사회학과 교수진이 공동으로 집필하였다. 이에 따라 국가관, 대적관, 역사관 확립이라는 육군사관학교의 북한학 교육목표를 달성하기 위해 육군사관학교에서 축적한 교육내용 및 학습방법과 관련된 노하우를 최대한 반영하였다.

둘째, 북한에 대한 올바른 이해를 위해서는 다층적이며 다면적인 분석이 선행되어야 한다. 이에 따라 북한의 정치, 경제, 사회체제를 개략적으로 소개하고, 북한의 군사 분야를 집중 조명하였다. 특히 북한의 정치군사적 현상에 대한 소개보다는 현상의 원인과 결과에 대한 이론적 분석에 큰 무게를 두었다.

셋째, 학부 수준의 교육 및 학습에 활용될 수 있도록 최대한 쉬운 용어로 집필하였다. 오늘날 북한에서 사용되는 용어에 생소한 학생들은 북한관련 서적을 읽는 것 자체에 큰 어려움을 호소하고 있다. 또한 문제중심학습(PBL: Problem-Based Learning)을 통해 학생들이 주도적으로 학습할 수 있도록 각 장의 학습목표와 토론주제, 핵심개념을 제시하였다.

이 책은 크게 1부와 2부로 구성된다. 1부에서는 북한 전반에 대한 이해를 돕기 위하여 북한 체제의 형성, 북한의 정치, 사회, 경제, 외교에 관하여 살펴보았다. 1장에서는 북한의 1인 독재체제와 주체사상이 어떻게 형성되었는가에 대하여 분석했으며, 2장에서는 북한의 독재체제가 어떠한 정치적 원리에 의하여 작동되는지에 관하여 살펴보았다. 3장에서는 북한의 사회통제 체계에 대한 이해를 바탕으로 북한 주민들의 사회적 삶과 인권침해에 대하여 분석했다. 4장은 성장과 분배의 관점에서 북한 경제의 실패원인을 제시했으며, 5장에서는 북한이 국제사회로부터 고립된 원인을 살펴보았다.

2부에서는 북한의 군사에 관하여 집중 조명하였다. 먼저 6장에서는 북한군의 형성과정을 살펴보고 북한의 대남 전쟁의도가 지속되고 있는 원인에 대하여 제시했다. 7장에서는 북한이 강력한 군사력을 발전 및 유지시키는 원인을 북한의 군사전략 차원에서 분석했으며, 8장에서는 북한의 당-군관계로 인한 북한군의 한계에 관하여 살펴보았다. 9장에서는 북한이 대규모 병력을 유지할 수 있는 원인을 병역제도의 차원에서 고찰해 했으며, 10장에서는 북한이 엄청난 양의 무기체계를 생산 및 소비하는 원인을 북한 군수산업의 발전과 연계하여 분석했다. 11장에서는 북한의 대남도발 특징과 변화 양상을 제시하고, 이론적 차원에서 북한의 대남도발 원인을 살펴보았다. 마지막 12장에서는 북한의 체제가 붕괴되지 않고 유지되는 원인을 분석하고, 북한체제의 붕괴 가능성을 전망하였다.

마지막으로 이 책이 나오기까지 많은 분들이 도움을 주었다. 집필의 방향과 분석틀의 발전에 많은 조언을 해주신 학과 교수님들께 감사드리며, 이 책의 출판에 큰 관심을 기울여 주신 육군사관학교 학교장님과 교수부장님께도 사의를 표한다. 무엇보다 어려운 상황에서 이 책을 흔쾌히 출판해 주신 양서각의 신대영 사장님과 편집 관계자 여러분들께도 깊은 감사를 드린다.

2018년 2월

화랑대에서 집필자 일동

차례

제1부

제2부

제1부

제1장 북한은 공산주의 국가인가?

2차 세계대전 이후 전 세계에 형성된 공산주의 국가는 공산당 일당독재체제와 계획경제의 폐해로 인해 대부분 역사의 뒤안길로 사라졌다. 이에 따라 북한은 맑스(Karl Marx)가 제시한 '공산주의(Marx-Leninism)' 이념을 포기하고 김일성의 '주체사상'을 통해 공산주의 국가를 건설할 수 있다고 주장하고 있다.[1] 그렇다면 북한은 '주체사상'을 통해 맑스가 제시했던 것과 같이 인간의 자유와 평등이 구현되는 공산주의 사회를 건설할 수 있을까? 1장에서는 공산주의 이념이 반드시 실패할 수밖에 없는 원인을 살펴보고, 이를 통해 북한 주장의 허구성을 이해한다.

학습목표

1. 공산주의 이념의 정치 · 경제적 한계를 이해한다.
2. 북한에 형성된 공산정권이 김일성 일인독재체제로 변질되는 과정을 이해한다.

탐구중점

1. 공산주의 사회를 구현하려는 시도가 성공하지 못한 이유는 무엇인가?
2. 북한과 다른 공산주의 국가의 차이점은 무엇인가?

핵심개념

- 공상적 사회주의
- 혁명적 사회주의(맑스-레닌주의)
- 사회민주주의
- 사회주의 계획경제
- 소비에트화 3단계
- 8월 전원회의 사건(종파사건)
- 주체사상

1. 공산주의의 개념

가. 공산주의 이념의 등장 배경

18세기 후반 영국에서 시작된 산업혁명은 동물과 인간의 노동력에 의존했던 생산방식을 기계를 동력원으로 하는 생산방식으로 전환시켰다. 그 결과 인간의 노동이 공장을 중심으로 조직되는 산업자본주의가 형성되었다. 산업자본주의는 상업을 통해 이윤을 추구하는 초기의 자본주의와 달리 대규모 임금노동자에 의해 대량생산된 상품을 시장에 판매하여 이윤을 창출하는 경제제도를 말한다. 공장의 등장과 함께 생산과정은 여러 개의 작업으로 단순화되었고, 노동자들이 특정 부문을 전문적으로 담당하는 분업이 발전하였다. 분업으로 작업이 단순화되면서 노동자는 손쉽게 교체될 수 있는 거대한 톱니바퀴의 부품으로 전락하였다. 그 결과 여성과 아동까지 열악한 노동 현장으로 내몰리게 되었다(표 1-1 참고).

[표 1-1] 영국 각 산업의 아동고용 상황(1833~1834)

산업	최저 고용연령	일일평균 노동시간	아동/노동자
면직	8	13	35%
레이스	4	12~13	40%
모직	6	12~13	40%
견직	6	12~14	40%
아마	6	12~13	46%
탄광	4	8~18	22%

출처: 양동휴, "산업노동자군 탄생배경", 『한국경제』 2006년 6월 11일.

산업자본주의로 자본가 계급은 상상할 수 없을 정도의 부를 축적할 수 있게 되었지만, 낮은 임금으로 혹독한 노동에 시달리게 된 노동자 계급의 삶은 더욱 궁핍해졌다. 이에 따라 자본주의를 대신하여 모든 노동자들이 인간다운 삶을 누릴 수 있도록 하자는 새로운 사회사상이 대두되었다. 오늘날 흔히 사용되는 '사회주의(socialism)'라는 용어는 영국의 사상가 오웬(Robert Owen)에 의해 처음 제시되었다. 사회주의는 사회에 의해 부가 공유되고, 정부에 의해 시장이 강력하게 규제되는 경제체제를 말한다.

오웬은 영국의 뉴래너크(New Lanark) 지역에서 사회주의적 관점에서 노동자들의 삶을 개선하는 실험을 진행하였다. 오웬은 노동자들에게 저렴한 가격으로 생필품을 제공하고, 공장에 일감이 없을 때에도 임금을 지급하는 등 파격적인 복지혜택을 제공하였다. 이를 통해 오웬은 근무환경과 복지를 획기적으로 개선하면 노동자들의 생활태도가 바뀌고, 생산성이 향상되어 결국 더 많은 이윤을 얻을 수 있다는 사실을 증명하였다. 오웬의 실험은 사회적 개입을 통해 개인주의를 극복하면 자본주의 사회의 모순을 극복한 이상 사회를 건설할 수 있다는 가능성을 보여주었다. 그러나 노동자의 몫을 노동자에게 돌려주어야 한다는 그의 사상은 이윤 추구를 위해 노동자를 혹사시키던 당시 기득권층의 거센 반발을 불러 일으켰다. 이로 인해 오웬은 미국으로 건너가 사회주의 이념에 토대한 새로운 공동체 건설을 시도했지만 결국 실패했다.

오웬의 실패에도 불구하고 19세기 유럽에서는 맑스(Karl Marx)가 제시한 이론을 바탕으로 사회주의 이념이 급속하게 확산되었다. 맑스는 사회주의 등장의 필연성을 설명하는 과학적 이론을 제시하였다. 맑스는 인간 사회는 생산력과 생산관계의 모순으로 인해 원시 공산사회에서, 노예제, 봉건제, 자본주의로 발전해왔으며, 자본주의 역시 그 자체의 모순으로 인해 결국 공산주의로 전환될 것이라고 설명한다. 여기서 생산력(forces of production)이란 생산수단과 노동력 등 물질적 생산을 이루어내는 원동력을 말하고, 생산관계(relations of production)는 생산수단을 소유한 자와 소유하지 못한 자 사이에 형성되는 관계를 말한다. 예를 들어 자본주의 사회의 생산관계는 생산수단을 소유한 자본가 계급과 노동력을 제공하는 노동자 계급의 관계를 말한다.

[그림 1-1] 생산력과 생산관계의 변화

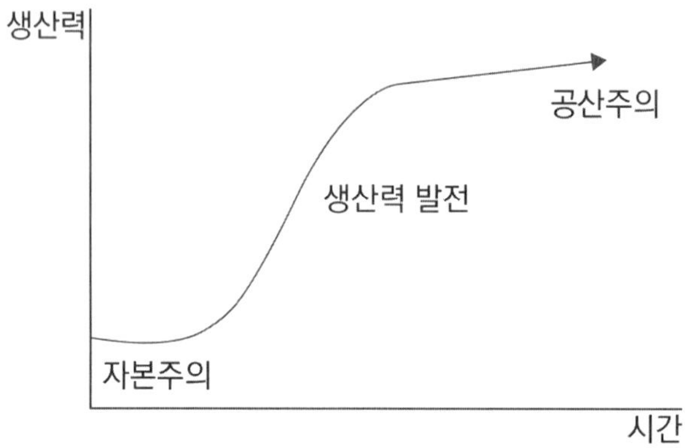

[그림 1-1]은 자본주의 사회가 공산주의 사회로 전환되는 과정을 보여준다. 맑스는 '잉여가치론'을 통해 자본주의 체제 하에서는 노동자 계급과 자본가 계급의 갈등이 불가피하다고 주장한다. 자본가는 상품 생산을 위해 투자한 금액보다 비싼 가격에 상품을 팔게 되는데, 이 때 발생하는 가치의 증가분을 '잉여가치(surplus value)'라고 한다. 잉여가치는 노동자들이 자본가들이 정해놓은 규칙에 따라 자신의 노동력을 팔기 때문에 발생한다. 토지와 공장 등 생산수단을 갖지 못한 노동자는 생존을 위해 다른 노동자와 경쟁해야 하고, 원래의 가치보다 낮은 수준의 임금을 받게 된다. 즉, 자본가의 이윤 추구는 노동자에 대한 착취를 통해서만 가능해진다.

맑스는 새로운 기술 도입 등으로 생산력이 질적으로 크게 향상되면 자본주의적 생산관계에 모순이 발생한다고 설명한다. 생산력이 고도로 향상되면 최소의 노동만으로도 "필요에 따른 분배"가 가능한 수준의 많은 상품을 생산할 수 있게 되기 때문이다. 이러한 상황이 오면 노동자들은 과거와 같이 혹독한 노동을 하지 않아도 생계를 유지할 수 있게 되고, 이전과 같이 열악한 조건으로 노동을 제공할 필요가 없어진다. 따라서 기존의 생산관계를 변화시키기 위한 혁명의 필요성을 자각하게 된 노동자들은 폭력혁명을 통해 자본가 계급을 소멸시킨다. 그 결과 재산의 사적 소유권이 인정되지 않고, 필요에 따라 재화를 분배받는 '공산주의(communism)' 사회가 도래한다.

나. 공산주의의 실현 방법

공산주의는 한 단계 성숙한 수준의 사회주의이기 때문에 공산주의 사회를 건설하기 위해서는 먼저 사회주의 체제가 확립되어야 한다. 사회주의 체제를 건설하는 방법은 크게 세 가지로 구분할 수 있다.

[그림 1-2] 사회주의 구분

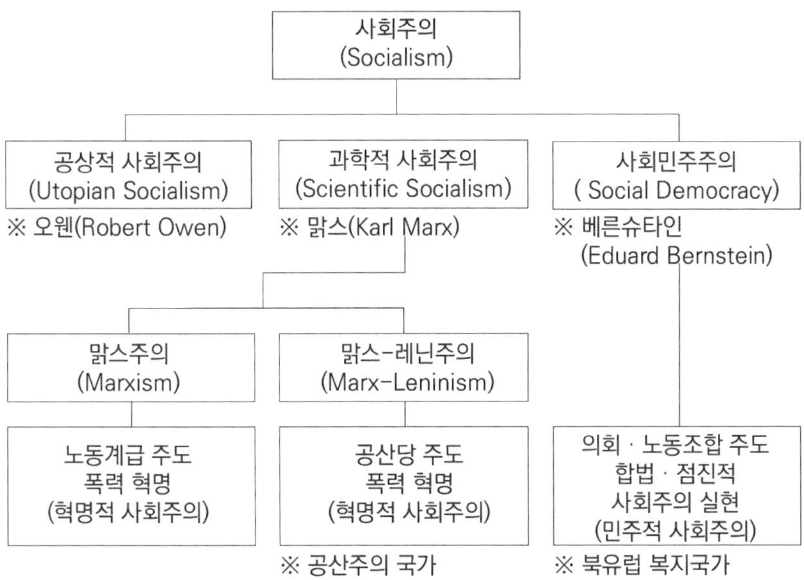

첫째, 오웬의 실험과 같이 노동자 계급에게 연민을 갖는 자본가들을 중심으로 사회주의를 실현하는 것이다. 그러나 노동자에 대한 착취를 통해 이윤을 획득하는 자본가는 사회주의 실현에 적극적일 수 없다. 이에 따라 맑스는 오웬의 사회주의를 **'공상적 사회주의'**라고 비판하면서 사회주의가 실현되는 과정에 대한 이론적 분석을 내놓게 되는데, 이러한 차이로 인해 이후 맑스의 사회주의를 '**과**

학적 사회주의'로 부르게 되었다.

둘째, 맑스의 과학적 사회주의는 이후 레닌(Vladimir Lenin)에 의해 수정되었다. 맑스가 제시한 이론의 가장 큰 한계는 노동자 계급이 자본주의 체제의 모순을 자각할 때 비로소 노동자 계급에 의한 혁명이 발생하게 된다는 것이다. 그러나 생계를 위해 하루하루 고된 노동을 강요받는 노동자 계급이 정치적 의식을 갖춘 혁명세력으로 성장하는 것은 현실적으로 불가능했다. 이에 따라 레닌은 노동자 계급의 혁명을 기다리기보다는 공산당 주도의 **폭력혁명**을 통해 자본주의 체제를 붕괴시켜야 한다고 주장하였다. 레닌은 1917년 맑스의 이론에 토대한 세계 최초의 사회주의 혁명인 '10월 혁명'을 통해 제정 러시아를 붕괴시켰고, 최초의 사회주의 국가 '소련'이 탄생하였다. 이처럼 레닌이 수정한 맑스-레닌주의(Marx-Leninism)에 따라 공산당 주도의 폭력혁명에 의해 형성된 사회주의 국가를 '공산주의(Communism) 국가'라고 말한다.

다른 한 편으로 공산당에 의한 폭력혁명에 반대하여 의회 또는 노동조합을 통한 민주적 방법으로 사회주의를 실현하려는 이념이 등장하였다. 베른슈타인(Eduard Bernstein)은 고소득 전문직 노동자 등 자본가와 노동자라는 기준으로 분류할 수 없는 새로운 중간계급이 등장하고 있으며, 경제성장에 따라 노동자들의 삶이 개선되고 있다는 점에 주목하였다. 따라서 사회구성원들의 합의를 통해 사회주의를 이끌어 내고, 민주적 절차에 따라 이를 지속시켜야 한다고 주장하였다. 이러한 이념을 '**사회민주주의**(social democracy)'라고 한다. 사회민주주의는 맑스와 레닌이 제시한 **혁명적 사회주의**와 두 가지 차이를 보인다. 첫째, 사회민주주의는 폭력 혁명에 의한 급진적 사회 변화를 거부하고, 의회 민주주의를 통한 자본주의 체제의 점진적 개혁을 지향한다. 둘째, 맑스-레닌주의는 자본주의 체제의 붕괴를 추구하는 반면, 사회민주주의는 자본주의 체제를 인정하면서 국가의 적극적 개입을 통해 계급갈등을 해소하려고 한다.

2. 공산주의 국가의 붕괴 원인

제2차 세계대전 이후 공산주의 이념이 전 세계로 확산되면서 20여 개국에 공산주의 정권이 형성되었다. 그러나 1990년을 전후하여 공산주의 종주국 소련을 비롯한 대부분의 공산주의 국가가 붕괴되면서 오늘날 공산주의 이념을 유지하고 있는 국가는 중국, 라오스, 베트남, 쿠바 등 소수에 불과하다. 이들 국가마저 시장경제제도를 도입하는 등 개혁·개방 정책을 적극적으로 추진하고 있어 공산주의는 종말을 고했다고 해도 과언이 아니다. 이에 따라 미국의 정치경제학자 후쿠야마(Francis Fukuyama)는 그의 저서 『역사의 종언』을 통해 냉전 이후 국제 질서를 지배한 동·서 간의 체제경쟁에서 자유민주주의와 시장경제가 승리했다고 단언한다.[2]

[그림 1-3] 자본주의와 공산주의 체제 비교

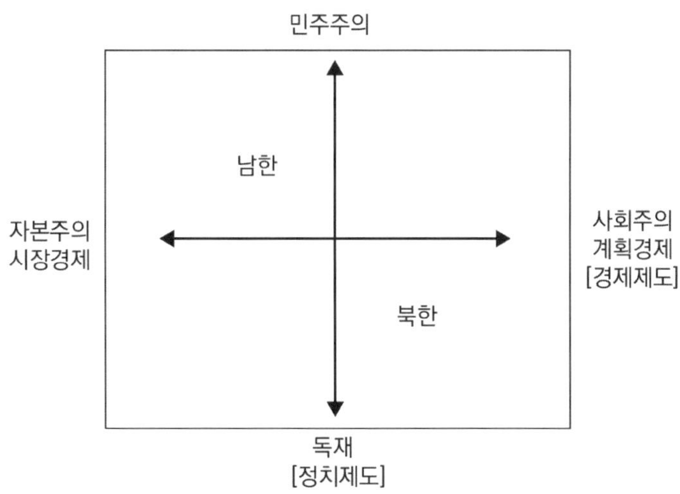

공산주의 체제가 붕괴된 이유를 이해하기 위해서는 정치제도와 경제제도의 두 가지 측면에서 분석해야 한다. 첫째, 정치제도의 양 극단에는 독재와 민주주의가 위치한다. 독재는 정치권력이 개인(personal dictatorship) 또는 정당(one-party dictatorship)에 집중된다는 점에서 민주주의와 다르다. 공산주의 국가의 정치체제는 공산당에 의한 일당독재체제를 원칙으로 한다. 일찍이 맑스는 『공산당 선언(Manifesto of the Communist Party)』에서 의회 민주주의를 부르주아 계급의 이익을 보호하기 위한 수단으로 보고 "근대 국가권력은 부르주아 계급의 관심사를 처리하는 위원회에 불과하다"고 비판했다. 의회에 진출하여 정부 정책을 결정하는 의원들이 대부분 자본가 계급 출신이기 때문이다. 이에 따라 맑스는 공산주의 사회가 도래하면 계급이 소멸되기 때문에 계급 지배의 수단인 국가 역시 소멸될 것이라고 전망했다.

자본주의 체제가 붕괴된 이후 공산주의 사회로 이행하는 과도기적 단계에서 자본가 계급이 소유한 생산수단을 몰수하고 사회 질서를 유지하기 위해서는 일시적으로 강력한 중앙집권적 형태의 정부가 필요한데, 이를 '프롤레타리아 독재'라고 한다. 여기서 '프롤레타리아(proletariat)'는 생산수단을 보유하지 못한 노동자 계급을 말한다. 프롤레타리아 독재는 극소수에 해당하는 자본가 계급을 억압하는 대신 대다수를 차지하는 노동자와 농민의 정치 참여를 가능하도록 하는 수단이었기 때문에 독재보다 민주주의에 가까운 개념이었다. 그러나 많은 공산주의 국가는 혁명을 이끈 지도자와 국가의 관료 엘리트로 변신한 공산당원들이 강제와 억압을 통해 권력을 독점하는 일당 및 일인독재체제로 변질되었다.

둘째, 경제제도의 양 극단은 자본주의 시장경제와 **사회주의 계획경제**로 구성된다. 사회주의 계획경제는 사회주의적 소유제도와 중앙집권적 계획경제를 특징으로 한다. '사회주의적 소유'란 생산수단의 사적 소유를 원칙적으로 제한하는 것을 의미한다. 예를 들어 공산주의 국가에서 개인은 생활에 필요한 생필품을 제외하고, 공장 또는 토지와 같은 생산수단을 사적으로 소유할 수 없다. '중앙집권적 계획경제'란 모든 생산 활동을 국가가 통제하고, 개별 공장은 위로부터 지시받은 목표 달성을 위해 생산하는 체제를 말한다. 공산주의 국가에서는 시장 활동이 제한되며, 수요와 공급의 시장 원리 대신 정부의 명령에 따라 상품 가격이 결정된다. 공산주의 국가는 계획경제를 통해 산업화 초기 단계에서 일부 경제적 성과를 거두었지만, 궁극적으로 일반 주민들의 삶을 개선하는데 실패했다.

그 이유는 두 가지 측면에서 살펴볼 수 있다. 첫째, 높은 수준의 생산력을 갖춘 자본주의 사회에서 자생적으로 노동자 계급의 혁명이 발생할 것이라는 맑스의 이론과 달리 자본주의가 미성숙한 국가에서 공산당 주도의 폭력혁명으로 공산주의 국가가 형성되었다. 이에 따라 대부분의 공산주의 국가는 높은 수준의 생산력을 확보하기 위해 생산력을 향상시킬 수 있는 중공업 발전을 우선시했다. 둘째, 이윤 추구를 목적으로 하는 경제행위를 원천적으로 차단하는 경제구조로 인해 새로운 기술을 개발하려는 시도가 이루어지지 않았다. 그 결과 주민들의 삶을 실질적으로 향상시킬 수 있는 소비재의 생산이 위축되었고, 실제 소비자의 수요와 관계없이 정부의 명령으로 가격과 공급량이 결정되는 계획경제의 모순으로 인해 만성적인 공급부족 현상이 나타나게 된 것이다.

강압적 사회통제와 계획경제의 비효율성으로 인해 국민들의 불만이 높아지자, 공산주의 국가들은 시장경제 제도를 도입하는 개혁·개방정책을 추진하였다. 공산주의 종주국인 소련에서는 1985년 고르바초프(Mikhail Gorvachev)가 '페레스트로이카(Perestroika)'로 알려진 개혁정책을 추진하였다. 공산당의 권력 약화, 정치체제의 민주화, 시장제도 도입 등 급진적인 개혁정책을 포함한 페레스트로이카는 기득권층의 저항을 받았다. 이에 따라 고르바초프는 개혁정책에 대한 지지를 확보하기 위해 공산당의 부패와 무능에 대한 비판을 허용하는 '글라스노스트(Glasnost)', 즉 개방정책을 함께 추진하였다. 고르바초프의 개혁·개방정책은 결국 소련 정권의 붕괴를 초래하였다.

그러나 중국과 같이 정치적으로는 공산당 독재를 유지하면서, 경제적으로는 시장경제 제도를 도입하여 경제성장에 성공한 사례도 있다. 덩샤오핑(鄧小平)은 대부분의 인구가 농업에 종사하는 중국의 경제구조를 고려할 때, 개혁·개방을 통해 중산층이 성장하고 산업사회로 전환이 이루어져야 비로소 공산주의 사회를 건설할 수 있다는 중국식 실용주의 노선을 도입하였다. 이에 따라 중국은 1978년 경제발전을 위해서라면 사회주의든 자본주의든 상관없다는 '흑묘백묘(黑猫白猫)론'을 내세운 덩샤오핑의 주도로 개혁·개방정책을 추진하였다.

[그림 1-4] 중국의 GDP 변화 (10억 US 달러)

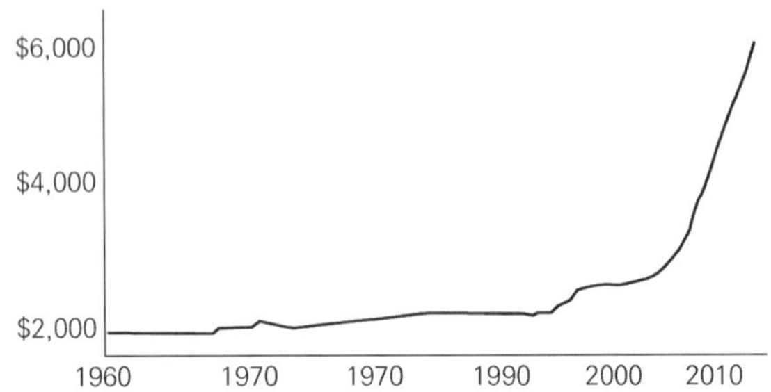

자료: 세계은행(World Bank)

그 결과 중국은 연평균 8%의 GDP 성장을 지속할 수 있었다. 그러나 급속한 경제 성장을 지속해온 중국은 빈부격차, 도농(都農)격차, 지역격차 등 사회적 불평등과 관료집단의 부정부패 등 심각한 사회문제를 경험하고 있다. 고전 사회학자인 베버(Max Weber)에 따르면 정부 주도의 경제 성장을 위해서는 유능한 관료집단이 필요하고, 일단 소수의 관료들이 권력을 장악하게 되면 이들은 권력을 유지하기 위해 권력의 집중화를 시도한다. 이에 따라 영국의 역사학자 액튼(John Dalberg- Acton)은 "모든 권력은 부패한다. 절대 권력은 절대 부패한다"고 강조한 바 있다.

중국 공산당의 특권과 부패에 대한 사회적 불만은 중국 시민들의 정치적 저항운동으로 이어졌다. 특히 1989년 6월 4일 중국 공산당을 비판하는 대규모 시위가 톈안먼(天安門) 일대에서 벌어졌는데, 중국군이 이를 강압적으로 진압하는 과정에서 수많은 민간인이 죽거나 다치는 '톈안먼 사건'이 발생하였다. 공산주의 이념을 고수하고 있는 중국에서 심각한 사회적 불평등이 양산되고, 시민들의 저항을 폭력적으로 진압했다는 사실은 개인의 정치적 자유와 인권을 무시하는 공산주의 체제의 한계를 단적으로 보여준다.

3. 북한의 공산화 과정

가. 북한의 공산당 일당독재체제 형성과정

북한의 공산화는 **소비에트화 3단계**에 따라 이루어졌다.[3] '소비에트(soviet)'란 노동자와 농민 등 노동계급으로 구성된 평의회(評議會) 또는 인민의회(人民議會)를 지칭한다. 맑스는 노동계급에 의한 사회주의 혁명으로 계급이 소멸되면, 계급 지배의 도구인 국가 역시 사라진다고 설명한다. 이에 따라 국가를 대신하여 정치적 의사결정을 담당할 기구가 필요하게 되는데, 이를 소비에트라고 한다. 따라서 소비에트화는 계급과 국가가 소멸된 상태, 즉 공산주의 사회로의 전환을 의미한다.

[그림 1-5] 북한의 소비에트화 3단계 과정

1단계		2단계		3단계
순수한 연립정부	→	위장된 연립정부	→	공산당 일당지배
평남 인민정치위원회		북조선 5도행정국		북조선 임시인민위원회

레닌은 "너에게 3개의 敵(적)이 있거든 그중 둘과 동맹하여 하나를 타도하고 나머지 둘 중 하나와 동맹하여 다른 하나를 타도하고 마지막 하나는 1대 1로 대결하여 타도하라"[4]고 강조하였다. 이처럼 공산주의자들이 자신의 세력이 약할 경우 공산화 목표를 달성하기 위해 다른 세력과 연합하는 전술을 활용하는데, 이를 '통일전선전술'이라고 한다. 소비에트화 3단계는 자신의 정체를 숨기고 지지 세력을 확대하기 위해 사용하는 통일전선전술의 대표적 사례이다.

소비에트화 1단계는 순수한 연립단계로 권력경쟁에서 상대적으로 불리한 입장에 처한 공산당이 단기적으로 유사한 이념과 목표를 추구하는 정당과 협력하는 단계를 말한다. 해방 직후 북한에서는 조만식이 주도하는 기독교 및 민족주의 세력이 조직한 '평남건국준비위원회(평남건준)'가 일본 총독부를 대신하여 치안과 민생문제를 처리하고 있었다. 자본주의 체제 전복을 위해 활동하며 일제의 철저한 탄압을 받은 공산주의 세력과 달리 무저항 민족주의를 주장하며 교육운동과 사회운동을 통해 한인들의 실력 배양에 앞장섰던 조만식 세력은 일제의 가혹한 탄압을 피할 수 있었기 때문이다. 북한에 진주한 소련군은 공산주의 세력의 확대를 위해 1945년 8월 평남건준을 '평남인민정치위원회'로 개칭하고, 민족주의 세력과 공산주의 세력이 같은 비율로 참여하는 대신 조만식으로 하여금 위원장을 맡도록 하였다.

2단계는 위장된 연립단계로 세력을 확장한 공산당이 경쟁세력을 배제하고 실권을 장악하는 단계를 말한다. 소련 당국은 1945년 11월 '북조선 5도 행정국'을 조직하면서 국장에는 국내파 공산당원을 임명하고, 부국장에는 소련파 공산당원을 임명하여 공산주의자들이 실권을 장악하도록 하였다. 또한 조만식을 중심으로 민족주의 세력이 창당한 조선민주당이 세력을 확장하자, 공산주의자인 최용건과 김책이 조선민주당의 주요 당직을 차지하도록 하여 당을 와해시켰다.

3단계는 공산당 일당지배체제 확립단계로 경쟁세력을 제거하고 소련에 충성하는 공산정권이 형성되는 단계를 말한다. 소련 당국은 1946년 1월 신탁통치에 반대하는 조만식을 연금하는 한편, 공산주의자들을 대거 입당시켜 조선민주당을 장악하였다. 또한 1946년 2월 8일 오늘날 북한 정권의 모체인 북조선 임시인민위원회를 조직하고, 1946년 8월 28일 북한 지역의 모든 공산주의 세력을 하나로 통합한 '북조선 로동당'을 창설하여 공산당 일당독재체제를 완성하였다. 이로서 북한에는 맑스-레닌주의에 토대한 공산당 일당지배체제가 확립되어 소비에트화 3단계가 마무리되었다. 북한에서 불과 1년이라는 짧은 시간에 공산당 일당독재체제가 형성될 수 있었던 이유는 공산화를 저지할 강력한 토착 정치세력이 존재하지 않았기 때문이다.

나. 북한의 사회주의 계획경제제도 형성과정

북한은 1948년 4월 '사회주의적 소유제도'와 '중앙집권적 계획경제'를 특징으로 하는 헌법을 마련하였다. 북한에서는 사회주의적 소유를 "사회주의적 생산관계의 기초가 되는 생산수단과 생산물의 전사회적 또는 집단적 소유"라고 규정한다.[5] 이에 따라 모든 생산수단은 국가와 사회협동단체가 소유하게 되는데, 국가 소유는 전체 인민의 소유를 의미하기 때문에 대상에 제한이 없다. 사회협동단체는 "토지, 농기계, 배, 중소공장, 기업소" 등을 소유할 수 있다.[6] 북한에서 생산수단을 소유하는 사회협동단체의 대표적인 사례는 농업부문의 협동농장이다. 협동농장은 "토지를 비롯한 그 밖의 생산수단들을 통합하고 농장원들의 공동노동에 기초하여 농업생산을 진행하는 사회주의적 농업기업소"를 말한다.[7] 그러나 사회주의적 소유제도가 개인적 소유를 부정하는 것은 아니다. 북한에서도 소비를 목적으로 하는 물품을 개인적으로 소유할 수 있다. 예를 들어 노동의 대가로 국가로부터 분배받은 소비품 또는 텃밭 경작을 통해 생산한 농산물은 개인이 소유한다.[8]

북한은 1946년 3월 토지개혁법령을 공포하여 전국의 농경지 200만 정보 중 100만 정보를 무상으로 몰수하고, 이 가운데 90만 정보를 농민에게 무상으로 분배하는 토지개혁을 단행하였다. 토지개혁이란 지주로부터 몰수한 농지를 농민에게 분배하여 토지의 소유와 이용에 대한 제도를 정비하는 작업을 말한다. 북한이 토지개혁을 추진한 이유는 전체 농가의 4%에 해당하는 지주가 전체 경지의 58.2%를 차지하는 현실에서 지주 계급의 토지를 무상으로 몰수하여 농민에게 무상으로 분배할 경우 지주 계급의 청산은 물론 농민들의 광범위한 정치적 지지를 확보할 수 있었기 때문이다.

[표 1-2] 남 · 북한의 식량 생산량(1,000M/T)과 경지면적(1,000ha)

구 분		1965	1970	1975
북 한	경지면적	2,642	2,499	1,889
	식량생산	3,548	3,982	4,355
	생산량/경지면적	1,342	1,593	2,305
남 한	경지면적	2,950	2,699	2,522
	식량생산	6,524	6,937	7,654
	생산량/경지면적	2,120	2,570	3,034

출처: 통계청, 『북한통계』, http://kosis.kr/bukhan/index.jsp (검색일: 2017년 7월 24일)

북한은 1953년 8월 농업 협동화 방침을 채택하여 농민들을 자연부락 단위의 협동농장에 강제로 편입시켰으며, 1958년 8월 농업을 포함하여 수공업과 중 · 소 상공업의 협동화가 완료되었다. 북한이 농업의 협동화를 추진한 목적은 농민들에 대한 통제를 강화하고 경영의 효율성을 높이기 위한 것이었다. 그러나 협동농장의 구성원들은 전체 생산량 중 국가 납부분과 경비를 제외하고 나머지를 분배받게 되어 농업 생산성이 저하되었다. [표 1-2]는 북한의 농업 생산성이 남한에 비해 상대적 낮다는 사실을 보여준다.

또한 북한은 1948년 9월 내각에 국가계획위원회를 설치하여 중앙집권적 계획경제를 시행하였다. 북한의 국가계획위원회는 중앙집권적 계획경제의 중심으로 경제정책의 작성, 조직, 지도를 총괄하는 내각의 중앙행정기관이다. 국영 및 협동농장, 국영기업, 매장 등 북한의 모든 경제기관은 국가계획위원회의 하부구조로 국가계획위원회로부터 지시받은 목표 달성을 위해 생산 활동에 참여하였다. 또한 북한은 계획경제의 효율성을 제고하기 위해 1964년 계획의 일원화와 1965년 계획의 세부화를 각각 도입하였다. 계획의 일원화는 중앙집권적 계획체계를 확립하여 의사결정의 효율성을 높이기 위한 것이고, 계획의 세부화는 노동력과 자원의 낭비를 막기 위한 것이었다.

[표 1-3] 남 · 북한의 자동차 생산량(천대)

구 분	1965	1970	1975
북 한	4.4	9.0	10.0
남 한	0.1	28.8	37.2
북한/남한	4,400%	31.2%	26.8%

출처: 통계청, 『북한통계』, http://kosis.kr/bukhan/index.jsp (검색일: 2017년 7월 24일)

정부의 계획과 통제 하에 모든 자원을 강제적으로 동원하여 중공업과 군수산업을 집중 육성한 북한은 남한에 비해서 빠른 속도로 산업화의 진전을 이룰 수 있었다. 이에 따라 6·25전쟁의 폐허로부터 산업화를 추진한 속도는 초기에 북한이 더 빨랐다. [표 1-3]에 따르면 1965년에 북한의 자동차 생산량은 남한 자동차 생산량의 4,400%에 달했다. 그러나 생산 목표를 달성할 것을 엄격하게 지시하는 국가의 계획은 형식주의와 관료주의를 초래해 공급이 수요를 따라가지 못하는 재화의 만성적인 부족 상태를 초래하였고, 산업화의 속도가 지연되었다. 이로 인해 북한의 자동차 생산량 증가 폭은 크게 감소하였고, 1985년에 북한의 자동차 생산량은 남한 자동차 생산량의 4.8%에 불과했다.

4. 맑스-레닌주의 포기와 일인독재체제 형성

가. 김일성 일인독재체제 형성과정

1948년 북한 정권이 형성될 당시 북한 체제는 맑스-레닌주의에 따라 공산당 일당독재체제와 사회주의 계획경제제도를 갖춘 전형적인 공산주의 국가의 모습을 갖추고 있었다. 그러나 정치권력을 둘러싼 공산주의 파벌 간의 갈등이 지속되면서 북한 체제는 '주체사상'에 토대한 김일성의 일인독재체제로 변모해갔다.

1917년 10월 혁명으로 최초의 공산정권을 수립한 레닌은 1917년 11월 15일 '러시아 제민족의 권리선언'을 통해 자국 내 소수민족의 '민족자결' 원칙을 천명하였다. 레닌의 권리선언은 1918년 미국의 윌슨(Woodrow Wilson) 대통령이 제창한 '민족자결주의'와 맞물려 일제의 지배를 받고 있던 한인들의 민족의식에 큰 영향을 미쳤다. 이에 따라 1919년 3월 1일 전국적 규모의 민족해방운동이 발생하였다. 3.1 운동은 실패로 끝났지만, 조선에 사회주의 사상이 확산되는 계기가 되었다. 1910년 시작되어 1918년에 완료된 토지조사사업을 통해 전 국토의 40%에 달하는 토지를 장악한 조선총독부가 이를 일본인들에게 불하하면서 일본인 대지주가 등장하였다. 그 결과 전체의 77%에 달하는 농가는 소작에 의해 생계를 유지하는 처지로 전락하였다. 일본인 자본가에게 고용된 한인 노동자 역시 일본인 노동자에 비해 적은 임금을 받으면서 중노동에 시달려야 했다.

이러한 상황은 일본인 지주, 자본가에 대한 민족적 적대감이 자본가 계급에 대한 적대감으로 전환될 수 있는 조건을 만들어냈다. 이에 따라 사회주의 이념이 빠르게 확산되기 시작하였으며, 1925년 서울에서 김재봉과 박헌영을 중심으로 조선공산당이 결성되었다. 박헌영은 3.1 운동이 사회주의 세력의 확산에 미친 영향에 대해 다음과 같이 설명하였다.

> "1919년이 되었죠. 나는 전인민의 거대한 항쟁에 참여하였습니다. … 1919년의 사건은 나를 공산주의자 진영으로 이끌어 들였습니다. 나는 그들의 이념이 독립과 정의, 민주주의와 진보를 호소하고 있다는 것을 이해하기 시작했지요. 아니 더 정확히 말해서 처음으로 느끼기 시작했다고 해야겠지요."[9]

일제는 일본인 지주와 자본가 계급의 이익에 반하는 조선공산당의 활동을 철저히 탄압하였기 때문에 국내에서 활동할 수 있는 공산주의자는 소수에 불과했다. 따라서 해방과 함께 해외에서 활동하던 한인 공산주의자들이 대거 귀국하면서 국내파, 연안파, 소련파, 빨치산파 등 4개의 공산주의 파벌이 권력을 장악하기 위해 서로 경쟁했다. 당시 소련군이 진주한 북한에서 정치적 지도자가 되기 위해서는 기본적으로 좌익 성향이면서 국내와 연계된 항일투쟁 경력과 소련의 지원이 필요했다. 소련 당국이 북한 지역에 소련의 공산주의 체제를 채택한 정권을 형성하고, 소련에 충성하는 지도자에게 권력을 부여하려고 했기 때문이다.

[표 1-4] 북한 지도자의 조건과 각 파벌의 특성

구 분	대표 인물	항일투쟁	활동지역	소련지원
국내파	박헌영	민족해방운동	국내	-
연안파	김두봉	항일무장투쟁	중국(연안)	-
소련파	허가이	-	소련	소련 후원
빨치산파	김일성	항일무장투쟁	만주/소련	소련 후원

국내파는 1925년 조선공산당을 결성한 박헌영을 중심으로 국내에서 활동하던 공산주의자들을 말한다. 이들은 1925년 일국일당(一國一黨)주의를 주장하는 소련 당국에 의해 조선의 유일한 공산당 조직으로 인정을 받았기 때문에 공산주의 운동의 정통성을 주장할 수 있었다. 그러나 국내에서 활동하던 이들은 일본의 탄압으로 세력이 약화되어 해방 직후 조직력을 발휘할 수 없는 상황이었다.

연안파는 중국 연안 지방에서 김두봉을 중심으로 활동한 공산주의자들을 말한다. 연안(延安)은 중국 내륙에 위치한 산시(山西)성에 위치한 도시로 1935년부터 1948년까지 중국공산당의 근거지였다. 연안파는 다수의 명망가를 포함하여 가장 뛰어난 인적 자원을 갖고 있었지만, 중국 공산당의 일부로 항일투쟁에 참가하여 국내와 연계된 활동이 부족하다는 한계를 지녔다.

소련파는 소련군과 함께 북한에 진주한 소련 국적의 한인 공산주의자들을 말한다. 대표적인 인물로는 허가이가 있다. 풍부한 실무경험을 갖고 있던 이들은 소련군이 철수하자 북한에 남아 당과 행정활동에 참여하였다. 그러나 이들 역시 조국을 위한 항일투쟁에 참여하지 않았다는 한계를 지녔다.

빨치산파는 김일성과 함께 만주 지역에서 항일운동을 전개한 유격대원을 말한다. 이들은 대부분 빈농 출신으로 정규 교육을 받지 못했기 때문에 극히 일부만 공산정권의 수립과정에 참여할 수 있었다. 그럼에도 불구하고 소련 당국이 김일성을 북한 지도자로 선택한 이유는 국내에 정치기반을 갖고 있는 박헌영보다

소련에서 정치 훈련을 받은 김일성이 소련에 철저하게 순종할 것으로 생각했기 때문이었다.

소련의 후원으로 정권을 장악한 김일성은 경쟁 파벌에 대한 숙청을 단행하였다. 첫 번째 숙청 대상은 국내파였다. 소련은 이미 1925년 서울에서 결성된 조선공산당을 조선의 유일한 공산당 조직으로 인정했기 때문에 김일성에게 조선공산당 북조선 분국을 조직할 것을 지시하였다. 한반도가 미 · 소에 의해 분할 점령된 상황에서 서울에 위치한 조선공산당은 박헌영이 장악하고 있었다. 따라서 이러한 조치는 조선공산당의 지도자 박헌영이 소련의 후원을 받는 북한의 실질적 지도자 김일성을 능가하는 지위를 갖는다는 것을 의미하였다.

김일성의 항일무장투쟁 경력에 대한 평가[10]

김일성의 항일 투쟁역사 중 가장 대표적인 전공으로 알려진 보천보 전투는 1937년 6월 4일 압록강변에 위치한 보천보(普天堡)라는 작은 마을에서 발생하였다. 당시 경찰관이 근무하고 있지 않던 보천보 마을을 100여 명의 부하들과 습격한 김일성은 친일파로 알려진 인물이 운영하는 상점을 약탈하고, 관청에 불을 지른 후 철수하였다. 당시 일본 군 · 경과 교전은 이루어지지 않았고, 민간인 2명이 유탄에 맞아 사망한 것으로 알려졌다. 이 사건은 이후 김일성의 이름이 국내에 알려지는 계기가 되었다.

이러한 모순을 해소하기 위해 김일성은 1946년 조선공산당 북조선 분국이 한반도에서 맑스-레닌주의에 토대한 최초의 공산당 조직이라고 주장하면서 북조선 로동당을 만들어 조선공산당으로부터 독립하였다. 서울에서 조직된 조선공산당의 정통성을 지지하던 국내파 공산주의자들은 이에 반발하였다. 이에 따라 김일성은 파벌을 만들어 조직의 결속을 해치는 행위를 의미하는 '종파행위'를 조장한다는 이유로 1948년 국내파 공산주의자들을 숙청하였다. 김일성은 당시 공산주의자들의 파벌 갈등에 대해 다음과 같이 비판하였다.

> "사실 해방 직후 우리나라의 정세는 매우 복잡하였습니다. 그 때 당 안의 형편만 보아도 박헌영파요, 오기섭파요, 연안파요, 이르꾸츠파요 뭐요 하는 숱한 어중이떠중이들이 있었는데, 그자들은 제각기 상전을 등에 업고 그에 아부굴종하면서 자기파들끼리 한 자리 해먹자고 날뛰었습니다. 그래서 우리가 당을 창건하고 인민정권을 세울 때 숱한 애를 먹었습니다."[11]

경쟁 파벌에 대한 김일성의 숙청은 6·25전쟁을 전후하여 다시 이루어졌다. 이 시기의 숙청 배경은 크게 두 가지 측면에서 찾아볼 수 있다. 첫째, 북한이 소련의 군사 지원으로 전쟁을 준비하고, 중국이 북한을 지원하기 위해 대규모의 병력을 파병함에 따라 소련과 중국에서 활동한 소련파와 연안파의 정치적 영향력이 강화되어 김일성의 입지가 약화될 수 있었다. 둘째, 6·25전쟁의 전세가 불리하게 돌아감에 따라 패전의 책임을 전가할 대상이 필요했다.

이에 따라 김일성은 1950년 연안파의 대표적 인물이었던 무정을 숙청하였고, 1951년에는 소련파의 대표적 인물이었던 허가이를 숙청하였다. 무정의 숙청은 중국군 사령관인 펑더화이(彭德懷)와 중국 공산화 혁명과정에서 함께 싸운 동료였기 때문에 김일성의 경쟁자로 인식될 수 있었기 때문이고, 허가이는 6·25전쟁의 주도권을 중국에게 넘겨준 후 당 관련 사업에 집중하려던 김일성이 그동안 당 관련 사업을 전담하던 허가이와 마찰을 빚게 되었기 때문이었다. 또한 1955년 6·25전쟁의 패전 책임을 전가하기 위해 박헌영을 미국 스파이로 몰아 사형시키는 한편, 연안파의 주요 인물들을 하나씩 제거하여 연안파의 세력을 약화시켰다.

이처럼 반복되는 숙청과 김일성으로의 권력 집중은 김일성에 대한 반대세력을 하나로 결집시켰다. 이러한 상황에서 1953년 스탈린 사망 이후 소련의 권력을 장악한 흐루시초프(Nikita Sergeevich Khrushchyov)는 1956년 스탈린의 죄상을 공개적으로 비판하는 스탈린 격하운동을 시작하였다. 스탈린은 소련을 산업화하기 위한 경제정책을 추진하는 과정에서 독재 권력을 남용하여 기근과 정치적 탄압 등으로 2천만 명 이상의 소련 국민을 희생시켰다. 북한에서도 1956년 8월 김두봉,

최창익 등 연안파 인물들이 김일성이 해외 순방을 나가있는 틈을 이용하여, 김일성을 공개적으로 비판하고 당중앙위원회 위원장 자리에서 끌어내리려고 시도하였다. 이를 사전에 인지한 김일성은 급히 귀국하여 관련 인물들을 검거 · 숙청하기 시작하였다. 이를 **'8월 전원회의 사건(종파사건)'**이라고 한다. 김일성은 8월 전원회의 사건을 계기로 연안파에 대한 숙청을 완료하고 소련파에 대한 숙청에 착수하였다.

나. 주체사상의 형성과 일인독재체제의 정당화

1950년대 중반 진행된 연안파와 소련파에 대한 숙청은 이를 정당화하기 위한 논리 체계인 **'주체사상'**의 개발과 함께 진행되었다. 김일성은 소련파와 연안파의 영향력을 약화시키기 위해 조선에는 소련식 또는 중국식이 아닌 조선의 형편에 맞는 공산주의가 필요하다는 논리를 앞세워 1955년 '사상에서의 주체'를 제기하였다.

> "우리는 무엇을 하고 있습니까? 우리는 어떤 다른 나라의 혁명도 아닌 바로 조선혁명을 하고 있는 것입니다... 조선혁명을 하기 위해서는 조선력사를 알아야 하며, 조선의 지리를 알아야 하며, 조선인민의 풍속을 알아야 합니다. 쏘련에서 나온 사람들은 쏘련식으로 중국에서 나온 사람들은 중국식으로 하자고 하였습니다."[12]

이후 주체사상은 김일성의 정권 유지와 독재권력 강화라는 정치적 필요를 충족시키는 과정에서 "사상에서의 주체, 경제에서의 자립, 정치에서의 자주, 국방에서의 자위, 외교에서의 자주" 등으로 체계화되었다. 북한의 주체사상이 체계화되는 과정을 살펴보면 다음과 같다.

첫째, 북한은 6·25전쟁으로 폐허가 된 경제를 복구해야 했지만, 대외원조는 오히려 급감하는 상황에 처했다. 소련의 대북 무상원조는 2억 5천만불(1954~1956)에서 1억 2천만불(1957~1960)로 감소하였고, 같은 시기 중국의 대북 무상원조는 3

억 3천만불에서 전액 삭감되었다.[13] 결국 김일성은 1956년부터 '경제에서의 자립'을 내세우게 되었다.

둘째, 1956년 8월 전원회의 사건 이후 소련과 중국은 김일성이 숙청한 소련파의 박창옥, 연안파의 윤공흠을 복당시키도록 압력을 행사하였고, 김일성은 이에 굴복하여 이들을 복당시켰다. 이에 따라 김일성은 소련과 중국의 간섭을 배제하기 위해 1957년부터 '정치에서의 자주'를 주장하게 되었다.

셋째, 1961년 남한에서 발생한 5 · 16 군사정변으로 반공 정부가 등장하게 되면서 군사적 대결구도가 심화되었다. 또한 1962년 발생한 쿠바 미사일 위기에서 소련이 미국의 압력에 굴복해 쿠바에 설치한 미사일 기지를 철수하면서 소련의 방위 공약을 신뢰할 수 없게 되었다. 따라서 김일성은 외세에 의존하지 않고 자력으로 국방을 해결해기 위해 1962년부터 '국방에서의 자위'를 내세우기 시작하였다.

넷째, 1950년대 이후 소련과 중국은 수정주의와 교조주의를 둘러싼 이념 분쟁을 지속하였다. 이에 북한은 중 · 소 관계에 치우친 외교정책을 탈피하기 위해 1966년부터 '외교에서의 자주' 노선을 천명하고 비동맹운동 국가와 관계를 강화하였다.

[표 1-5] 주체사상 체계의 형성과정

내용	배경
사상에서의 주체(1955)	스탈린 사망, 남로당파 숙청
경제에서의 자립(1956)	대외원조 감소, 反 김일성 움직임 고조
정치에서의 자주(1957)	공산권 내 개인숭배 반대운동, 연안파/소련파 숙청
국방에서의 자위(1962)	중 · 소 분쟁 심화, 미 · 소 공존모색, 한국의 5 · 16 정변
외교에서의 자주(1966)	중 · 소 분쟁 확대, 비동맹 운동의 발전

출처: 통일연구원, 『북한이해 2024』 (서울: 통일연구원, 2024), pp. 44-45.

김일성은 1967년 5월 자신에게 도전할 가능성이 있는 갑산파에 대한 숙청을 단행하면서 주체사상의 구현을 국가 모든 부문의 기준으로 제시하였다. '갑산파'는 지금까지의 숙청과정에서 김일성을 충실히 지지했던 세력을 말하며, 이들은 대부분 김일성이 1936년 중국에서 직접 창설한 조국광복회라는 지하조직의 회원이었다. 따라서 갑산파 숙청은 김일성에게 맹종하는 세력만이 살아남게 되었다는 것을 의미한다.

김일성 일인지배체제가 확립되자, 북한은 1970년에 새로 개정된 노동당 규약 서문에 "조선노동당은 맑스-레닌주의와 우리나라 현실에 맑스-레닌주의를 창조적으로 적용한 김일성 동지의 위대한 주체사상을 자기 활동의 지도적 지침으로 삼는다"고 규정하는 한편, 1972년 개정 헌법에는 "조선민주주의인민공화국은 맑스-레닌주의를 우리나라의 현실에 창조적으로 적용한 조선노동당의 주체사상을 자기활동의 지도적 지침으로 삼는다"고 명시하여 맑스-레닌주의와 함께 주체사상을 북한의 통치이념으로 제시하였다.[14] 이후 북한은 1980년 6차 당대회에서 김정일을 김일성의 후계자로 대내외에 공표하면서 맑스-레닌주의를 삭제하고 주체사상을 당의 유일적 지도사상으로 규정하였다.[15] 맑스-레닌주의는 김일성 부자의 권력세습을 정당화하기 위한 논리로 적절하지 않았기 때문이다. 그 결과 북한은 맑스-레닌주의 노선에서 벗어나 국민의 정치적 자유와 인권을 탄압하고 개인숭배와 권력세습을 정당화하는 독재국가로 전락하였다.

요약

1. 사회주의는 생산수단의 공유를 통해 사회적 불평등을 해소하고자 하는 이념을 담고 있다. 맑스-레닌주의는 공산당이 조직한 폭력혁명으로 공산주의 사회를 건설하고자 한다는 점에서 다른 사회주의와 구분된다. 맑스-레닌주의에 의해 형성된 공산국가는 공산당 일당독재체제와 사회주의적 경제제도의 폐해로 인해 결국 붕괴되었다.

2. 북한에는 소비에트화 3단계에 의해 공산당 일당독재체제가 형성되었다. 소비에트화 3단계는 순수한 연립정부 형성, 위장된 연립정부 형성, 공산당 일당지배체제 형성의 과정으로 이루어진다. 북한에서 소비에트화 3단계가 순조롭게 진행된 이유는 일본의 식민지배로 토착정치세력이 강력하게 성장할 수 없었고, 북한에 진주한 소련군의 영향력이 컸기 때문이다.

3. 북한은 사회주의적 소유제도 확립을 위해 생산수단을 국유화하고 농업, 수공업, 중 · 소 상공업에 대한 협동화를 추진하였다. 또한 정권 수립 단계부터 국가계획위원회를 설치하고 중앙집권적 계획경제를 추진하였다. 북한은 계획경제를 통해 1950년대 전후 복구 및 산업화에 성과를 올릴 수 있었지만 계획경제의 한계로 인해 경제 성장이 정체되었다.

4. 해방 직후 북한에는 국내파, 소련파, 연안파, 빨치산파 등 공산주의 파벌이 경쟁하였다. 소련 당국은 국내에 정치세력이 없고 소련에서 훈련받은 김일성을 후원하였다. 김일성은 6·25전쟁 패전의 책임을 물어 경쟁자들을 숙청하기 시작하였고, 1956년 8월 전원회의 사건을 계기로 소련파와 연안파 세력을 숙청하였다.

5. 북한은 1950년대 북한의 국내 · 외 정치상황 변화에 따라 정권 유지와 독재권력 강화라는 정치적 필요를 충족시키는 주체사상을 체계화하였다. 이에 따라 북한은 1980년 맑스-레닌주의를 삭제하고, 주체사상을 유일한 지도사상으로 규정하고 있다. 주체사상은 김일성 일인독재체제를 뒷받침하는 역할을 담당해왔다.

미주

1 북한이 맑스-레닌주의를 포기했는가에 대해서는 이견이 있을 수 있으나, 북한 부총리겸 외교부장인 김영남은 1991년 영국 언론과의 인터뷰에서 맑스주의는 북한에 적용될 수 없으며, 북한에서는 더 이상 맑스주의를 가르치지 않는다고 밝혔다. 『중앙일보』 1991년 9월 12일.

2 Francis Fukuyama, *The End of History and the Last Man* (NY: Free Press, 1992).

3 육군사관학교, 『북한학』(서울: 황금알, 2006), p.51.

4 북한연구소, 『북한총람』(서울: 북한연구소, 2003), p.962.

5 통일부, 「북한정보포털」

6 북한 사회주의헌법 제22조

7 통일부, 「북한정보포털」

8 북한 사회주의헌법 제24조

9 http://www.pssp.org/bbs/view.php?board=journal&nid=1520&page=4&category2=27 (2016년 2월 24일)

10 육군사관학교, 앞의 책, p.40.

11 김일성, 『김일성 저작집』, 제23권(평양: 조선노동당출판사, 1983), p.80.

12 김일성, 『김일성 저작집』, 제9권(평양: 조선노동당출판사, 1980), pp.467~468.

13 정만식, 『남북한 무역구조 비교론』(서울: 두남, 2005), p.138.

14 북한 사회주의헌법(1972년) 제4조.

15 북한은 1980년 6차 당대회에서 김정일을 김일성의 후계자로 대내외에 공표하면서 맑스-레닌주의를 삭제하고 주체사상을 당의 유일적 지도사상으로 삼으면서 당의 최종목적이 '온 사회의 주체사상화와 공산주의 사회건설'에 있다고 규정하였다. 2010년에는 최종목적에서 '공산주의 사회건설'을 삭제하였고, "위대한 수령 김일성 동지의 당이다"라고 규정함으로써 당의 성격을 수령 개인의 정당으로 변화시켰다. 2012년에는 노동당을 김일성과 김정일의 당으로 규정하였고, '김일성-김정일주의'를 유일지도사상으로 규정하였다.

제2장 김정은은 어떻게 북한을 지배하는가?

북한의 정식 명칭은 '조선민주주의인민공화국(Democratic People's Republic of Korea)'이다. 정식 명칭에 나타난 바와 같이 북한은 스스로를 민주주의 국가라고 주장한다. 그러나 북한은 매우 비민주적인 정치체제이다. 북한은 '수령 중심의 당-국가체제'라는 독특한 형태의 정치체제를 유지하고 있기 때문이다. 북한에서는 정치지도자인 수령이 국가의 유일정당인 조선노동당을 통제하며, 조선노동당은 국가기구의 모든 활동을 지도하며 감시한다. 2장에서는 이러한 권위주의적인 일인 독재체제가 어떻게 세습되는 가운데 유지되는지에 관하여 살펴본다.

학습목표

1. 북한의 정치체제인 '수령중심의 당-국가체제'를 이해한다.
2. 권력의 삼대세습과정에서 나타난 북한의 권력구조를 이해한다.

탐구중점

1. '수령'이란 무엇이며, 수령은 조선노동당을 어떻게 통제하는가?
2. 조선노동당은 국가기구(국무위원회, 최고인민회의, 내각 등)를 어떻게 통제하는가?
3. 김정일과 김정은은 어떠한 직위를 통해 북한을 통치하는가?

핵심개념

- 수령중심의 당-국가체제
- 조선노동당
- 정치국
- 비서국
- 국무위원회
- 최고인민회의
- 내각
- 최고사령관
- 노동당 총비서
- 국무위원장

1. 민주주의 국가와 공산주의 국가의 정치체제

대한민국(Republic of Korea)의 정치체제를 이해하기 위해서는 민주주의 국가들의 정치체제에서 나타나는 다원주의, 대의주의 그리고 삼권분립 등의 개념에 대한 이해가 필요하다. 로크와 몽테스키외에 따르면 민주주의 국가에서 나타나는 권력구조의 핵심원리는 '견제와 균형'이다.[1] 국내 권력구조의 정점에 있는 국가를 세 개의 기구가 권력은 나누고, 각각의 기구가 서로를 견제할 수 있는 제도를 마련하여, 기구 간의 권력이 균형을 맞춤으로써, 특정 기구나 권력자에게 권력이 집중되는 현상을 막는 것이 민주주의적 권력구조의 기본원리이다. 그러나 북한의 정치체제를 이해하기 위해서는 권위주의 국가의 개념에 대한 이해가 필요하다. 비민주주의(non- democracy) 국가를 의미하는 권위주의 국가(autocratic state)의 정치 체제는 크게 세 부류로 나누어 볼 수 있다. 공산주의 국가에서 나타나는 일당독재체제(single- party system), 군부가 정치권력을 장악한 군부정치체제(military regime) 그리고, 정치지도자 개인에게 권력이 집중된 일인독재체제(personalist regime)가 그것들이다.[2]

[그림 2-1] 민주주의 체제와 공산주의 체제의 권력구조 비교

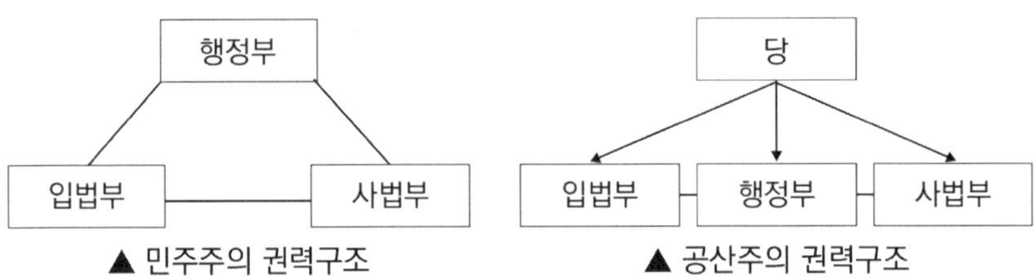

[그림 2-1]은 민주주의 체제와 공산주의 체제의 권력구조를 비교하여 보여준다. 왼쪽은 민주주의 체제에서 나타나는 입법 · 사법 · 행정부의 삼권분립을 표현하고 있다. 민주주의 국가에서는 각각의 권력기구가 서로를 견제할 수 있는 제도적 장치를 기반으로 권력의 균형을 유지하고 있다. 민주주의 권력구조에서 정당(political party)은 기본적으로 입법부를 구성하는 하나의 일원으로서, 시민들의

지지정도에 따라 입법부와 행정부 내에서 권력을 차지한다. 정당(political party)이란 정치적 견해를 같이하는 사람들끼리 정치권력의 획득을 목표로 조직한 집단을 의미한다. 일반적으로 정당은 선거 민주주의가 도입된 이후 시민들의 지지를 얻기 위해 생겨난 정치조직으로 보고 있다. 당원(partisan)이라는 구성원들로 조직된 정당은 보다 많은 당원들을 국가기관의 공직자로 선출시키기 위하여 선거운동을 하며, 당원들의 이익을 위한 정책을 국가기관이 법제화하고 국가가 집행하도록 노력한다. 정당의 선거 및 정책기능을 고려했을 때, 민주주의 국가에만 정당이 존재한다고 가정할 수 있지만, 권위주의 국가에도 정당이 존재한다. 그러나 이들은 민주주의 국가의 정당과는 다른 기능을 수행한다. 권위주의 국가에 존재하는 정당 중 다수는 '혁명 정당'으로 분류된다.[3] 혁명 정당은 민주적 절차인 선거를 통하여 정치권력을 획득하기보다는 폭력적 혁명을 통해 정치권력의 획득을 추구하며, 국가의 정치권력을 장악한 이후 기타 정당의 설립과 활동을 엄격히 제한하여 유일한 정당에 의한 통치체제를 유지한다.

[그림 2-1]의 오른쪽에 위치한 공산주의 체제의 권력구조에서는 정당이 국가를 구성하는 기구보다 상위에 존재하며, 정당이 국가를 구성하는 기구들을 통제한다. 이렇듯 국내의 유일한 정당이 국가의 권력을 장악하고 있다는 점이 민주주의 국가의 정치체제와 구별되는 공산주의 국가 정치체제의 가장 큰 특징이다. 이로 인해 공산주의 국가의 정치체제를 '당-국가 체제'라고 정의한다. 북한을 포함한 공산주의 국가의 기본적인 정치체제는 '당-국가 체제'이다. [그림 2-1]에 나타난 바와 같이 국내에 존재하는 유일한 정당이 국가의 모든 정책을 결정하고 정책집행을 감시한다는 측면에서 공산주의 국가의 정치체제는 권위주의 국가의 정치체제 중 하나인 일당독재체제의 전형적인 모습을 하고 있다. 북한을 포함한 공산주의 국가의 기본적인 정치체제는 국내 유일 정당으로서의 공산당(또는 노동당)이 국가 자원의 정책결정과정을 독점하고 국가의 기능을 완벽히 통제한다는데 그 특징이 있다. 일당독재체제를 유지하고 있는 공산주의 국가들은 유일 정당에 의한 국가권력의 장악이라는 권력구조상의 특징 이외에도 몇 가지 공통점을 찾

아볼 수 있다. 첫째, 일당독재체제를 정당화하기 위한 유일 이념이 존재한다. 민주주의 국가에서 정치적 기본권으로 보장되는 사상의 자유가 제한된다. 공산주의 국가들은 일당독재를 정당화하는 이념으로서 맑스와 레닌에 의해 발전된 프롤레타리아 독재 사상을 정치적 이념의 기반으로 삼고 있다. 둘째, 유일정당이 언론과 대중매체를 장악하고 있다는 점이다. 모든 매체를 통한 정보의 유통은 유일 정당에 의하여 통제된다. 그 결과 민주주의 국가에서 시민들에게 보장하는 정치적 기본권 중 하나인 언론과 출판의 자유가 제한된다. 셋째, 일당독재체제를 유지하기 위해서 군대가 존재한다. 민주주의 국가에서 군대가 존재하는 근본적인 이유는 국가를 방위하고, 외부의 적으로부터 국민의 생명과 재산을 보호하는 것이다. 그러나 공산주의 국가의 군대는 국가 방위 및 국민의 생명과 재산을 보호하기 위한 기능보다는 유일 정당의 국가권력 장악을 유지하기 위한 기능을 수행한다.

일당독재국가의 예

중국과 과거 동유럽의 국가들을 포함한 공산주의 국가 이외에도 일당독재국가가 존재한다. 대표적인 예로서 북아프리카에 위치한 리비아는 1969년부터 2011년까지 일당독재국가였다. 1969년 카다피(Muammar Khadaffi)는 군사 쿠데타를 통하여 국가의 권력을 장악한 후 아랍사회주의연합(Arab-Socialist Union)을 리비아에서 활동할 수 있는 유일한 정당으로 허용했다. 2011년 민주화운동으로 촉발된 내전 이후 리비아에는 복수의 정당이 활동할 수 있게 되었다. 중앙아프리카에 위치한 탄자니아 역시 1964년부터 1995년까지 일당제를 유지한 국가이다. 영국의 식민통치를 받고 있었던 탄자니아는 니에레레(Julius Nyerere)의 주도하에 독립운동을 전개했으며, 1964년 마침내 독립을 이루었다. 니에레레는 독립 후 탕가니아 아프리카민족연합(Tanganyika Africa National Union)을 유일한 정당으로 인정하고 기타 정당의 설립과 활동을 금지했다. 1995년 민주화를 통해 복수 정당간의 선거가 이루어졌다.

2. 공산주의 국가의 정치체제와 북한의 정치체제

북한의 정치체제는 기본적으로 일반적인 공산주의 국가의 권력구조인 당-국가 체제를 기반으로 형성되었다. 따라서 북한에 존재하는 유일한 패권적 정당인 '조선노동당'이 국가의 모든 권력을 장악하고 있다. 북한에는 조선노동당 이외에도 공식적으로 '천도교청우당'과 '조선사회민주당'이 존재한다. 그러나 이들 두 정당은 북한 주민들의 지지를 얻기 위해 조선노동당과 정치적 경쟁을 할 수 없다. 조선노동당에 의해 정해진 선거구에서만 후보자를 배출하며, 조선노동당은 해당 선거구에서 후보자를 배출하지 않는다. 실제로 이들 두 정당의 당원이 북한의 입법부(의회)인 '최고인민회의'에서 차지하는 의석수의 비중은 10% 정도이다. 조선노동당은 북한의 입법부에 해당하는 '최고인민회의'의 정책결정과정을 독점하고 있으며, 북한의 행정부인 '국무위원회'와 '내각'의 기능을 완벽히 통제한다. 뿐만 아니라, 사법부의 기능을 담당하는 '재판소'와 '검찰'을 조선노동당의 당원으로 구성하여 모든 사법 절차를 통제하고 있다. 그러나 북한은 일반적인 공산주의 국가와는 구별되는 독특한 형태의 권력구조를 가지고 있다는 평가를 받는다. 북한 정치체제에서 나타나는 최대의 특징은 정치지도자인 수령의 존재와 역할을 강조하는 것이다.[4]

북한에는 세 가지 핵심 권력기구가 존재한다. 먼저 정치지도자인 '수령'과 지도자의 의지에 따라 정책을 결정하는 '조선노동당,' 그리고 이 정책을 집행하는 '국가기관'이 북한의 핵심 권력기구이다. 북한의 정치체제는 민주주의 국가들과 달리 국가조직보다 '조선노동당'이라는 정당의 위상이 더 높으며, 또한 과거 대부분의 공산주의 국가들과 달리 공산당보다 정치지도자 개인의 위상이 더 높다는 것이 가장 큰 특징이다. 이에 따라 북한의 정치체제가 다른 사회주의 국가의 정치체제와 구별되는 독특성이 있는가에 대한 다양한 논쟁과 함께, 북한의 정치체제를 정의하는 다양한 방식이 존재한다.[5] 그러나 북한의 정치체제를 요약하는 가장 일반적인 정의는 '수령중심의 당-국가체제'이다.

북한의 정치체제는 일당독재체제와 일인독재체제가 교묘히 결합된 형태로서, 유일한 정당인 '조선노동당'과 정치지도자인 '수령'이 북한의 정치권력을 독점하고 있다. 이에 따라 일반적인 공산주의 국가와 달리 북한의 권력구조를 '**수령중심의 당-국가체제**'로 구분한다. 수령(首領)이란 '한 당파나 무리의 우두머리'를 의미하는 용어로서, 북한관련 연구에서는 김일성을 포함한 북한의 최고지도자를 통칭하는 의미로 사용된다. 국내에 존재하는 유일 정당이 국가의 모든 권력을 장악했다는 점에서 당-국가체제이지만, 정치지도자인 '수령'이 유일한 정당을 완벽히 통제할 수 있다는 점에서 북한의 정치체제를 수령중심의 당-국가체제로 정의하는 것이다.

중국의 정치지도자인 총서기와 과거 소련의 정치지도자인 서기장은 유일한 정당인 중국 공산당과 소련 공산당을 완벽히 통제할 수 없었다. 따라서 중국과 과거 소련의 경우 정치지도자에 의해 공산당의 모든 권력이 장악되는 사례는 매우 드물었다. 소련의 정치지도자인 스탈린(Joseph Stalin, 1879~1953)의 경우 숙청을 통하여 당의 모든 권력을 장악하기도 했지만, 스탈린 사후 소련 공산당은 다른 공산주의 국가들과 같이 공산당의 주요 직위자들에 의하여 권력이 분산되었다. 공산당 내부의 고위 당직자들이 협의와 타협을 통해 정책을 결정하는 구조 속에서 공산당이 유지되었으며, 이러한 정치체제를 '집단지도체제'라고 정의한다.

중국과 소련의 공산당 모두 정치지도자 개인의 의지에 따라 주요 결정이 이루어지기보다는 공산당 내부에 존재하는 '**정치국**'이라는 작은 조직의 구성원의 합의에 따라 주요 결정이 이루어졌다. 그러나 북한은 당의 주요 정책결정 및 정책집행 절차가 모두 정치지도자인 수령에 의해 관리된다는 측면에서 기타 공산주의 국가의 공산당과는 차별성을 갖는다고 할 수 있다. 북한의 권력구조는 아래의 그림과 같이 최고지도자에 의하여 유일한 정당이 통제를 받고, 이 정당은 국가기관을 통제하는 구조를 갖는다는 점에서 독특하다고 할 수 있다.

[그림 2-2]는 북한의 정치체제를 의미하는 '수령중심의 당-국가체제'를 도식화한 것이다. 그림에서 보는 바와 같이 정치지도자인 수령이 유일 정당보다 더

상위에 존재하는 가운데, 유일 정당을 통제하는 모습을 볼 수 있다. 수령 아래에 위치하고 있는 정당이 국가기관의 정책결정과 집행을 통제하는 모습은 앞서 제시된 '당-국가체제'의 권력구조와 동일하다. 정치지도자가 유일 정당을 통제하는 방식은 유일 정당이 국가기관을 통제하는 방식과 같다고 볼 수 있다. 유일 정당의 주요 직위자들은 국가기관의 주요직위를 독점하고, 정당의 지시에 절대적으로 복종하는 이들이 국가기관의 정책을 결정하고 통제한다. 마찬가지로 북한의 최고지도자는 조선노동당의 주요 직위를 독점함으로써 조선노동당의 정책 결정과 기능을 통제한다.

[그림 2-2] 수령중심의 당-국가체제

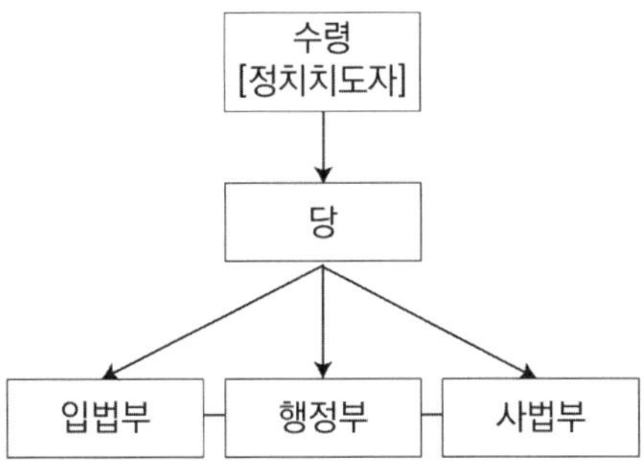

위의 그림에 제시한 바와 같이 비정상적인 전제적 권력구조를 유지하기 위해서는 이에 대한 정당화 논리가 반드시 필요하다. 먼저 수령중심의 당-국가체제를 정당화하는 가장 중요한 논리는 '사회정치적 생명체론'이다.[6] 북한은 [그림 2-2]에 나타난 수령, 당, 국가기관들과 인민들을 하나의 통합적인 생명체로 보고 있다. 이러한 시각은 민주주의 사회에 대한 기본적인 시각인 다원주의(pluralism)와 현저히 대비된다. 다원주의란 사회를 구성하는 여러 조직들이 독립적인 이익을 가지며, 조직들 간의 협력과 경쟁이 가능하다고 보는 사상이다. 반면 북한이 내세우는 사회정치적 생명체론은 사회를 조직하는 기구들 간의 유기적 결합과 집단적 통일성을 강조하는 사상이다.

여기서 주목해야 할 사실은 사회정치적 생명체를 구성하는 조직 중 하나인 수령의 기능이다. 수령은 북한사회를 묘사하는 사회정치적 생명체에서 머리나 두뇌와 같은 기능을 담당한다고 본다. 생물학적으로 모든 생명체의 두뇌는 생명체의 항상성 유지와 정보처리 및 운동 기능을 조정하고 통제한다. 북한은 이러한 두뇌의 역할을 정치지도자인 수령이 담당한다고 보는 것이다. 따라서 북한 사회를 구성하는 모든 조직들은 정치지도자인 수령의 조정과 통제에 따라 운동하고 항상성을 유지하게 된다고 주장한다. 북한 사회를 하나의 생명체로 규정하고 이 생명체의 유지와 활동이 두뇌인 수령에 의해 결정되기 때문에, 정치지도자인 수령의 존재와 역할을 강조하는 '수령중심의 당-국가체제'가 정당화되고 있는 것이다.

북한정치체제에 대한 다양한 시각

북한의 정치체제에 대한 다양한 시각이 존재한다. 브루스 커밍스(Cumings, 2004)는 북한을 '사회주의적 조합주의' 국가로 정의하고 있다. 조합주의(corporatism)란 이익이 대치되는 사회구성원 간에 조합을 형성하여 집단 간의 요구를 협상하고 정보를 교환하는 사회유기체적 시각이다. 커밍스는 사회주의를 토대로 사회구성원간의 유기체적 결속력이 유지 및 강화된다는 점을 이유로 북한을 조합주의적 국가로 묘사했다. 와다 하루키(和田春樹, 2002)는 북한을 '유격대 국가'와 '정규군 국가'로 묘사했다. 와다는 북한의 체제형성과정에서 나타난 김일성을 필두로 한 항일 유격대 조직원들의 역할 및 임무와 김정일 등장 이후 나타난 군부의 역할 강조를 이유로 북한의 정치체제를 유격대 및 정규군 국가로 정의했다.

조선노동당의 위상은 [그림 2-2]에 나타난 바와 같이 수령과 국가기관 중간에 위치한다. 정치적 기능 측면에서 조선노동당은 정치지도자인 수령의 지시를 국가기관에 전달하며 국가기관의 활동이 수령의 의도에 부합되는지에 대한 감시 및 감독 역할을 한다고 볼 수 있다. 즉 조선노동당은 정치지도자에게 집중되어 있는 권력구조를 유지하기 위한 도구로서 국가기관에 정치지도자의 의지를 전달하고, 정치지도자에 대한 반발을 억제 및 감시하는 사회통제 기능을 한다. 이에 따라 북한의 언론 매체를 독점하고, 주민들의 정치사회화를 위한 정치교육을 주도함으로서 사회통제의 기능을 수행한다. 북한의 언론 매체인 '로동신문,' '조선중앙방송,' '민주조선' 등은 조선노동당의 통제에 따라 선전선동을 위해 활용된다. 또한, 2021년 개정된 조선노동당 규약 제 47조에서는 조선인민군 역시 "사회주의 조국과 당과 혁명을 무장으로 옹호 보위하고 당의 영도를 앞장에서 받들어 나가는 조선노동당의 혁명적 무장력"이라고 규정하고 있다.

3. 조선노동당의 기능과 구조

가. 조선노동당의 기능

▲ 북한의 선전 포스터

조선노동당은 북한의 헌법과 조선노동당의 당규약을 통해 스스로의 위상을 정의하고 있다. 북한의 헌법 11조는 "조선민주주의 인민공화국은 조선노동당의 령도 밑에 모든 활동을 진행한다."고 규정하고 있다. 즉, 조선노동당이 국가 위에 군림하며, 국가기관보다 상위의 권력을 갖고 국가기관을 관리한다는 것이다. 민주주의 국가의 정당들의 경우 국가를 구성하는 여러 하위 조직 중 하나이며, 시민들의 지지 정도에 따라 정당이 국가기관 내에서 차지하는 권력의 양이 결정된다. 그러나 북한의 조선노동당은 북한의 헌법에서 명시한 바와 같이 모든 국가조직보다 우위에 있으면서도 정치지도자인 수령보다는 그 위상이 낮다. 2021년 개정된 북한 조선노동당의 당규약에는 '김일성-김정일주의'를 당의 유일적 지도사상으로 규정하여 김정은 정권의 정통성이 '김일성-김정일주의'의 기반 위에 있다는 점을 대외적으로 공포하였다. 또한 북한의 철학사전에서는 "로동계급의 당은 수령의 사상과 령도를 실현하기 위한 혁명 참모부”로 조선노동당을 정의하고 있다. 즉, 조선노동당은 정치지도자의 당으로서, 정치지도자의 명령을 따르기 위한 조직으로 정의하고 있으며, 정치적 위상을 명확히 정치지도자 아래에 두고 있다는 것이다.

북한의 철학사전은 조선노동당의 기능에 대하여 다음과 같이 정의하고 있다: “수령의 사상으로 사람들을 무장시키고 수령의 의도대로 사회를 혁명적으로 개조해나가는 사회의 심장, 공산주의 건설의 추진력으로서의 역할을 수행한다.” 즉, 북한의 조선노동당은 정치지도자의 권력 보호를 목적으로 정책결정 기능과 사회통제 기능을 수행하고 있는 것이다. 앞서 언급한 바와 같이 수령의 명령과 지시에 절대 복종하는 당의 주요 직위자들을 국가기관의 공직자로 임명하여 국가의 모든 정책결정을 독점하고 있다. 또한 모든 언론과 대중매체를 독점하여 정보의 유통을 통제하고, 선전과 선동 및 교육을 통해 북한 주민들의 정치사회화를 주도하며, 조선노동당과 정치지도자에 대한 주민들의 반발을 감시하는 사회통제 기능을 수행하고 있다.

나. 조선노동당의 구조

조선노동당은 다양한 조직들로 구성되어 있다. 당원 수천 명으로 구성된 당대회로부터 극소수의 당원들로 구성된 정치국 및 비서국에 이르기까지 다양한 기능과 규모를 가진 조직들로 구성되어 있다. 조선노동당의 주요 기구는 사실상 소수의 구성원들로 조직된 작은 규모의 조직인 정치국과 비서국이라고 볼 수 있다. 이들 두 기관은 실질적인 토의와 결정이 가능한 소수의 핵심 권력자들로 구성되기 때문이다. 북한 정치체제의 특징인 수령중심의 당-국가체제를 이해하기 위해서는 정치지도자인 수령이 속한 조선노동당의 기구를 살펴볼 필요가 있다. 정치지도자가 소속되어 있거나, 과거에 소속되어 있었던 조선노동당의 조직이 핵심적 권력을 보유하고 주요 정책결정 및 감독기능을 갖고 있기 때문이다.

[그림 2-3]은 조선노동당의 기구를 구조화한 그림이다. 북한의 정치지도자

인 김일성과 김정일이 소속되었던 기구와 김정은이 소속된 기구는 노동당 총비서, 정치국, 비서국, 조직지도부, 선전전동부 및 당중앙군사위원회 등이다. 당중앙군사위원회에 관해서는 2부에서 보다 상세히 설명한다.

[그림 2-3] 조선노동당 기구

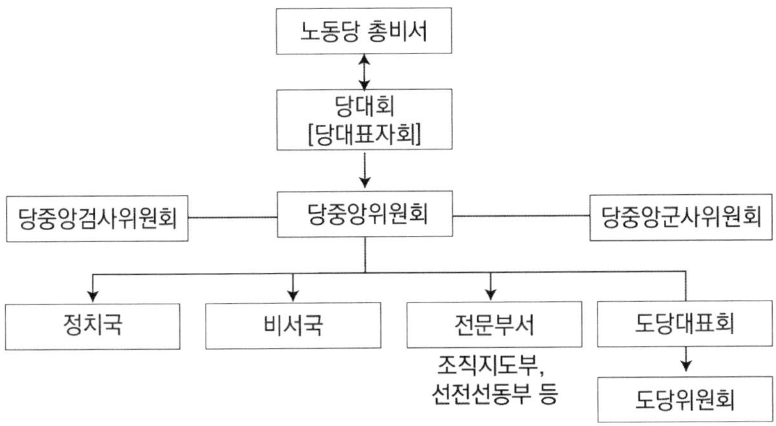

※『2022 북한이해』(통일부) 참고 작성

북한의 정치지도자 김정은은 조선노동당에서 '총비서'의 역할을 수행하고 있다. 총비서는 조선노동당의 최고 권위와 위상을 가지며, 당의 모든 기관에 대한 조직 및 지도 기능을 수행한다. 비서(secretary)라는 직함의 사전적 의미는 중요 직위에 있는 사람에게 소속되어 사무를 보는 직위이다. 그러나 공산당에서 비서의 의미는 조금 다르다. 공산주의 국가에서 '비서'란 조직의 장을 의미하며, 총비서는 당 최고지도자의 직함을 의미한다. 총비서 이외에도 '서기장(chief clerk)' 이라는 직함이 총비서를 대신하기도 한다. 중국과 과거 소련 정치지도자들을 당의 '총서기' 혹은 '서기장'이라고 칭하였으며, 베트남과 라오스의 정치지도자들을 '총비서'라고 칭했다.

[그림 2-3]에 나타난 조선노동당의 기구도에서 주목해야할 사실은 **노동당 총비서**가 조선노동당의 최고 기구라는 점이다. 조선노동당의 규약에서는 당의 최고 지도기관을 수천 명의 대표 당원들로 구성된 '당대회'로 규정하고 있지만, 실

질적 최고 기구는 노동당 총비서다. 또한, 정치지도자는 정치국과 비서국, 당중앙군사위원회 등 당의 핵심 권력기관의 수장직을 겸직하고 있다는 점에서 정치지도자에 의한 지배체제가 유지된다고 할 수 있다.

1) 당대회

당대회는 앞서 설명한 바와 같이 당규약상 최고 지도기관이다. 그러나 당대회 구성원의 수와 당대회의 개최 주기를 고려해 보았을 때, 당규약상에 나타난바와 같이 당의 최고 지도기관으로 보기 어렵다. 당대회는 당의 최고 지도기관으로 당의 노선과 정책 및 전략전술에 관한 기본문제를 결정한다. 당대회의 참가 인원은 수천 명이기 때문에 실질적인 토의와 정책결정이 이루어진다고 보기 어려우며, 보다 소수의 주요 직위자들로 구성된 '당중앙위원회'나 '정치국'에서 결정된 사항을 사후에 승인하는 형태의 형식적 기능만을 수행하는 기관으로 볼 수 있다.

1946년 1차 당대회 이후 1980년까지 총 6회의 당대회가 개최되었다. 평균적으로 5~6년에 한번 당대회가 개최된 셈이다. 이후 1980년 당규약 개정을 통해 5년에 한 번 당대회를 개최하도록 규정하였으나, 오랜 시간 개최되지 않다가 2016년 7차, 2021년에 8차 당대회가 개최되었다.

▲ 제8차 조선노동당 당대회(2021년 1월)

2) 당중앙위원회

당중앙위원회는 5년에 한 번 개최되는 당대회를 대체하기 위한 최고 지도기관으로, 매년 개최되도록 규정되어 있다. 당중앙위원회는 위원과 후보위원을 포함한 250여 명으로 구성되며 위원의 수는 일정하게 정해져 있지 않다. 위원과 후보위원의 차이는 표결권에 있다. 후보위원은 회의에서 발언권은 있으나 표결권이 없으며, 위원은 회의에서 발언권과 표결권을 모두 갖고 있다. 당중앙위원회의 주요 기능은 당의 모든 사업을 지도하고 재정을 관리하는 것과, 차후 설명될 정치국, 비서국 및 당중앙군사위원회의 위원을 선출하는 것이다. 당중앙위원회의 위원과 후보위원은 당대회에서 선거를 통해 결정되며, 북한을 이끌어가는 조선노동당의 엘리트들로 구성된다. 그러나 당중앙위원회는 당규약상 명시된 것과 다르게 매년 개최되지는 않고 있으며 그 참여위원 또한 수백에 달한다는 점에서 실질적인 권력기관으로 보기는 어렵다.

3) 정치국

정치국은 당중앙위원회에서 선출된 보다 소수의 인원으로 구성된 당의 최고 지도기관이다. 당중앙위원회 전원회의가 1년에 한 번 개최되며 수백 명의 위원 및 후보위원으로 구성된다는 점을 고려했을 때, 20~30여명 내외로 구성된 정치국은 실질적인 당의 최고 지도기관으로 볼 수 있다. 1980년 신설 당시부터 북한의 정치지도자인 김일성, 김정일, 김정은 모두 정치국 상무위원으로 활동하고 있다. 정치국 구성원은 실질적인 북한의 최고 권력자들로 구성되며, 이들이 국가와 군대의 주요 직위를 독점하고 있다.

2016년 제7차 당대회 이후 5년 동안 20여 차례의 정치국 회의에서 활발한 토의가 이루어졌으며, 2021년 제8차 당대회에서는 "정치, 경제, 군사적으로 시급히 제기되는 중대한 문제들을 토의·결정하며 당과 국가의 중요 간부들을 임명하는 문제를 토의"하는 당정치국 상무위원회의 역할을 제고하였다. 특히 총비서의 위임에 따라 정치국 상무위원들이 정치국 회의를 주재할 수 있게 하여 그들의 권한을 강화하였다.

4) 비서국

2021년 8차 당대회를 계기로 조선노동당은 정무국을 **비서국**으로 명칭을 바꾸었다. 비서국은 정치국보다 더 작은 규모인 노동당 총비서와 10명 이내의 비서들로 구성되어 있다. 과거 정치지도자였던 김일성과 김정일은 1966년 비서국이 신설될 때부터 비서국의 총비서로서 그 수장직을 역임해 왔다. 비서국을 구성하는 위원들은 대부분 정치국의 위원들이며, 차후 설명될 당내 핵심 전문부서 또는 주요 국가기관의 수장직을 겸임하고 있다. 비서국은 당 내부의 사업들에 관한 토의와 함께, 정책 집행 기능을 담당한다.

5) 전문부서

조선노동당의 전문부서는 조직지도부를 포함해 총 22개가 있다. 전문부서는 명칭 그대로 당내에서 일정 분야에 대한 전문적인 기능을 담당하며, 해당 전문분야를 담당하는 국가기관의 활동을 지도하고 감독하는 역할을 한다. 예를 들어 조선노동당 '경공업부'는 북한의 국가기관 중 행정부에 해당하는 내각 소속의 '경공업성'의 활동을 지도하고 감독한다.

▲선전선동부 작성 선전 포스터

조선노동당의 전문부서 중 핵심적인 기능을 담당하는 기구는 조직지도부, 선전선동부, 10국이다. '조직지도부'의 기능은 조선노동당원들에 대한 감시와 함께 당 내부의 주요 직위에 대한 임명과 해임을 결정하는 것이다. 김정일은 김일성으로부터 권력을 승계 받는 과정에서 당원에 대한 감시 및 인사 기능을 담당하는 조직지도부의 비서로 활동했다. 북한의 국가기관인 국가보위성과 사회안전성은 주민 감시 및 주요 직위자에 대한 감찰 기능을 수행한다. 이들 기관이 형식

상 국가기관에 소속되어 있지만, 실질적으로는 조선노동당 조직지도부의 통제를 받고 있다.[7]

'선전선동부'의 주요 기능은 당원 및 북한 주민들에 대한 정치학습 내용을 작성하고 교육시키는 것이다. 김정일은 권력승계과정에서 조직지도부의 비서직과 함께 선전선동부의 비서직을 겸임하기도 했다. 선전선동부는 북한의 모든 언론 및 대중매체의 보도 내용을 통제하며, 정치지도자에 대한 주민들의 맹목적 충성심을 유도하기 위해 영화와 가요를 포함한 다양한 교육 자료를 만들어 선전한다.

또 하나 주목해야 할 전문부서 중 하나는 당 중앙위원회 '10국'이다. 10국은 2023년 12월 개최된 노동당 전원회의에서 김정은이 대남 사업부문의 기구를 정리, 개편할 것을 지시한 이후 통일전선부에서 명칭이 변경된 부서이다. 10국은 북한 내부에서 '대적지도국'으로 불리고 있으며 대남 공작 및 심리전 기능을 강화한 것으로 보인다.[8] 앞서 설명된 조직지도부와 선전선동부의 경우 김정일이 김일성으로부터 권력을 승계받는 과정에서 해당 부서의 주요직책을 역임했다는 점에서, 조선노동당의 핵심 기관임을 유추할 수 있다. 10국의 경우 정치지도자나 후계자가 조직의 수장을 역임하지는 않았지만, 남북대화 통제 기능을 수행한다는 측면에서 주목해야 할 것이다.

4. 국가 기구의 기능과 구조

근대국가가 성립된 이후, 국가는 사회로부터 위임된 권력을 합법적으로 독점하는 조직으로 볼 수 있다. 국가 이외의 정당과 이익집단을 포함한 모든 기타 사회 권력은 물리적 강제력을 행사할 권한이 없고, 국가는 다른 사회조직에 종속되어 있지 않다. 민주주의 정치체제를 가진 국가는 조직을 구성하는 기구를 시민들에 의한 선거와 합의된 제도인 법에 따라 조직하며, 여러 사회집단 간의 갈등을 조정하는 조정자 역할을 한다. 따라서 시민들의 합의에 의해 구성된 민주주의 정치체제에서 국가는 국내적으로 최상위 권력기관으로서, 물리적 강제력을 독점한다.

북한의 국가기구는 민주주의 정치체제의 국가기구와 다른 여러 독특한 특징이 있다. 첫째, 앞서 설명된 바와 같이 특정 기구의 권력 독점을 방지하기 위한 입법·사법·행정의 삼권분립이 부정된다. 또한 국방과 군사 분야를 담당하는 국가기구의 권한과 기능이 기타 국가기구에 비해 상당히 비대하다. 둘째, 북한의 정부기구는 전적으로 조선노동당의 지배를 받으며, 조선노동당의 노선과 정책을 집행하는 도구에 불과하다. 이러한 국가기구의 정치적 위상은 사회주의를 마치고 공산주의로 나아가기 위해, 프롤레타리아들로만 구성된 정당이 모든 국가 권력을 장악한다는 맑스-레닌의 공산주의 사상에 기반하고 있다.

조선노동당이 국가기구를 통제하는 방식은 정치지도자인 수령이 당을 통제하는 방식과 유사하다. 조선노동당의 정치국 위원, 비서국 비서와 같은 정치지도자의 최측근들이 국가 주요 기구의 기관장을 겸직하여, 국가기구의 활동을 통제한다. 또한, 조선노동당 내에 국가기관에 상응하는 감시 및 감독 조직을 두어, 모든 국가기구의 활동을 사찰하게 된다.

북한의 국가기구는 국가주권의 최고 정책적 지도기관인 '국무위원회,' 입법 기능을 담당하는 '최고인민회의,' 행정 및 집행 기능을 담당하는 '내각,' 그리고 사법 기능을 담당하는 '법원'과 '검찰소'로 구성된다. 이들 기구는 앞서 살펴본 것처럼 당의 통제를 받는데, 당은 최고지도자인 수령의 통제를 받는다는 점에서 북한의 정치체제는 '수령중심의 당-국가체제'라고 정의된다.

가. 국가 기구와 조선노동당의 관계

북한의 국가기구는 [그림 2-2]에 나타난 바와 같이 조선노동당 보다 아래의 위상에 있다. 북한의 헌법에도 "조선민주주의 인민공화국은 조선노동당의 령도 밑에 모든 활동을 진행한다."라고 명시하고 있다. 즉, 국가를 구성하는 모든 기관은 조선노동당의 지시에 따라 국가의 활동을 진행한다는 것이다. 북한 국가기구의 이러한 위상은 민주주의 정치체제에서 나타나는 국가기관의 위상과는 큰 차이를 보인다. 민주주의 국가에도 정당이 존재하며, 정당의 당원들이 국가기구를 구성하는 경우가 많다. 대통령중심제 국가의 경우 시민들에 의한 선거에 따라 특정 정당의 당원이 행정부의 대표직인 대통령으로 선출되며, 입법부를 구성하는 의회의 의원으로 선출된다. 내각책임제 국가의 경우 시민들은 입법부를 구성하는 의원만을 선거로 선출하며, 입법부에서 행정부를 조직하게 되어있다. 이와 같은 민주주의 체제의 정치과정에서 특정 정당에 의해 입법부와 행정부의 권력이 독점된다는 것은 사실상 불가능하다. 선거권을 가진 모든 시민들이 같은 정당을 지지할 가능성은 매우 낮으며, 패권적 정당이 있다고 하더라도 규모가 작은 정당과의 연합을 통해서 행정부를 구성하는 경우가 많다. 특정 정당에 의해 국가기관의 권력이 모두 장악되었다는 것은 공산주의 국가의 일반적인 속성이며, 맑스와 레닌의 공산주의적 국가관을 기반으로 형성된 북한의 정치체제 속에서, 조선노동당에 의한 국가기관 권력 장악은 어쩌면 당연하다고 볼 수 있다.

북한의 국가기구는 조선노동당에 의해 모든 활동을 통제받는다. 조선노동당이 국가기구를 통제하는 방식은 크게 두 가지로 나누어 볼 수 있다. 첫째, 정치지도자를 포함한 조선노동당의 주요 직위자가 국가기구의 기관장을 겸직하는 것이다. 예를 들어 조선노동당의 총비서인 김정은은 국가의 최고지도 기관인 국무위원회의 국무위원장을 겸직하고 있다. 또한 정치국과 비서국에 속한 위원들이 북한의 입법기구인 '최고인민회의'의 의장직과 행정기구인 '내각'의 총리직을 겸임하고 있다. 특정 정당의 주요 당원들이 정부를 구성하는 모습은 흡사 민주주의 국가 중 내각책임제를 채택하고 있는 국가와 유사하다. 그러나 조선노동당의 주요 직위자가 국가기구의 기관장을 겸직하는 것과 내각책임제 하에서 의원직과 내각(cabinet)의 직위를 겸직하는 것은 근본적인 차이가 존재한다. 내각책임제를 채택하고 있는 민주주의 국가의 의회는 대부분 복수의 정당으로 구성되며, 내각과 의회는 서로를 해산하여 다시 조직할 수 있는 견제의 장치를 가지고 있다. 그러나 북한의 입법기관은 조선노동당이라는 특정 정당이 의석의 90%를 차지하며, 북한의 내각은 입법기관인 '최고인민회의'를 해산시키고 선거를 제한할 권한이 없고, 사실상 정치지도자에 의해 내각을 구성하게 된다.

조선노동당이 북한의 국가기관을 통제하는 두 번째 방식은 조선노동당 내에 국가기관에 상응(matching)하는 전문부서를 통해 국가기관의 활동을 감시하고 감독하는 것이다. 조선노동당은 22개의 전문부서를 가지고 있다. 이들 전문부서 중 국가기관의 조직과 상응하지 않는 부서도 있지만, 대부분의 부서들은 국가기관의 조직과 상응된다. 예를 들어 조선노동당의 '경제정책실'은 내각 소속의 '재정성'과 대한민국의 한국은행과 같은 기능을 하는 '중앙은행' 등의 활동을 통제하는 것으로 추측된다.

나. 국가 기구의 구조

북한에도 민주주의 국가에 존재하는 입법 기능을 담당하는 기구와 집행 및 행정 기능을 담당하는 기구, 그리고 사법 기능을 담당하는 기구가 존재한다. 그러나 이들 기구는 견제를 통해 균형적인 권력을 갖는 것이 아니며, 실질적으로는 조선노동당의 지시와 감독을 받는다. 북한의 입법 기구는 '최고인민회의'이지만 구성원의 90%가 조선노동당원인 점을 고려했을 때, 조선노동당의 결정을 사후에 승인하는 형식적 기관이다. 집행 및 행정 기구는 '내각'으로서 국방 및 군사 관련 분야의 사업을 제외하고 대부분의 분야에 대한 행정 및 집행 기능을 담당한다. 사법 기관에 해당하는 '재판소'와 '검찰소'는 형식적 입법 기구인 '최고인민회의'에서 선거를 통해 조직된다는 점에서 역시 조선노동당의 감독 하에 있다고 할 수 있다.

1) 국무위원회

2016년 6월 북한의 최고인민회의에서 헌법 개정을 통해 기존의 국방위원회를 폐지하고, '**국무위원회**'라는 최고정책지도기관을 신설했다. 국무위원회는 사실상 국방위원회를 확대 및 개편한 것으로서, 국방위원회의 국방 관련 권한과 더불어 외교, 통일, 경제 관련 분야의 권한을 갖게 되었다. 국무위원회는 북한의 헌법에 명시된 바와 같이 '국가주권의 최고 정책적 지도 기관'이다.

[그림 2-4] 북한의 국가기구

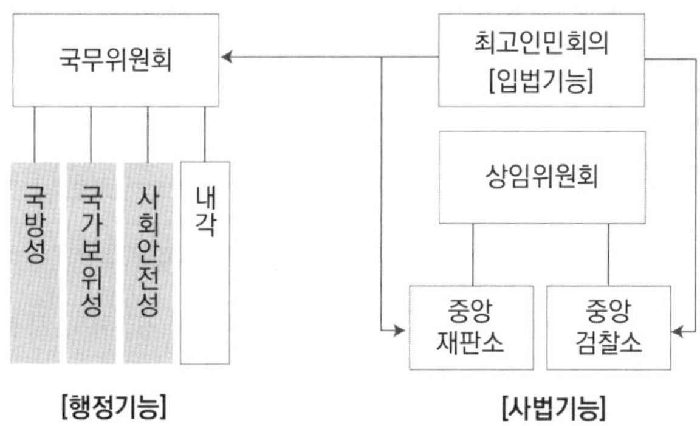

※『2022 북한이해』(통일부) 참고 작성

과거 김일성은 국가 '주석'으로 재임할 당시 주석은 국방위원회의 위원장직을 겸임했다. 김일성 사후 김정일이 권력을 승계받는 과정에서 김정일은 주석제를 폐지하고 국방위원회의 국방위원장직에 취임했다. 김정일 시대에 국방위원회는 기존의 국가기구를 지도하는 중앙인민위원회로부터 독립하여 확대되었고, 국방 분야를 포함한 국가 최고의 지도기관으로 성장했다. 김정은 역시 국방위원회의 제1위원장직을 수행하면서 국가의 권력을 장악했다. 김정은은 2016년 6월을 계기로 국무위원회에 보다 큰 권력을 집중시켰으며 2019년 4월 최고인민회의 제

14기 제1차 회의를 통해 국무위원장으로 재추대되었다.

국무위원회는 제1부위원장, 부위원장과 10명 내외의 위원들로 구성된다. 이들 위원은 북한의 입법 기관인 '최고인민회의'에서 선거를 통해 결정되지만, 사실상 조선노동당 총비서이자 국무위원회의 위원장인 김정은에 의해 통제된다. 국무위원장은 국가를 대표하는 북한의 최고영도자이자 총사령관으로 국가의 일체 무력을 지휘 및 통솔하며, 국가전반의 사업을 지도하고, 국무위원회의 사업을 직접 지도한다. 또한, 최고인민회의 법령, 국무위원회의 중요 정령과 결정을 공포하고 다른 나라에 주재하는 외교대표를 임명 및 소환하는 권한과 국가 중요 간부에 대한 임명과 해임의 권한을 가지며, 외국과의 조약 비준과 파기 및 특사권을 행사한다. 전시 국무위원장은 국가방위위원회를 조직 및 지도한다.

2) 최고인민회의

최고인민회의는 입법 기능을 담당하는 북한의 국가기구이다. 최고인민회의는 약 680명의 대의원으로 구성되며, 이들 대의원은 선거에 의해 선출된다. 최고인민회의 대의원선거는 조선노동당에서 지정받은 후보만 출마할 수 있으며, 선거는 단일 후보자에 대한 찬성과 반대의 표시만 가능하다. 정당 간의 경쟁이 불허된 상황에서 조선노동당의 허가를 받은 모든 지역별 단일 후보자가 임기 5년인 대의원으로 선출된다. 선출된 대의원 중 90% 정도는 조선노동당원이기 때문에 최고인민회의는 조선노동당의 결정사항을 사후에 승인하는 형식적인 입법기관으로 볼 수 있다.

▲ 북한의 선거 포스터

최고인민회의는 1년에 1~2회 소집되는 전원회의와 회의가 휴회 중일 때 입법 기능을 대행하는 상임위원회로 구성된다. 최고인민회의는 헌법과 법령을 제정하는 기본적인 입법 기능과 함께, 국무위원장과 내각 총리 등 주요 직위자에 대한 선출기능 및 국가예산에 대한 심의 및 승인 권한을 갖는다. 최고인민회의 상임위원회는 20여명의 위원들은 헌법 및 규정의 해석 권한을 가지며, 상임위원회 위원장은 다른 나라 대사들의 신임장과 소환장을 접수한다.

3) 내각

내각은 집행 및 행정기관으로서 민주주의 국가의 정부(행정부)에 해당하는 조직으로서 다양한 부서로 구성되어 있으며, 국방 및 군사 분야를 제외한 대부분의 국가사업을 진행한다. 내각의 수장은 총리이며, 부총리와 각 성(省)의 대표인 상(相)과 각 부서의 구성원으로 조직된다. 내각의 총리는 최고인민회의에서 선거를 통해 선출되며, 내각을 조직하는 권한은 최고인민회의 상임위원회에서 갖는다. 내각을 구성하는 성(省)들의 특징 중 하나는 경제와 산업분야를 담당하는 성들이 많다는 것이다. 내각을 구성하는 여러 부서 중 약 40%의 부서가 경제와 산업분야를 담당한다. 이는 북한의 계획경제체제로 인해 나타난 현상이며, 국가에 의한 경제 및 산업분야의 통제에 관해서는 4장에서 보다 자세히 설명한다. 앞서 설명한 바와 같이 내각의 각 성(省)은 조선노동당의 상응하는 전문부서의 감독과 감시를 받으며, 조선노동당 전문부서의 부문별 비서가 해당 성의 대표인 상을 겸직하기도 한다.

4) 재판소와 검찰소

북한의 재판소는 대한민국의 법원과 같은 역할을 하며, 대한민국의 법원 구조와 같이 3계층의 구조로 구성된다. 중앙재판소는 북한 최고의 법원으로서 하부 기관인 도 및 직할시 재판소와 시 및 군 단위 재판소의 재판을 감독하며, 상소사건에 대한 판결을 담당한다. 중앙재판소의 소장은 최고인민회의에서 선출되며, 중앙재판소의 판사는 최고인민회의 상임위원회에서 선출한다. 북한 재판소의 재판은 판사와 인민참심원으로 구성된 재판부가 담당한다. 인민참심원이란 일정한 법률적 지식을 갖춘 법률 전문가가 아닌, 조선노동당의 통제에 따라 선출된 구성원이다. 따라서 북한의 재판은 독립적이며 중립적인 사법적 판단으로 보기 어려우며, 재판부의 판단이 조선노동당의 결정에 예속되어 있다고 할 수 있다.

북한의 검찰소는 대한민국의 검찰(검사) 조직과 유사한 기능을 하지만 대한민국 검찰에는 없는 특수한 기능을 갖는다. 대한민국의 검찰 조직의 주요기능은 사회질서를 유지하기 위해 범죄에 대한 수사와 공소를 제기하는 것이다. 북한의 검찰소는 이러한 기능 이외에도 체제수호의 기능을 갖고 있다. 수령중심의 당-국가체제에 반하는 행동을 하는지에 대하여 국가기관, 사회조직 및 개인을 조사하며, 체제에 반하는 행동을 했다고 판단할 경우 재판소에 공소를 제기할 수 있다. 북한의 검찰소는 재판소와 같이 3계층의 구조로 구성되며 중앙검찰소장은 최고인민회의에서 선거를 통해 선출한다.

5. 북한의 권력세습

권력구조란 정치적 힘의 배분을 의미한다. 북한의 권력구조는 민주주의 국가의 권력구조와 달리 정치지도자 개인에게 모든 정치적 힘이 집중되어 있다. 권력구조는 필요에 따라 변화하기도 하고, 크게 변화할 수도 있으며 작게 변화할 수도 있다. 예를 들어 과거 동유럽의 공산주의 국가들은 1990년대 초 민주주의 국가로 변했다. 이러한 변화를 통해 동구권 국가들의 권력구조는 크게 변화했다. 먼저 공산당이라는 단일 정당에게 집중되어 있던 정치권력이, 시민들에 의한 선거 결과에 따라 여러 정당으로 나누어지게 되었다. 또한 입법 · 사법 · 행정의 삼개 권력의 분립이 부정되었던 공산주의적 권력구조에서 삼개의 권력이 분립된 민주주의적 권력구조로 변하기도 했다. 규모가 작은 권력구조 변화의 예는 대한민국의 역사에서 찾아볼 수 있다. 1945년 광복 이후 대한민국은 민주주의에 기반한 정치체제를 유지했다. 처음 대한민국 정부를 구성할 당시, 대한민국은 대통령 중심제를 채택했으며, 대통령과 함께 부통령이라는 직위도 존재했다. 그러나 1960년 발생한 4.19 혁명 이후 규모가 작은 권력구조의 변화를 겪었다. 대통령중심제에서 내각 책임제로 바뀌었으며, 미국의 의회와 같이 상원과 하원으로 이루어진 양원제 입법부를 구성했다. 당시 대한민국은 기본적인 정치 이념의 변화로 인한 큰 규모의 권력구조 변화는 겪지 않았지만, 대통령중심제에서 내각책임제로 그리고 양원제로의 변화와 같은 상대적으로 규모가 작은 권력구조의 변화를 겪었다.

권력구조의 변화 원인은 크게 두 가지로 나누어 생각해 볼 수 있다. 첫째는 근본적인 정치 이념의 변화로 인해 권력구조가 바뀌는 것이다. 앞서 제시된 1990년대 초 발생한 동유럽 국가들의 권력구조 변화 원인은 정치 이념의 변화에서 찾을 수 있다. 공산주의 이념에 기반한 당-국가 체제가 민주주의 이념에 기반한 삼개 권력의 분립 체제로 변화한 것을 예로 들어볼 수 있다. 두 번째 원인으로서 비효율적인 정치제도의 개선을 권력구조 변화의 요인으로 볼 수 있다. 기존 권력구조가 정치체제의 유지를 위해 비효율적이라고 판단되는 경우 보다 효율적인 구조로 변화할 수 있는 것이다. 예를 들어, 1960년대 초 발생한 대한민국의 권력구조 변화는 대통령 중심제의 비효율성으로 인해 발생했다고 볼 수 있다. 당시 민주주의적 가치를 보다 잘 보존하기 위해 대통령 중심제보다 내각 책임제가 효율적이라고 판단했으며, 국민의 합의에 의하며 권력구조를 변화시켰다.

김일성 일인지배체제가 형성된 이후 북한은 지속적으로 '수령중심의 당-국가체제'를 유지하는 가운데 권력구조는 크게 변화하지 않았다. 북한 권력구조의 변화원인은 정치이념의 변화나 비효율적인 정치제도의 개선을 위해서 이루어졌다고 볼 수 없으며, 근본적인 원인은 권력의 삼대세습이다. 김일성으로부터 김정일 그리고 김정은으로 권력을 세습하기 위하여 북한은 권력구조를 조금씩 변화시킨 것이다. 모든 권력을 독점한 정치지도자의 사망이 발생했을 때, 기존 권력자의 아들이 사망한 정치지도자의 권력을 물려받는 과정에서 직위의 명칭을 조금 바꾸었을 뿐, 근본적인 권력구조의 변화는 발생했다고 볼 수 없다.

[그림 2-5]는 북한 권력세습의 과정에서 나타난 권력구조의 변화를 도표화한 것이다. 그림에서 나타난 바와 같이 북한은 '수령중심의 당-국가체제'를 유지하는 가운데 수령인 정치지도자만 변화한 것을 알 수 있다. 북한의 정치지도자는 조선노동당과 국가기구 그리고 군대의 최고 직위를 모두 겸직하고 있다. 일부 직위의 명칭이 변화하기도 했지만, 사실상 유일 정당의 최고 수장직과 정부기구의

최고 수장직 그리고 군대의 최고사령관 직위를 모두 겸임하고 있는 것이다.

[그림 2-5] 북한 권력의 삼대세습

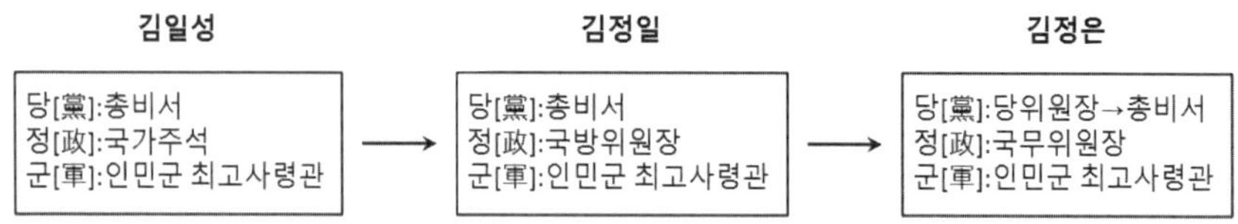

북한 권력의 삼대세습과정에서 두 가지 사항을 주목해야 한다. 첫째, 새로운 정치지도자가 기존 정치지도자로부터 어떠한 직위를 물려받았나에 주목해야 한다. 세습되는 직위를 통해 북한의 정치권력이 어디에 집중되어 있는가를 유추해 볼 수 있기 때문이다. 앞서 제시한 바와 같이 북한의 정치지도자인 수령은 조선노동당, 국가기구, 인민군의 최고 수장직을 겸임하고 있다. 이는 북한의 정치권력의 당·정·군에 집중되어 있다는 사실을 대변하고 있다. 둘째, 새로운 정치지도자가 기존 정치지도자로부터 직위를 물려받는 순서를 주목해야 한다. 당·정·군이라는 세 개의 권력기구 중 어떤 기구의 수장직을 가장 먼저 물려받는지 확인해야 한다는 것이다. 직위를 물려받는 순서를 통해 세 개 권력기구의 상대적 중요성을 파악할 수 있기 때문이다. 예를 들어 군대의 최고사령관 직위를 국가기구의 수장 직위보다 먼저 물려받았다면, 권력구조를 유지하기 위해 군대의 중요도가 국가기구의 중요도보다 더 높다고 판단할 수 있기 때문이다.

가. 김정일의 권력세습

김정일은 1942년 김일성과 그의 부인 김정숙 사이에서 태어난 김일성의 첫 번째 아들이다. 북한 최고의 대학인 김일성종합대학에서 공부했으며, 대학졸업 후 본격적으로 조선노동당과 내각에서 일하며 업무 경험을 쌓았다. 김정일은 권력을 승계받기 위해 20대 후반부터 지도자 수업을 받았으며, 김일성이 사망한 1994년 이후 북한의 정치지도자가 되었다.

김일성 시대 북한의 권력은 '국가주석'인 김일성에게 집중되어 있었다. 국가주석이란 국가를 대표하고 통치하는 국가의 수반으로서, 공산주의 국가의 최고 정치지도자를 의미한다. 1972년 국가주석으로 취임한 이후, 김일성은 본격적으로 권력승계 작업을 시작했다. 1970년대 김정일은 조선노동당의 조직지도부와 선전선동부에서 일하며, 조선노동당의 인사와 정치투쟁에 깊이 관여했다. 1970년대 후반 북한의 차기 정치지도자로 공식화된 이후, 김정일은 조선노동당 정치국의 상무위원 및 비서국의 비서, 그리고 당 군사위원회의 위원 등으로 선출되어 당과 군의 정책 결정을 주도할 수 있는 지위를 확보했다. 1980년대 김정일은 권력승계를 정당화하기 위해 김일성 우상화 사업을 주도하기도 했다.

김정일이 처음으로 권력을 장악한 권력기구는 군대이다. 1991년 **인민군 최고사령관**으로, 1993년 국방위원회 위원장으로 추대되어 북한의 군대를 지휘할 수 있는 모든 권한을 장악했다. 1994년 김일성이 사망한 이후, '유훈통치'를 시작했다. 유훈이란 세상을 떠난 사람이 후대에게 남긴 훈계와 교훈을 의미한다. 유훈통치란 김일성이 생전에 남긴 유훈에 따라 나라는 다스리는 것을 의미한다. 3년간의 유훈통치 이후, 김정일은 1997년 조선노동당의 총비서로 추대되었으며, 헌법 개정을 통해 김정일이 위원장직을 맡고 있는 국방위원회의 권한과 기능을 강화하고, 김일성이 생전에 맡고 있던 국가주석을 폐지했다.

김정일의 권력승계과정을 통해 북한 권력구조에 대한 함의를 다음과 같이 찾아볼 수 있다. 첫째, 정치지도자를 지칭하는 명칭만 바뀌었을 뿐 정치지도자 개인에게 집중된 권력구조가 변화하지 않았다는 것이다. 김일성은 국가주석이라는 직위에 취임하여 모든 권력을 장악한 가운데, 수령중심의 당-국가체제를 유지했다. 김정일의 경우 국방위원회 위원장이라는 직위에 추대되어 모든 권력을 장악하고 북한의 정치체제를 유지했다. 국가주석에서 국방위원장으로 최고지도자를 지칭하는 명칭은 변화했지만, 권력구조는 크게 변화했다고 볼 수 없다. 둘째, 군대의 최고사령관 직위를 상대적으로 빨리 승계한 것을 알 수 있다. 이는 권력 유지를 위해 군대에 대한 장악이 상당히 중요하다는 사실을 입증하고 있다. 김일성 역시 1950년 인민군 최고사령관으로 추대된 이후 김정일에게 해당 직위를 승계하기 전까지 지속적으로 인민군 최고사령관 직위를 유지했다. 김일성으로부터 김정일에게 위임된 최초의 직위가 인민군 최고사령관이라는 점을 고려했을 때, 북한의 군대는 수령중심의 당-국가체제를 유지하는데 큰 기여를 한다고 할 수 있다. 북한 군대의 정치적 기능에 대해서는 2부에서 자세히 설명한다.

나. 김정은의 권력세습

김정은은 김정일과 그의 부인인 고용희 사이에서 1984년 출생한 것으로 추정되고 있다. 김정은은 김정일의 첫 번째 아들이 아니다. 김정남이나 김정철과 같은 나이가 많은 형제들이 존재하지만, 김정은이 김정일의 권력을 물려받게 되었다. 김일성이나 김정일과 달리 김정은은 해외에서 유학을 한 경험이 있는 것으로 알려져 있으며, 유학을 마치고 돌아온 후 김일성군사종합대학에 입학해 군사학을 공부했다. 김정일의 경우 20대 후반부터 30여 년간 지도자 수업 및 권력승계를 받아왔으며, 김일성 사후 50대 초반의 나이에 북한 최고 정치지도자가 되었다. 반면 김정은의 경우 김정일에 비해 상대적으로 짧은 기간 내에 권력을 승계 받았으며, 김정일 사후 30대 초반에 북한의 최고 정치지도자가 되었다.

김정일 시대 북한의 권력은 '국방위원회 위원장'인 김정일에게 집중되어 있었다. 2016년 헌법 개정 전까지 국방위원회는 국가 최고의 지도기관으로서 국방 관련 사업에 대한 지도뿐만 아니라, 국가의 모든 중대 사안에 대해 지도할 수 있는 기관이었다. 김정은은 2010년부터 '당 중앙'이라는 호칭으로 불리며 김정일의 후계자로 지목되었다. 2010년 김정은은 당중앙군사위원회 부위원장에 임명되었으며, 2011년 인민군 최고사령관으로 추대되었다. 이어서 2012년 조선노동당 제1비서와 국방위원회 제1위원장으로 추대되어 김정일이 확보하고 있었던 모든 직위를 물려받게 되었다. 이후 2016년 헌법 개정을 통해 국무위원회를 신설하고 '국무위원장'이 되었으며 2021년 8차 노동당 대회를 통하여 총비서로 추대되었다.

이는 김정은이 국가기구에서 확보하고 있는 직위의 명칭이 바뀌기는 했지만, 김정일의 직위였던 조선노동당 총비서와 국방위원회 위원장과 동일한 위상을 갖는다는 것을 보여준다.

김정은의 권력승계과정을 통해 다음과 같은 사실을 확인할 수 있다. 첫째, 북한의 권력구조는 크게 변화하지 않았다는 것이다. 김정일과 마찬가지로, 김정은 역시 당 · 정 · 군의 최고 수장의 직위를 모두 겸직하고 있다. 이는 정치지도자에게 모든 권력이 집중된 수령중심의 당-국가 체제가 지속적으로 유지되고 있다는 사실을 의미한다. 둘째, 김정일과 마찬가지로, 김정은 역시 인민군 최고사령관 직위를 가장 먼저 위임받았다. 김정일이 김일성으로부터 가장 먼저 위임받은 직위는 군대의 최고사령관 직위였다. 김정은 역시 김정일로부터 가장 먼저 위임받은 직위가 인민군 최고사령관이다. 김정일과 김정은 모두 권력승계과정에서 군대의 직위를 가장 먼저 위임받았다는 다는 사실은 북한의 정치체제를 유지하는 데에는 군대의 기여도가 변함없이 중요하다는 사실을 의미한다.

왜 북한을 봉건적 전제주의 국가로 보는 걸까?

1997년 탈북한 황장엽(1999)은 북한을 '봉건적 절대왕조 국가'로 표현하고 있으며, 맥코맥(1993, 2004) 역시 북한을 '왕조 혹은 전제국가'로 표현하고 있다. 일반적으로 전제주의 국가(Monarchy)는 과거 중세 유럽의 봉건시대에 존재했던 국가의 형태이다. 이들은 북한이 중세시대 유럽에 존재했던 국가의 형태와 동일한 모습을 갖고 있다고 주장하고 있는 것이다. 이러한 주장의 원인은 봉건시대 전제주의 국가의 정치적 특징에서 찾아 볼 수 있다. 당시 유럽의 봉건영주는 영지 내에서 모든 권력을 장악하고 있었으며, 영주의 사후 그의 아들이 영주의 권력을 승계했다. 이러한 정치적 특징이 북한에서도 동일하게 나타나기 때문에 이들은 북한을 봉건적 전제주의 국가라고 주장하는 것이다.

요약

1. 민주주의 정치체제에서는 국가를 구성하는 각각의 기구가 서로를 견제할 수 있는 제도적 장치를 기반으로 권력의 균형을 유지하고 있다. 정당은 입법부를 구성하는 하나의 일원으로서, 시민들의 지지 정도에 따라 입법부와 행정부 내에서 권력을 차지한다. 그러나 공산주의 체제의 권력구조에서는 유일한 정당(공산당, 노동당)이 국가기구보다 우위에 있고, 국가의 모든 권력이 유일 정당에 의하여 통제를 받기 때문에 공산주의 국가의 정치체제를 '당-국가체제'라고 한다.

2. 북한은 기타 공산주의 국가와는 구별되는 독특한 형태의 권력구조를 가지고 있다. 북한 정치체제에서 나타나는 최대 특징은 정치지도자인 수령의 존재를 중시하고 수령의 역할을 강조한다. 국내에 존재하는 유일한 정당이 국가의 모든 권력을 장악했다는 점에서 당-국가체제이지만, 정치지도자인 '수령'이 유일한 정당을 완벽히 통제할 수 있다는 측면에서 북한의 정치체제는 수령중심의 당-국가체제로 정의된다.

3. 조선노동당은 수령과 국가기관 중간에 위치한다. 정치적 기능 측면에서 조선노동당은 정치지도자인 수령의 지시를 국가기관에 전달하며 국가기관의 활동이 수령의 의도에 부합되는지에 대한 감시 및 감독 역할을 한다. 정치지도자인 수령은 조선노동당의 정책결정 기구인 정치국과 정책집행 기구인 비서국의 대표직을 겸직함으로서, 수령이 조선노동당의 모든 권력을 장악했다. 수령이 당의 핵심 직위를 독점하여 모든 의사결정 과정을 독점하고 정책집행을 감시 및 감독한다.

4. 조선노동당이 국가기구를 통제하는 방식은 정치지도자인 수령이 당을 통제하는 방식과 유사하다. 조선노동당의 정치국, 비서국 위원과 같은 정치지도자의 최측근들이 국가 주요 기구(국무위원회, 최고인민회의, 내각)의 기관장을 겸직하여, 국가 기구의 활동을 통제한다. 또한 조선노동당 내에 국가기관에 상응하는 감시 및 감독 조직을 두어, 모든 국가기구의 활동을 사찰하게 된다.

5. 북한은 '수령중심의 당-국가체제'를 유지하는 가운데 수령인 정치지도자만 세습을 통해 변했다. 일부 직위의 명칭이 변화하기도 했지만, 정치지도자는 사실상 유일 정당과 정부기구의 최고 수장직 그리고 군대의 최고사령관 직위를 모두 겸임하고 있다. 군대의 최고사령관 직위를 가장 우선적으로 세습했다는 점에서, 권력구조 유지를 위해 군대의 중요도가 상당히 높다고 할 수 있다.

미주

1 John, Locke, *Two Treatises of Government and A Letter Concerning Toleration*(New Haven: Yale University Press, 2003); Charles de Secondat, Baron de Montesquieu, *The Spirit of the Laws*(1748).

2 Geddes, Barbara, Joseph Wright and Erica Frantz. 2014. "Autocratic Breakdown and Regime Transitions: New Data," *Perspective on Politics*, Vol. 12, No. 2, pp.313~331.

3 필립스 쉬블리 저, 김계동 역,『정치학 개론』(서울: 명인문화사, 2013), pp.78~79.

4 스즈키 마사유키, 유영구 역. 1994.『김정일과 수령제 사회주의』(서울: 중앙일보사).

5 정성장.『현대 북한의 정치: 역사 · 이념 · 권력체계』(파주: 한울, 2011), pp.11~16.

6 김정일. "주체사상 교양에서 제기되는 몇 가지 문제에 대하여." 로동신문 담화(1986. 7. 15).

7 정성장. 위의 글, pp.132~133.

8 북한정보포털 (https://nkinfo.unikorea.go.kr/). 검색일: 2025.7.16.

제3장 북한 주민은 왜 저항하지 않는가?

2003년 대구 유니버시아드대회에 파견된 북한 응원단은 많은 관심을 불러 일으켰다. 첫 번째 관심은 그들의 빼어난 미모에 기인한다. 젊은 여성들로 구성된 응원단은 '미녀 응원단'이란 별칭을 얻었으며, 심지어 한국에서 북한 응원단의 팬클럽이 생기기도 하였다. 두 번째 관심은 이들의 항의 시위 때문에 비롯되었다. 버스를 타고 이동 중 김정일 사진이 인쇄되어 있는 현수막이 비를 맞고 있는 것을 보고, 이들은 버스를 세우고 눈물을 흘리며 현수막을 끌어내렸다. 위대한 수령이 인쇄되어 있는 현수막이 비를 맞고 있었기 때문이다. 이들이 흘린 눈물과 시위 행동은 진정 마음에서 비롯된 것인가? 아니면 그렇게 행동하지 않을 경우 북한으로 돌아가서 처벌 받을 것을 우려한 행동인가? 이유야 어찌되었건, 이들의 행동은 비정상적인 북한 체제에 북한 주민들이 저항하지 않고 순응하는 모습을 단적으로 보여준다고 할 수 있다. 따라서 본 장에서는 "북한 주민은 왜 저항하지 않는가?"에 대한 질문에 대해 '사회통제'의 개념을 중심으로 서술하도록 하겠다.

학습목표

1. 사회통제 개념을 이해하고, 북한 사회통제 방법을 고찰한다.
2. 북한의 사회통제가 실패했을 경우 발생하는 현상을 이해한다.

탐구중점

1. 북한은 어떠한 방법을 활용하여 사회질서를 유지하는가?
2. 북한의 사회통제에 순응하지 않는 경우 어떠한 일이 발생하는가?

핵심개념

- 사회통제
- 기본군중
- 복잡군중
- 적대계급잔여분자
- 국가보위성
- 사회안전성
- 정치사상교육
- 탈북
- 북한이탈주민
- 정치범 수용소

1. 사회통제의 정의

'사회통제(Social Control)'는 "동조(Conformity)를 형성하기 위해 작동하는 공식적 및 비공식적 메커니즘과 내적 및 외적 통제"이다.[1] 여기서 동조란 개인의 생각 및 가치관을 집단 혹은 대다수의 규범에 맞추려는 것으로 '사회화(Socialization)'와 밀접한 관련이 있다. 즉, 동조하면 보상하고, 집단의 규범을 어겼을 경우에는 다양한 방법을 통해 이를 제지하고 '사회질서(Social Order)'를 회복하려는 행위가 사회통제인 것이다.

다양한 구성원들로 이루어진 사회가 원활하게 기능하기 위해서는 사회질서가 필요하다. 따라서 대부분의 사회에서 사회통제가 이루어진다. 작은 사회라고 할 수 있는 가정부터 시작해서 국가 단위, 그리고 국제 사회에 이르기까지 나름의 사회질서가 존재하고 이를 유지하기 위한 사회통제가 이루어진다. 조선시대에는 왕조 중심의 사회질서를 유지하기 위해서, 21세기 대한민국에서는 자유민주주의라는 사회질서를 유지하기 위해서 사회통제가 이루어진다. 즉, 지역, 시간, 사회의 규모 등에 따라서 차이가 있을지언정 사회통제가 기능하는 것은 보편적이라고 할 수 있다.

사회통제를 달성하는 방법은 긍정적 교화를 통한 것과 강압과 처벌에 의한 것으로 구분할 수 있다. 긍정적 교화는 장기적인 학습과 교육을 통해 사회에 적합한 인간으로 양성되어 자연스럽게 사회질서를 준수하는 것을 목적으로 한다. 즉, 해당 사회에 완벽하게 사회화가 되는 것을 추구한다. 반면 강압과 처벌에 의한 사회통제는 사회화 여부와 관계없이 일탈 행위를 강제로 제지하고 교정하여 사회질서를 회복하는 것이다. 결과적으로 볼 때 사회질서가 유지된 현상은 같지만, 긍정적 교화를 통한 방법이 보다 효과적이다.

또한 사회통제는 비공식적 사회통제와 공식적 사회통제로 나누어 생각해 볼 수 있다. 비공식적 사회통제는 주로 사소한 일탈을 제어하는 역할을 한다. 가족, 친구, 동료 등 주변에 있는 사람들이 비공식적 통제의 역할을 수행한다. 예를 들어 연장자를 공경하는 문화를 갖는 국가에서 연장자에게 무례한 행위를 했을 경우 가족이나 친구로부터 비난을 받게 되어 해당 행위를 수정하게 되는 것이 비공식적 통제이다. 이를 통해 직접적으로 해당 행위를 통제할 수 있으며, 앞으로의 행위에 있어서도 그 사회가 요구하는 바대로 이끌어낼 수 있다. 반면 공식적 사회통제는 좀 더 중대한 일탈을 제지하는 역할을 한다. 따라서 경찰, 검찰 등 공권력을 갖는 기관에서 공식적 사회통제를 주로 담당하고 있다. 공식적 사회통제는 비공식적 사회통제에 비해 중대한 일탈을 제지해야 하므로, 일반적으로 통제의 강도가 더 높다.[2]

순수한 사회통제의 개념은 가치중립적이다. 하지만 몇 가지 조건이 결합되면 사회통제는 부정적인 요소를 내포하게 된다. 첫째, 사회통제를 통해 유지하려고 하는 규범 혹은 질서가 보편적으로 받아들이기 힘든 경우이다. 예를 들어 조직폭력배 집단의 규범은 모 사회에서 받아들일 수 없는 비정상적인 것이다. 따라서 조직폭력배 집단의 규범을 강요하고 질서를 바로 잡기 위해 이루어지는 사회통제는 부정적이며 잘못된 것으로 생각할 수 있다. 둘째, 사회통제의 기제나 방법이 적절히 이루어지지 않는 경우이다. 예를 들어 주차 질서를 확립하기 위해 불법 주차를 하는 차주를 사형에 처하는 사회가 있을 수 있다. 주차 질서 확립은 보편적으로 받아들일 수 있는 사회질서에 해당하지만, 불법 주차 차주를 사형에 처하는 것은 과다하다고 판단할 수 있다. 이처럼 사회통제가 잘못 활용된 경우 해당 사회는 비정상적이며, 구성원들은 고통을 받게 된다.

북한의 사회통제는 다양한 차원이 촘촘하게 결합되어 있다. 긍정적 교화를 활용하기도 하고 강압과 처벌을 활용하기도 한다. 긍정적 교화를 통한 방법도 꾸준히 유지되고 있지만 강압과 처벌을 통한 사회통제의 역할이 점점 커지고 있다. 비공식적 통제도 작동하지만 이보다는 공식적 통제가 주를 이룬다. 북한이 사회통제를 통해 회복하려고 하는 사회질서는 국제사회에서 보편적으로 받아들이기 힘든 3대 세습 독재 체제이고, 일탈에 대응하는 사회통제 방법도 적절하게 이루어지고 있지 않다. 즉, 북한의 사회통제는 정상적이라 보기 힘들고, 비정상적인 사회통제로 인해 북한 주민들은 인권 침해를 비롯한 많은 고통을 받고 있다.

2. 주민성분 조사사업의 역사 및 기능

공산주의는 평등을 가장 중요한 가치로 인식한다. 생산수단을 소유한 자본가 집단의 착취로 인해 사회 불평등이 가중되는 현상을 타파하고, 노동자와 농민이 주가 되는 사회를 추구한다. 사유 재산을 인정하지 않고 중요 생산수단은 공동으로 소유하며, 필요에 의한 분배를 강조한다. 이 논리를 따를 경우 공산주의 국가는 자본주의 국가보다 평등한 사회 구조를 갖게 된다. 하지만 역설적이게도 공산주의 이념에 기초한 북한은 인위적인 사회 계층(Social Stratification)[3] 구분으로 가장 불평등한 사회 구조(Social Structure)를 만들었다.

[표 3-1] 북한 주민성분 조사사업의 역사

구 분	시 기	내 용
중앙당 집중지도사업	1958.12~1960.12	불순분자 색출처단 및 산간벽지 강제 이주
주민재등록사업	1966.4~1967.3	100만 적위대의 사상결속을 위한 주민성분 분류 (직계 3대·처가·외가 6촌까지 내사)
3계층 51개 부류 구분사업	1967.4~1970.6	주민재등록사업 결과를 토대로 전 주민을 핵심계층, 동요계층, 적대계층으로 구분, 이를 다시 세분화하여 51개 부류로 구분
주민요해사업	1972.2~1974	남북대화 관련, 주민동태 조사·파악, 전 주민을 믿을 수 있는 자, 반신반의자, 변절자로 구분
주민증 검열사업	1980.1~1980.12	김정일 지시로 공민증 대조·갱신으로 불순분자 색출과 통제기능 강화
외국귀화인 및 월북자 등에 대한 요해사업	1980.4~1980.10	월북자 등 외부에서 입북한 자들을 13계층으로 구분, 감시자료를 체계화
북송재일교포 요해사업	1981.1~1981.4	북송교포들에 대한 자료를 세분하여 동향 감시자료를 과학화
주민증 갱신사업	1983.11~1984.3	공민증 갱신 및 주민문건 정비
주민재등록사업	1989.10~1990.12	주민등록부 재조사 정리, 이산가족 개인신상카드 작성
공민등록법 채택	1997.11	출생증, 공민증, 평양시민증 발급
공민증 갱신사업	1998.2~1998.10	수첩 형태에서 양면 비닐코팅 카드형으로 교체
공민증교체 발급	2004.4	비닐코팅식 공민증에서 수첩식 공민증으로 교체

출처 : 통일연구원, 『2009 북한개요』 (서울: 통일연구원, 2009), p.332.

북한의 태생적 한계는 **사회통제**의 필요성을 배가시킨다. 김일성은 다양한 파벌의 경쟁자를 숙청하여 정치적 권력을 장악하였고, 정치적 권력을 장악한 후에는 일인지배체제 구축을 위해 노력하였다. 따라서 개인숭배를 강요하여 일인지배체제를 확실하게 구축하기 위해서는 자신에게 절대적으로 충성할 수 있는 세력과 적대적인 세력을 구분하는 것이 중요했다. 이러한 배경 속에서 북한은 6.25 전쟁으로 인한 피해를 어느 정도 복구한 후, 주민들의 가족력을 바탕으로 계층 구분을 하기 시작했다.

1958년도에 처음 시작된 중앙당 집중지도사업은 주민성분 조사를 통해 불순분자를 색출하려는 목적이 컸고, 1966년에 실시한 주민재등록 사업은 노농적위대 조직을 위한 목적을 가지고 있었다. 이러한 주민성분 조사 사업을 토대로 1967년에는 전 주민을 핵심, 동요, 적대의 3개 계층, 그리고 51개 부류로 구분하였다. 그 이후에는 남북대화를 비롯한 특정 사건이 있을 경우, 시간의 경과에 따라 갱신해야 될 필요성이 있을 경우 성분 조사 사업이 지속되어 왔다.

북한이 지속적인 주민성분 조사사업을 통해 인위적인 계층 구분을 시도하는 것은 정권에 위협이 되는 부류를 구분하여 엄격하게 통제함으로써 체제 안정을 도모하기 위함이다. 북한은 대중의 지지를 바탕으로 형성된 것이 아니라 일부 공산주의자의 권력욕과 소련 군정의 야합으로 성립되었기 때문에, 근본적인 정당성을 확보하지 못했다. 따라서 체제에 불만을 갖는 대중의 힘이 정치적으로 이용될 경우 북한은 붕괴할 가능성이 상당히 크다고 할 수 있다. 북한 지도부는 이러한 현상을 사전에 차단하기 위해서 체제에 불만을 갖는 부류를 색출하는데 공을 들여왔다. [표 3-1]에서 볼 수 있듯 1958년부터 현재까지 이루어진 주민성분 조사 사업을 보면, 불순분자 색출, 적대 계층 식별, 변절자 파악 등이 주요 목적이었음을 알 수 있다.

한편, 1967년에 정립된 3계층 51개 부류는 현재까지도 북한 사회 계층 구분의 핵심이라고 할 수 있다. 1990년대 중반 이후 경제난에 따라 북한 사회의 근간이 흔들리자 3계층 56개 부류로 조정되었으며, 세부내용은 다음과 같다.[4]

첫째, **기본군중**이란 혁명의 단계에서 김일성과 김정일을 위하여 충성을 다한 사람들로 혁명가, 영예군인, 영웅, 전사자 가족 등이 있다. 이들은 당·정·군 간부로 등용이 가능하고 타 계층과 분리되어 의식주를 비롯한 각종 사회 경제적 특혜를 누리고 있다. 김정은 일가와 더불어 북한을 실질적으로 이끌어 가는 세력이라고 할 수 있다.

둘째, **복잡군중**이란 계급적 토대와 사회정치생활경위, 가정주위환경에서 정치적으로 복잡한 문제들이 있는 사람을 말한다. 복잡군중에는 입대기피자, 반동단체가담자, 월남자가족, 친일·친미파 가족, 종파분자 가족, 기업가 가족 등이 있다. 일반적인 북한 주민들이 속해 있는 계층으로, 각종 하급 간부 및 기술자로 진출이 가능하다. 북한의 지도층이 기본군중과 함께 북한을 이끌어 나가면서 회유해 나가야 하는 계층에 해당한다.

셋째, **적대계급잔여분자**란 전복된 착취계급의 잔여분자들과 일본제국주의자들과 미제국주의자들에게 나라와 민족을 팔아먹은 민족반역자를 말하며 여기에는 지주, 부농, 자본가, 친일파, 친미파, 종파분자, 간첩, 기업가 등이 속한다. 이 계층에 해당하는 주민은 탄광을 비롯한 각종 중노동에 동원되고, 제대로 교육을 받거나 조선노동당에 입당할 수도 없다. 자원에 대한 접근이 상당히 제한되어 취약한 계층이기 때문에 고난의 행군 기간 중 발생한 많은 사망자가 적대계급잔여분자 계층으로 알려져 있다. 이들은 북한 당국이 원활한 체제 유지를 위해 지속적으로 감시하고 억눌러야 되는 대상이라 할 수 있다.

이러한 계층 구분이 높은 직위를 획득하는데 충분조건으로 작용하지는 않는다. 즉, 기본군중이라고 해서 무조건 고위 노동당원이 되는 것은 아니다. 하지만 개인의 능력이 출중하다고 하더라도 출신 성분이 좋지 못하면, 즉 적대계급잔여분자에 해당할 경우 노동당에 입당할 수 없으며 능력을 발휘할 기회조차 갖지 못한다. 북한 사회에서 개인의 출신 성분은 특정 직위를 획득하고 기회를 갖기 위해 요구되는 최소한의 필요조건인 것이다.

북한 주민의 지위와 운신의 폭을 사실상 결정하는 계층 구분은 개인의 노력으로 극복할 수 있는 것이 아니다. 각 계층을 구분하는 기준은 최초 주민성분 조사 사업을 시작할 때 설정되었다. 즉, 현 시대를 살아가는 북한 주민 입장에서는 얼굴도 알지 못하는 할아버지 혹은 증조할아버지 세대의 활동에 의해서 현재가 규정되어 버린 것이다. 개인의 능력과 상관없이 할아버지가 남한에 맞서 싸운 군인이었다면 기본군중으로 분류되는 것이고, 부농이었거나 남한과 관계된 조상을 두고 있다면 적대계급잔여분자로서 살아가야 하는 것이다. 혁혁한 공로를 인정받아 일부는 상향적 계층 이동을 경험하기도 하지만 극소수에 불과하다. 북한 체제 유지에 위협이 되는 활동과 연관이 되면 적대계급잔여분자로 이동하게 되는 것은 당연하다. 이처럼 북한 사회는 귀속적 지위에 의존한 폐쇄적 사회 계층 시스템을 유지하고 있으며, 이는 비정상적인 3대 독재 세습체제를 지탱하는 사회통제 기능을 발휘하고 있다.

한편, 장마당 등 시장 경제적 요소에 편승하여 부를 축적한 일부 세력이 새로운 사회 계층으로 대두되고 있다. 1990년대 중후반 북한은 대내외적인 악재에 직면하여 더 이상 배급제를 정상적으로 유지할 수가 없었다. 배급량을 줄이는 것에서 더 나아가 배급이 완전 중단되자 기본군중을 제외한 대다수의 북한 주민들은 최소한의 생존도 보장받지 못하게 되었다. 이런 상황에서 북한 주민들은 생존을 위해 자구책을 강구하기 시작했고, 다양한 방식으로 연명해 나가기 시작한다. 일단 팔 수 있는 것은 모조리 장마당에 나가 팔았고, 텃밭에서 채소를 재배하고 가축을 사육하며, 채집 및 구걸 등의 방법이 동원되었다.

북한은 2002년 침체된 경기를 회복하여 주민 생활의 질적 향상을 도모하기 위해 사회주의 계획경제에 시장경제 요소를 부분적으로 도입하는 7.1 경제관리 개선조치를 시행한다. 7.1 경제관리 개선조치는 제한된 범위 내에서 성과분배의 원칙을 적용하고 종합시장을 개설하는 등 주민의 근로 의욕을 고취시키는 다양한 내용들이 포함되어 있다. 시장경제 확산에 따른 부작용을 우려한 당국의 조치에 따라 2006년에 종합시장이 통제되기도 하고, 2009년에는 상당 부분 계획 경제로 회귀하는 화폐 개혁 조치가 단행되었다. 김정은 등장 이후인 2012년에는

6.28 조치를 통해 시장 경제 요소를 도입하고 경기 회복을 꾀하였다. 이처럼 북한의 경제정책은 시장 경제와 사회주의 계획경제에서 갈피를 잡지 못하고 있지만, 이 과정에서 북한 주민은 시장 경제의 작동 원리를 체득하고, 물자를 유통시키거나 국경을 통한 중국물품 반입을 통해 조금씩 부를 축적해 나간다. 고난의 행군 당시에는 단순히 생존을 목적으로 장마당을 활용했지만, 일부 북한 주민들은 장마당을 활용해 부를 축적하고 새로운 계층으로 등장한 것이다.

하지만 여전히 3개 계층으로의 구분은 각 계층에 따라 북한 주민이 진출할 수 있는 수준을 제한함으로써, 체제에 위협이 되는 인사의 진출을 막는 근본적인 사회통제 기제로서 작용하고 있다.

3. 북한의 사회통제 방법

사회통제가 사회질서를 회복하기 위한 기제라는 점을 생각해보면, 사회질서를 크게 어지럽히는 행위에 대해서 신속하게 대응하여 이를 바로잡는 것이 가장 중요할 것이다. 북한 당국의 입장에서 가장 심각한 일탈은 바로 수령의 권위를 부정하고 삼대 세습체제에 반대하는 것이 되겠다. 따라서 이러한 일탈에는 강압과 처벌에 의한 직접적이고 강력한 방법을 동원한다. 하지만 이러한 방법보다는 모든 북한 주민이 진심으로 수령을 섬기고 체제에 순응하는 것이 김정은 입장에서는 바람직한 사회통제일 것이다. 따라서 이러한 목적을 달성하기 위해, 즉 북한 체제에 적합한 인간을 주조하기 위해 노력하는데, 이는 긍정적 교화라고 명명할 수 있다.

가. 강압과 처벌

사회통제 개념을 통해 살펴보았듯이, 강압과 처벌에 의한 사회통제는 일탈을 강제적으로 제지하고 교정하여 사회질서를 회복하는 역할을 한다. 따라서 사소한 일탈보다는 심각한 일탈을 제어하기 위해서 강압과 처벌의 방법이 사용되고, 주로 공식적 기관에 의해 수행된다. 외부 정보의 유입 증가 및 경제난으로 초래된 북한 사회 변동은 더 강력한 사회통제 방법을 필요로 하게 되었고, 이에 따라 강압과 처벌을 통한 사회통제가 증대되고 있다.

국가보위성과 **사회안전성**은 오랜 기간 동안 북한 사회통제를 담당해온 양대 사찰 기관으로 강압과 처벌을 주로 활용해 왔다. 1990년대 중반 이후 경제난으로 인해 배급제가 붕괴되고 당국의 권위가 땅에 떨어지자, 북한은 더 이상 전통적인 방법에 의존해 사회통제를 할 수 없게 되었다. 이에 김정일은 선군정치를 앞세우며 인민군 보위사령부 등을 활용해 이완된 사회통제 기능을 대신하게 했다. 이 기간 동안 국가보위성과 사회안전성은 인민군에 밀려 사회통제 기능을 제대로 발휘할 수 없었지만, 김정은 체제 등장 이후 다시 본연의 기능을 회복해가고 있다.

한편, 김정일 등장 이후 경제난을 비롯한 대내외 악재가 겹쳐서 시작된 고난의 행군 시기에 군이 전면에 등장하여 북한의 정치 · 사회를 주도했다. 이 시기 인민무력부나 보위사령부 등의 군 기관이 요원을 파견하는 등의 방법으로 직접 사회통제에 개입하였다. 하지만 김정은 등장 이후 군의 사회통제 기능은 약화된 것으로 판단된다. 비단 사회통제뿐만 아니라 김정일 체제에서 누리던 군의 특권은 상당 부분 축소되었다. 야전 군인을 대변할 수 있는 총참모장이나 국방상(구 인민무력부장)은 수시로 교체되고 숙청되는 등 김정은의 견제를 받고 있고, 경제 사업 역시 다시 당으로 넘어가고 있다. 사회 전 분야로 과도하게 팽창된 군이 다시 본연의 자리로 축소되면서 상대적으로 입지가 줄어들었다. 이런 상황에서 군은 사회통제에 개입할 수 있는 여력도 되지 않고, 김정일 체제에서처럼 명분도 가지고 있지 않은 것으로 판단된다.

1) 국가보위성의 사회통제

국가보위성은 북한의 비밀정보기관 혹은 비밀경찰과 같은 역할을 하는 기관이다. 1947년 2월에 출범한 북조선인민위원회 보안국이 그 시작이다. 공식 창설된 것은 1973년 5월로 알려져 있다.[5] 국가보위성의 핵심 권한은 정권에 반할 수 있는 정치사상범에 대해 공식적인 법 절차 없이 체포하거나 처형할 수 있는 것이다.[6] 좀 더 구체적으로 그 역할을 살펴보면, 반당·반국가 음모자 색출뿐만 아니라 공작원을 양성하거나 주민들의 사상을 확인하고 감시하는 임무를 수행한다.[7] 국가보위성은 북한의 독재체제 구축과 후계체제 구축에 중요한 역할을 했고, 현재 김정은 체제 유지에 있어서도 핵심적인 역할을 담당하고 있다.

또한, 국가보위성은 **정치범 수용소**를 전반적으로 관장한다. 정치범 수용소의 시초는 김일성 일인독재체제를 구축하면서 경쟁에서 패한 정적들을 산간오지에 집단 수용한 것이다. 이후 김정일 후계 체제 구축 과정에서 이에 반대하는 세력도 처형당하거나 정치범 수용소에 보내졌다. 국가보위성이 정치범 수용소 전체를 관장하고, 사회안전성이 관리하는 정치범 수용소도 있는 것으로 알려져 있다.

정치범 수용소는 크게 일정 기간 수감 후에 사회로 복귀 가능한 혁명화구역과 한 번 들어가면 영원히 사회로부터 격리되어 죽기 전까지 벗어날 수 없는 완전통제구역으로 나뉜다. 수년 전 15호 관리소가 혁명화구역을 폐쇄한 것으로 알려졌는데, 이로 인해 현재 북한에는 완전통제구역으로 운영되는 관리소만 남아 있는 것으로 파악된다.[8]

이 중에서도 가장 가혹한 유형의 정치범 수용소는 바로 완전통제구역이다. 완전통제구역에 수감되는 자들은 북한 체제 유지에 심각한 위협이 되는 사람들이다. 이들은 다시 북한 사회에 돌아갈 가망이 없는 자들로서, 중노동과 가혹한 학대에 그대로 노출된다. 아무런 희망도 없고 최소한의 삶의 의미마저도 빼앗긴다.

이러한 정치범 수용소의 규모는 최소 8만 명에서 최대 12만 명으로 추정된다. 15만 명이나 20만 명으로 추정하는 자료도 있지만 정치범 수용소에 집중 수감된 시기가 김일성 일인독재체제 구축과 김정일 후계체제 구축 시기이고, 수감자는 열악한 여건에 의해 사망하는 경우가 많으며, 출산할 수 있는 지원이 거의 이루어지지 않기 때문에 8만 명에서 12만 명 사이로 판단하는 것이 보다 적절해 보인다.

정치범 수용소의 하루 일과는 각 수용소별로 조금씩 차이가 있는 것으로 알려져 있지만, 대체로 새벽 4시~5시경에 기상하여 7시부터 강제 노동에 동원된다. 12시~1시경에 점심식사를 하고, 노동은 저녁 8시~9시까지 이루어진다. 따라서 하루에 약 12시간 정도의 중노동에 시달리게 되고, 정해진 작업량을 달성하지 못할 경우에는 추가적인 노동을 통해 기준을 충족해야 한다. 정치범 수용소에 수감된 자들이 직면하는 노동은 주로 광물 캐기, 개간 등 장비의 도움 없이 인력으로만 진행하기에는 상당히 고된 일이다.

중노동에 시달리지만, 수용자들이 섭취할 수 있는 음식은 극도로 제한되어 많은 경우 영양 결핍을 겪고 있다. 수용소를 탈출한 사람들이 그동안 증언한 내용에 따르면, 나무껍질을 먹거나 쥐와 벌레 등을 몰래 잡아먹는다고 한다. 영양이 부족한 상태에서 과도한 노동을 강요받으므로, 신체가 상하거나 병에 걸릴 확률이 높다. 질병 등으로 노동을 하지 못할 경우 그에 대한 처벌로써 다시 식량배급이 제한되거나 삭감되어 병세가 악화될 수밖에 없다. 계속해서 노동을 하지 못하고 식량을 공급받지 못해 사망에 이르는 경우도 많으며, 정치범 수용소에서 수용자의 사망은 흔한 일이기 때문에, 이로 인해 관리요원이 불이익을 받지 않고 조용히 넘어간다.

뿐만 아니라 정치범 수용소에서는 관리요원의 자의적인 처벌 및 과도한 고문이 일상화 되어 있다. 수용자들은 이미 북한이라는 체제에서 보호받기 힘든 위치에 있기 때문에 관리요원은 통제를 쉽게 하려고 수시로 폭력을 행사한다. 정치범 수용소 내의 규율을 어기거나, 관리요원의 심기를 불편하게 했을 경우 구타를 당하거나 각종 고문에 노출된다. 심지어는 관리요원이 상부로부터 포상을 얻기 위해 수용자들이 탈출하는 것처럼 꾸미고 사살하는 경우도 종종 있다고 보고된다.

이처럼 중요한 역할을 수행하기 때문에 국가보위성은 국무위원회 직속 기관으로 김정은의 직접적인 통제를 받는다. 체제 유지에 위협을 준다고 판단이 되면 아무런 법적 근거 없이 체포하거나 처형할 수 있으므로 상당한 권력을 갖는다. 그러나 반체제 인사를 처단해야 하는 임무와 이에 따른 권력의 집중은 자연스레 권력의 남용을 불러왔고, 이에 따라 최고지도자 및 타 기관의 경계를 가져오기도 하였다. 그 결과 대부분의 국가보위상은 자살하거나 총살당하는 등 말로가 좋지 못했다.

김정은 체제에서 국가보위성은 리영호 전 총참모장, 장성택 전 행정부장, 현영철 전 인민무력부장 등 거물급 인사의 숙청 및 처형에 깊숙이 관여한 것으로 알려져 있다. 물론 권력자 숙청 작업에는 국가보위성뿐만 아니라 당 조직지도부의 역할도 크다. 하지만 국가보위성 요원에게 붙들려 특별군사재판에 회부된 장성택의 모습은 국가보위성의 역할 및 기능을 상징적으로 대변한다고 할 수 있겠다.

2) 사회안전성의 사회통제

사회안전성은 치안을 담당하는 보통 경찰에 해당하는 기관이다. 하지만 일반적인 경찰 업무를 넘어서는 다양한 활동을 하고 있기 때문에 단순한 경찰 기관으로 보기에는 무리가 있다. 사회안전성은 그 역할의 중요성 때문에 국무위원회 직속 기관으로 편성되어 있다.

국가보위성과 함께 북한의 핵심 사찰 기관인 사회안전성의 주요 역할은 공공질서의 유지, 국가의 재산보호, 주민 사상동향 감시, 개인 신원조사 등이다.[9] 사회안전성과 국가보위성의 큰 차이는 담당하는 대상이 다르다는 점이다. 국가보위성은 주로 큰 파장을 불러일으킬 수 있는 유력 정치사상범을 감시하거나 처벌하고, 사회안전성은 대다수의 일반 주민들을 담당한다.

사회안전성이 북한 주민을 통제하는 방법은 크게 두 가지로 나누어 생각해 볼 수 있다. 첫째, 전통적인 경찰 기관의 기능으로 법의 집행과 관련된 부분이다. 사회안전성은 주요 정치 사건을 제외한 대부분의 사건을 담당하여 수사하고 정식 재판 전에 이루어지는 예심을 주관한다. 사회안전성이 치안 기관으로서 법을 집행하는 과정에서 극단적인 방법으로 공개처형을 활용하는 것은 심각한 문제이다. 공개처형은 특정 장소에 주민들을 모이게 하고 처형자의 죄목을 낭독한 다음 처형하는 것이다. 현장에서 사회안전성 책임자가 판결문을 낭독하고 집행하는 것으로 알려져 있다. 공포심을 조장함으로써 주민들을 옥죄고 사회통제를 용이하게 하기 위함이다.

둘째, 일반적인 경찰 업무를 넘어서는 다양한 사회 문제에 직접적으로 개입함으로써 사회통제 기능을 수행한다. 이 중에서 가장 중요한 것은 주민 성분 조사를 통해 계층 구분을 위한 기본 토대를 제공하는 것이다. 계층 구분에 의한 사회통제의 중요성은 앞서 논의한 바 있다. 이뿐만 아니라 거주이전이나 여행의 필요성이 있을 경우 사회안전성의 허가가 필수적이다. 이동을 통제함으로써 주민 관리를 용이하게 하고, 체제 유지에 위협이 되는 인사의 평양 진입을 차단하기 위한 목적이다. 가족 행사 등의 특별한 사유가 있어야 이동이 가능한데, 이마저도 뇌물을 쓰지 않으면 쉽지 않다고 한다. 또한 마을 단위 통제 조직인 인민반은 생활총화 결과를 해당 지역의 사회안전성 소속 주재원에게 보고해야 한다. 이처럼 사회안전성은 북한 주민들과 많은 접촉을 하며 세세한 부분까지 통제하고 있다.

> **북한의 범죄자 수용 시설: 집결소(유치장)와 교화소**
>
> 북한은 일반적인 일탈 행위를 저지른 범죄자를 수용할 목적으로 각 시·군에는 집결소(유치장)를, 각 도에는 교화소를 설치·운영하고 있다. 집결소는 수사가 진행 중인 용의자나 경범죄자들이 수감되고, 교화소에는 상대적으로 죄가 무거운 범죄자들이 수용된다. 범죄자는 매일 8~9시간씩 중노동에 시달리며, 정해진 노동 시간이 끝난 후에는 1~2시간씩 정치사상교육을 받는다. 범죄자들이 정치사상교육을 받는 것은, 이들이 정해진 복역 기간을 마친 후에 다시 사회로 돌아가야 하기 때문이다.

나. 긍정적 교화

북한 주민은 태어나서 죽을 때까지 끊임없는 조직생활을 통해 수령 중심의 북한 체제에 순응하도록 강요받는다. 북한 주민의 끊임없는 조직생활을 상징적으로 표현하고 있는 것은 집단주의 원칙이다. "하나는 전체를 위하여, 전체는 하나를 위하여"라는 집단주의 원칙은 북한 주민이 각 개인보다는 조직의 지침을 더 우선시하고 조직 생활을 중시해야 하는 것을 보여주고 있는데, 이는 전체주의와 맥락을 같이한다. 따라서 북한 주민은 자신의 연령과 사회・경제적 배경에 적합한 조직에서 예외 없이 조직 생활을 해야 한다. 중첩되고 강제된 조직생활은 통치 이념을 내면화하여 자발적 동조를 강화하고, 상호 감시를 통해 사회통제를 효율적으로 하는데 기여한다. 즉, 장기적인 학습과 교육, 단체 생활을 통해 체제에 순응할 수 있도록 사회화를 시키는 것이다. 이러한 방법을 통칭해서 긍정적 교화를 통한 사회통제라고 할 수 있고, 이는 다시 교육기관에 의한 것과 당 외곽단체에 의한 것으로 나눌 수 있다.

1) 교육기관의 사회통제

[그림 3-1]은 북한 교육 기관과 노동당 및 외곽단체를 개략적으로 보여준다. 이 중 유치원 1년부터 고급중학교 3년까지 총 12년이 의무 교육 기간이다.[10] 원칙적으로 북한의 모든 학생이 12년의 의무 교육 과정을 거쳐야 한다. 따라서 북한 당국은 교육 기간 중 **정치사상교육**을 지속적으로 실시하여, 그들의 체제에 우호적인 인간상을 만들려고 노력한다. 정치사상교육의 구체적인 내용은 [표 3-2]와 같다.

[그림 3-1] 북한 주민의 조직생활 개관

[표 3-2]를 구체적으로 살펴보면, 소학교 교육과정에서 김일성, 김정일, 그리고 김일성의 빨치산 동지이자 김정일의 생모인 김정숙, 김정은의 어린 시절이 각각 교과목으로 편성되어 있음을 알 수 있다. 초급 중학교 교육 과정에는 김일성, 김정일, 김정숙, 그리고 김정은의 혁명활동이 편성되어 있다. 고급 중학교 교육 과정에서는 김일성, 김정일, 김정숙, 김정은의 혁명역사가 편성되어 있다.

[표 3-2] 북한 교육 기관의 정치사상교육

<table>
<tr><th rowspan="2">학교</th><th rowspan="2">과목명</th><th colspan="5">학년별 주당 수업시간 수</th></tr>
<tr><th>1학년</th><th>2학년</th><th>3학년</th><th>4학년</th><th>5학년</th></tr>
<tr><td rowspan="4">소학교</td><td>위대한 수령 김일성 대원수님 어린 시절</td><td>1</td><td>1</td><td>1</td><td rowspan="2">1</td><td rowspan="2">1</td></tr>
<tr><td>위대한 영도자 김정일 원수님 어린 시절</td><td>1</td><td>1</td><td>1</td></tr>
<tr><td>항일의 여성영웅 김정숙 어머님 어린 시절</td><td>1</td><td>–</td><td>–</td><td rowspan="3">1</td><td rowspan="3">1</td></tr>
<tr><td>경애하는 김정은 원수님 어린 시절</td><td>1</td><td>1</td><td>1</td></tr>
<tr><td rowspan="4">초급 중학교</td><td>위대한 수령 김일성 대원수님 혁명활동</td><td>2</td><td>2</td><td>–</td></tr>
<tr><td>위대한 영도자 김정일 대원수님 혁명활동</td><td>–</td><td>2</td><td>2</td><td rowspan="2">–</td><td rowspan="2">–</td></tr>
<tr><td>항일의 여성영웅 김정숙 어머님 혁명활동</td><td>1</td><td>–</td><td>–</td></tr>
<tr><td>경애하는 김정은 원수님 혁명활동</td><td>1</td><td>1</td><td>1</td><td rowspan="3">1</td><td rowspan="3">1</td></tr>
<tr><td rowspan="4">고급 중학교</td><td>위대한 수령 김일성 대원수님 혁명력사</td><td>3</td><td>2</td><td>–</td></tr>
<tr><td>위대한 영도자 김정일 대원수님 혁명력사</td><td>–</td><td>2</td><td>4</td></tr>
<tr><td>항일의 여성영웅 김정숙 어머님 혁명력사</td><td>–</td><td>1/2</td><td>–</td><td rowspan="2" colspan="2"></td></tr>
<tr><td>경애하는 김정은 원수님 혁명력사</td><td>1</td><td>1</td><td>1</td></tr>
</table>

출처: 통일교육원, 『2025 북한이해』 (서울: 통일교육원, 2025), pp.357-362.를 토대로 재구성함.

이처럼, 소학교, 초급 중학교, 고급 중학교를 거치면서 순차적으로 김일성, 김정일, 김정은에 대해 학습함으로써 3대 세습과 김정은 통치의 정당성을 내면화하도록 유도하고 있다. 또한 김정일의 생모인 김정숙까지 우상화하며 교육함으로써 통치의 정당성 확보에 노력하고 있다. 소학교에서는 어린 학생들의 수준에 맞도록 어린 시절을 교육하고, 초급 중학교에서는 혁명활동, 고급 중학교에서는 혁명역사를 학습하게 하여, 체계적으로 김 씨 일가를 우상화하고 있다. 이 밖에도 소학교와 초급 중학교 과정에는 '사회주의 도덕' 과목이 편성되어 있고 고급 중학교 과정에는 '당 정책', '사회주의 도덕과 법' 과목이 편성되어 있어, 교육 기관의 역할이 지식 전달뿐만 아니라 긍정적 교화를 통한 사회통제에 기여하고 있음을 알 수 있다.

정치사상교육은 교과목 편성을 통해 살펴보았듯이 김 씨 일가에 대한 우상화 작업이 핵심이고, 더불어 미국 및 남한에 대한 적개심을 키우고 경계하는 내용도 포함된다. 이를 통해 공산주의적 혁명관이 정립된 것은 물론이고 김정은에 대한 절대적 충성이 내면화된 인재를 양성하려는 것이다. 실력을 갖추었다고 하더라도 정치사상교육이 제대로 이루어지지 않아 북한 체제에 의문을 품고 김정은에게 복종할 수 없다면, 이는 오히려 체제 유지에 부정적인 효과를 미칠 것이기 때문이다. 따라서 북한의 교과 과정은 학생들의 지적 호기심을 충족시키기 위한 다양한 선택권을 보장하기보다 당국이 필요로 하는 내용을 일방적으로 주입할 수 있도록 편성되어 있다. 김 씨 일가에 관한 과목은 진학 및 졸업을 위해 필수 이수해야 하는 것으로 알려져 있다.

북한의 의무 교육도 같은 맥락에서 조망할 필요가 있다. 북한 교육 정책의 근간을 이루고 있는 「사회주의 교육에 관한 테제」에 따르면 의무교육은 "모든 성원을 공산주의적 인간으로 키우기 위한 전민교육"이라 규정하고 있으며, 북한은 무상으로 전 주민에 대한 교육이 이루어지고 있다며 홍보하고 있다. 하지만 실상은 경제난 이후 개인이 학습에 필요한 물품을 구매하는 등 무상으로 이루어지고 있지 않고, 전 주민에 대한 교육이 순수한 교양 제공 목적이 아니라 공산주의적 인간, 좀 더 정확히 말하면 김정은 체제에 순응할 수 있는 인간을 다수 양성하는데 있다. 즉, 북한의 교육 기관은 김정은 체제 유지를 위한 간접적인 사회통제 기제로서 작용하고 있다.

2) 노동당 및 당 외곽단체의 사회통제

노동당은 북한 주민의 정치조직생활을 중앙집권적으로 통제하여 북한의 사회통제에 기여한다.[11] 정치조직생활의 핵심은 북한 주민들이 다양한 조직에서 사상학습, 조직생활총화 등을 통해 당이 요구하는 사상이념을 내재화하는 것에 있다. 당 조직은 각 지역별로 도·시·군 당위원회부터 기층조직으로서 초급당, 분초급당, 부문당, 당세포에 이르기까지 세부적으로 편성되어 있어 주민들에게 밀접한 영향을 미치고 있다. 노동당 규약 제35조에 따르면 시·군 당위원회의 역할에 대해 "조선로동당은 당중앙의 유일적령도체계확립을 중핵으로 내세우고 전당을 김일성-김정일주의로 일색화하며 수반을 중심으로 하는 전당의 통일 단결을 백방으로 강화하고 당중앙의 령도 밑에 조직규률에 따라 하나와 같이 움직이는 엄격한 혁명적 제도와 질서를 세운다."라고 명시하고 있다. 이를 통해 당의 각 조직들이 당원뿐만 아니라 비당원까지 포함하여 사상이념 내재화에 힘써야 함을 알 수 있다.

이러한 맥락에서 북한에는 다양한 당 외곽단체들이 존재한다. 당 외곽단체에서 조직생활을 하는 것은 집단주의 원칙에 따라 개인의 선택이 아닌 의무이다. 대표적인 당 외곽단체로는 소년단, 사회주의청년동맹(청년동맹), 조선직업총동맹(직총), 농업근로자동맹(농근맹), 조선사회주의여성동맹(여맹)이 있다.

[표 3-3] 북한의 당 외곽단체

명칭	출범	목적	규모	가입 대상
조선소년단	1946년 6월 6일	청년동맹의 예비적 성격	300만명	7~13세 소년
사회주의 애국 청년동맹	1946년 1월 17일 북조선민주 청년동맹	당의 혁명과업을 계승하는 청년들의 혁명적 조직으로 당의 정책 수행	500만명	14~30세 청년
조선 직업 총동맹	1945년 11월 30일 북조선직업총동맹	당의 정책을 직장을 통해 수행	150만명	31~65세 노동자 및 사무원
농업 근로자 동맹	1946년 1월 31일 북조선농민동맹	농업부문 근로자들을 당 주위에 굳게 단결시켜 당의 노선 옹호	130만명	31~65세 협동농장원, 농업 관련 종사자
조선 사회주의 여성동맹	1945년 11월 18일 북조선민주 여성동맹	여성의 혁명화 및 노동계급화, 여성의 노력동원과 대중동원	20만명	31~60세 여성

출처: 통일교육원, 『2025 북한이해』(서울: 통일교육원, 2025), pp.302~306. 북한총람 2010 pp.257~260.를 토대로 재구성함.

조선소년단은 실질적으로 북한 주민들이 첫 조직생활을 경험하게 되는 곳으로, 소학교 2학년인 7세에 입단하여 13세까지 활동하게 된다. 사회주의청년동맹에 들어가기 전 단계로서의 성격이 강한 곳으로 사회주의청년동맹의 산하 조직으로 분류되기도 한다. 소년단에 가입하게 되면 학교 안팎에서 지시된 과업 수행을 통해 노동당 이념을 체득하고 준수해 나간다. 소년단은 어린 나이부터 정치사상교육을 실시한다는 점에서 의미가 있다.

사회주의애국청년동맹은 당 외곽단체 중 가장 큰 규모일 뿐만 아니라 당의 혁명과업을 계승하는 다음 세대라는 점에서 중요한 의미를 갖는다. 14세가 되면 소년단에서 사회주의애국청년동맹에 가입하게 되고, 노동당에 입당하지 않는 이상 30세까지 활동하게 된다. 시나 군의 청년동맹위원회 지도원은 소년단과 사회주의청년동맹에 소속된 학생들을 대상으로 조직생활과 관련된 교육을 실시한다.

노동당에 입당하지 못한 북한 주민들은 31세가 되면 조선직업총동맹, 농업근로자동맹, 조선사회주의여성동맹에 가입해야 한다. 노동자이거나 사무원이면 조선직업총동맹, 농업에 종사하고 있는 경우는 농업근로자동맹, 위 단체들에 가입되어 있지 않은 여성은 조선사회주의여성동맹에 가입하는 것이다. 조선직업총동맹, 농업근로자동맹, 조선사회주의여성동맹은 북한 내 여타 다른 단체들과 마찬가지로 중앙조직을 정점으로 하여 각 지방에 하부조직을 가지고 있다.

이러한 당 외곽단체는 몇 가지 공통점을 갖는다. 첫째, 광복 이후 얼마 지나지 않아 출범하였다. 조선사회주의여성동맹과 조선직업총동맹은 1945년 11월에, 조선소년단과 사회주의애국청년동맹 및 농업근로자동맹은 1946년에 출범했다. 당을 정점으로 전 사회를 신속히 공산화하기 위해 주민을 체계적으로 통제할 필요가 있었던 북한은 당 외곽단체를 만들고 모든 주민에게 조직생활을 강요한 것이다. 둘째, 명목상 목적 및 기능에 차이가 있지만, 실질적으로 모든 단체가 당의 정책 및 노선 수행을 보조하는 역할을 한다는 점이다. 즉, 가입대상에 따른 차이만 있을 뿐 기능이 같은 아주 유사한 단체이다. 또한 당 외곽단체는 구성원들을 조직 생활로 묶어 상호 감시가 용이하게 하여 체제유지를 위한 북한 사회통제에 기여한다. 그 정점에는 노동당이 있다. 노동당은 각 단체에 정책을 하달하고 그 시행을 감독함으로써 기타 단체를 통제하는 역할을 수행하다. 이렇게 함으로써 특권층으로 구성된 노동당원이 대다수의 북한 주민들을 효과적으로 통제할 수 있는 것이다.

조직에 따라서 조금씩 차이가 나긴 하지만, 조직 생활의 주요한 활동은 강연회, 학습회, 생활총화 3가지이다. 강연회는 당의 정책 및 지침을 홍보하여 실현하기 위한 목적으로 실시되는 선전·선동 사업 중 하나이다. 수요일 저녁에 많이 실시한다고 알려져 있다. 학습회는 신분 및 수준에 따라 반을 나누어 당의 정책 및 김정은 교시 및 말씀 등을 공부하는 것이다. 생활총화는 조직생활을 통한 사회통제의 핵심 기제로서 각 조직별로 보통 1주일에 1회 실시한다. 한 주간을 되돌아보며 자신의 과오를 반성하고 주변 동료의 결점도 비판한다. 반성 및 비판의 기준이 되는 것은 당의 지침이나 김씨 일가의 언행이다. 이러한 활동을 통해 각 조직에서는 북한 주민들이 김정은의 지침 및 당의 정책을 내면화하여 스스로 준수하도록 유도하고, 사회화가 부족한 경우 상호 감시를 통해 사회통제에 기여할 수 있도록 한다.

한편, 당 외곽단체와 다른 성격의 조직 생활로 마을 단위 조직인 5호 담당제와 인민반이 있다. 5호 담당제는 충성분자 1명이 5세대를 관리하며 사상교육을 시키고 주민들의 동태를 감시하는 것이다. 북한의 주거 형태가 아파트 등 집단거주 형태로 변화함에 따라 1973년 김일성의 지시에 의하여 5호 담당제를 인민반으로 명칭을 바꾸었다.[12] 인민반은 통상 20~40세대로 구성되고 인민반장이 생활총화를 비롯한 조직활동을 주도한다.[13]

경제난 이후 사회통제가 느슨해지면서 북한 내 조직생활도 다소 느슨해졌다는 평가가 일반적이다. 학습회나 생활총화에 참석하지 않고 생계를 꾸리기 위한 텃밭작업이나 장사 등에 매진하는 경우도 있다고 한다. 조직 내 전반적인 분위기가 이완된 경우가 많고, 개인적으로 뇌물 등을 활용하기도 한다. 그럼에도 불구하고 전 주민을 대상으로 한 조직 생활은 북한 체제 유지를 위한 사회화를 유도하고 단체생활을 통한 상호 감시를 일상화함으로써 사회통제에 기여하고 있다.

4. 사회통제의 부작용

북한의 비정상적인 사회통제는 많은 부작용을 동반한다. 그 중에서 가장 대표적인 것이 바로 북한 주민의 인권 유린이다. 인권 유린을 견디다 못한 북한 주민 중 일부는 북한을 탈출하여 새로운 삶을 찾아보려고 하지만 단속 강화로 인해 그마저도 여의치 않다.

인권(Human Rights, 人權)의 개념은 인류 역사의 발전과 함께 했다. 시기 및 지역별로 조금씩 차이가 있는데 이를 모두 검토하기에는 무리가 따르고 본 장의 목적과도 적합하지 않다. 따라서 현대적 의미의 인권 개념 정립에 중요한 역할을 한 세계인권선언을 살펴보는 것으로 인권에 대한 간략한 검토를 마치겠다.

1948년 12월 제3차 국제연합총회에서 채택된 세계인권선언은 전문과 본문 30개조로 구성되었고, 세계 각국의 언어로 번역되어 누구나 쉽게 접할 수 있다. 하지만 선언의 형태이기 때문에 법적인 구속력은 없다. 이후 법적인 구속력을 갖는 조약의 형태로서 세계인권선언에 기초한 국제인권규약(International Covenants on Human Rights)이 채택되었다.

세계인권선언의 전문은 선포 배경 및 필요성에 대해 역설하고 있다. 특히 "모든 인류 구성원의 천부의 존엄성과 동등하고 양도할 수 없는 권리"라는 표현을 통해 모든 인간에게 적용되는 보편적 인권으로서의 특성을 명확히 하고 있다. 또한 인권에 대한 무시가 만행을 초래하였으므로 개인과 각 기관, 국가 및 국제 사회는 인권에 대한 존중을 통해 세계의 자유와 정의, 평화를 유지해야 한다고 말한다.

[표 3-4]는 세계인권선언 본문의 주요 내용을 간략히 요약한 것이다. 제1조와 제2조에 따르면 인권이란 타고나는 권리이자 조건에 따라 차별받을 수 있는 것이 아님을 알 수 있다. 제3조, 5조, 9조 등에 따르면 인권의 핵심요소로서 신체의 자유를 명시하고 있다. 그 밖에 법 앞에 평등할 권리, 이동 및 거주의 자유, 선택의 자유 등이 인권의 실체적 내용임을 알 수 있다. 즉, 인권이란 인간으로서 누구나 누려야 하며, 어떤 조건에 의해서 차별받지 않고, 신체의 자유를 핵심으

로 하여 마땅한 정치 · 경제 · 사회적 지위를 향유하는 것이다.

[표 3-4] 세계인권선언 본문 주요 내용 요약

구분	내용
제1조	모든 인간은 태어날 때부터 자유로우며 그 존엄과 권리에 있어 동등하다...
제2조	...정치적 또는 기타의 견해, 민족적 또는 사회적 출신, 재산, 출생 또는 기타의 신분과 같은 어떠한 종류의 차별도 없이...
제3조	모든 사람은 생명과 신체의 자유와 안전에 대한 권리를 가진다.
제5조	어느 누구도 고문, 또는 잔혹하거나 비인도적이거나 굴욕적인 처우 또는 형벌을 받지 아니한다.
제9조	어느 누구도 자의적으로 체포, 구금 또는 추방되지 아니한다.
제10조	...독립적이며 공평한 법정에서 완전히 평등하게 공정하고 공개된 재판을 받을 권리를 가진다.
제12조	...사생활, 가정, 주거 또는 통신에 대하여 자의적인 간섭을 받거나 또는 그의 명예와 명성에 대한 비난을 받지 아니한다.
제13조의 1	모든 사람은 자국 내에서 이동 및 거주의 자유에 대한 권리를 가진다.
제17조의 2	어느 누구도 자의적으로 자신의 재산을 박탈당하지 아니한다.
제19조	모든 사람은 의견의 자유와 표현의 자유에 대한 권리를 가진다.
제23조의 1	모든 사람은 일, 직업의 자유로운 선택, 정당하고 유리한 노동 조건, 그리고 실업에 대한 보호의 권리를 가진다.

출처: 국가인권위원회(www.humanrights.go.kr)에 탑재된 자료를 발췌 · 정리

가. 북한의 인권 침해

북한은 상습적으로 대다수 주민의 인권을 침해하고 있다. 북한의 사회통제는 김정은 독재 체제 유지라는 그릇된 사회 질서를 위해 기능하고 있기 때문에, 사회통제의 결과로서 인권 침해가 수반될 수밖에 없는 것이다. 따라서 북한의 인권 침해는 중앙이 주도하여 조직적으로 이루어지며 광범위하게 발생하고 있다. 여기에 북한 인권 문제의 심각성이 있다. 근본적인 원인을 제거하여 비정상적인 사회통제를 바로잡지 않는 이상 지엽적인 대책으로 북한 인권 문제를 개선하는 것은 어려울 것으로 보인다.

북한의 인권 침해는 워낙 광범위하고 다양하기 때문에 전부 나열하는 것은

의미가 없다. 세계인권선언의 주요 내용에 비추어 북한의 인권 침해 내용을 간략히 나타내면 [표 3-5]와 같다.

[표 3-5] 북한의 인권 침해 내용

세계인권선언 조항	인권 침해 내용
제1조	성분 조사 사업을 통한 인위적 계층화
제2조	
제3조	계층 및 지위에 의거한 식량 배급, 정치범 수용소 운용, 부적법한 체포·구금 및 고문 자행
제5조	
제9조	
제10조	형식적 판결 후 공개 처형
제12조	각종 조직생활(인민반 등)을 통한 간섭, 생활 총화를 통한 상호 감시
제13조의 1	실질적인 이동 및 거주의 자유 제한
제17조의 2	화폐개혁을 통해 개인 재산 몰수
제19조	노동당 지침에 어긋나는 의견 제시 불가
제23조의 1	계층 및 배경에 따라 직업 선택 극히 제한

북한 인권 침해의 가장 상징적인 사례는 정치범 수용소이다. 정치범 수용소에서는 인간으로서의 최소한 품위를 지킬 수 없을 뿐만 아니라 생존권에 심각한 위협을 받는다. 중노동을 강요받지만 제대로 된 영양 섭취가 힘들고, 폭력 및 처벌이 난무한다.

특히 여성 수용자는 다양한 형태의 성폭력에 노출된다. 주요 간부가 정치범 수용소를 방문할 때 미인 여성들을 선발해 목욕시킨 뒤 성 접대를 들게 하는 경우도 있고, 상호 간의 암묵 속에 관리 요원이 여성 수용자를 성적으로 학대하기도 한다. 초대 국가안전보위상이었던 김병하가 정치범 수용소를 방문할 때, 해당 정치범 수용소에서 여성 수용자에게 성 접대를 하게 한 것은 널리 알려진 사실이다. 대부분의 정치범 수용소에서 결혼은 금지되지만 여성 수용자가 임신을 했을 경우, 뱃속 영아를 낙태시키거나 출산 직후 살해하는 끔찍한 짓도 저지른다.

그 밖에 일일이 열거하기 힘들 정도로 다양한 수준의 인권 침해가 정치범 수용소에서 자행된다. 외부와의 연락이 두절되고, 거주지는 의도적으로 환경이 좋지 못한 곳, 이를테면 습지 등에 건축해 어려움을 유발한다. 사실 정치범 수용소의 존재 자체가 보편적인 인권의 기준에 반하는 것이다. 그 중에서도 완전통제구역에 수감된 수용자들에 대한 인권 침해는 훨씬 심각하다. 혁명화구역에 있는 수용자들은 일정 기간이 경과한 후 심사를 통해 '혁명화' 되었다고 판단될 시 다시 북한 사회로 돌아갈 수 있다. 따라서 정치사상교육이 지속적으로 이루어진다. 하지만 완전통제구역에 수감된 수용자들은 죽음에 이르거나 목숨을 담보로 탈출했을 경우에만 정치범 수용소에서 벗어날 수 있다. 따라서 이들은 정치범 수용소에서 오로지 중노동만 할 뿐이고, 관리 요원에 의해 짐승보다도 못한 취급을 받는다.

공개처형도 정치범 수용소 못지않게 북한에서 이루어지는 대표적인 인권 침해의 상징이다. 공개처형이라는 제도 자체가 전근대적이며 보편적인 인권의 개념에 반한다. 북한에서 이루어지는 공개처형의 대상은 주요 인사부터 일반적인 북한 주민까지 다양하다. 주요 인사가 공개처형되는 것은 권력경쟁에서 밀리거나 김 씨 일가의 눈 밖에 나서 본보기로 처리되는 경우가 대다수이다. 예를 들어 2013년 11월 중순에는 장성택의 심복으로 알려진 리용하 행정부 1부부장과 장수길 행정부 부부장이 장성택 실각과 함께 공개처형되었다. 일반적인 북한 주민의 경우 다양한 죄목에 의해 공개처형되고 있다. 공개처형 사유는 성인용 녹화물을 판매한 죄, 강냉이를 훔쳤다는 죄, 밀수 및 밀매자, 횡령자 등 다양하다.[14] 중요한 점은 해당 항목이 일반적인 관점에서 봤을 때 사형에 해당하지 않을뿐더러, 북한 형법에서 명시한 사형에 해당하는 범죄도 아니라는 것이다. 즉, 북한은 스스로의 법조차 지키지 않으면서 공개처형이라는 극단적인 방법으로 주민의 인권을 침해하고, 공포심을 조장하여 사회를 통제하고 있다. 정치범 수용소에서도 공개처형의 방법이 활용되는데, 일부 정치범 수용소에서는 공개처형에 따른 공포심 조장 효과보다 수용자를 자극하여 폭동을 일으키는 경우도 있어 비밀리에 처형하기도 한다.

이 밖에도 다양한 인권 침해가 이루어지고 있다. 모든 사람이 차별받지 않고 누리는 것이 인권의 기본 속성인데, 북한은 성분 조사 사업을 통해 주민을 인위적으로 계층화하였다. 적대계급잔여분자로 분류되는 주민은 노동당 입당을 비롯해 북한 사회에서 진출이 근본적으로 제한된다. 공산주의 사회는 배급제에 의해 식량을 분배 받아 생계를 유지해야 함에도 불구하고, 북한은 지위에 따라 배급받는 양 및 질에 차이를 두고 있다. 더군다나 경제난 이후 배급 시스템이 붕괴되어 스스로 자원을 획득하기 어려운 계층의 주민들은 근본적인 생존을 위협받게 되었다. 인민반을 비롯한 각종 조직활동은 주민들의 상호 감시를 통해 사생활에 개입하고 있고, 특히 생활총화를 통해 주민들이 상호 비판하게 함으로써 개인의 사생활에 깊숙이 관여한다. 북한 주민이 거주지를 이탈하여 이동하는 것은 사회안전성에 의해서 엄격하게 통제되는데, 이는 지배체제에 위협이 되는 세력이 평양으로 오는 것을 통제하기 위한 목적이 크다. 지방으로 여행을 가는 경우도 친척의 경조사 등 정당한 명분이 있을 경우에만 가능하다. 이처럼 북한 사회에서의 인권 침해는 워낙 전방위적으로 발생하고 있기 때문에 이를 일일이 알아보는 것은 불가능하며, 굳이 어떤 권리가 침해받고 있다고 분류하는 것도 크게 의미가 없다. 인권 침해의 규모나 질, 어떤 점으로 보더라도 북한은 세계 최악의 인권 유린이 발생하는 곳이다.

나. 북한의 인권 침해 결과 : 탈북

비정상적이고 과도한 사회통제, 최악의 인권 침해의 결과 일부 북한 주민들이 북한을 등지고 있다. 자신이 익숙한 고향과 정치공동체를 벗어나 새로운 곳에 정착하는 것은 쉬운 일이 아니다. 더군다나 정치공동체를 등지고 다른 국가를 찾아나서는 것은 더 큰 용기와 결단을 필요로 한다. 세계화 시대로 접어들고 국가 간 인적 교류가 비교적 용이해지면서 정치 · 경제 · 사회적 원인에 입각한 이주가 활발한 편이지만, 북한 주민의 탈북 현상처럼 대규모로 정치공동체를 벗어나려는 움직임은 매우 드문 일이다.

이러한 현상은 북한 주민이 생존하기 위해 애쓰는 몸부림이고, 또 한편으로는 나름대로 소극적 저항이라고 볼 수 있다. 그들의 의도와는 상관없이, 탈북이라는 행위는 북한 체제의 비정상성을 폭로하기 때문이다.

1) 탈북의 정의

북한을 벗어난 사람을 가리키는 용어로 '탈북자', '새터민', '북한이탈주민' 등이 있다. 탈북 및 탈북자는 일반적으로 널리 사용되는 용어인데 어감이 좋지 못하다는 이유로 새터민과 북한이탈주민으로 순화 사용을 권장하고 있다. 엄밀한 의미에서 탈북 및 탈북자는 가치 중립적인 개념이지만, 용어에 사회의 인식이 더해지면서 다소 부정적인 의미로 사용된 측면이 있다. 하지만 여전히 탈북 및 탈북자라는 용어는 많이 사용되고 있다. '새터민'은 순 우리말로 북한을 벗어나 새로운 터전에 정착한 사람을 가리킨다. 탈북자라는 용어가 북한을 벗어난 것을 강조하고 있다면, 새터민은 새로운 곳에 정착한 것을 강조하고 있다.

'북한이탈주민'은 북한을 벗어난 사람을 가리키는 공식적인 용어로 법률 및 학술적으로 사용되고 있다. 「북한이탈주민의 보호 및 정착지원에 관한 법률」에 따르면 "북한이탈주민이란 군사분계선 이북지역(북한)에 주소, 직계가족, 배우자, 직장 등을 두고 있는 사람으로서 북한을 벗어난 후 외국 국적을 취득하지 아니한 사람"을 뜻한다.[15] "외국 국적을 취득하지 아니한 사람"이라고 구체적으로 명시함으로써, 북한을 이탈하여 외국에 정착 후 국적을 취득한 사람은 포괄하지 못하는 한계가 있다. 따라서 본 글에서는 가치 중립적인 '탈북'과 '탈북자', 정부의 공식 용어인 '북한이탈주민'을 사용하겠다. 탈북자는 탈북 후 외국 국적 취득자까지 포함하여 북한을 벗어난 사람을 통칭하는 용어로, '북한이탈주민'은 외국 국적 취득자는 제외한 의미로 사용하겠다.

난민

난민의 일반적인 의미는 어려움에 처해 생활이 곤란한 사람이 자신의 정치체제를 떠나 다른 곳으로 망명하는 경우를 일컫는다. 어려움에는 천재지변이나 정치적 박해, 사회·경제적 곤경 등이 있을 수 있다. 최근 주목을 받고 있는 난민의 유형은 주로 정치적 박해에 의한 사례가 많다.

난민은 "난민의 지위에 관한 조약(Convention Relating to the status of Refugees)"에 의거하여 보호받을 권리가 있다. 이 조약은 1951년 7월 28일 제네바에서 26개국 대표가 참가하여 체결하였고, 1954년 4월 22일에 발효되었다. 따라서 난민은 구호의 대상이 되고, 박해를 받는 지역으로 추방되지 않아야 한다.

탈북자를 난민으로 볼 것인가에 대해서는 논란이 존재한다. 미국을 비롯한 국가에서 일부 탈북자를 난민으로 인정해 받아들이고 있지만, 그 수는 많지 않다. 일반적으로 탈북자들이 가장 먼저 당도하게 되는 중국에서는 북한과의 관계 및 국경 지역 혼란을 우려해 탈북자를 북송하는 경향이 있다. 기타 국가에서도 탈북자들이 한국에 정착할 수 있다는 점, 그리고 자국의 현실적인 내부 사정을 고려하여 탈북자를 난민으로서 받아들이는데 난색을 표하기도 한다.

2) 탈북 현황 및 동인

탈북자 규모를 정확하게 추정하는 것은 쉽지 않다. 많은 탈북자들이 중국 및 러시아에 머물고 있을 것으로 예상되지만 신빙성 있는 통계가 없을뿐더러, 집계하는 기관별로 큰 편차를 보이고 있다. 정확하게 집계할 수 있는 것은 한국에 입국하는 탈북자, 즉 '북한이탈주민' 현황뿐이다.

탈북이 처음 관심을 받게 된 시기는 바로 소련이 붕괴되던 때이다. 소련을 비롯한 사회주의 국가에 파견되어 일하던 노동자들 중 일부가 소련이 붕괴되었다는 소식을 접한 이후 북한으로 돌아가지 않고 사라져버린 것이다.[16] 하지만 탈북자의 규모는 그리 크지 않았다. 1990년 초반에 한국으로 들어오는 탈북자, 즉 북한이탈주민은 1년에 약 10명 내외였다.[17] 1990년대 중반 북한 경제 사정이 나빠지면서 식량을 구하기 위해 국경을 넘는 행위가 증가했고, 북한이탈주민도 연 50여명 규모로 증가했다. 1990년대 후반에 이르자 연 100여명이 북한을 이탈하여 한국으로 넘어왔다.

[그림 3-2] 북한이탈주민 현황(2002년~2024년)

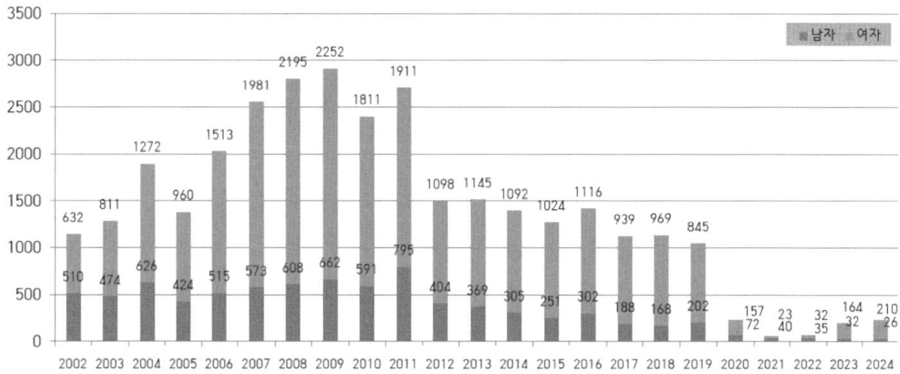

출처: 국가통계포털 북한통계(www.kosis.kr)

2000년대에 접어들어 북한이탈주민은 큰 폭으로 증가한다. [그림 3-2]에서 확인할 수 있듯이, 2002년에는 1,142명의 북한이탈주민이 한국에 입국했고, 2009년에는 2,914명의 북한이탈주민이 입국하여 최고치를 기록하였다. 2012년에는 북한이탈주민이 전년 대비 거의 절반으로 급감하여 2019년까지 비슷한 추이를 보였다. 2020년 이후에는 코로나19 차단을 위한 북한 당국의 북-중 국경 봉쇄로 인해 북한이탈주민이 급감했다. 전체 북한이탈주민에서 여성이 차지하는 비율은 2002년 55%에서 2008년 78%로 꾸준히 상승하였고, 이후에는 70~80%의 높은 비율을 보이고 있다.

이처럼 많은 북한 주민들이 자신이 속한 정치공동체를 이탈하는 현상은 근본적으로 비정상적인 북한 체제와 사회통제에서 기인한다. 초기의 탈북은 식량난에 따른 생계유지 목적이 직접적인 원인이었다. 1990년대 중반 자연재해에 따른 식량난으로 200만~300만에 이르는 북한 주민들이 사망한 것으로 알려져 있다. 당시 북한은 엄청난 혼란에 직면했기 때문에 식량난으로 사망한 북한 주민의 통계는 정확하지 않고, 기관 및 전문가별로 조금씩 차이를 보인다. 이 시기 배급제가 붕괴되고 기아에 시달리게 된 북한 주민은 북한을 탈출하여 중국으로 향하는 경우가 많았다. 중국과 북한을 오가며 친척의 도움을 받거나 일거리를 찾아 식량문제를 해결하기도 하였고, 이런 과정을 거치면서 중국에 정착한 경우도 있다. 본격적인 탈북이라기보다는 식량을 구하기 위한 몸부림의 과정에서 자연스럽게 국경을 넘나들게 된 것이다.

여전히 생계유지를 위한 탈북도 중요하지만, 더 나은 삶을 향유하고 싶은 욕구가 탈북 동인으로서 점점 중요해지고 있다. 북한의 경제상황은 여전히 열악하지만, 그래도 1990년대처럼 심각한 것은 아니다. 한편, 북한 주민들이 얼마나 외부 정보를 접할 수 있는지에 대해서는 정확히 알려져 있지 않지만, 탈북자들의 증언에 따르면 상당히 높은 비율의 주민들이 외부 정보를 접하고 있는 것으로 보인다. 2007년에 탈북자를 인터뷰한 결과에 따르면 북한에서 생활할 때 한국영화나 드라마를 접한 사람들의 비율이 각 지역별로 50%가 넘게 나타난다. 구체적으로 보면, 원산시 50%, 청진시 50~60%, 순천시 70~80%, 평양시 50%이다.[18] 뿐만 아니라 북한의 일부 주민들은 북한 외부와 연락이 가능한 핸드폰을 보유하고 있다고 알려져 있다. 이를 통해 강력하게 통제된 사회 속에서 생활하는 북한 주민의 염증 및 탈북 욕구가 점증할 것은 자명해 보인다.

또한 2016년 8월에는 북한의 기득권 세력이자 고위 공직자라고 할 수 있는 영국 주재 북한 대사관 태영호 공사가 탈북하여 한국에 들어왔다. 태영호 공사는 상당히 높은 위치에 있었음에도 불구하고 기본적인 생필품을 구하는 데도 어려움을 겪을 만큼 사정이 좋지 못했다고 한다. 비정상적인 김정은 체제가 국제사회의 압박에 직면하여 얼마나 어려움을 겪고 있는지 단적으로 보여준다. 한 가지 사례를 두고 일반화할 수는 없지만, 3대 세습 독재 체제를 무리하게 정당화하는 과정에서 기존의 기득권 세력까지 북한 체제에 심각한 염증을 느끼고 있을 것으로 판단된다.

이처럼 북한 주민들의 탈북 욕구가 증가함에도 불구하고, 실제로 북한 주민이 탈북을 감행하는 데에는 북한 주민의 동기보다 외부 요인이 결정적인 영향을 미친다. 북한은 2009년부터 국가보위성 차원에서 탈북을 차단하기 위한 노력을 기울이고 있고, 2010년부터는 탈북자 가족에 대한 사상동향 파악 및 감시를 강화했다. 또한 탈북을 막기 위해 국경지역 여행증 및 숙박검열, 국경 경비사령부 검열, 국경 지역 핸드폰 사용 통제, 해상 탈북을 막기 위한 해안 경비 강화에 힘쓰고 있다. 이처럼 탈북을 막기 위한 북한 당국의 조치가 강화되는 가운데 2011년 12월 17일 이후 김정일 사망 애도 기간에는 주민 이동이 원칙적으로 차단되었다. "탈북자는 현장에서 사살한다"는 등의 강력한 처벌 경고도 잇따랐다.[19] 2012년에 북한이탈주민이 전년대비 절반으로 급감한 것은 이러한 요인에서 기인한다. 그럼에도 불구하고 비정상적인 북한 체제 및 사회통제의 근본적인 변혁이 없다면, 언제든지 기회 구조가 열릴 때 북한이탈주민이 늘어나게 될 것이라 예상할 수 있다.

다. 국제사회의 반응

이러한 북한의 인권 침해에 대해 국제사회는 심각한 우려를 표명하고 있다. 특히 유엔 인권이사회(United Nations Human Rights Council)[20]와 유엔 총회(United Nations General Assembly)에서 매년 '북한인권결의안'을 채택하고 있다. 1990년대 중반 이후 열악한 북한 인권 상황이 세상에 알려지면서, 국제사회가 좀 더 적극적으로 개입하여 북한 인권 상황을 개선시키려는 노력이 바로 북한인권결의안이다.

북한인권결의안이 법적인 구속력을 갖는 것은 아니지만, 북한 인권 문제를 수면위로 드러나게 함으로써 간접적으로 북한을 압박할 수 있는 기능을 할 수 있다. 북한인권결의안의 주요 내용은 북한 인권 상황에 대한 염려와 개선에 대한 요구를 담고 있다. 예를 들어 인권이사회 제28차 결의(2015.4.8)와 총회 제70차

결의(2015.10.30)는 북한의 열악한 인권 상황에 대해 우려를 표명하고, 고문을 비롯한 구금, 공개처형 등 악랄한 인권 유린 행위가 개선되기를 촉구하고 있다.[21]

또한 북한의 인권을 조사하는 유엔 차원의 공식기구로서 북한인권조사위원회(Commission of Inquiry: COI)가 2013년에 조직되었다. 북한인권조사위원회는 북한 인권 상황에 대한 평가를 바탕으로 북한의 인권 침해 문제를 국제형사재판소에 회부하는 방안과 북한 문제를 다룰 특별재판소를 설립하는 방안을 제시하기도 하였다. 이후 북한인권결의안은 북한인권조사위원회의 조사를 바탕으로 좀 더 강력한 결의 내용을 포함하게 되었다. 뿐만 아니라 북한 인권 문제는 유엔 안전보장이사회 의제로 채택되기도 하였는데, 이는 국제사회가 북한 인권 문제를 심각하게 받아들이고 있음을 보여준다.

이에 대해 북한은 서구식 기준으로 북한의 인권을 평가하는 것은 부적절할 뿐만 아니라, 인권은 내부문제이기 때문에 외부에서 개입할 수 없다는 논리로 대응하고 있다. 하지만 세계인권선언에 기초한 인권 개념은 서구식 개념이라기보다는 보편적인 개념으로 인정되고 있고, 국제사회에서 개입하려는 북한 인권 문제가 높은 수준이 아니라 인간으로서 생존에 필요한 가장 낮은 수준의 차원이라는 점, 그리고 북한도 유엔 회원국으로서 유엔 결의안을 준수할 의무가 있다는 점에서 논리적 설득력이 없다.

요약

1. 사회통제는 동조하면 보상하고, 일탈하면 다양한 방법을 통해 제지함으로써 사회질서를 회복하려는 행위이다. 강압과 처벌에 의한 방법과 긍정적 교화에 의한 방법으로 구분할 수 있고, 비공식적 사회통제와 공식적 사회통제로 나누어 생각해 볼 수도 있다.

2. 북한은 주민성분조사사업을 통해 북한 주민을 기본군중, 복잡군중, 적대계급잔여분자로 분류하였다. 인위적이며 폐쇄적인 북한의 계층 구분은 체제에 불만을 가지고 있는 인사의 진출을 제한함으로써 북한 사회통제에 기여하고 있다.

3. 북한의 양대 사찰기관인 국가보위성과 사회안전성은 강압과 처벌에 의한 방법으로 사회통제 기능을 수행한다. 국가보위성은 체제에 위협이 되는 주요 인사를 단속하는 역할을 수행하며 정치범 수용소를 전반적으로 관장한다. 사회안전성은 일상적인 북한 주민의 일탈을 제어하고 공개처형을 실행하는 역할을 담당한다.

4. 북한 주민은 집단주의 원칙에 따라 유년기부터 노년기까지 끊임없이 조직생활을 해야 한다. 학교기관에서는 정치사상교육을 통해 긍정적 교화를 시킴으로써 체제에 순응하는 인간상을 만들어 사회통제에 기여하고, 당 외곽단체에서는 학습회, 강연회, 생활총화 등을 통해 최고지도자의 교시 및 당 지침을 내면화할 뿐만 아니라 상호 감시 등을 통해 사회통제에 기여한다.

5. 북한 과도한 사회통제의 결과로서 심각한 인권 유린이 북한 전역에 만연해 있다. 특히 정치범 수용소에 이루어지는 강제노동과 관리요원에 의한 자의적 처벌 및 고문은 심각한 수준이다. 비정상적인 사회통제 및 인권 침해에 대해 국제사회는 북한인권결의안을 매년 채택하고 있다

미주

1 앤서니 기든스 · 필립 W 서튼, 김봉석 역(2015), 『사회학의 핵심개념들』

2 권태환 · 홍두승 · 설동훈, 『사회학의 이해』 (서울: 다산출판사, 2009), p.416.

3 사회 계층은 사회 성원들이 차지하고 있는 사회적 위치가 높은 것으로부터 낮은 것에 이르기까지 층화된 현상을 가리킨다(권태환 외, 2009). 사회 계층이 중요한 의미를 갖는 것은 자원의 획득을 비롯한 불평등 문제와 관련 있기 때문이다. 일반적으로 계층과 계급을 혼용해서 사용하는 경우가 많지만, 학술적인 의미에서 계층과 계급은 명확히 구분된다. 계층은 베버의 논의와 관련이 깊고, 결정 요인이 상대적으로 다차원적이다. 반면 계급은 맑스의 논의와 관련이 깊고, 결정 요인의 핵심은 경제적 요소이다. 본 장에서는 계층과 계급을 구분하지 않고 계층으로 통일해 사용한다.

4 사법정책연구원, 『북한의 신분 · 공민 · 주민등록제도에 관한 연구』 (경기: 사법정책연구원, 2017), pp. 122-132.

5 안찬일, 2012, "국가안전보위성의 급부상과 탈북민대상 공작실태", 『북한』, 489호, p.65.

6 통일교육원, 『2016 북한이해』 (서울: 통일교육원, 2015), p.338.

7 통일연구원, 『2009 북한개요』 (서울: 통일연구원, 2009), p.333.

8 AMNESTY International, 2021, "인권의 사각지대, 북한의 구금시설", https://amnesty.or.kr/41856/

9 통일교육원, 『2016 북한이해』 (서울: 통일교육원, 2015), p.338.

10 윗글, p.229.

11 통일교육원, 『2017 북한이해』 (서울: 통일교육원, 2016), p.240.

12 통일교육원, 『2013 북한이해』 (서울: 통일교육원, 2013), p.256.

13 윗글, p.307.

14 윗글, p.341.

15 북한이탈주민의 보호 및 정착지원에 관한 법률(시행: 2014.11.29.): 국가법령정보센터(www. law. go.kr)에서 2016년 2월 18일에 검색함.

16 박명규 외, 『노스코리안 디아스포라』, (서울: 서울대학교 통일평화연구원, 2011), p.42.

17 통일교육원, 『2016 통일문제이해』, (서울: 통일교육원, 2015), p.140.

18 박명규 외, 『노스코리안 디아스포라』, (서울: 서울대학교 통일평화연구원, 2011), p.63.

19 도경옥 외, 『북한인권백서 2015』, (서울: 통일연구원, 2015), p.378.

20 유엔인권이사회는 유엔인권위원회(United Nations Commission on Human Rights)가 발전 · 개편되어 2006년에 출범했다.

21 외교부 홈페이지(www.mofa.go.kr)에서 북한인권결의안 전문을 확인해 볼 수 있다.

제4장 북한 경제는 왜 실패하였는가?

북한은 왜 경제성장에 실패하였는가? 북한은 경제적으로 평등한 사회인가? 이 장에서는 북한 경제에 대해 성장과 분배의 두 가지 측면에서 분석한다. 먼저 성장의 차원에서 북한이 경제발전에 실패하고 경제난을 겪게 되는 과정과 그 원인에 대해서 다룬다. 다음으로 분배의 차원에서 북한 경제에 내재된 불평등 구조를 확인하고 이러한 경제적 불평등이 발생하게 된 원인에 대해 분석한다.

학습목표

1. 북한의 경제 침체 실태와 그 과정 및 원인을 분석한다.
2. 북한의 경제적 불평등 실태와 그 발생 원인을 파악한다.

탐구중점

1. 북한의 현재 경제상황은 어떠하며 북한이 경제 성장에 실패한 원인은 무엇인가?
2. 북한의 경제 불평등 실태는 어떠하며 이러한 문제가 발생한 원인은 무엇인가?

핵심개념

- 자립적 민족경제 건설 노선
- 경제 · 국방 건설 병진노선
- 중공업 우선 발전 노선
- 경제특구
- 화폐개혁
- 합영법
- 7.1 경제관리 개선조치
- 6.28 방침

1. 북한 경제의 실패: 성장측면

가. 남북한 경제성장 차이

1953년 이후 남북한은 각각 미국과 소련의 지원 하에 전후 재건 및 경제발전을 시작하였다. 초기에는 남북한 양쪽 모두 동일한 목표를 갖고 있었다. 양측 모두 전쟁으로 피폐화된 국토를 재건하고 현대화된 형태의 산업시설들을 갖추고자 하였다. 그리고 농업중심적인 후진국형 산업구조를 탈피하여 2차, 3차 산업중심으로 경제를 발전시키고자 하였다. 그러나 약 70년이 지난 지금 남북한의 경제발전 성적은 매우 극단적인 차이를 보인다. 북한의 경제성장 과정을 지표로 확인하기는 매우 어렵다. 북한은 1965년부터 경제지표를 발표하지 않고 있기 때문이다. 정치적 선전을 위해서 공식발언에서 언급하기는 하지만 선전 및 주민통제의 목적으로 언급한 지표들은 정확하지 않다. 따라서 유엔 및 국제기구에서 발표한 자료와 한국은행이 1990년대부터 경제적 지표를 활용하여 추측한 자료들을 통해 제한적으로나마 북한 경제의 거시적 모습을 그려 볼 수 있다.

[그림 4-1] 남북한 국민총소득 추이 비교

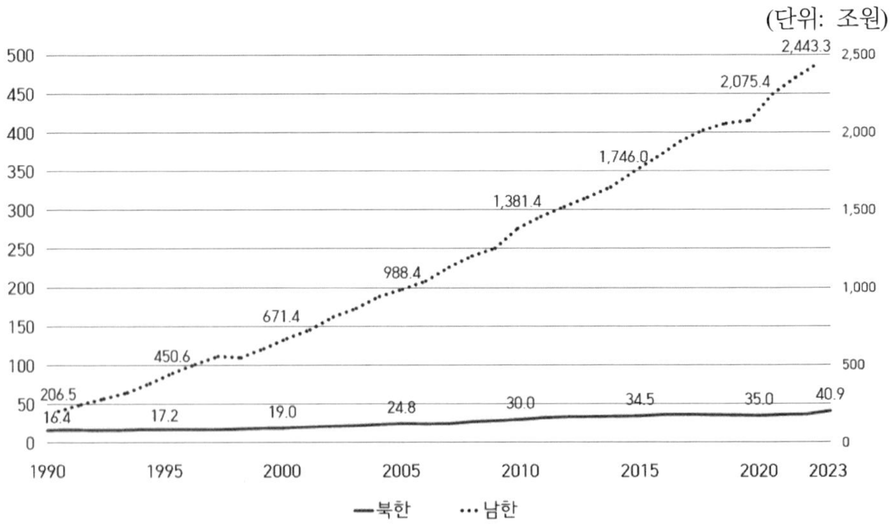

출처: 통계청 북한통계포털

[표 4-1] 남북한 1인당 국민소득 비교

단위: 만원

연도	1957	1960	1964	1970	1975	1980	1987	1990	1995	2000	2005	2010	2015	2023
남한	0.9	1.0	2.7	8.9	30.1	105.1	297.3	481.7	999.2	1,428	2,051	2,787	3,422	4,724
북한	9.2	14.9	21.1	31.1	63.0	82.5	101.8	81.1	79.1	83.6	105.2	124.2	139.3	158.9

출처: 한국은행 경제연구원 북한경제연구실

[그림 4-1]은 남북한의 국민총소득의 추이를 비교한 것이다. 이는 가장 기본적인 경제지표로 남북한의 경제발전 추진 성과와 국민들의 생활 수준 차이를 극명하게 보여준다. 경제발전 초기 남북한은 비슷한 수준의 성장세를 보였다. 1960년대 후반까지 북한의 1인당 국민소득이 남한을 앞서기도 하였다. 그러나 그림에서 알 수 있듯이 양측의 경제성장은 조금씩 차이를 보이기 시작하여 북한의 국민총소득 성장은 미미하며 2023년 기준 남한의 1/59.8 수준, 1인당 국민총소득은 남한의 1/29.7 수준에 그치고 있다. [표 4-1]을 보면 1990년대에 남북한의 1인당 국민소득이 400-500만원 정도 차이가 났었다면, 그 차이는 매년 약 9%씩 증가하여 2023년에는 4,565만원에 이르게 되었다. 한국 국민 1명이 북한 주민 1명보다 평균적으로 1년에 4,565만원씩 더 많은 돈을 벌고 있는 것이다.

[그림 4-2] 남북한 경제성장률 비교

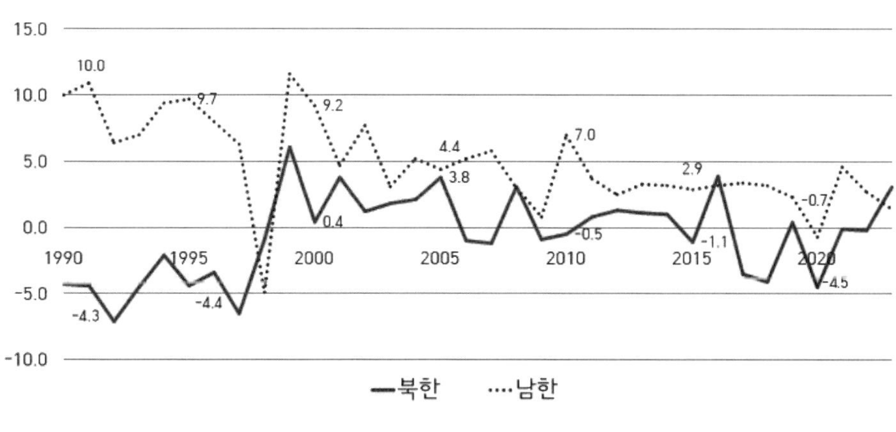

출처: 한국은행 「2021년 북한 경제성장률 추정결과」

[표 4-2] 남북한 경제성장률 비교

단위: %

연도	1990	1995	2000	2005	2010	2015	2016	2017	2018	2019	2020	2021	2022	2023
남한	10	9.7	9.2	4.4	7.0	2.9	3.2	3.4	3.2	2.3	-0.7	4.6	2.7	1.4
북한	-4.3	-4.4	0.4	3.8	-0.5	-1.1	3.9	-3.5	-4.1	0.4	-4.5	-0.1	-0.2	3.1

출처: 한국은행「2023년 북한 경제성장률 추정결과」, 각 연도(전년대비 증감률, %)

경제성장률을 비교해 보아도 차이는 좁혀지지 않는다. [그림 4-2]는 남북한의 경제성장률을 비교한 그래프이다. 그래프에서 보면 한국은 외환위기를 맞았던 1998년을 제외하고는 지속적으로 평균 6~7%대의 성장을 유지해 왔다. 그러나 북한은 1990년대 지속적인 마이너스 성장으로 장기간 극심한 경제 침체를 보여주고 있다. 2000년대 이후 플러스 성장으로 돌아서기는 했으나 여전히 평균 성장률 3%대를 벗어나지 못하는 저성장의 결과를 걷고 있다. 게다가 3~4년 주기로 간간이 마이너스 성장을 보이기까지 한다. 김정은 집권 초기 대외무역 및 경제개선 조치, 시장 활용 정책 등으로 일부 플러스 성장세를 보였으나, 이후 대북제재와 국제적 보건위기(COVID-19) 등의 영향으로 마이너스 성장세로 돌아서게 되었다.

나. 1990년대 북한의 경제난

앞서 살펴보았듯 남북한의 경제성장은 비교가 무의미할 정도로 큰 격차를 보이고 있다. 북한의 경제사정은 경제난이라고 불릴 만큼 심각한 상황이다. 1990년대 들어 북한경제는 마이너스 성장으로 돌아섰으며, 극심한 경기 침체가 이어졌다. 여기에 에너지난과 식량난, 외화난이 더해져 주민들은 심각한 고통을 받았으며 북한사회는 '만성적 경제난'으로 빠져 들었다.

[그림 4-3]은 북한의 국내총생산량 변화를 나타낸 그래프이다. 1960년대 초, 북한의 경제발전 전략은 성공을 거두는 듯했다. 중공업 중심의 집중적인 투자는 공업 총생산량을 약 세 배나 증가시켰다. 그러나 1970년대를 넘어서면서 북한의

경제발전은 침체기를 맞았으며 1980년대부터는 저성장의 길을 걷기 시작했다. 그리고 1990년대 들어서는 위기상황에 이르렀다.

[그림 4-3] 북한의 국내총생산량 변화(1970~2023)

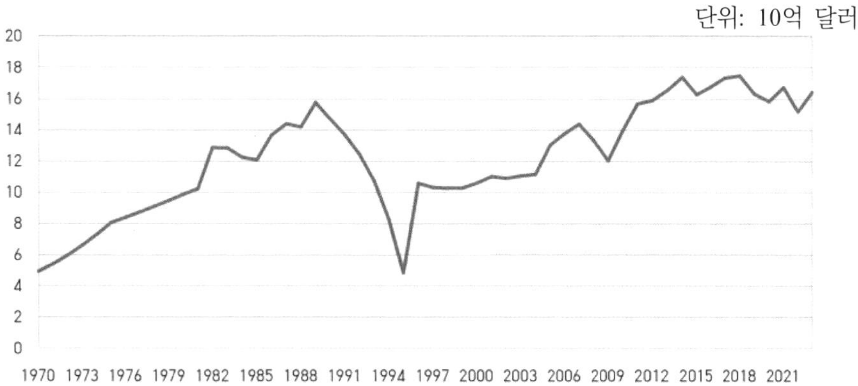

출처: 유엔통계국(UNSD: United Nations Statistics Division)

북한은 1980년대 150억 달러 수준의 GDP를 유지하였으며 1989년에는 북한 경제사상 최고 수준인 157억 달러를 기록하였다. 그러나 이는 한국의 100분의 1수준으로, 유엔이 관리중인 16개 분쟁 국가들의 평균 GDP인 2,700억 달러보다도 낮은 수준이다. 북한의 경제발전에서 최고 실적이라지만 내전 및 분쟁을 겪고 있는 국가들에도 못 미치는 수준인 것이다.

북한의 경제침체를 더욱 심각하게 만든 것은 바로 에너지 수급 문제였다. 휴전 직후 북한은 한국에 비해 에너지 수급에 유리한 조건에 있었다. 주요 발전소들이 파괴되지 않고 남아 있었으며, 수력발전에 유리한 지형적 조건과 화력발전을 할 수 있는 풍부한 지하자원을 갖고 있었다. 따라서 북한은 화력발전과 수력발전 위주의 에너지 정책을 펴왔다. 그러나 북한의 이러한 폐쇄적 에너지정책은 한계를 드러내기 시작했다. 원자력발전이나 대체에너지 개발과 같은 에너지 공급원을 다양화하기 위한 노력이 부족했다. 또한, 추가적인 시설투자가 이루어지지 않고 시설이 노후화되자 석탄채굴은 점점 더 어려워졌다. 결국, 북한의 전력생산은 하락세를 걷게 되었다. [그림 4-4]는 그 한계를 명확하게 보여준다. 전후 남한보다 높았던 북한의 에너지 생산량은 1975년 남한에게 추월당하였고 그 이후로 남북간 생산량의 격차는 점점 더 커져 현재는 비교할 수 없을 정도에 이르렀다.

[그림 4-4] 남북한 전력 생산량 비교

단위: 억KWh

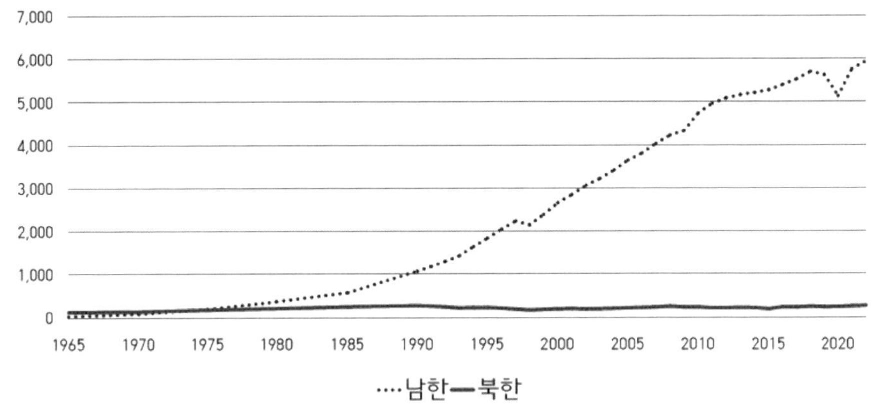

출처: 한국전력공사, 통계청

북한의 에너지 문제는 경제 회생에 큰 장애 요인이었다. [그림 4-5]를 살펴보았을 때, 1980년대 말까지 그나마 지속적으로 늘려오던 북한의 전력 생산량은 북한이 경제난에 빠지기 시작한 1990년대 들어서 급격히 떨어지기 시작했다. 그리고 2013년까지 1980년대 생산량 수준을 넘어서지 못하고 있다. 전력생산 수준은 지속적으로 증가하는 전력수요를 충족시키기에 역부족이었다. 이러한 에너지 수급문제는 북한 산업 전반에 부정적인 영향을 가져왔다. 북한 최대 규모의 김책제철소를 포함하여 주요 산업시설들의 가동이 중단되었다. 또한, 주요 광산에서 채굴에 필요한 전력공급이 이루어지지 않아 재래식 형태의 채광이 이루어졌다. 이는 북한의 주요 소득원이었던 광물 생산량을 크게 떨어뜨렸다. 한편 북한의 대표적 운송수단인 철도가 마비되어 인원 수송 및 물자 공급이 원활히 이루어지지 못했다.

[그림 4-5] 북한의 전력 생산량 변화(1965~2023)

단위: 억KWh

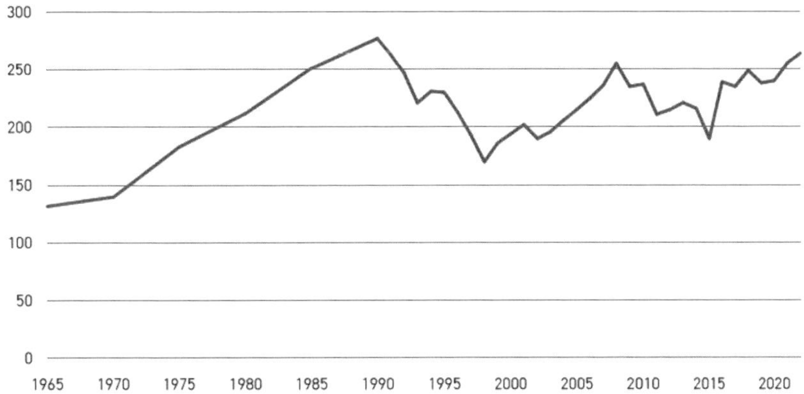

출처: 한국전력공사, 통계청

민간부문의 에너지 상황은 더욱 심각했다. 북한 정부는 전력공급의 우선순위를 군수산업에 두었으며 민간전력 사용을 철저히 통제하였다. 평양은 하루 12시간, 지방 도시들은 2~4시간 동안 제한적인 전력공급이 이루어졌다. 가구별 전구사용 수량이 통제되었으며, 비인가 전열기구를 사용하였을 경우 전 가족을 산간오지로 추방하거나 강제노역을 시키기도 하였다.[1]

1990년대 경제난 속에서 주민생활을 결정적으로 피폐하게 만든 것은 식량문제였다. 북한은 농업에 불리한 조건을 갖고 있었다. 기후 및 토양 조건은 작물재배에 적합하지 않았으며, 경지 면적 또한 협소했다. 기온이 낮아 농작물이 자랄 수 있는 기간이 짧았으며, 토양의 유기물 함량이 매우 낮았다. 게다가 대부분이 산악지형으로 경지가 부족해서 식량을 자급자족할 수 없는 조건에 있었다.[2] 농업정책에도 문제가 있었다. 공동생산 공동분배라는 협동농장의 구조는 주민들의 노동 의욕을 떨어뜨렸나. 세나가 '주제농법'이라 불리는 밀식재배의 실패는 농업생산량을 더욱 떨어뜨렸다. 여기에 1990년대 에너지난과 국제적 고립으로 인한 석유공급 차단은 열악하나마 작동하고 있었던 북한의 농업 인프라를 완전히 마비시켜 버렸다.

주체농법

1970년대 초 제시한 농법으로 과학적 영농이라 불림. 작은 면적에 최대한 많은 수확을 얻기 위하여 작물의 간격을 최대한 조밀하게 배치하는 방식. 그러나 지나치게 촘촘히 심어진 작물들은 서로의 성장을 방해하여 오히려 전체 생산량을 떨어뜨리는 결과를 가져옴.

[그림 4-6] 북한의 주요 식량작물 총 생산량(1965~2023)

단위: 백만 톤

출처: 통계청

[그림 4-6]은 북한의 주요 식량작물인 쌀, 옥수수, 맥류, 두류, 서류, 잡곡의 총 생산량을 나타낸 그래프이다. 1990년대 초반까지 꾸준히 성장하고 있던 북한의 곡물 생산량은 중반에 들어서며 급격하게 떨어졌다. 그리고 2013년까지 1960년대 수준을 벗어나지 못하고 있다. 게다가 북한의 국제적 고립과 폐쇄적 무역구조로 인해 외부로부터 식량을 공급받기 어려웠다. 여기에 1995년과 1996년에 걸쳐 연이어 발생한 홍수와 1997년 발생한 극심한 가뭄, 이어서 찾아온 강력한 태

풍은 북한 주민들의 생활을 더욱 어렵게 만들었다. 김정일 정권은 그나마 생산된 식량마저 선군의 논리를 내세워 군에만 배급하였다. 북한 사회는 이른바 '고난의 행군'으로 불리는 극심한 기근을 겪게 되었다. 북한 당국은 기근으로 인하여 이 시기에 22만 명이 사망했다고 공식발표했다. 그러나 국제기구 및 비정부기구들은 약 350만 명의 주민들이 기아 및 질병으로 사망하였다고 추산하고 있다.[3]

마지막으로, 1990년대 북한 경제난의 중요한 또 하나의 측면은 외화문제이다. 북한은 자립적민족경제라는 이름하의 폐쇄적 경제체제를 전면에 내세웠으나, 실제로는 해외자본을 도입하기 위해 많은 노력을 해왔다. 북한은 해방이후 1970년대 중반까지 총 47.5억 달러의 외자를 유치하여 전후복구, 군사력 증강 및 경제 발전에 사용해 오고 있다.[4] 그러나 과도한 군사비 지출과 경기침체로 인하여 1970년대 들어 북한 경제는 외채상환 불능상태에 빠지게 되었다. 김정일은 1972년 '충성의 외화벌이 운동'을 전개하여 개별 주민들에게 외화벌이를 강요하였다. 그러나 북한은 낮은 신용도와 제한적인 외교관계로 인하여 외화난을 돌파할 수 있는 동력을 찾지 못하였다. 1990년 소련이 북한에 대한 원조를 중단하자 북한의 외화 사정은 더욱 심각해 졌다. 1990년대 북한은 지속적으로 외환수급 적자를 기록하였으며 1995년에는 처음으로 국제사회에 지원을 요청하기도 하였다.

다. 경제난 이후 북한의 경제회복 노력

1990년대 에너지난, 식량난, 외화난과 함께 찾아온 경제위기는 북한의 경제를 만성적인 침체로 끌고 갔다. 비록 인도적 위기 상황에서는 벗어났지만 1990년대 받은 경제적 타격을 회복하기는 매우 어려웠다. 2000년대 들어서 전력 생산량이 증가하기 시작하였으나, 에너지난을 거치며 떨어진 생산량의 절반 수준도 회복하지 못하였고 2010년부터는 오히려 생산량 감소로 돌아섰다. 이러한 전력수급 상황을 고려했을 때 북한은 지금도 지속적으로 전력난을 겪고 있다고 할 수 있다. 또한 식량문제의 경우 2000년대 들어 농업 생산량 증가로 식량 사정이

나아지기는 하였으나, 2010년을 넘어설 때까지 식량난 이전의 수준을 회복하지 못하고 있다. 그리고 외화부족의 문제는 1995년 국제사회의 지원으로 인하여 호전되는 듯하였으나 2006년 핵실험 이후 국제사회의 경제제재를 받게 되면서 완전한 해결불능상태로 빠져들었다. 또한 2016년 남북경협의 일환으로 진행되던 개성공단의 폐쇄로 인하여 연간 1억 달러의 외화수입원도 사라졌다. 2016년 북한은 노동당 대회의 간부교육문건에서 공식적으로 외화부족 문제를 호소하기도 하였다. 심지어 김정은 정권의 비자금을 관리하는 39호실마저도 외화난에 시달리고 있다는 의견이 제기될 정도로 외화부족문제는 심각한 수준에 와있다.

앞서 정리하였듯이 북한은 지속적인 경제침체를 겪고 있으며 1990년대 경제난의 타격들을 회복하지 못하거나 일부는 더 악화시키는 형태로 경제를 몰아가고 있다. 2010년대 들어 북한은 외화벌이의 강조나 대중국교역의 확대, 관광사업 등으로 경제침체를 돌파하려 하고 있으나 그 효과는 미미한 수준이다. 물론 GDP도 지속적인 증가세를 보이고 있으며 2015년에는 1인당 GDP 1,013달러(세계 157위)로 처음으로 1,000달러를 돌파하기도 하였다. 그러나 이는 한국의 3.7% 수준이며 이는 사회주의 국가인 베트남(2,088달러)이나 라오스(1,779달러) 보다도 낮은 수준이고 심지어는 아시아에서의 저개발 국가군에 포함되어 있는 방글라데시(1,287달러)나 미얀마(1,292달러) 보다도 낮다.[5] 결론적으로 북한은 1990년대 경제난에서 완전히 벗어나지 못하고 장기적인 침체를 겪고 있는 것이다.

2. 북한 경제의 실패 원인: 성장측면

북한 경제의 실패 원인은 크게 두 가지로 살펴볼 수 있다. 대내적으로는 북한이 발전전략으로 제시하였던 3대 경제정책 노선의 한계를 들 수 있다. 그리고 대외적으로는 탈냉전 이후 사회주의진영 중심으로 이루어지던 북한의 대외교역 마비 역시 북한 경제에 큰 타격을 주었다.

가. 경제발전전략의 실패

북한은 1960년대 경제발전전략으로서 '자립적 민족경제 건설 노선', '중공업 우선 발전 노선', '경제·국방 건설 병진노선'으로 이루어지는 3대 경제정책 기조를 내세웠다.

첫째, **'자립적 민족경제 건설 노선'**은 생산에 필요한 모든 요소들을 국내에서 충족하여 국내수요를 만족시키는 것을 의미한다. 북한은 이를 "남에게 예속되지 않고 제 발로 걸어 나가는 경제, 자기 인민을 위하여 복무하며 자기 나라의 자원과 자기 인민의 힘에 의거하여 발전하는 경제건설 노선"[6]이라고 규정하고 있다. 외부와는 단절된 고립된 경제체제를 만들고자 한 것이다. 북한은 무역으로 인해 나타나는 경제적 효율성을 무시하였다. 무역을 통한 비교우위효과는 제국주의의 착취로 간주되었다. 따라서 대외경제 의존도를 낮추고 "경제에서의 자립"을 달성하기 위한 자력갱생 정책을 폈다. 1960년대 중반부터 북한은 원자재의 자체 조달 비율을 60%에서 70% 수준으로 높이는 등[7] 국제경제체제에서 자신을 분리시키려 노력했다.

비교우위

국가들은 각각 다른 경제적 환경에 처해 있으며, 국가가 보유한 생산요소들 중에는 다른 나라보다 우위에 있거나 뒤떨어진 부분이 존재한다. 따라서 우위에 있는 생산 요소들을 활용하여 상품을 생산하고 다른 국가와 무역을 통해 뒤떨어지는 부분을 보완하는 것이 경제활동에 있어 효율적이다. 이를 비교우위라 한다. 그러나 북한은 이러한 효과를 거부하였으며 자체적으로 생산 요소들을 충당하는 자력갱생의 노선을 취하였다.

둘째, **'중공업 우선 발전 노선'**은 중공업 분야에 자원과 자본을 집중하는 정책을 의미한다. 이는 앞서 제시한 자립적 민족경제를 달성하기 위한 방법으로 과거 소련이 국가발전 전략으로 채택하면서 사회주의 진영의 대표적인 경제발전 전략으로 신봉되어 왔다. 북한 역시 중공업을 중심으로 경제발전을 추진했다. 1960년대 전체 투자의 70% 이상을 중공업 분야에 집중하며 중공업 중심의 경제구조를 갖추고자 하였다. 그 결과, 1990년 북한 전체 산업 중 중공업이 차지하는 비율은 25%에 이르렀다. 그 이후 서비스업과 정부주도산업이 급격하게 증가하였음에도 중공업은 현재까지 여전히 15% 수준을 유지하고 있다.

셋째, **'경제 · 국방 건설 병진노선'**은 경제발전과 군사력 강화를 함께 진행한다는 전략으로 중공업 우선정책과 연결되어 추진되었다. 북한은 무기체계 생산을 위해 필요한 중공업을 발전시키고 이것이 다시 경제성장으로 연결될 수 있도록 군산복합형 산업구조를 만들어 '군 경제'를 독립적 경제구조로 정착시키고자 하였다. 1966년 김일성은 노동당 중앙위원회 전원회의에서 '경제 · 국방 건설 병진노선'의 필요성을 주장하였다. 4대 군사력 건설 노선 중 하나인 '국방에서의 자위'를 달성하기 위해서는 경제발전과 군사력 건설이 연계되어 진행되어야 한다는 논리였다. 김일성의 이러한 주장은 받아들여졌고, '경제 · 국방 건설 병진노선'은 북한의 기본적인 경제건설 노선으로 자리 잡았다.[8] 북한은 군산복합의 경제구조를 만들어 가기 시작했다. 금속, 기계, 화학 공업 등 주요 중화학 공업 공장들이 무기체계 생산을 위한 군수공장으로 변모했다. 그리고 민간 기업소들에서도 군수품 생산을 할 수 있는 '일용분공장'이 설치되었다. 이들은 무기 및 군사장비들을 전문적으로 생산하거나 부품들을 협동 생산했다.[9] 이 회의 이후 5년간 북한의 군사비 지출은 매년 총 예산의 약 30% 수준을 기록했다. 그리고 그 이후부터 총 예산의 14~17%를 유지한다고 발표하고 있다. 그러나 그동안의 다양한 무기체계 개발 및 군사력 건설 규모로 보았을 때 전문가들은 북한의 실제 군사비 지출이 국내총생산의 30~50%가 될 것으로 추측하고 있다.[10]

그러나 북한이 발전전략으로 삼았던 3대 경제정책 노선은 큰 한계를 보이며 북한 경제에 많은 문제들을 안겨주었다. 먼저, '자립적 민족경제 건설 노선'은 북한의 경제를 폐쇄적 경제체제로 만들었다. 북한은 무역을 통한 비교우위의 효과를 누릴 수 없었으며, 국제적 고립 속에서 자력갱생으로 경제체제를 유지해야 했다. 그러나 외부와 단절되어 독자적으로 경제를 유지하기에는 북한 경제가 갖고 있는 기초 체력이 매우 약했다. 산업 인프라가 부족했으며 혁신을 가져올 만한 과학기술의 발전이 일어날 수 없었다. 그리고 작은 규모의 내수시장은 소비 확대를 통해 생산의 증가나 성장 동력을 이끌어 내기에는 역부족이었다.

다음으로 '중공업 우선 발전 노선'은 산업 구조의 불균형을 초래하여, 중공업 분야만 비정상적으로 비대해진 형태의 불안정적인 산업발전이 진행되었다. 정책을 시행했던 초기, 이 전략은 성공적인 것처럼 보였다. 북한경제는 1970년대 초까지 비교적 높은 성장률을 기록하며 꾸준히 발전했다. 그러나 이러한 효과는 오래 지속되지 못했다. 중공업 기반의 '규모의 경제'는 북한의 예상과는 다르게 경공업 및 농업 발전으로 연결되지 못했다. 양적 발전전략으로 질적 발전을 이끌어내는데 실패한 것이다. 비대해진 중공업 분야는 오히려 경공업의 발전을 억제하였다. 그리고 주민들의 생활과 밀접하게 관련된 경공업의 부진은 생활 용품의 공급 부족과 소비시장의 위축으로 연결되었다. 1970년대 후반이 되면서 경제성장은 둔화되었고 장기적인 경제침체가 시작되었다. 결과적으로 북한이 채택했던 소련식 발전 전략은 소련이 겪었던 똑같은 경제문제들을 남기게 되었다.

마지막으로 '경제·국방 건설 병진노선'은 경제구조의 이원화를 초래하였으며, 민수산업, 소비생활 부문의 발전을 저해하는 결과를 가져왔다. 먼저, 군사력 건설과 관련된 경제 영역이 커져서 제2경제라는 이름으로 일반 민간경제에서 분리되었다. 이렇게 하여 북한의 경제는 내각이 관장하는 민간 경제영역인 제1경제와 제2경제위원회가 관장하는 군사경제영역인 제2경제로 이원화되었다. 그러나 이 두 경제 영역은 북한이 기대했던 것처럼 서로에게 긍정적인 효과를 주지 못했다. 제2경제의 성장은 오히려 제1경제의 발전을 가로막았다. 주요 중화학 공업들은 무기생산체계 위주로 개편되어 본래의 역할을 하지 못했다. 그리고 민수경제활동을 해야 할 내각 산하의 일반 기업소들에서도 비상시를 대비한다는 논리로 군수품들을 생산하기 시작했다. 군수생산 계획은 민간경제발전 계획에 항상 우선해 있었으며 그 결과 피폐해져가는 민간경제의 실패 속에서도 군수경제에 노력과 자원이 집중되는 비정상적인 상황이 발생했다. 결과적으로 북한의 군사경제 병진 정책은 군사부문의 과도한 투자집중이 비군사적 부문의 투자부족을 가져와 전체적인 발전을 저해하는 국방딜레마를 유발하였다.[11]

국방딜레마

자국의 군사안보를 위한 군사분야의 투자 집중이 비군사분야의 쇠퇴를 가져와 전체적으로는 총체적 안보위협에 놓이게 되는 상황을 말한다. 소련은 냉전기 미국과의 군비경쟁으로 군사력 건설에 모든 자원을 집중하였다. 그 결과 경제적으로는 침체 및 위기를 맞게 되었고, 결국은 몰락하여 대표적인 국방딜레마의 사례로 남게 되었다.

1990년대 이후의 경제난을 극복하기 위해 북한은 경제 환경 변화에 따라 이러한 3대 경제정책 기조를 부분 수정하고 있으나 본질적인 정책 기조의 변화는 이루어지지 않고 있다. 김정은 정권은 2013년 3월 31일 당중앙위원회 전원회의를 통해 '경제·핵무력 건설 병진노선'을 경제정책의 기조로 새롭게 채택하였으나 이는 사실상 국방 부문에 대한 과도한 예산 배분으로 산업부분의 불균형과 소비재 산업의 발전을 더욱 위축시켰다는 점에서 '경제·국방 건설 병진노선'의 연장선에 있다고 할 수 있으며 핵에 대한 국제적인 대북제재가 이루어짐에 따라 만성적인 경제난을 더욱 심화시켰다.

이에 따라 북한은 2016년 7차 당대회를 통하여 '경제발전 5개년 전략', 2018년 4월 20일 당중앙위원회 제7기 제3차 전원회의를 통해 '경제건설 총력 집중노선', 2020년 당 창건 75주년을 통하여 '정면돌파, 자력갱생', 2021년 8차 당대회를 통하여 '경제발전 5개년 계획'을 잇따라 발표하고 있으나 이러한 정책들이 1960년대 3대 경제정책 기조의 큰 틀에서 벗어나지 못하고 있는 점과 대북제재가 지속되고 있는 악재 속에서 전반적 경제성장과 민생 경제 문제 해결이라는 당면 문제들을 직면하고 있다.

나. 경제개혁정책의 실패

공적소유와 중앙계획경제라는 사회주의 경제제도의 기본 원리에 충실했던 북한은 1990년대 사회주의 국가들의 붕괴, 중국의 개혁개방 채택 등에 영향을 받아 제한적인 형태의 개혁정책을 추진하기 시작했다. 여기서 북한의 개혁정책이란 경제발전 정책의 실패를 만회하고자, 계획경제 및 공적소유라는 사회주의 경제체제의 특성을 일정 부분 약화시키고 시장의 기능을 활용하려는 시도를 의미한다.

북한 개혁정책의 핵심은 시장 기능에 대한 활용 및 통제였다. 북한은 민간 영역에서 발달된 시장 기능의 활성화 및 통제를 반복하며 개혁정책을 펴왔다. 북한 정권의 개혁정책이 추진되기 이전부터 이미 북한 경제에는 시장의 요소들이 자생적으로 만들어지고 있었다. 중공업 우선정책으로 인하여 북한 사회에는 생필품 부족 현상이 나타났으며, 이를 해결하기 위해 북한 사회 내부에서는 계획경제 하에 운영되는 공식시장인 '농민시장'이 활성화되었다. 또한 이러한 농민시장은 1990년대 경제위기 시기에 배급이 제대로 이루어지지 않자, 주민들이 북한 당국이 금지하고 있는 쌀, 옥수수와 같은 식량이나 생활필수품들을 거래하는 '야시장', '장마당' 등으로 발전되었다.

2002년 7월 1일, 북한은 이른바 7.1 경제관리 개선조치라 불리는 개혁정책을 실시하였다. 이 개혁정책의 핵심은 시장의 요소를 도입하는 것이었다. 북한은 군수경제영역에서는 계획경제 체제를 유지하되 민간경제 영역에서 국가의 권한을 시장에 일부 위임하였다. 경제관리 개선조치의 이름 아래 다음과 같은 정책들이 시행되었다. ① 국영기업소, 협동농장 등 개별적 경제 단위의 경영 분권이 부분적으로 허용되었다. ② 수익을 기준으로 하는 경영지표가 사용되었다. ③ 시장가격 수준으로 국정가격이 현실화 되었다. ④ 협동농장의 분조규모가 축소되고 개인경작지 규모가 확대되었다. ⑤ 기업소 간 원자재 거래를 허용하게 되었다. ⑥ 물질적 인센티브제가 도입되었다.[12]

7 · 1 경제개선 조치는 북한이 예상했던 것보다 시장을 더 크게 확대시켰다. 계획경제의 틀 속에서 시장 기능을 활용하고자 했던 최초 의도는 무너졌다. 오히려 계획경제 영역이 시장에 의존하게 되는 현상이 발생하였다. 시장을 통해서 부를 축적하는 새로운 계층이 만들어졌다. 그리고 임노동, 장사, 개인 경작, 가정교사, 요식업, 숙박업 등 개인 경제활동 분야의 급격한 성장으로 계획경제영역에서 노동력이 이탈하는 현상이 발생하였다. 계획경제체제가 흔들리기 시작한 것이다. 한편, 군과 당의 고위층들은 시장을 통해 더욱 많은 부를 축적하였고 이는 부익부 빈익빈 구조의 심화와 부정부패의 확대를 가져왔다. 그 과정에서 북한 주민들의 경제생활은 공적 영역에서 벗어나 장마당과 같은 지하경제에서 주로 이루어지게 되었다.

시장화를 통한 공식경제와 비공식경제의 상호 공생, 계획경제체제의 혼란은 김정일 정권에게 심각한 체제 위협이었다. 따라서 2005년 10월 북한은 7 · 1조치를 철회하고 시장에 대한 통제를 강화시키기기 시작하였다. 기업소에 허용하였던 수익 지표사용을 금지하고 국가가 통제하는 사회순소득 지표를 사용하게 하여 사회주의적인 색채를 분명히 하였다. 농업분야에서는 포전담당제를 폐지하였으며, 10월부터는 농업시장의 기능을 약화시키고 식량전매제를 도입하였다. 그리고 2006년에는 개인이 부업으로 실시하여 부를 축적할 수 있었던 텃밭 경작(6개월 농사)을 금지시켰다. 또한 종합시장의 개장시간과 운영방식 등을 통제하기 시작하여 2008년에 이르러서는 시장의 철폐를 시도하기도 하였다.

> 포전담당제
>
> 포전담당제는 협동농장의 최소 단위의 구성원을 기존(7~8명)보다 축소하여 가족단위에서 개인영농을 할 수 있는 방식을 의미한다. 가족단위로 영농을 실시할 경우 수확물의 일정량을 협동농장에 납부하고 나머지는 가족이 자유롭게 소유할 수 있는 권리를 갖는다. 이 제도는 인센티브를 통한 노동의욕 고취 차원에서 7·1 경제관리 개선조치의 일환으로 실시되었으나 큰 성과를 내지 못하고 2005년 다시 폐지되었다.

이러한 시장통제의 연장선상에 2009년 11월 30일, 북한은 **화폐개혁**을 단행하였다. 개혁의 핵심은 신, 구 화폐를 1:100의 비율로 교환하는 것이었다. 북한정부는 9종의 지폐와 5종의 주화를 새롭게 발권하였다. 그리고 이를 기존의 화폐와 교환해 주었다. 현금의 경우 1:100의 비율이 적용되었고, 은행에 저축되어 있는 돈은 1:10의 교환비율이 적용되었다. 1인당 5만원, 1가구당 20만원으로 교환한도도 설정하였다. 화폐교환 후 가격수준은 전반적으로 2002년 7월 1일 수준으로 조정하였고, 공장 및 기업소에서 받는 임금은 개혁 이전 수준을 유지하였다.[13]

화폐개혁과 동시에 추가적인 시장통제 조치들도 실시되었다. 먼저, 종합시장이 폐쇄되었고, 이들은 농민시장으로 강제 전환되었다. 상인들이 보유하고 있던 물자와 화폐는 국영상점으로 이관되거나 국가기관이 몰수하였다. 다음으로, 외화사용이 금지되었다. 개인의 외화 거래가 금지되고 보유한 외화는 모두 국가에 헌납하라는 조치가 내려졌다. 기업소 및 무역회사들의 외화 수입 역시 24시간 내 은행으로 입금하라는 명령이 떨어졌다.

김정일 정권이 당시 화폐개혁을 추진한 배경에는 크게 두 가지 이유가 있다. 첫째, 기존에 활성화되어 있던 시장 기능을 억제하고 계획경제로 복귀하기 위한 조치였다. 북한은 화폐개혁을 통해 지나치게 확대된 시장기능을 통제하고,

암시장을 중심으로 작동하던 지하경제를 밖으로 끌어내고자 했다. 둘째, 기존의 화폐를 모두 회수하고 신화폐만을 유통시킴으로써 국가의 발권 능력을 회복하고 재정을 확충하기 위해서였다. 2009년 김정일은 김정은을 3대 후계자로 지목하였으며 3대세습을 준비하기 위한 작업들을 진행하고 있었다. 그리고 2012년 강성대국을 건설하기 위한 많은 건설산업들을 추진하고 있었다. 따라서 많은 자금이 필요했다. 북한은 화폐개혁을 통해서 이 자금을 충당하고자 하였던 것이다.

그러나 화폐개혁은 북한의 의도와는 정반대로 심각한 부작용을 가져왔다. 첫째, 북한의 원화 가치가 크게 하락하였다. 원화 가치 하락은 극심한 인플레이션으로 연결되었다. 물가가 계속해서 치솟았으며, 화폐개혁을 통해서 물가를 잡겠다던 북한의 최초계획은 완전히 실패했다. 둘째, 북한 내부에 위안화와 달러의 유통이 많아졌다. 화폐개혁 이후 북한 원화는 신뢰성을 잃었으며 화폐로서 기능할 수 없게 되었다. 북한주민들은 장마당이나 종합시장에서 위안화와 달러를 사용하였다. 북한 원화는 가치의 저장 및 거래 수단으로서 기능을 점차 잃어 갔다. 마지막으로, 화폐개혁으로 인한 시장의 통제는 장마당 경제는 물론 국영기업소를 포함한 민간 경제영역을 깊은 침체에 빠져들게 했다.

이와 같은 시장 통제의 부작용을 경험한 북한은 제한적으로 시장의 기능을 복원시키기 위한 조치를 취하였다. 그리하여 2012년 6월 28일 북한은 일부 시장요소를 도입하기 위하여 '우리식의 새로운 경제관리체계를 확립할 데 대하여'라는 제목의 경제조치를 발표하였다. 이른바 **6.28 방침**이라 불리는 이 조치는 7.1 경제관리 개선조치와 시장통제정책, 그리고 화폐개혁의 시행착오를 바탕으로 만들어진 일종의 절충안이었다. 이 방침은 통제할 수 있는 형태의 시장기능을 도입하는 것을 주요 골자로 하고 있었다. 그에 따라 다음과 같은 정책들이 추진되었다. 먼저, 기업들의 경영권한이 대폭 강화되었다. 기업들은 자체적으로 생산계획을 세우고 생산을 실시하며, 생산물에 대한 처분도 직접 할 수 있게 되었다. 그리고 수익분배 역시 기업이 직접 할 수 있게 되었다. 다음으로 농업분야에서는 생산물의 분배 할당제가 실시되었다. 목표량을 초과한 생산물에 대해서만 농장에서 자율적으로 처분할 수 있었던 기존 제도를 바꿔서, 목표량과 상관없이 생산되는 총량을 국가와 농장이 7:3의 비율로 분배할 수 있게 되었다. 국가배급제는 폐지되었고, 군 및 정부에 근무하는 사람들도 월급을 받아 식량판매소에서 쌀을 구매하는 체계가 구축되었다. 그러나 7.1 경제관리 개선조치의 실패 경험을 살려 가격안정을 위한 시장통제기능도 함께 구축했다. 예를 들어 쌀 및 일부 생필품의 국정가격을 책정하여 시장가격을 강력하게 통제했다. 그리고 시장에서 거래 가능한 품목도 국가가 정해주었다.

북한의 개혁정책은 사회주의의 몰락이라는 국제환경변화 속에서 사회주의 경제체제를 유지한 채 시장의 기능을 제한적으로 도입하여 구조적 한계를 극복하려는 취지에서 진행되었다. 사회주의 원칙을 지키면서 최대한 경제적 실리를 추구하자는 이른바 실리사회주의의 입장을 취하고 있는 것이다. 그러나 개혁정책은 뚜렷한 성과를 거두지 못하고 결국 과거로 회귀하는 형태의 정책이 반복되었다. 이들은 실질적인 경제 문제들을 해결하지 못했고 북한은 경제난 극복에 실패하였다.

북한의 개혁정책은 계획경제체제를 붕괴시키는 부작용들을 남겼다. 첫째, 북한경제의 전 부문에서 사유재산이 형성되었다. 국가기업의 모습을 하고 개인적으로 운영되는 기업들이 나타났다. 기관, 기업소, 단체의 명의를 빌려서 개인기업을 설립 및 운영하면서 부를 축적하는 사람들이 생겨났고, 국유기업의 경영권을 확보하여 개인 재산을 늘리는 사람들도 있었다. 이들은 기업의 이중적인 운영에서 나타나는 문제들을 뇌물로 무마하여 관료들의 부패문제를 심각하게 만들기도 했다. 농업분야에서는 개인 허용량을 넘어서는 텃밭 경작이 이루어졌다. 이렇게 생산된 초과량으로 인해 부의 개인 축적이 이루어졌다. 둘째, 국가의 분배기능이 마비되었다. 원래 주택의 경우 대표적으로 국가가 통제하는 영역이었다. 개인이 인민위원회에 주택을 신청하고 이용 허가증을 발급받아 입주하는 방식으로 주택분배가 이루어지고 있었다. 그러나 중개업자가 생겨나 주택 배분기능을 대신하게 되었고 주택을 매매하는 시장이 형성되었다. 이러한 현상은 노동분야에도 나타났다. 기존 시장을 중심으로 노동력을 거래하는 노동시장이 형성되었다. 일당은 일의 종류에 따라서 다르게 책정되었는데, 통상 기업소에서 받는 임금보다 높은 수준이었다. 따라서 기업의 노동자들이 뇌물을 주고 결근을 한 후, 노동시장에 나오는 사례들이 빈번히 발생하였다.

북한 개혁정책 실패의 기저에는 북한이 갖고 있는 경제발전과 체제유지의 딜레마가 자리잡고 있다. 북한은 경제발전을 통해서 인민 삶의 질을 개선하고자 개혁정책을 실시하였으나, 이는 현 기득권층의 이익과 부딪히거나 체제를 불안정하게 만드는 결과를 가져왔다. 사회주의경제의 결점을 보완하고자 시장의 기능을 활성화 시키면 주민들의 생활여건은 좋아지지만 북한의 사회주의경제체제가 위협받는 상황이 오게 되는 것이다. 따라서 북한의 개혁정책은 시장기능의 활성화와 통제라는 양극단의 정책을 오락가락하며 혼란스러운 모습을 보일 수밖에 없었다. 그리고 그 과정에서 장기적이고 근본적인 문제들은 해결하지 못하고 단기적인 문제들에 대한 조치들만 취해온 것이다.

다. 대외무역 정책의 실패

북한 경제가 위기를 겪게 된 또 하나의 원인은 바로 대외무역의 실패이다. 1960년대 북한의 대외무역은 사회주의진영 국가들에 편중되어 있는 구조를 갖고 있었다. 북한의 초기 경제발전이 소련의 지원 하에 이루어졌기 때문에 대외무역 역시 사회주의 진영을 벗어나지 못했다. 북한의 주요 교역국은 소련을 포함한 동구권 국가들이었다.

1970년대 들어서면서 북한은 대외교역의 다변화를 시도했다. 김일성이 주창했던 기술혁명을 달성하기 위해서는 서방의 선진기술이 필요했고, 3대 경제정책 노선을 원활히 추진하기 위해서는 자유진영 국가들로부터 현대화된 장비들을 도입해야 했기 때문이다. 따라서 비사회주의 진영까지 범위를 확장하여 20여개의 서방 국가들과 무역을 시도하였다. 그 결과 1970년 북한 대외무역의 1.8%를 차지하던 비공산권 무역이 급격하게 증가하여 1974년에는 51.1%를 기록하기에 이르렀다.

[그림 4-7] 1960~70년대 북한의 대외무역 구조

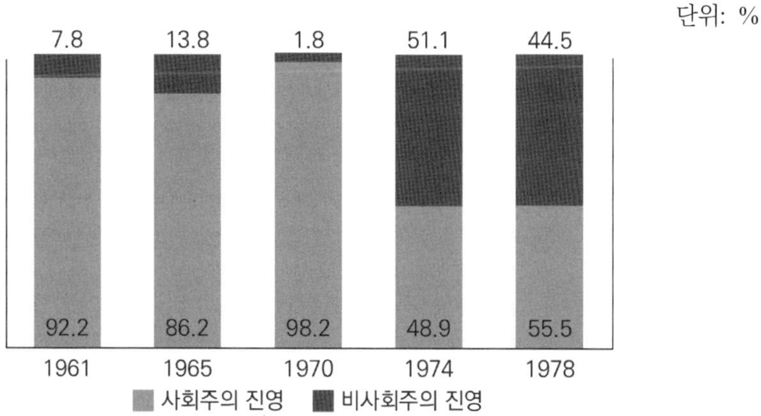

출처: International Monetary Fund(IMF), 유엔통계국, 소련무역통계연보

그러나 1970년대 중반이 넘어서면서 비사회주의권 국가들과의 교역에 문제가 발생하기 시작했다. 1973년 석유파동으로 인해 서방국가들이 경제적 침체에 빠졌으며, 북한의 주요 수출품이었던 비철금속들의 국제가격이 하락하였다. 이러한 상황변화는 북한의 대서방 무역에 악재로 작용했다. 대서방 교역에 있어 북한의 대외 지불이 지연되는 사례들이 속출하였으며 상환하지 못한 부채는 늘어만 갔다. 1974년 북한의 대서방 무역적자는 총 대외무역적자의 80%를 넘어섰고, 1976년에는 서방국가들에 대한 채무 불이행으로 차관도입이 전면 중단되었다. 북한 경제에 외채문제가 크게 부각되기 시작한 것이다.

1980년대 들어서며 북한은 외채문제를 해결하기 위해 대외교역을 더욱 확대시키고자 하였다. 김일성은 공식석상에서 중계무역과 가공무역을 강조하였고, 개발도상국들과의 교역확대와 대외교역을 활성화 시킬 것을 지시하였다. 그러나 서방과의 교류는 더 이상 확대될 수 없었다. 북한은 서방국가들 사이에서 이미 무역 기피 대상이 되어있었다. 따라서 자연스럽게 사회주의국가들과의 교역이 다시 강화되었다. 1985년 이후 특히 소련과의 무역이 급증하였으며 대사회주의 진영 무역은 전체 교역량의 70%나 차지하게 되었다.

그러나 1990년대에 들어서 북한 대외경제관계는 큰 위기를 맞게 되었다. 소련의 붕괴로 시작된 사회주의 진영의 몰락은 북한의 대외경제에 큰 타격을 주었다. 매년 20% 가까이 증가해 오던 북한의 수출량은 1990년에 41억 7천만달러의 최고치를 기록한 후 지속적으로 급감하였다. 그리하여 1998년에는 14억 4,219억 달러까지 급감하며 위기를 맞게 되었다. 사회주의국가에 편중되어 있던 북한의 무역구조를 고려하였을 때, 사회주의진영의 붕괴는 북한 대외교역의 큰 위기를 가져 온 것이다.

북한의 이러한 대외무역 위기는 북한을 국제적으로 고립시키는 동시에 북한 경제에 심각한 타격을 주었다. 첫째, 원자재 공급원을 잃었다. 원자재를 공급해 주던 동유럽 국가들의 몰락으로 북한은 국내의 자원을 활용해야 하는 상황에 놓였다. 그러나 보유량이나 개발능력을 고려했을 때 원자재의 국내 조달은 매우 힘들었다. 그 결과 북한의 제조업은 위기에 봉착했다. 둘째, 수출시장을 상실했다. 상품을 생산해도 수출할 수 있는 시장이 없어졌다. 소규모 내수시장으로 인해 남한과 같은 가공무역을 채택하고 있던 북한의 전략은 벽에 부딪혔다. 1980년대부터 강력히 추진되었던 북한의 수출 증대정책은 좌절될 수밖에 없었다. 셋째, 에너지 수급에 문제가 생겼다. 소련의 붕괴는 그동안 안정적으로 이루어지던 원유 공급 중단을 가져왔다. 이는 중공업 중심으로 발전하고 있던 북한 경제에 큰 타격을 입혔다. 공장들은 가동을 멈췄고 생산에 큰 차질을 빚게 되었다. 또한 에너지 수급 문제는 전국적인 에너지난으로 악화되어 1990년대 북한 경제 전체를 흔들어 놓았다.

라. 개방정책의 실패

북한은 사회주의경제체제에 기반한 3대 경제정책 기조를 발전전략으로 채택하고 경제발전을 추구해 왔다. 그러나 이는 진행과정에서 그 한계가 드러났으며, 중국의 개방과 소련의 붕괴 등 북한에게 불리한 국제정세의 변화는 북한경제를 더욱 고립시켰다. 따라서 북한은 이러한 어려움을 극복하기 위해 자립적 민족경제 노선을 일정부분 포기하고 외국자본을 끌어들여 투자를 유치하려는 이른바 개방정책을 펴기 시작했다.

북한은 자립적 민족경제라는 자력갱생노선을 선택하였으며 그로 인해 만들어진 폐쇄형 경제구조는 내부적으로 많은 문제들을 발생시켰다. 게다가 1970년대에 서방국가들과의 무리한 교역확대를 통해 갖게 된 외채문제는 북한으로 하여금 외국 자본을 유치하도록 만들었다. 따라서 북한은 외자유치를 위한 개방정책들을 시행하였다. 그 첫 번째 시도는 1984년 제정한 **합영법**이다. 합영법이란 공동투자를 통한 수익분배를 허용하여 외국 투자를 유치하기 위한 정책이었다. 북한은 이른바 합영기업(equity joint venture)을 허용하였는데, 이는 북한정부와 외국인 투자가가 공동으로 투자를 하여 설립 및 운영하고 여기에서 나오는 이윤을 투자한 정도에 따라 분배하는 형태의 기업이었다. 합영기업을 통해 벌어들인 소득에 대해서는 소득세를 제외하고 외국으로 송금하는 것이 허용되었다.

그러나 합영법은 북한이 기대했던 만큼의 성과를 만들어내지 못했다. 특히 최초 목표했었던 것처럼 서방의 자본을 끌어들이지 못했다. 합영법이 시행된 1984년부터 1990년 사이에 66건의 공동투자가 있었는데, 50건의 투자가 일본에 의해 이루어졌고, 구소련 7건, 중국 1건, 동구권 3건, 서구권 5건 등 기타 국가들의 투자는 미비한 수준에 그쳤다.[14] 일본에 의한 투자 역시 기존에 북한을 지원해주고 있던 조총련계 기업들에 의한 것이었다. 결국 북한에 대한 투자 인식을 바꾸고 외국자본을 끌어들이는 것은 실패한 것이다. 합영법은 준비가 덜 된 정책이었다. 북한 지역에는 사회간접자본이 미비했으며, 원자재 공급이 안정적으로 이루어지지 못했다. 그리고 북한의 낮은 대외경제신용도는 외국인 투자자들을 유치하는데 장애요인이었다. 이처럼 투자여건이 마련되지 않은 상태에서 실시된 합영법은 큰 경제효과를 거둘 수 없었고, 조총련기업들에 의한 소규모 자본 투자 수준에서 그칠 수밖에 없었다.

조총련

조총련은 재일본조선인총연합회의 줄임말로 북한에 강한 소속감을 갖고 있는 재일본 공민단체이다. 1955년 재일 동포들의 공산계 조직으로 출발한 조총련은 일본 내부에서 크게 성장하였다. 북한은 조총련을 지원하고 있다고 선전하지만 실제로는 그 반대로 조총련 측에서 북한에 거액의 자금과 물품을 헌납해 왔으며, 조총련계 기업인들은 북한의 경제개방정책과 관련하여 지원을 해주고 있는 실정이다.

1990년대 들어오면서 북한은 나진·선봉특구를 설치하였다. 나진·선봉 지역에 자유무역지대를 설치하여 이 지역을 국제운송의 중계지이자 수출 가공업의 중심지로 만들고자 하였다. 이러한 북한의 시도 배경에는 두만강지역 개발계획(TRADP: Tumen River Area Development Programme)이 있었다. 1990년대 냉전의 종식이 진행되면서 지역 경제협력 차원에서 두만강 지역에 대한 개발논의가 진행되었고, 그 다음에 UN의 강력한 지원아래 TRADP가 출범하였다. TRADP는 단기적으로 두만강 지역의 개발을 통해 동아시아 경제협력의 발전적 계기로 활용하는 것을 목표로 하였으며, 장기적으로는 이 지역을 중국, 북한, 러시아가 관리하는 국제적인 관광, 해운, 수송, 및 가공무역 중심지로 만들고자 하였다. 동북아의 홍콩 또는 로테르담을 건설하려는 이 계획은 6차에 걸친 관련국 회의를 통해서 구체화되어 나갔다.

북한은 TRADP의 시작단계부터 적극성을 보였으며, 그 연장선상에서 나진·선봉특구를 설치하였다. 1991년 7월, TRADP 추진을 위한 울란바토르 회의에서 북한은 나진·선봉지역을 연결하는 140㎢ 지역에 **경제특구**를 설치하고 이 지역에서 경제활동을 허용할 것을 발표하였다. 그리고 5개월 뒤, 최초 발표를 발전시켜 나진·선봉을 연하는 621㎢ 지역을 자유경제무역지대로, 나진, 선봉, 청진 3개 항구를 자유무역항으로 각각 지정하였다. 북한은 이 사업에 큰 기대를 보이며, 나진·선봉 경제특구가 성공할 경우 추가적으로 자유경제무역지대를 확대 설치할 것이라 발표하였다.

나진·선봉 경제특구 계획이 발표되면서 관련법 체계에 대한 정비도 함께 이루어졌다. 자유경제무역지대에 진출하는 합작기업, 합영기업, 외국인 기업들에 적용될 법들이 이미 제정된 합영법의 특별법 성격으로 추가 검토되었다. 그 결과 1992년 10월 5일, 외국인 투자법, 합작법, 외국인 기업법이 최고인민회의 상설회의에서 제정 및 공표되었다.

합작기업

북한측과 외국인 투자자가 공동으로 투자하고 북한측이 단독으로 운영하는 기업으로 투자원금 상환 및 이윤 배분은 설립시 체결한 계약에 의해 이루어진다.

합영기업

북한측과 외국인 투자자가 공동으로 투자하고 운영하며, 투자 비율에 따라 이윤을 배분한다.

외국인 기업

외국인 투자자가 단독으로 투자하여 경영하는 기업으로, 북한 내 거래는 해당 무역기관을 통해서 실시하는 것을 원칙으로 하고 있다.

그리고 이와 더불어 제한적으로 지역을 개방하여 국제관광의 효과를 노리기도 했다. 북한은 이러한 노력이 외국자본과의 합작 및 직접투자를 늘려줄 것이라 기대했다. 그러나 투자 여건이 미비하여 중소기업의 서비스, 인프라 조성사업 투자에 치중할 수밖에 없었다.

[그림 4-8] 북한의 무역 의존도(2000~2021)

단위: %

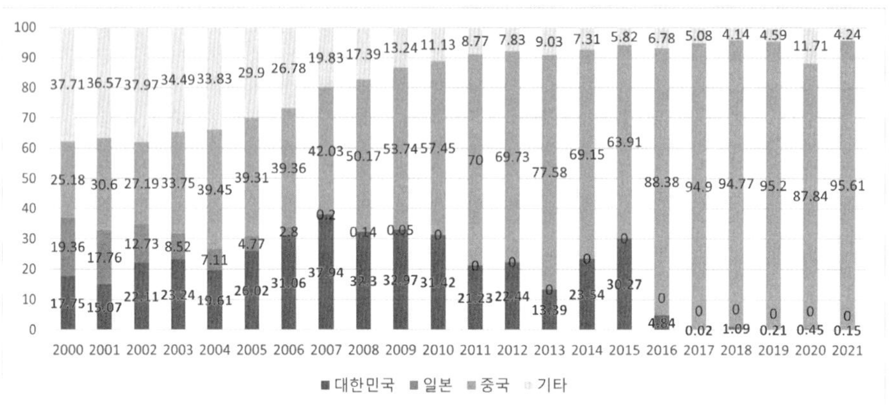

출처: 통계청 북한통계포털

2000년대 들어오며 북한 경제의 대중 의존도가 높아졌으며, 북한의 개방정책 또한 북중경협을 중심으로 추진되었다. [그림 4-8]은 2000년대 북한의 대외무역 의존도를 나타낸 그래프이다. 2000년대 초반만 해도 중국에 대한 무역 의존도는 20% 중반 수준이었다. 그리고 조총련계 기업들의 활발한 활동으로 인해서 일본과의 무역도 20% 수준을 보이고 있었으며, 대부분의 무역은 제3세계 국가들과 이루어지고 있었다. 그러나 시간이 갈수록 중국에 대한 무역 의존도가 급격하게 높아지게 되었다. 특히 2002년 이후 북핵문제로 인한 경제제재를 받게 되면서 대외경제활동이 어려워지자 중국과의 교류는 더욱 급격하게 증가하였다. 그리하여 2021년에는 전체 무역의 95.6%를 중국에 의존하게 되었다. 북중 무역은 주로 랴오닝성 단동과 지린성 연변지역을 통해 이루어졌다. 특히 신의주-단동 경로는 핵심적인 무역루트였다. 북한의 허가를 받은 130여개 무역회사 중 100여개의 업체가 단동에 위치해 있으며 북중무역의 약 80%가 이 경로를 통해서 이루어졌다.[15]

북한은 북중경협을 바탕으로 개방정책을 한 단계 발전시키고자 하였다. 그리하여 2002년 9월 이른바 신경제특구라 불리는 신의주 특별행정구를 설치하였다. 『신의주 특별행정구 기본법』에 따르면, 신의주를 특수 행정단위로 설정하고 중앙정부의 직할에 두지만 외교권을 제외한 독자적인 입법권, 사법권, 행정권 등을 부여하였다. 또한 자체적인 대외사업과 여권발급 및 독자적 휘장과 기의 사용도 허용하였다. 그리고 경제활동을 하는 해외 투자자들은 자율성과 수익성 등을 보장할 수 있는 제도적 장치를 마련하였다. 다시 말해 정치제도면에서는 홍콩의 방식을, 경제개방 및 경제특구제도 면에서는 사회주의 계획경제 틀 내에서 제한적으로 시장경제요소를 받아들인 중국의 선전(深圳, 심천) 경제특구방식을 적용함으로써 효과적이며 안전한 대외개방을 시도했다고 볼 수 있다.

외자를 유치하기 위한 다양한 방면의 노력에도 불구하고 북한의 개방정책은 좋은 평가를 받지 못했다. 개방정책의 실패원인은 다음과 같이 분석할 수 있다. 첫째, 제한적인 개방이었다. 북한의 개방정책은 국제경제체제에 대한 편입을 목적으로 한 개방이 아니라 오로지 외국인 투자를 유도하기 위한 정책이었다. 체제변화를 유발할 수 있는 요소들은 사전에 차단되었으며, 따라서 개방정책은 매우 제한적일 수 밖에 없었다. 개방을 추진하는 지역의 범위는 물론, 해당 지역 내에서도 다양한 제약들이 만들어졌다. 이러한 제약들은 경제특구 속에서 경제활동을 하려는 외국인들의 투자 심리를 위축시켰으며, 외국자본을 유치하려는 북한의 목표는 좌절되었다.

둘째, 정치적 불안정이다. 북한은 국제적 위협행동과 대남도발행동들을 자행해왔다. 핵확산방지조약(NPT)에서 탈퇴하고 핵무기를 개발하여 국제사회를 위협하였으며, 국제법을 무시하고 사거리를 늘려가며 미사일 발사실험을 실시해왔다. 북한의 이러한 도발은 한반도의 긴장을 고조시키고 전쟁발발 위험성을 높였다. 이는 북한뿐만이 아니라 한국을 포함한 주변 국가들의 경제에까지 영향을 미쳤다. 한국 기업들은 코리아 디스카운트(Korea Discount)라 불리는 위험비용에 의해 저평가 받게 되었으며, 도발이 있을 때마다 중국은 자국의 경제성장여건 조성과 관련한 큰 우려를 표명했다. 하물며 도발의 당사자인 북한에 대한 투자는 더더욱 이루어지기 힘들었다. 해외투자기관들은 북한의 신용도를 점점 더 낮게 평가했으며, 북한의 개방정책은 성공하기 어려웠다. 이에 더하여 북한의 국제적 도발은 국제사회의 제재를 가져왔다. 유엔 안보리는 결의를 통해서 경제적 제재를 가하였으며, 미국과 일본은 자체적인 외교력을 동원하여 대북 경제제재에 대한 국가들의 참여를 끌어내려 하였다. 이러한 대북제재는 직접적 제재를 넘어서 북한과 거래하는 기관 및 국가에 대한 제재와 북한을 거쳐 온 선박 및 물자에 대한 제재 등 그 범위가 점점 확대되었고, 방식 또한 정교해졌다. 따라서 북한은 해외투자 유치는커녕 점점 더 고립적인 상황으로 갈 수밖에 없었다.

셋째, 개방에 필요한 내부적 장치들이 미비했다. 경제활동을 제약하는 법적인 문을 열어주었다고 투자가 이루어지는 것이 아니다. 투자를 했을 때 수익이 날 수 있는 경쟁력이 있어야 자본이 모일 수 있다. 그러나 북한은 이러한 환경적 측면에서 경쟁력을 획득하지 못했다. 산업 인프라가 열악했으며 내부 시스템 및 제도들이 준비되어 있지 않았다. 북한이 열어준 경제특구들에서 경제활동을 하기 위해서는 도로를 닦고 기반공사를 하는 등 인프라에 대한 투자부터 해야만 했다. 따라서 다른 지역에 비해 초기투자비용이 더 높았다. 해외기업들은 인프라 투자비용을 지불하는 리스크를 감수해가면서까지 북한에 진출할 이유가 없었다. 실제로 북한의 경제특구에 대한 해외투자는 경제논리가 아닌 정치논리에 의해서 이루어졌다. 예를 들면 합영법에 의한 초기 투자나 나진·선봉지역에 대한 투자의 경우 북한 정권을 지원하는 조총련계 자본들이 대부분을 차지하였다.

3. 북한 경제의 실패: 분배측면

사회주의 경제의 핵심가치는 평등이다. 그렇다면 사회주의를 표방하는 북한은 경제적으로 평등한 국가인가? 분배의 관점에서 북한 경제를 분석했을 때, 북한은 불평등한 **분배구조**를 갖고 있다. 북한은 이념적으로는 평등을 지향하나 실질적으로는 특권층을 조성하고 기타 계층들을 하향 평준화시키는 형태의 불평등 분배 구조를 만들어왔다. 여기서는 거시적 관점에서 북한 경제의 불평등 구조를 분석하고, 미시적 관점에서 북한 주민들의 빈부격차 실태를 살펴본다.

사회주의 국가들의 경제체제는 성장보다는 분배에 초점을 두고 설계되었다. 따라서 냉전기 사회주의 진영은 자유주의 진영보다 대체로 부의 불평등 정도가 낮았다. 그러나 1990년대 들어 갑작스러운 경제체제 붕괴와 자유시장경제로의 전환으로 인해 사회주의 국가들의 기존 분배구조에 문제가 생기기 시작했다. 전환기 경제에서는 두 가지 형태로 부의 불평등이 심화된다. 첫째, 전체적인 경제 침체가 찾아온다. 계획경제에서 시장경제로 전환되는 과정에서 전체적인 성장이 둔화되고 국민들의 생활수준이 전반적으로 떨어지는 현상이 나타난다.[16] 경제적 빈곤층이 두터워지는 것이다. 둘째, 국가자원의 재분배 과정에서 불평등이 발생한다. 전환 과정의 핵심은 국가가 소유하던 부의 재분배이다. 그러나 이를 이행하는 사람들은 이미 자산을 소유하고 있던 사람들이며 자연스럽게 본인들에게 유리한 형태로 부의 분배가 이루어진다.[17] 극단적으로는 기존 체제에서 당을 지배하고 있던 권력자나 독재집단이 부를 불법적으로 독점해 버리기도 한다.[18] 이렇게 하여 상층부에 부가 집중된다. 그리고 경제적으로 양극화된 사회로 진입하게 된다.

북한의 경우 자유시장경제로 전환한 것은 아니나 독재체제가 자리잡으며 전환기 경제에서 나타나는 불평등 증가 메커니즘이 그대로 나타나게 되었다. 먼저 경제발전 및 대외무역 전략의 실패와 개혁·개방 정책의 부작용으로 북한은 장기적인 침체를 맞게 되었다. 이는 앞서 제시했듯 경제난이라 불리며 수많은 빈곤층을 만들었다. 다음으로 김일성·김정일 정권은 국가경제를 완전히 독점하여 분배체계를 마비시켰다. 북한에도 전환기 사회주의 국가들의 경제적 불평등 구조가 자리를 잡은 것이다.

북한이 갖고 있는 경제적 불평등의 거시적인 모습은 **지니계수**를 통해 살펴볼 수 있다. 지니계수(Gini Coefficient)란 한 국가의 불평등 정도를 나타내는 대표적인 통계 지표로 0~1 사이의 값으로 이루어진다. 이때 0에 가까울수록 평등하고 1에 가까울수록 불평등함을 나타낸다. 1990년대 이전 북한의 지니계수는 남한보다 낮은 0.27이다. 그러나 탈냉전 이후 0.49를 기록하며 그 이후 약 0.5대를 유지하고 있다.[19] 비교적 부의 평등한 분배가 이루어지다가 탈냉전 이후 심각한 경제 불평등 국가로 돌아선 것이다. 이러한 수치는 [표 4-6]의 다른 국가들과 비교했을 때에도 심각한 수준이다.

OECD 국가 중에서는 멕시코를 제외하고선 이처럼 심각한 불평등을 겪고 있는 국가는 찾기 어렵다. 게다가 북한의 경제규모를 고려했을 때, 하층민의 경제상황은 매우 심각할 것으로 예측된다. 부의 분배를 파이 나누기에 비유했을 때, 북한주민들은 다른 국가에 비해 전체크기가 작은 파이 중에서도 더 작은 조각을 배분받고 있는 것이다.

[표 4-6] 주요국 지니계수 비교(2020)

국가	북한	멕시코	미국	영국	한국	스웨덴
지니계수	0.513	0.420	0.377	0.355	0.331	0.276

출처: 경제협력개발기구(OECD) 통계 데이터 2021, 이종민(2022)

앞서 북한 경제가 거시적으로 불평등한 구조라는 것을 확인하였다. 여기서는 실제 북한 사회 내부에서 나타나는 불평등의 모습을 미시적 관점에서 확인한다. 1990년대 경제난 이후 일반 주민에 대한 배급은 거의 중단되었으며, 기형적인 계획경제가 작동하고 있다. 북한 주민들은 시장을 통해 생존을 추구하고 있으며 비정상적인 형태의 경제관행들이 급속도로 확산되고 있다.[20] 계획경제의 실패로 인해 북한 경제의 이념적 상징이라 할 수 있는 노동자들이 임금을 받지 못하는 상황이 이어지고 있다. 경제난 이후 기업소들의 생산체계가 정상 작동하지 않고 있으며, 노동자들 중 임금을 받지 못하거나 또는 일부만을 받는 사례가 급증하고 있다. 일반적으로 받아야 할 정기월급도 불규칙적이며, 월급에서 청년동맹비, 애국지원 등을 제하고 나면 실제 지급되는 금액은 생계를 유지하기 어려운 수준이다.[21]

불평등 구조가 가장 심각한 영역은 식량 수급이다. 경제난 이후 북한 주민들에 대한 식량배급체계는 붕괴되었다. 2016년 조사에 따르면 북한 주민들의 대부분이 식량 배급을 받지 못하고 있으며 식량배급의 기준은 완전히 사라졌다. 예를 들면 함경북도 회령시의 경우 김정숙의 고향이라는 이유로 다른 지역보다 식량 배급이 추가적으로 이루어지고 있다. 이러한 배급체계의 붕괴로 북한 주민들은 비공식적인 경제활동을 통해서 생계를 꾸려 나가기 시작했다. 조사 결과 약 63.5%의 주민들이 장마당을 통해서 식량을 구하는 것으로 나타났다.[22] 이러한 현상은 식량사정의 극심한 불평등을 가져왔다. 서울대 통일평화연구원의 2015년 북한이탈주민 설문조사에 따르면 상층은 100% 쌀밥식사를 하는 반면 하층민들 중 쌀밥 식사를 하는 비율은 29%였다. 또한 일주일에 육류가 포함된 식사를 1~2회 한다고 응답한 비율이 상층의 경우 84.8%였던 반면 하층의 경우 6.8%에 그쳤다.[23]

빈부의 격차는 사회 복지 혜택의 불평등을 초래하기도 했다. 경제난 이후 북한의 의료지원체계는 마비상태이다. 그러나 제한적으로나마 운영되는 의료체계 내에서도 계층 간 차별 현상이 나타난다. 일반 주민들이 이용하는 1, 2차 의료체계의 경우 거의 작동되지 않고 있는 반면에 중상층이나 간부급들이 이용하는 3, 4차 의료체계의 경우 비교적 정상적으로 운영되고 있다.[24] 의약품 공급도 마찬가지다. 북한은 원칙적으로 모든 주민의 무상치료를 표방하고 있다. 그러나 실제 병원 내 의약품이 부족하여 환자들은 대부분 장마당이나 개인이 운영하는 비공식 약국에서 유상으로 약을 구매한다. 따라서 약값은 천차만별이고 때로는

과도한 비용이 요구되며, 경제적 이유로 치료를 포기하기는 환자들도 속출하고 있다.[25]

교육 혜택도 차별적이다. 북한은 법적으로 12년 무상 공교육제도를 채택하고 있다. 그러나 경제난 이후 공교육 분야의 지원이 크게 줄어들어 정상적인 공교육이 이루어지지 못하고 있다. 교육에 필요한 교보재나 학용품 등 교육물품 공급이 제대로 이루어지지 못하고 있어, 이를 개인이 부담해야 하는 상황이다. 이름만 공교육 제도이지 사실상 개인이 많은 비용을 부담하는 교육체계인 것이다. 소득의 불평등 속에서 이러한 기형적 공교육 제도는 중하층민들의 가계부담을 가중시켰고, 교육기회의 불평등으로 연결되었다.[26] 또한 공교육의 붕괴로 인해 사교육이 증가하는 현상이 나타났는데, 이는 어디까지나 상층민들에게 해당되는 상황이었다. 2015년 북한이탈주민 설문조사에서 상층의 62.5%가 사교육을 받았던 반면 하층은 17.1%만이 사교육 경험이 있다고 답한 결과는 이러한 교육기회의 불평등 구조가 반영된 것이다.[27]

4. 북한 경제의 실패 원인: 분배측면

북한에서 경제 불평등이 나타나는 원인은 크게 두 가지 차원에서 살펴 볼 수 있다. 먼저, 북한의 장기적 침체와 북한사회가 갖고 있는 부의 불평등한 분배구조이다. 장기적 침체로 인해 빈곤층이 만들어졌고, 계급구조에 기반하여 형성된 비정상적인 **분배구조**는 북한의 경제 불평등을 가져오는 대표적 원인이다. 다음으로 공적부문의 **부패**(corruption)가 있다. 군, 당, 정부 등의 부패는 기존의 불평등한 분배 구조를 더욱 왜곡시켜 경제적 불평등이 심화되도록 만들고 있다.

앞서 살펴 보았듯 북한은 전환기 사회주의 국가들에서 경제적 불평등이 발생하는 과정을 그대로 따르고 있다. 북한은 1990년대 심각한 경제 위기를 겪었다. 에너지난, 식량난, 외화난으로 구성되는 총체적 경제난은 북한의 경제 수준을 분쟁국 수준으로 떨어뜨렸다. 기아와 질병으로 사상자가 발생했으며, 수많은 빈곤층이 생겨났다. 그리고 이렇게 만들어진 경제 수준은 현재까지도 회복을 하지 못하고 있다. 북한의 왜곡된 분배구조 때문이다. 북한은 모든 부와 자원을 몇몇 개인이 독점하는 형태의 독재국가이다. 김일성 · 김정일 부자는 경제를 완전히 독점하고 통치에 유리하도록 측근들을 중심으로 부를 분배하는 불평등한 분배구조를 만들어 왔으며, 이러한 구조는 현재 김정은 정권에까지 승계되고 있다.

북한의 불평등한 분배구조는 **계급제도**에 기반한다. 북한은 공식적으로 '평등'을 표방하고 모든 구성원을 노동계급으로 단일하게 정의하고 있으나, 실제 북한 사회에는 출신성분에 기반한 계급구조가 존재한다. 북한은 전후 여러 차례에 걸쳐 주민등록사업을 실시하였다. 1967년부터는 3년간 '3대 계층 51개 부류 구분사업'을 실시하여 구성성분에 기반한 계급구조를 만들었고,[28] 그 이후 추가적인 분류 사업을 통해 3대 계층 및 45개 부류 , 5개 성분의 계급구조를 정착시켰다.[29] 이렇게 만들어진 북한의 계급구조는 폐쇄적이다. 계급간 이동은 매우 어렵다. 특히 기본군중으로 신분을 상승하는 것은 거의 불가능한 실정이다. 이러한 계급구조는 등용, 입당, 대학진학 및 인사 등 다양한 형태로 사회 내 불평등과 차별을 생성한다.[30]

사회주의 제도는 표면적으로 부의 불평등이 커지는 것을 막는 제도처럼 보인다. 그러나 문제는 계급제도가 만들어놓은 불평등한 사회구조 속에서 임금제도나 배급제도와 같은 분배체계가 비정상적으로 변형되는 현상이다. 앞서 살펴보았듯 북한의 배급제도는 실질적으로 붕괴된 상황에 있다. 그러나 하층에 대한 배급이 중단된 것이지 상층부로 올라갈수록 배급 사정은 좋아진다. 또한 최상층부는 거의 제약을 받지 않고 마음대로 물자를 사용할 수 있는 권한을 갖는다. 다음으로 2000년대 들어서 북한이 실시한 일련의 개혁정책들은 계급제도 내 하층민들에게 불리한 형태의 정책이었다. 긍정적 조치들은 상층부를 중심으로 적용되었으며, 부정적 조치들은 하층부부터 시작되었다. 계급제도의 영향으로 차별적인 개혁이 적용된 것이다.

북한 사회 내부의 부패는 북한의 불평등한 분배구조를 더욱 왜곡시킨다. 부패란 사적인 이익을 위해 공적 권력을 오용하는 것으로 뇌물, 횡령, 강탈, 사기, 친족 중용(nepotism, favoritism) 등의 형태로 나타난다. 이러한 공공부문의 부패는 경제에 부정적인 영향을 미친다. 첫째, 공공부문의 효율성을 떨어뜨린다. 부패는 조직 내 의사결정의 합리성을 떨어뜨린다. 따라서 가장 효율적인 생산자가 생산계약을 체결하는 것을 방해한다. 또한 경쟁력 있는 새로운 생산자가 시장에 진입하는 것을 차단하여 전체적인 효율성을 저하시킨다. 둘째, 국가 경쟁력을 떨어뜨린다. 경제적 관점에서 부패는 거래과정에서 지불되는 비용이며, 이는 전체 생산비용의 증가를 가져오게 된다. 이러한 불필요한 비용의 증가는 해외 투자를 제한하고, 상품의 품질을 떨어뜨리는 요소로 작동한다. 셋째, 부의 불평등을 심화시킨다. 부패는 전반적인 성장을 저해하고 조세체계를 왜곡하며, 복지의 혜택이 적합하게 분배되는 것을 방해한다.[31] 부패는 국가의 생산 및 분배구조를 비효율적이고 비효과적으로 만들 수 있으며, 특히 사회주의의 체제전환 시기나 폐쇄경제가 시장경제로 변환되는 과도기에서는 강력한 영향력을 가진다.[32]

현재 북한의 부패는 체제적 부패이다. 이는 만성적이고 제도화된 부패를 의미한다. 체제적 부패 속에서 부패는 규범처럼 작동한다. 시민들은 뇌물이 어떠한 특혜를 받기 위해서 혹은 어떠한 자격을 취득하는데 결정적인 요소 또는 당연히 지불해야 할 비용이라고 의식한다. 따라서 체제적 부패 속에는 무수히 많은 비공식적인 네트워크가 만들어진다.[33] 또한 북한의 경우 부패 척결 수단이 작동하지 않는다. 부패와 관련한 단속 및 조사, 재판, 형집행 등 모든 단계에서 문제가 발생하고 있다. 부정행위에 대한 단속은 제대로 이루어지지 않고 있으며, 단속 후 조사과정에서도 처벌을 면제받거나 형을 단축하기 위한 뇌물 수수가 이루어진다. 또한 그 다음 재판단계에서도 우호적 판결과 보석 혹은 집행유예를 획득하기 위해 사법부에 뇌물을 주는 행위가 자행되고 있다. 재판을 통해 형이 선고되었더라도 집행과정에서 형을 낮출 수 있다. 집행을 담당하는 관리들에게 뇌물을 제공하여 교화소로 가지 않고 노동단련대로 가거나, 병보석으로 풀려나기도 한다.[34]

부패는 북한 사회의 부의 불평등을 더욱 악화시켰다. 부패는 상위계층으로부터 나타났고 차별적인 배급체계 속에서 하급계층에 속하는 구성원들은 그나마 배급받아야 할 식량들을 받지 못했다. 부패는 복지 혜택에서도 불평등을 발생시켰다. 중앙에서는 지방 병원에 의약품이 공급되는 과정에서 상당량을 횡령하는 사례가 빈번하다. 따라서 도, 시, 군 등 단계가 거듭될수록 의약품의 양은 줄어들고 결국은 일반 주민들이 이용할 수 있는 약은 줄어들게 되는 것이다.[35]

요약

1. 휴전 이후 비슷한 수준에서 시작한 남북한의 경제발전은 1970년대를 지나며 큰 격차를 보이게 되었다. 남한은 급격한 경제발전을 이룬 반면, 북한은 경제성장이 점차 둔화되었고, 1990년대 들어 북한은 심각한 경제난을 경험하게 되었다.

2. 북한 경제의 대내적 실패 원인은 북한이 발전전략으로 제시한 3대 경제정책노선에서 찾을 수 있다. 자립형 민족경제는 북한의 경제체제를 고립화시켰고, 중공업 우선정책은 산업구조의 불균형을 초래하였다. 그리고 군사경제 병진 정책은 경제구조를 이원화시켜 민간경제의 발전을 가로막았다.

3. 북한 경제의 대외적 실패원인은 사회주의진영에 편중된 무역구조이다. 소련 및 동구권 국가 위주로 이루어지던 북한의 대외무역은 동구권 붕괴이후 그 기능이 마비되었다. 북한은 원자재 및 원유를 공급받을 수 없게 되었고, 수출 시장도 잃었다.

4. 북한은 시장의 기능을 활성화시키거나 통제하는 등 이를 관리하는 방식으로 개혁정책을 추진해 왔다. 그러나 북한 정권은 시장 기능에 대한 통제력을 상실했으며 사회주의 경제체제의 틀이 붕괴되는 현상이 발생하고 있다.

5. 북한은 외자유치를 목적으로 개방정책을 펴왔으나 이는 많은 한계를 갖고 있다. 개방의 수준이 제한적이었으며 북한이 갖고 있는 정치적 불안정성과 미비한 경제제도로 인해 외국자본을 끌어들이는데 실패하였다.

6. 모든 북한 주민들이 못사는 것은 아니다. 북한은 거시적으로 부의 분배가 평등하게 이루어지지 않고 있으며, 이는 경제적으로 상층부와 하층부의 격차를 벌려놓았다. 북한정권은 평등을 주장하나 실제 북한사회에는 극심한 빈부의 격차가 존재한다.

7. 북한이 갖고 있는 경제적 불평등은 경제성장의 실패와 불평등한 부의 분배구조에서 시작되었다. 경기침체로 빈곤층이 발생한 반면, 왜곡된 분배구조는 지배층으로 부를 집중시켰다.

8. 계급제도는 임금 및 배급제도를 왜곡하여 불평등한 부의 분배가 이루어지도록 만들었다. 게다가 공공부문의 부패는 그나마 작동하던 분배체계도 마비시켜 경제적 하층민의 삶을 더욱 어렵게 만들었다.

미주

1 남성욱, “북한의 에너지 안보: 정책과 전망,” 『국제평화』, 제2권, 1호(2005. 6), p.139.

2 통일교육원, 『먹거리를 통해 본 북한 현실』(서울: 통일교육원, 2005), 20~21.

3 Stephan Haggard and Marcus Noland, *Hungers and Human Rights: The Politics of Famine in North Korea*(Washington D.C.: U.S. Committee for Human Rights in North Korea, 2005), 18.

4 통일부, 『2000 북한개요』(2000), p.385.

5 현대경제연구원, 『2015년 북한 1인당 명목 GDP 측정』(2016. 9. 28), p.6.

6 『경제사전2』(평양: 사회과학출판사, 1985), p.208.

7 『북한이해 2014』(서울: 통일교육원 1994). p.184.

8 『로동신문』 (1966. 10. 8).

9 임강택, 『북한의 군수산업 정책이 경제에 미치는 효과 분석』(서울: 통일연구원, 2000), pp.70~72.

10 『북한이해』 (서울; 통일교육원, 2014), p.186.

11 황진환, 『신 국가안보론』 (서울: 박영사, 2014), p.269.

12 통일교육원, 『2017 북한 이해』(서울: 통일교육원), p.166.

13 『북한지식사전』(서울: 통일연구원, 2014), pp.689-690.

14 북한연구소, 『북한총람(1983~1993)』 (서울: 동아출판사, 1994), p.459.

15 이금숙, 『북중 변경무역의 현황과 전망』(대외경제정책연구원, 2004), p.201.

16 Raul Laban and Holger C. Wolf, “Large-Scale Privatization in Transition Economies.” *The American Economic Review*, Vol. 83, No. 5(1993).

17 Laszlo Csaba, “Privatization and Social Acceptance-The Flip Side,” *Transition The Newsletter about Reforming Economics* 7(1996, 5~6), p.10.

18 Hubert Gabrisch and Jens Hölscher, *The Successes and Failures of Economic Transition: The European Experience*(2006, New York: Palgrave Macmillan).

19 앞서 제시했듯 북한은 경제지표를 발표하지 않으며 따라서 지니계수를 계산하기 어렵다. 위 수치는 한국국방연구원과 이종민(2022)이 로렌츠곡선과 다른 지표들을 활용하여 정량적으로 도출해낸 수치이다. 성채기 외, “북한 경제규모의 대안적 추계와 불평등의 실상- 구매력 환율, GDP, 지니계수 및 식량난 수준을 중심으로,”(서울: 한국국방연구원, 2014); 이종민, “북한 주민들의 소득과 지출: 2012 ~2020”, 2022.

20 김수암 외, 『북한부패와 인권의 상관성』, p.3.

21 통일연구원, 『북한인권백서 2017』(서울:통일연구원, 2017), p.253.

22 통일연구원(2017), p.222.

23 정은미, “2015 북한 주민의 생활과 정보화,” 『2015 북한 사회변동과 주민의식의 변화: 시장화, 정보화, 자유화』, 서울대학교 통일평화연구원 학술회의(2015).

24 김수암 외, 『북한 주민의 삶의 질: 실태와 인식』(서울: 통일연구원, 2011), pp.137-138.

25 통일연구원(2017), p.230.

26 통일연구원(2017), pp.257~264.

27 정은미, “2015 북한 주민의 생활과 정보화,” 『2015 북한 사회변동과 주민의식의 변화: 시장화, 정보화, 자유화』, 서울대학교 통일평화연구원 학술회의(2015).

28 통일교육원, 『북한이해 2010』(2012), p.229.

29 통일연구원(2017), p.193.

30 통일연구원(2017), pp.193~200.

31 Arvind Jain, “Corruption: A Review,” *Journal of Economic Surveys* (2001), pp.91~97.

32 성채기 외, 『북한 경제규모의 대안적 추계와 불평등의 실상』(서울: KIDA Press), pp.158~159.

33 Christoph H. Stefes, “Governance, the State, and Systemic Corruption in the Third World,” *American Review of Political Economy* (December 2008), pp.25~29.

34 통일연구원(2017), pp.372~380.

35 통일연구원(2017), p.232.

제5장 북한은 왜 외교적으로 고립되었는가?

외교(外交, Diplomacy)란 국가가 다른 국가 및 국제기구와 관계를 맺는 것을 의미한다. 특정 국가가 다른 국가 및 국제기구와 대외적인 관계를 맺는 근본적인 목적은 국가의 안보 확충과 경제적 번영이다. 외교정책의 수단은 매우 다양하다. 경제적 번영을 위해 특정 국가와 무역(trade)을 하는 것도 일종의 외교라고 할 수 있으며, 외적으로부터의 침입에 대비하고 국가의 안전을 보장하기 위해 동맹(alliance)을 맺는 것도 일종의 외교이다. 외교는 무역이나 동맹과 같이 긍정적 수단으로만 추진되지 않는다. 자국의 안보와 경제적 번영을 위협하는 다른 국가의 정책을 변화시키기 위해 경제 제재(economic sanction)와 군사적 위협(military threat)이라는 외교적 수단을 활용하기도 한다. 국가의 외교 관련 업무를 담당하는 공무원을 외교관(外交官, Diplomat)이라고 하며, 이들은 국가를 대표하여 해외에 파견되어 있는 대사관, 영사관 또는 국내의 외교관련 정부 부처에서 일한다. 대한민국도 다양한 외교 활동을 통해 국가의 안보와 경제적 번영이라는 국가이익을 추구하고 있다. 대한민국의 외교를 관장하는 정부 부처는 '외교부'이다. 외교부는 '산업통상자원부'와 협조하여 무역 및 제재와 같은 경제적 외교 수단을 활용한 대외관계를 조율하고, '국방부'와 협조하여 동맹 및 군사적 위협과 같은 군사적 외교 수단을 통한 대외관계를 조율한다.

다수의 국내외 언론들과 학자들은 북한을 '은둔의 왕국(Hermit Kingdom)'이라고 부른다. 북한을 은둔의 왕국으로 표현하는 이유는 북한이 외부세계와의 관계를 최소화하며, 외부인들에게 알려진 바가 거의 없기 때문이다. 외부세계로 북한에 대한 정보가 많이 알려지지 않은 이유는 북한이 외교적으로 고립되어 있기 때문이다. 본 장에서는 '왜 북한이 은둔의 왕국이 되었는가?' '왜 북한은 국제사회에서 외교적 고립을 경험하게 되었는가?'에 대해서 살펴볼 것이다. 앞서 설명한 바와 같이 북한은 외부세계에 알려진 바가 거의 없으며 알려진 정보마저도 핵개발, 인권유린, 테러 및 무기수출 등 대부분 부정적인 것들이다. 외부세계에 알려진 북한의 반인권적 행위와 국제안보 위협 행위가 북한의 외교적 고립을 불러왔다고 볼 수 있다. 본 장에서는 북한의 외교정책 방향과 시기별 변화에 관하여 살펴보고, 북한 외교정책 결정 및 수행기구에 관해서 소개할 것이다. 또한 북한 외교정책의 군사적 수단과 경제적 수단에 관하여 살펴보고, 북한의 외교적 고립 원인에 관하여 제시할 것이다.

학습목표

1. 북한의 외교정책을 이해하고, 북한의 외교 현실을 살펴본다.
2. 북한 외교정책의 결정과 수단을 살펴보고, 북한이 외교적으로 고립된 이유를 이해한다.

탐구중점

1. 북한 외교정책의 목표는 무엇이며, 어떤 기관이 어떻게 외교정책을 결정하는가?
2. 세계 각국들이 북한과의 외교관계를 단절하거나, 북한을 비난하는 이유는 무엇인가?

핵심개념

- 외교정책 기조(자주, 평화, 친선)
- 외무성
- 당 국제부
- 최고인민회의 상임위원회
- 북 · 러 군사동맹
- 북 · 중 군사동맹
- 벼랑끝 외교
- 인질 외교

1. 북한 외교정책의 목표와 역사

한 국가가 다른 국가나 국제기구와 외교적 관계를 맺는 근본적 이유는 주권의 보호(국가안보 확충) 및 경제적 번영과 같은 국가이익을 확대하기 위함이다. 대한민국의 외교부는 외교정책의 기조로 '평화, 번영, 국제적 위상제고, 자국민보호'를 제시하고 있다. 대한민국의 외교부가 제시하고 있는 외교정책의 기조를 살펴보았을 때, 대한민국의 외교정책은 주권의 보호와 경제적 번영과 같은 국가이익의 확대 차원에서 추진된다고 볼 수 있다. 그러나 북한이 제시하고 있는 외교정책의 기조와 목표는 대한민국의 외교정책 기조 및 목표와는 큰 차이점을 보인다. 대한민국의 외교부는 해외에 173개의 재외공관을 운영하고 있으며, 세계 194개의 국가와 대외적 관계를 맺고 있다. 북한의 경우 해외에 43개의 재외공관을 유지하고 있으며, 세계 159개 국가와 대외적 관계를 맺고 있다.[1] 본 절에서는 북한 외교정책의 기조와 목표를 분석하고, 북한 외교정책의 변천 과정과 현실에 관하여 살펴본다.

가. 북한 외교정책의 목표

앞서 제시한 바와 같이 대부분의 국가는 주권의 보호와 경제적 번영이라는 국가이익을 확대하기 위해, 다른 국가 또는 국제기구와 관계를 맺는다. 대한민국 외교부가 제시하는 외교정책의 기조를 통해 대한민국도 다른 국가들과 마찬가지로, 외교정책의 목표가 주권보호와 경제적 번영이라는 사실을 확인할 수 있다. 그러나 북한이 제시하는 외교정책의 목표는 대부분의 다른 국가들이 추구하고 있는 외교정책의 목표와는 다른 특수성이 있다.

북한 외교정책의 가장 중요한 목표는 북한의 이념과 정치체제를 한반도와 전 세계에 확산시키는 것이다.[2] 1장과 2장에서도 살펴본 바와 같이 북한은 독특한 형태의 정치체제인 '수령 중심의 당-국가체제'를 유지하고 있으며, 공산주의 이념과는 구별되는 '주체사상'을 국가의 이념으로 표방하고 있다. 북한이 추구하는 중요한 국가이익 중 하나는 '주체사상'과 '수령 중심의 당-국가체제'를 한반도 전체와 전 세계로 확산시키는 것이다. 대부분의 국가들은 자국의 이념과 정치체제를 다른 국가에게 강요하지 않으며, 자국의 이념과 정치체제의 확산을 위하여 외교정책이라는 수단을 활용하지 않는다. 그러나 북한은 자국의 이념인 주체사상과 정치체제인 수령 중심의 당-국가체제를 전 세계로 확산시키기 위해 외교정책을 활용하고 있다. 주권의 보호나 경제적 번영과 같은 일반적인 국가이익의 확대보다 이념적 차원의 국가이익 확대를 외교정책의 가장 중요한 목표로 제시한다는 것은 매우 독특하다고 할 수 있다.

북한은 주체사상의 확산과 수령중심의 당-국가체제의 확산을 위해 외교정책을 추진하고 있으며, 이 목표를 달성하기 위한 **외교정책의 기조**로 '**자주, 평화, 친선**'을 제시하고 있다.[3] 북한이 제시하고 있는 세 가지 외교정책 기조 모두 표면적으로는 국제사회가 추구하는 평화와 협력의 개념과 큰 차이가 난다고 볼 수 없다. 그러나 북한이 제시하는 외교정책 기조를 자세히 살펴보면 북한의 외교가 국제평화와 국제협력에 기여한다고 보기 어렵다.

북한이 외교정책의 기조로 가장 먼저 제시하는 것은 '자주'이다. 북한이 자주라는 외교노선을 강조하기 시작한 시기는 1960년대부터이며, 자주를 강조하게 된 원인은 중국과 소련의 분쟁 때문이다.[4] 중국과 소련이 갈등을 겪는 상황에서 어느 한 국가를 지지할 수 없었던 북한은 중국과 소련의 영향력으로부터 벗어나 독자적인 외교를 추구하게 되었다. 내정불간섭과 주권의 존중이라는 국제사회의 원칙을 고려했을 때, 북한이 추구하는 자주의 기조는 국제평화와 국제협력에 큰 위해를 준다고 볼 수 없다. 그러나 자주라는 북한 외교의 첫 번째 기조는 반제국주의 이념에 기초한다는 측면에서 국제사회의 질서를 위태롭게 할 수 있다. 북한은 유럽의 강대국들과 미국, 일본 등 선진 자본주의 국가들을 여전히 제국주의 국가라고 보고 있다.[5] 선진 자본주의 국가들이 북한의 대량살상무기 개발이나 인권유린 등에 대해 비난하는 것에 관하여 북한은 자국의 자주성을 훼손하는 행위로 간주하며, 이들 국가의 간섭과 요구를 무시하는 것이 반제국주의에 기초한 자주의 기조라고 볼 수 있다.

북한이 제시하는 두 번째 외교정책의 기조는 '평화'이다. 평화를 추구한다는 측면에서 북한의 외교정책 기조가 비난받을 필요는 없어 보이지만, 북한이 주장하는 평화의 개념은 주체사상과 수령 중심의 당-국가체제에 기반한다는 측면에서 국제사회의 평화를 위태롭게 한다고 할 수 있다. 국제사회가 생각하는 평화의 일반적인 개념은 국가 간의 전쟁이 없는 상태를 의미한다. 그러나 북한은 한반도 전체와 국제사회가 주체사상을 토대로 수령 중심의 당-국가체제가 되었을 때를 평화의 상태로 보며, 평화를 위해 무력을 사용하여 북한의 이념과 정치체제를 강요할 수 있다고 주장한다. 결과적으로 북한이 외교를 통해 추구하는 평화의 가치는 국제사회의 전쟁이 없는 상태를 위태롭게 할 수 있다.

북한의 마지막 외교정책 기조는 '친선'이다. 일반적으로 외교적 친선이 의미하는 바는 경제적 번영을 위한 무역의 확대와 주권의 보호를 위한 군사적 협력이며, 외교적 친선의 대상은 선별적이라고 볼 수 없다. 그러나 북한이 주장하는 친선의 의미는 이념적 차원의 교류를 강조하며, 친선의 대상범위를 매우 좁게 설정한다. 북한은 외국과의 교류를 통해 반제국주의 운동을 확대하여 주체사상의 확산을 달성하려고 한다. 앞서 언급한 바와 같이 선진 자본주의 국가를 제국주의 국가로 간주하며, 미국을 중심으로 한 유럽과 일본에 대항하는 반제국주의 운동을 확대하려고 한다. 반제국주의 운동과 주체사상의 확산이라는 목표 달성을 위해 추진되는 외교적 교류의 범위 역시 매우 제한적이다. 세계 모든 국가를 친선과 교류의 대상으로 보지 않으며 미국의 안보정책에 대항하거나, 강대국들과 군사적 협력관계가 없는 국가들만을 친선과 교류의 대상으로 간주한다.

북한이 다른 나라나 국제기구와 대외적 관계를 맺는 근본적인 이유는 북한의 이념인 주체사상과 북한의 정치체제인 수령 중심의 당-국가체제를 한반도 전체와 전 세계로 확산시키기 위해서이다. 이러한 목적을 달성하기 위한 기조로서 자주, 평화, 친선을 제시하고 있다. 표면적으로 북한이 제시하는 외교정책의 기조는 국제협력과 국제평화에 기여하는 것처럼 보인다. 그러나 북한이 추구하는 외교는 서구 자본주의 국가에 대항하는 일부 권위주의 국가들과의 이념적 교류와 군사적 협력을 통해 북한의 이념과 정치체제를 다른 국가에 강요한다는 특징이 있다. 이러한 북한의 외교 목표와 외교정책 기조는 국제평화와 국제협력을 저해한다.

나. 북한 외교정책의 역사

북한은 주체사상과 수령 중심의 당-국가체제를 한반도 전체와 세계로 확산시키기 위해 외교정책을 추진한다. 북한의 외교정책은 북한 정권이 수립된 1948년 이후 지속적으로 변화해 왔다. 북한 외교정책의 변화원인은 국제정세의 변화라고 볼 수 있다. 강대국 간의 관계가 변화하여 북한이 위기에 처했을 때, 북한은 이를 극복하기 위해 외교정책을 변화시켰다.

북한 정권수립 이후부터 1950년대까지 북한은 공산주의 강대국에 의존적인 외교정책을 추진했다. 공산주의 강대국에 의존적인 외교정책 추진이란, 소련 및 중국과 같은 공산주의 강대국의 외교에 북한의 외교를 종속시켰음을 의미한다. 당시 북한이 자주의 노선보다 공산주의 강대국의 외교노선을 따른 이유는 신생정권의 안정과 6·25전쟁의 수행을 위해서는 강한 공산주의 국가의 지원이 필요했기 때문이며,[6] 따라서 소련과 중국의 의사에 반하는 외교정책을 추구할 수 없었다.

1960년대 북한은 본격적으로 자주외교 노선을 채택하여, 비동맹국가들과의 협력을 강화해 나간다. 1950년대 북한의 외교는 소련과 중국에 종속적이었기 때문에, 이들이 원하는 외교정책을 추진했다. 그러나 1960년대 중국과 소련의 갈등이 본격화되자, 북한은 어느 한 국가만을 지지할 수 없었다.[7] 공산주의 강대국 간의 갈등이라는 국제정세 속에서 북한은 소련과 중국에 대해 중립적이면서, 미국 등 서구 자본주의 국가들과 협력을 하지 않는 제3세계 국가들과의 협력을 강화해야 했다.

제3세계국가, 비동맹국가

제2차 세계대전 이후 국제사회는 미국을 중심으로 한 자유민주주의 진영과 소련을 중심으로 한 공산주의 진영으로 양분되었다. 냉전기 두 강대국 모두와 동맹을 맺지 않고, 중립을 표방한 개발도상국들을 제3세계국가 또는 비동맹국가라고 한다. 냉전기 제3세계국가의 대표적인 예로는 인도, 인도네시아, 이집트 등이 있다.

1970년대와 1980년대 북한은 제3세계 국가들과의 협력을 유지하는 가운데, 실리외교를 추구했다. 1970년대 미-소관계의 개선으로 인한 국제적 화해와 협력의 분위기 속에서 북한은 서방국가들과의 관계 개선을 위해 노력했다. 1980년대에는 중국의 개혁개방 정책을 모방하여 경제적 이득을 위해 서방국가들과의 외교관계 수립을 시도하기도 했다. 그러나 1980년대 북한이 자행한 국제테러[8]로 인하여 북한의 외교관계 전반은 심각한 손실을 입게 되었다.

1990년대 북한은 미국 및 일본과의 관계 개선을 위해 노력했다.[9] 1990년대 소련과 동유럽 공산주의 국가들이 몰락했으며, 대한민국은 1990년대 중국 및 러시아와 수교를 맺게 되었다. 대한민국은 냉전기 북한과 협력했던 국가들과 관계를 회복했으며, 공식적 외교관계를 수립했다. 외교적 위기와 함께 북한은 이른바 고난의 행군이라는 경제적 위기까지 겪게 된다. 북한은 외교 및 경제적 위기를 타개하기 위해 적대적 관계에 있었던 미국과의 관계개선을 위해 노력했다. 북한이 미국과의 관계개선을 위해 선택한 방법은 핵을 통한 협상이었다.[10] 북한은 핵개발 포기에 대한 보상으로 미국과의 관계개선 및 경제적 보상을 요구했다. 1990년대 본격화된 북한의 핵개발과 북미관계에 관해서는 2부에서 자세히 살펴본다.

2000년 이후 북한은 실리외교를 추구하고 있다. 주체사상의 확산이라는 이념적 목표보다 체제생존을 위해 유럽의 국가들과 수교를 맺었으며, 동남아시아 국가들과의 경제적 교류를 강화했다. 외교적 고립을 피하기 위해 유럽의 자유민주주의 국가들과 관계 개선을 시도하고 있지만, 북한의 인권유린에 대한 유럽 국가들의 비난으로 관계는 개선되지 않고 있다. 북한은 외화획득을 목표로 일부 중국, 러시아. 중앙아시아 등 세계 각지에 노동자를 파견하고 있다. 파견된 북한의 노동자들은 북한당국에 의한 임금 착취로 인해 저임금에 시달리고 있다.

[표 5-1] 남북 수교 현황

지 역	수교국		동시수교국	단독수교국	
	대한민국	북한		대한민국	북한
아시아	38	25	25	13	0
아메리카	35	24	24	11	0
유 럽	54	48	48	6	0
중 동	19	16	15	4	1(팔레스타인)
아프리카	48	46	46	2	0
계	194	159	158	36	1

출처: 외교부 홈페이지(www.mofa.go.kr, 검색일: 2025.7.16.)

대한민국은 세계 194개 국가와 수교를 맺고 있으며, 북한은 159개 국가와 수교를 맺고 있다. 수교 현황만을 보았을 때에는 대한민국과 북한의 대외적인 관계가 크게 차이 나 보이지 않는다. **수교**를 맺는다는 의미는 국가와 국가가 공식적으로 관계를 맺고 있음을 의미한다. 수교를 맺었다고 해서 상대방 국가와 지속적으로 활발한 교류와 협력을 하는 것은 아니다. 또한 수교를 맺지 않았다고 해서 국가 간의 교류와 협력이 전혀 없는 것은 아니다. 수교는 단지 국가 간의 공식적 외교관계가 있다는 의미일 뿐이며, 적극적인 협력을 의미하는 것은 아니다.

[그림 5-1]은 1948년부터 2025년까지 대한민국과 북한의 재외공관 수의 변화를 보여주는 그래프이다. **재외공관**이란 한 국가가 해외에 파견한 대사관, 영사관, 대표부를 포함한 개념이다. 그림에서 나타난 바와 같이 대한민국은 총 194개 국가와 수교를 맺었지만, 2025년 해외에 있는 대한민국의 재외공관은 총 173개이며, 북한은 159개 국가와 수교를 맺었지만, 2025년 해외에 43개의 해외공관을

유지하고 있다. 외교적 의미로 보았을 때 수교에 비해 해외공관 유지는 보다 강력한 외교적 관계를 의미한다. 수교를 맺은 모든 국가에 해외공관을 유지하지 않기 때문에, 특정 국가의 재외공관이 다른 나라에 있다는 것은 두 국가 간의 교류와 협력이 활발하다는 것을 의미한다.

[그림 5-1] 남북 재외공관 현황(1948~2025)

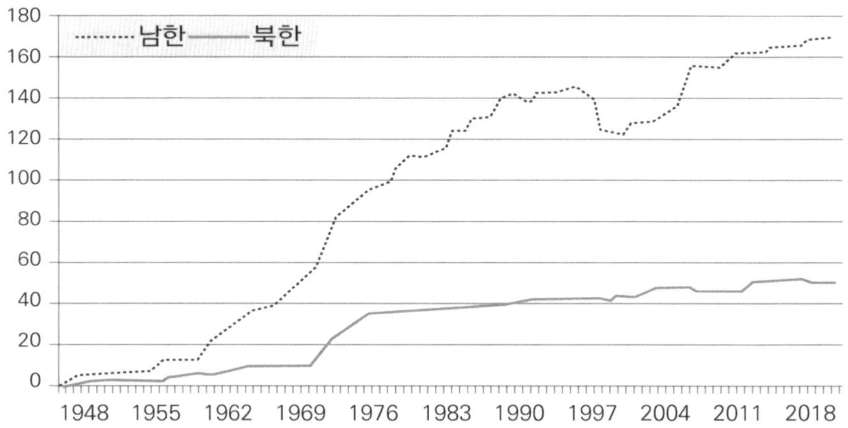

출처: 외교부 홈페이지(www.mofa.go.kr, 검색일: 2025.7.16.)

1948년 대한민국과 북한은 동시에 다른 국가들과 외교적 관계를 맺기 시작했다. 1960년대 중반까지는 비슷한 수준의 해외공관을 유지했지만, 이후 격차가 벌어졌다. 북한은 1970년대 중반 이후 재외공관의 수가 늘지 않았지만, 대한민국은 1970년대 초반부터 해외공관의 수를 급격히 늘려왔다. 대한민국은 해외의 160여개 지역에서 활발한 외교활동을 통해 국가안보와 경제적 번영을 추구하는 반면, 북한은 50여 개 지역에서 외교활동을 벌이고 있음을 알 수 있다. 해외공관의 수를 보았을 때 대한민국이 북한에 비해 확실히 외교적 우위를 차지하고 있다. 북한의 재외공관 수가 1970년대와 비교하여 크게 늘지 않은 이유는 다음과 같다. 첫째, 재외국민의 수나, 대외적 관계를 조율할 국가의 수가 늘어나지 않았다. 대한민국의 경우 재외국민의 수가 늘어남에 따라 재외국민 업무를 담당하는 영사관의 수가 크게 늘었으며, 무역 상대국의 증가로 인해 경제적 대외 관계를 조율할 국가가 늘었다. 그러나 북한은 재외국민 수가 늘거나 대외적 관계를 확대할 국가가 늘어나지 않았다. 둘째, 경제적 이유로 인해 북한은 재외공관의 수를 늘리지 않았다. 재외공관의 이용료와 외교관의 외교활동을 위한 예산 등 재외공관 유지를 위해서는 상당한 비용이 수반된다. 1980년대 말부터 시작된 북한의 외화난으로 인해 북한은 추가적인 재외공관을 유지시킬 능력이 부족했으며, 상주 재외공관을 폐쇄하기도 했다.

대사관, 영사관, 대표부

재외공관이란 대사관, 영사관, 대표부를 포함한다. 대사관이란 한 나라를 대표하는 대사가 상주하는 재외공관이다. 대사는 파견국에 상주하여, 파견국과 본국 간의 정치적 문제를 다루는 업무를 한다. 수교를 맺었다고 해서 수교국 모두에 대사를 파견하는 것은 아니다. 상대국과의 정치적 관계가 미미할 경우 주변국에 파견된 대사가 겸직을 하는 경우도 있다. 영사관이란 영사가 상주하는 재외공관이다. 영사는 파견국에 상주하며, 재외국민 보호와 경제적 문제를 다루는 업무를 한다. 경우에 따라 파견국에 한 개 이상의 영사관을 운영하기도 한다. 대표부란 국제기구나 수교를 맺지 않는 국가에 파견되는 재외공관을 의미한다. 대표부에 파견된 외교관들은 일반적인 대사와 영사의 업무를 한다. 대한민국이 파견한 대표적인 대표부로는 주대만 대표부, 주UN 대표부 등이 있다.

2. 북한 외교정책의 결정과 집행 기구

외교는 국가의 여러 정책 분야 중 하나이며, 외교정책 결정 및 집행 과정은 국가의 권력구조에 따라 결정된다. 국가의 정책에는 여러 분야가 있다. 외적의 침략으로부터 주권을 보호하기 위한 국방정책이 있으며, 국가의 경제적 성장과 부의 재분배를 조율하는 산업정책, 노동정책, 복지정책 등이 있다. 외교는 국가의 안보 확충과 경제적 번영을 위한 대외적 관계와 연관된 정책 분야이다. 외교정책 결정과정은 국가의 정치체제와 강한 연관관계가 있다. 자유민주주의 국가의 경우 국가의 외교관련 부처와 함께 의회 및 시민들로 구성된 각종 이익단체가 외교정책 결정과정에 참여하는 반면, 공산주의 국가의 경우 유일한 패권정당이 국가의 외교정책 결정과정에서 중요한 역할을 한다.

2장에서 살펴본 바와 같이 북한의 정치 체제는 '수령 중심의 당-국가체제'로 수령이 당을 지배하고 당이 국가를 지배하는 구조이다. 이와 같은 정치권력 구조로 인하여 국가기관의 정책 결정과 집행은 유일적 패권정당인 조선노동당에 의해 감독을 받으며, 당은 수령의 지시를 받게 된다. 북한의 외교정책 역시 기본적으로 수령에 의한 지시와 당의 감독을 통해 결정되고 집행된다. 본 절에서는 북한 외교정책의 결정 및 집행 과정에 대해서 분석하고, 외교정책의 결정과 집행에 참여하는 조선노동당 및 국가기관 등에 대해서 살펴본다.

가. 북한 외교정책 결정과정

외교정책 결정과정에 관하여 설명하는 다양한 이론들이 존재한다. 대표적으로 합리적 행위자 모형, 조직행동 모형, 정부정치 모형 등이 있다.[11] 앞서 제시된 세 가지 외교정책 결정모형들의 경우 의회와 시민사회의 참여에 대한 설명이 부족하며, 정책결정과 관련된 정부 기관들의 작동원리에 초점을 맞추고 있다. 그러나 세계화, 민주화, 정보화 현상으로 인하여 의회와 시민들로 구성된 이익집단의 역할이 커진 만큼 외교정책 결정과정을 설명하는 '양면게임 모형(two-level games

)'[12]은 큰 주목을 받는다.[13] 외교정책 결정과정을 설명하는 양면게임 모형의 핵심 내용은 국가가 타국과 특정한 외교적 관계를 맺는 과정에서 국외적 협상과 국내적 협상이 동시에 진행된다는 것이다. 국외적 협상의 대상은 타국 정부이며, 국내적 협상의 대상은 의회 및 시민단체이다. 예를 들어 타국과 농산물 무역에 관한 관계를 맺을 경우 두 가지의 협상이 동시에 진행된다. 농산물을 수출하려는 상대방 정부와 협상을 할 뿐만 아니라, 해당 무역으로 인해 피해를 볼 것으로 예상되는 국내 농민들과도 협상을 진행하게 된다. 북한의 외교정책 결정과정은 합리적 행위자 모형, 조직행동 모형, 정부정치 모형, 양면게임 모형 모두로 설명하는데 한계가 있다. 과거 공산주의 국가에서와 같이 유일한 패권정당이 정책결정과정에서 큰 영향력을 발휘할 뿐만 아니라, 당 역시 수령의 지배하에 있기 때문에 외교정책 결정과정을 설명하는 일반 모형들로는 북한의 외교정책 결정과정을 설명하는데 한계가 있다.

북한의 외교정책 결정과정에서 가장 큰 영향력을 갖는 기관은 수령과 당이다. 2장에서 살펴본 바와 같이 북한은 국가기관에 비해 당 기관의 권력이 우위에 있는 정치구조를 가지고 있다. 과거 기타 공산주의 국가들의 권력구조에서 나타나는 당-국가체제를 기반으로, 북한은 당에 대한 수령의 지배를 강화하여 수령중심의 당-국가체제를 완성했다. 북한의 정치권력 구조는 외교정책 결정과정에도 큰 영향을 준다. 외교와 관련된 국가의 정책을 결정함에 있어 수령이 당에 외교와 관련된 사항에 대한 지시를 하고, 당의 외교관련 부서는 수령의 지시를 외교관련 국가기관에 전달하고 정책 집행에 관하여 감독한다.

[그림 5-2]는 북한 외교정책 결정 및 집행과정을 도표화한 것이다. 그림에 나타난 바와 같이 북한의 조선노동당 정치국/비서국은 하위의 전문기관인 국제부의 보좌를 받아 외교와 관련된 중요 정책을 결정한다. 당 정치국/비서국에서 결정된 사항은 북한의 국가기관에 해당하는 내각 소속의 외무성과 최고인민회의 상임위원회에 전달된다. 당의 전문부서인 국제부는 외무성과 최고인민회의 상임위원회가 비서국의 정책 지시에 따라 외교정책을 집행하는지 감독하게 된다.

[그림 5-2] 북한의 외교정책 결정/집행 과정

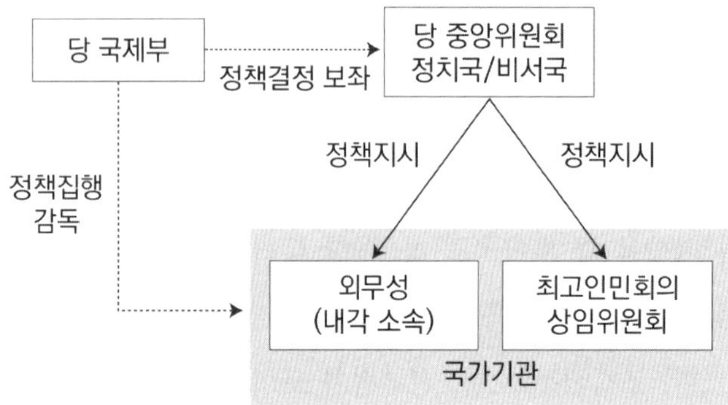

그림에 나타난 바와 같이 당 기관인 정치국/비서국과 당 내부의 전문부서인 국제부가 외교와 관련된 중요 사항을 결정하고 국가기관에 해당하는 외무성과 최고인민회의 상임위원회가 외교정책을 집행한다는 사실을 확인할 수 있다. 과거 공산주의 국가의 당-국가 체제와 같이 당이 국가의 정책을 결정하는 구조를 가지고 있는 것이다. 일반적으로 정치국과 비서국 위원에는 당의 외교관련 전문부서인 국제부의 부장이 포함되며, 외무성의 수장인 외무상과 최고인민회의 부위원장이 포함된다. 외교정책을 집행하는 국가기관의 대표자들이 당의 정책결정 과정에 참여하게 되어 있는 구조이다.

북한의 외교정책 결정과정과 관련하여 중요한 사실 중 하나는 중요 정책을 결정하는 정치국과 비서국이 북한의 정치지도자인 김정은에 의해 지배된다는 사실이다. 2장에서도 살펴본 바와 같이 김정은은 측근들을 정치국과 비서국 위원으로 임명할 뿐만 아니라, 3장에서 살펴본 '국가보위성'을 이용하여 이들을 지속적으로 감시한다. 따라서 당의 중요 정책결정기관인 정치국과 비서국은 김정은에 의해 완벽히 지배되며, 모든 외교정책 역시 김정은의 의중에 따라 결정된다.

나. 북한 외교정책의 집행 기구

외교는 다양한 차원에서 추진될 수 있다. 북한의 경우 정부 차원의 외교정책은 내각 소속의 외무성이 집행하며, 정당 수준의 외교는 당 국제부가, 의회 차원의 외교는 최고인민회의 상임위원회가, 민간 수준의 공공외교는 대외문화연락위원회 및 아세아・태평양 평화위원회가 추진한다. 북한은 여러 수준의 외교를 병행하고 있지만, 모든 수준에서의 외교정책 집행은 수령의 지배를 받는 조선노동당 정치국과 비서국에 의해 통제된다.

1) 조선노동당 국제부

조선노동당은 북한 국가기관의 정책을 결정하고 정책의 집행을 지휘 및 감독한다. 2장에서 살펴본 바와 같이 조선노동당의 당중앙위원회 예하에는 기능별 전문 부서가 존재하며, 각 전문 부서는 국가기관을 지휘 및 감독한다. 외교와 관련된 조선노동당의 전문 부서는 국제부이다. **당 국제부**는 비서국과 정치국에서 이루어지는 외교관련 정책결정에 필요한 정보를 제공한다. 또한 국제부의 부장은 비서국이나 정치국의 위원으로 임명되어 외교와 관련된 당의 정책결정에 참여한다. 당 국제부 소속의 고위 당원들은 북한이 운영하고 있는 재외공관의 기관장으로 파견되기도 하며, 외무성의 중요 직책에 임명되어 국가기관인 외무성의 정책집행을 감독한다.

당 국제부는 정당 차원의 외교활동을 주도한다. 자유민주주의 국가의 경우 정당 차원의 외교활동은 큰 주목을 받지 못한다. 그러나 공산주의 국가들 간의 외교에서는 정당 차원의 외교 활동은 그 중요성이 매우 크다. 유일한 패권정당이 국가의 정책을 지휘하기 때문에, 당 수준의 외교활동은 국가의 외교정책을 결정하는 핵심 요소이기 때문이다. 북한의 입장에서 가장 중요한 외교 상대는 중국이다. 중국 공산당과 조선노동당 간에 발생하는 정당 수준의 교류와 협력은 북한과 중국의 외교관계를 결정하는 핵심 요소이다.

2) 외무성

북한의 외무성은 대한민국의 외교부와 같은 역할을 하는 내각 소속의 국가기관이다. 북한의 외무성은 국교의 수립 및 협정 체결과 같은 국가 수준의 외교를 주도하며, 해외에 파견되어 있는 재외공관을 관리하는 기능을 한다. 북한의 외무성에는 30여 개의 하위부서가 존재한다. 이들 하위부서는 크게 기능국과 지역국으로 나눌 수 있다. 지역국은 각 지역별 및 역내 국가와의 관계를 조율하고 해당 지역의 재외공관을 관리한다. 기능국은 다자외교 및 세계적 수준의 외교활동이 필요한 사안에 대한 외교 업무를 담당한다. 외무성의 최고위직은 외무상이다. 북한의 외무상은 대한민국의 외교부 장관과 같은 위상을 갖는다. 일반적으로 외무상은 당 국제부의 고위급 당원들 중에서 임명이 되며, 외무상은 조선노동당 중앙위원회 위원, 비서국 위원 또는 정치국 위원으로 활동한다.

3) 최고인민회의 상임위원회

최고인민회의 상임위원회는 입법기관으로서 대한민국의 국회에 해당하는 국가기관이다. 최고인민회의 상임위원회는 의회 수준의 외교활동을 주도한다. 최고인민회의 상임위원회 위원장은 국가를 대표하여 타국에서 파견한 대사들의 신임장을 접수한다. 최고인민회의 상임위원회의 핵심 위원들은 조선노동당의 정치국 또는 비서국의 위원으로 활동하기 때문에 사실상 최고인민회의 상임위원회도 조선노동당의 통제 하에 있다고 할 수 있다.

북한은 최고인민회의 상임위원회 직속의 외교위원회를 두고 있다.[14] 외교위원회의 구성원은 당 국제부장, 대남 및 대미 협상전문가, 대외문화연락위원회 위원장 등이다. 외교위원회는 의회 수준의 외교를 조율하는 실질적 기구이자, 북한 외교 전반과 관련된 사안에 대하여 토의하는 기구이다.

4) 대외문화연락위원회, 조선아세아태평양 평화위원회

민간 수준의 공공외교(public diplomacy)를 담당하는 대표적인 기관은 대외문화연락위원회와 조선아세아태평양 평화위원회이다. 민간 수준의 외교는 비정부기구(NGO)에 의해 추진된다. 비정부기구를 활용한 공공외교를 통해 북한이 달성하고자 하는 목표는 북한에 대한 긍정적 이미지를 강화하여 전통적 외교에서 유리한 환경을 조성하는 것이다.

대외문화연락위원회는 문화교류활동을 통한 선전활동을 주로 한다. 대외문화연락위원회는 각종 책자와 유인물, 동영상 등을 제작하여 세계 여러 국가의 국민들에게 배포하고, 북한 정권의 정당성과 북한 대량살상무기 개발의 정당성에 대해서 선전한다. 조선아세아태평양 평화위원회는 미국과 일본을 대상으로 한 민간 수준의 선전활동을 전개하기 위하여 설립되었으나, 활동의 영역을 확대하여 대남 선전활동까지 전개하고 있다. 조선아세아태평양 평화위원회는 남북한 경제협력 중 하나였던 금강산 관광 개발을 추진하기도 했다.

북한의 경우 민간 수준의 공공외교 역시 조선노동당의 통제를 받는다. 민간 수준의 외교활동을 통해 선전하는 선전의 내용은 조선노동당의 선전선동부가 결정하며, 모든 활동 역시 당 국제부의 통제 하에 실시된다. 두 위원회의 위원장은 당 국제부의 고위급 당원이 임명되거나, 최고인민회의 상임위원 중 한명이 위원장 직위를 겸직하기도 한다.

공공외교(Public Diplaomacy)

공공외교란 전통적 외교와 구별되는 개념으로서 외국 국민들을 대상으로 직접적인 소통을 통해 국가의 긍정적 이미지를 제고시키고, 국가의 영향력을 강화시키는 외교활동을 의미한다. 상대국 정부를 주요 대상으로 하는 전통적 외교는 각 정부의 고위 공직자 간의 협상을 통해 이루어져 왔다. 반면 공공외교는 정부 기관과 비정부기관(NGO) 모두 활동할 수 있는 영역이며, 외교의 대상 역시 상대국 정부의 공직자가 아닌 상대국의 국민이라는 특징을 갖는다. 공공외교의 목적은 자국의 긍정적 이미지를 상대국 국민들에게 알려 전통적 외교에서 유리한 환경을 조성하는 것이다. 스포츠 및 문화 교류와 정부개발원조(ODA: Official Development Assistance) 및 미디어를 활용한 선전 활동이 공공외교의 대표적인 예라고 할 수 있다.

3. 북한의 외교정책 수단

외교정책 수행을 위해 활용되는 수단에는 여러 가지가 있다. 외교정책 수단은 크게 두 가지 기준을 통해 구분해 볼 수 있다. 첫 번째 기준은 외교정책의 수단이 협력적인가 위협적인가의 문제와 연결되어 있다. 상대방 국가와의 협력을 강화하여 자국의 외교목표를 달성할 수 있으며, 상대방 국가를 위협하여 자국의 외교목표에 반하는 정책의 변화를 이끌어 낼 수 있다. 두 번째 기준은 외교정책의 수단이 경제적인가 군사적인가의 문제와 연결되어 있다. 협력을 발전시키기 위해 경제적 및 군사적 수단을 모두 사용할 수 있으며, 상대방을 위협하기 위해 경제적 및 군사적 수단을 모두 사용할 수 있다.

[그림 5-3] 외교정책의 수단

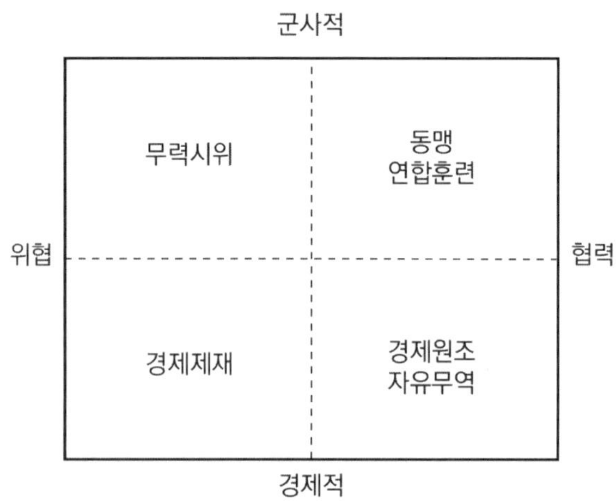

[그림 5-3]은 외교정책의 수단들을 도표화한 것이다. 좌측 상단은 군사적 위협의 수단으로서 무력시위를 제시하고 있으며, 좌측 하단에는 경제적 위협의 수단으로서 경제제재를 제시하고 있다. 미사일 발사나 대규모 군사훈련을 통해 상대방 국가를 군사적으로 위협하여 자국의 이익에 반하는 상대방 국가의 정책을 변화시킬 수 있다. 또한 수출·입 금지 및 특정물자의 이전 금지와 같은 경제적 위협으로 상대방 국가에 경제적 손실을 강요하여 상대국의 정책을 변화시킬 수 있다. 우측 상단은 군사적 협력의 예로 동맹과 연합훈련을 제시하고 있으며, 우측 하단은 경제적 협력의 예로서 경제원조와 자유무역을 제시하고 있다. 타국과의 동맹결성이나 연합훈련은 군사적 수단을 활용하여 타국과의 안보 협력을 강화하는 계기가 된다. 또한 빈곤한 국가에 대한 경제원조와 무역 상대국과의 자유무역협정(FTA: Free Trade Agreement) 체결은 경제적 차원의 협력을 강화하는 외교적 수단이 된다. 북한 역시 외교목표를 달성하기 위하여 다양한 외교적 수단을 활용한다. 본 절에서는 북한이 활용하는 주요 외교수단에 관해서 살펴본다.

가. 북한 외교의 군사적 수단

앞서 살펴본 바와 같이 **군사적 수단**을 활용하여 타국과의 협력을 강화할 수도 있으며, 군사적 위협을 통해 타국의 정책 변화를 유도할 수도 있다. 북한 역시 군사적 수단을 활용하여 타국과의 협력을 강화하기도 하며, 위협을 통해 타국의 정책 변화를 유도하기도 한다. 북한은 동맹 결성을 통해 타국과의 군사적 협력관계를 강화해 왔다. 북한은 1961년 소련 및 중국과 동맹조약을 체결하여 군사적 협력을 강화했다.

1) 북한과 러시아의 군사동맹

1961년 7월 김일성은 모스크바를 방문하여 소련과 군사동맹 조약(조·소 간의 우호, 협조 및 호상원조 조약, 이하 조·소 조약)을 체결했다. 동맹조약의 핵심 내용은 '북한과 소련 중 어느 한 국가가 전쟁상태에 처한 경우 즉시 모든 수단을 활용하여 군사 및 기타 원조를 제공한다'는 것이다.[15] 조약의 핵심 내용을 통해 알 수 있는 사실은 북한이 전쟁 상태에 돌입할 경우 소련이 자동적으로 북한을 군사적으로 지원한다는 것임을 알 수 있다. 조 · 소 조약의 핵심 내용을 1953년 체결된 '한 · 미 상호방위조약'과 비교했을 때, 북한과 소련의 동맹관계는 상당히 긴밀했음을 알 수 있다. 대한민국과 미국 간에 체결된 동맹조약의 핵심 내용은 두 국가 중 한 국가가 침략을 받았을 경우 국내적 승인 절차를 거친 후 군사적 지원을 한다는 것이다. 한미동맹 조약은 서로에 대한 군사적 자동개입이 아닌 국내 승인절차를 명시하고 있다. 반면 조 · 소 조약은 서로에 대한 군사적 자동개입을 명시하고 있기 때문에 당시 북한과 소련의 군사적 협력관계가 상당히 강력했음을 보여주고 있다.

조약 체결 당시 북한과 소련은 조약의 유효기간을 10년으로 했으며, 조약의 폐기를 서로에게 알리지 않을 경우 자동으로 5년 연장된다고 약속했다. 만약 조약의 폐기를 원한다면 조약 폐기 시한 1년 전에 조약 폐기 의사를 상대방에게 통보해야 했다. 소련의 붕괴 이후 러시아가 조 · 소 조약을 계승하여 북한과 러시아는 동맹관계를 유지했으나, 1995년 러시아는 북한에 조약 폐기 의사를 통보하였고, 1996년 조약은 폐기되었다. 이후 북한과 러시아는 2000년에 새로운 조약인 '조 · 러 사이의 친선 및 협조에 관한 조약'을 체결하였다. 이 조약에는 군사적 자동개입 조항이 없으며, 두 국가 중 한 국가가 전쟁 상태로 돌입한 경우 우선적으로 상호접촉(entente)한다는 내용과 함께 서로를 침략하지 않는다는 불가침(non-aggressive)의 내용을 담고 있어, 1961년 자동군사개입 조항을 명시한 조 · 소 조약에 비해 군사적 협력 관계는 약화되었다. 그러나 2024년 북한과 러시아가 '포괄적인 전략적 동반자 관계에 관한 조약'을 체결하고, "일방이 무력침공을 받아 전쟁상태에 처하게 된 경우 타방은 지체 없이 군사적 원조를 제공한다"는 내용을 조약에 포함함으로써 양국이 군사적 관계를 강화하고 있음을 보여주고 있다.

동맹조약, 불가침조약, 앙탕트(Entente)

군사적 협력을 위해 국가 간에 체결할 수 있는 조약의 형태는 세 가지로 구분해 볼 수 있다. 상대국이 전쟁에 돌입할 경우 군사적 지원을 약속하는 동맹조약이 첫 번째 예이다. 군사적 지원의 절차가 다소 상이할 수 있지만, 한미동맹 조약이나 북·러동맹 및 북·중동맹 조약 모두 상대방에 대한 군사적 지원을 약속하고 있다. 두 번째 예는 불가침 조약이다. 불가침 조약은 상대방을 군사적으로 공격하지 않겠다는 약속을 하는 것이다. 대표적인 예로 2차 세계대전 직전 독일과 소련 사이에 체결된 '독일-소련 불가침조약'이 있다. 세 번째 군사 협력의 방법은 앙탕트 조약이다. 앙탕트란 협상 및 협정을 의미하지만, 군사적 협력의 차원에서 앙탕트는 상대방이 전쟁에 돌입할 경우 우선적으로 접촉하여 군사적 지원을 할 것인가를 논의한다는 약속을 의미한다. 대표적인 앙탕트 조약의 예로는 1차 세계대전 직전 영국, 프랑스, 러시아가 체결한 '3국협상'이 있다.

2) 북한과 중국의 군사동맹

1961년 소련과 동맹조약을 체결한 직후 북한은 중국과도 동맹조약인 '조·중 우호, 협조 및 호상원조 조약'을 체결했고, 현재도 변함없이 지속되고 있다. 북한과 중국이 맺은 조약의 핵심 내용은 '북한과 중국 양국은 타국으로부터의 심략행위를 방지하기 위해 노력하고, 어느 일방이 전쟁상태에 돌입한 경우 즉시 군사적 지원을

▲김일성과 중국 저우언라이 수상의 동맹조약 체결 사진 (1961.7.11., 베이징)

한다'[16]는 것이다. 이 조약을 조·소 조약 및 한·미동맹 조약과 비교해 보았을 때, 북한과 중국의 군사적 협력관계가 상당히 강력하다는 점을 알 수 있다. 북한과 중국은 타국에 의한 침략행위가 발생하기 전부터 이를 방지하기 위한 공동의 노력을 함께 할 것을 약속했을 뿐만 아니라, 전쟁이 발생한 경우 즉각적인 자동 군사개입을 약속한 것이다.

조약의 폐기와 관련된 내용에서도 북한과 중국의 군사적 협력관계가 매우 강하다는 사실을 알 수 있다. 북한과 소련은 10년을 기본으로 5년씩 자동 연장되는 동맹조약을 체결한 반면, 북한과 중국은 동맹조약의 기한을 정하지 않고 있으며, 쌍방 간의 조약 폐기에 대한 합의가 없는 한 조약의 효력이 무제한으로 지속된다고 약속했다.

북한은 외교정책의 목표인 주권의 보장과 주체사상 및 수령 중심의 당-국가 체제의 확산을 위하여 중국 및 러시아와 군사적 협력관계를 유지하고 있다. 북한은 군사적 수단을 타국과의 군사적 협력 강화만을 위해 사용하는 것은 아니며, 타국에 대한 위협을 위해서 군사적 수단을 활용하기도 한다. 군사적 수단을 활용한 위협의 대표적인 예는 미사일 및 핵 실험이다. 북한은 미사일 발사 실험 및 핵탄두 폭발 실험을 통해 대한민국과 미국 및 일본의 안보를 위협하고 있다. 이를 통해 대한민국과 미국 및 일본의 대북정책 변화를 유도해 내는 것이다. 북한의 대량살상무기 개발에 관해서는 2부에서 자세히 살펴본다.

나. 북한 외교의 경제적 수단

북한은 경제적 수단을 활용하여 타국을 위협하는데 한계가 있다. 경제적 위협의 대표적인 예인 경제제재는 무역량이 많은 국가 간에 활용될 때 효과가 있다. 북한은 중국을 제외한 타국과의 교역이 거의 없기 때문에,[17] 타국에 수출 및 수입 제한과 같은 조치를 통해 경제적 위협을 가할 수 없다.

북한은 타국과의 협력을 강화하기 위해 경제적 수단을 활용하여 왔으나, 대부분 실패했다. 4장에서 살펴본 합영법이나 경제특구 및 남북경협은 경제적 수단을 활용한 외교적 협력의 강화 방안이었다. 북한이 시행한 합영법과 경제특구의 기본적 취지는 외국의 자본을 유치하여 생산시설을 건설한다는 것이었다. 그러나 사회간접자본의 미비와 원자재 공급의 불안정으로 인해 북한이 시도한 경제적 수단을 활용한 외교적 협력의 강화는 성공하지 못했다. 2000년대에는 개성공단과 금강산 관광과 같은 남북경협을 통해 대한민국과의 협력을 강화하려고 시도했다. 그러나 대량살상무기 개발과 관광객에 대한 테러 등의 이유로 인하여 남북경협은 중단되었다.

[그림 5-4] 북한과 중국의 교역량 변화

단위: 억 달러

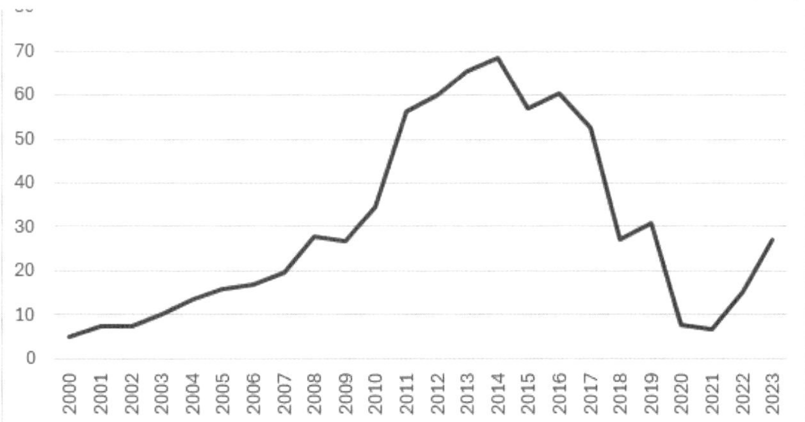

출처: 통계청 북한통계포털(kosis.kr/bukhan, 검색일: 2025.3.10.)

냉전의 종식 이후 북한과의 경제적 협력관계가 강화된 유일한 국가는 중국뿐이다. [그림 5-4]는 2000년부터 2020년까지 북한과 중국의 교역량 변화를 보여주고 있다. 2000년 약 4.88억 달러 수준이었던 북한과 중국의 교역량은 14년만에 약 14배 증가했다. 교역량이 증가했다는 의미는 북한과 중국 간의 경제적 교류가 보다 활발해 졌으며 무역을 통한 상호 이익이 증가했다는 것을 의미한다. 국가 간에 무역이 발생하는 근본적 원인은 국제적 분업과 교환을 통해 보다 많은 부를 창출하는 것이다. 북한과 중국 간의 무역량이 증가한 근본적 이유는 물품의 교환을 통한 상호 경제적 이익의 추구라고 할 수 있다. 그러나 이는 단순히 자유무역협정이나 경제원조와 같은 외교적 수단에 의한 것이라고 볼 수 없으며, 국제사회의 경제제재의 여파로 북한과 중국의 경제적 협력관계가 상대적으로 강화된 결과라고 볼 수 있다. 대량살상무기 개발로 인한 국제적 경제제재로 인해 북한과 무역을 하는 국가는 매우 제한적이며, 중국은 대북 경제제재에 느슨하게 동참하고 있다. 이러한 이유 때문에 북한과 중국의 경제적 협력관계는 매우 급속히 강화된 것이다.

4. 북한의 외교적 고립 원인

북한이 국제사회로부터 불신의 대상이 되었으며, 외교적으로 고립되었다는 사실에 관하여 살펴보았다. 북한이 외교적으로 고립된 근본적인 이유는 인권침해행위와 대량살상무기 개발이다. 3장에서 살펴본 바와 같이 북한은 강력한 사회통제 체계를 이용하여 북한 주민들의 인권을 침해하고 있다. 이러한 인권침해 행위는 국제적 기준에서 보았을 때 매우 심각한 수준이며, 많은 국가들이 북한의 인권침해에 관하여 비난하고 있는 실정이다. 또한 북한의 대량살상무기 개발은 한반도와 동아시아, 그리고 전 세계의 안보를 위협하고 있다. 북한의 미사일 실험 및 핵 실험은 대한민국의 안보뿐만 아니라, 주변국인 일본과 중국 그리고 미국의 안보를 위협하기 때문에 국제사회로부터 비난을 받고 있다.

인권침해와 대량살상무기 개발과 같은 이유 이외에도 북한이 외교적으로 고립된 이유 중 하나는 북한의 독특한 외교행태 때문이다. 국제사회에서 일반적으로 사용되는 공식적인 국가 간의 외교행태는 협상이다. 국가 간의 협력을 필요로 하는 사안에 대한 협상을 통해 협력적 관계를 강화시키며, 이익이 충돌하는 사안에 대한 협상을 통해 갈등적 관계를 완화시키기도 한다. 북한은 국제사회에서 통용되는 국가 간 협상의 과정에서 매우 독특한 방법을 사용하여 외교적 이익을 달성하려고 한다. 북한은 갈등적 사안에 대해 타국과 협상을 진행하는 과정에서 군사적 수단 등을 활용해 위기 상황을 조성하고 타국의 양보를 이끌어 내는 협상전술을 자주 활용한다. 또한 북한은 타국의 국민이나 군인을 인질로 활용하여 갈등적 사안에 대한 타국의 정책을 변화시키려고 한다. 이러한 북한의 외교행태는 '벼랑끝 외교'와 '인질 외교'라고 불린다. 군사적 수단을 이용한 극단적 위협과 타국 국민을 인질로 활용하는 외교 행태는 북한이 국제사회로부터 비난 받는 원인이 되며, 북한은 스스로의 외교행태로 인해 외교적 고립을 자초했다.

가. 벼랑끝 외교

앞서 언급한 바와 같이 국가 간의 가장 일반적인 외교 행태는 협상이다. 협력의 강화나 갈등의 완화를 위해 국가들은 타국과의 협상이라는 외교적 방법을 활용한다. 외교적 의미의 협상은 여러 가지 기능이 있지만, 가장 중요한 기능 중 하나는 서로가 동의할 수 있는 국가 간 정책의 균형점을 찾는 것이다. 이익이 충돌하는 두 국가는 모두의 이익이 극대화되는 국가 간 정책을 찾기 위해 협상을 시도하며, 협상에 실패한 경우 무력을 사용하여 문제를 해결한다.[18] 협상은 갈등적 사안과 관련된 국가 간의 이익에 대한 정보공유의 기회이며, 무력의 사용 없이 문제를 평화적으로 해결하려는 시도라고 할 수 있다. 협상에 임하는 각 국가들은 협상을 통해 보다 많은 이익을 얻기 위해 다양한 노력들을 하며, 북한 역시 갈등적 관계에 있는 국가와의 협상에서 자국의 이익이 최대화된 협상 결과를 얻고자 노력한다.

북한이 갈등적 관계에 있는 타국과의 외교적 협상에서 보다 많은 이익을 얻기 위해 사용하는 방법이 벼랑끝 외교(brinkmanship)이다. **벼랑끝 외교**란 타국과의 협상과정에서 모험적이며 도발적인 행동을 통해 의도적으로 심각한 위기상황을 조성하여 상대방으로부터 최대한의 양보를 이끌어 내는 외교 방식을 의미한다.[19] 세계의 모든 국가들은 타국과의 협상에서 자국에게 유리한 협상결과를 얻기를 희망하며, 이를 위해 타국과의 정보 공유 및 공동 이익의 확대 방안 모색 활동 등을 한다. 그러나 북한은 자국에게 유리한 협상 결과를 얻기 위해 군사적 수단을 활용하거나, 모험적인 외교적 도발행위를 활용하여 협상 상대국과 갈등을 고조시킨다. 모험적 행동으로 조성된 극도의 갈등상황에서 북한은 협상 상대국이 북한의 요구를 수용할 것이라고 예측한다.

북한은 벼랑끝 외교를 활용하여 타국과의 협상에서 성공하기도 했으며, 실패하기도 했다.[20] 북한 벼랑끝 외교의 대표적인 사례는 1차 북핵 위기이다. 1993년 국제원자력기구(IAEA: International Atomic Energy Association)의 북한 핵시설 특별사찰 요구에 대해 북한은 핵확산 방지 조약(NPT: Nuclear Non-Proliferation Treaty) 탈퇴 선언을 한다. 평화적이며 안전한 핵물질 사용을 위한 국제기구의 요구에 대해 북한은 조약 탈퇴라는 극단적이며 모험적인 대응을 하여 국제사회의 비난을 받았다. 그러나 북한의 이와 같은 극단적 외교 행태는 북미간 고위급 양자협상을 촉발시키는 계기가 되었으며, 북한은 미국과의 협상에서 북한의 요구가 대부분 수용된 성공적 협상 결과를 얻게 되었다.

대부분의 국가는 협상을 시작하거나, 협상에서 유리한 결과를 얻기 위해 의도적인 위기 상황을 조성하기보다는 상호 이익을 조화시키는 방법을 모색한다. 그러나 북한은 갈등 관계에 있는 국가와의 협상 과정에서 북한에게 유리한 상황을 조성하기 위해 외교적 위협, 미사일 실험이나 핵실험 등의 군사적 도발행위를 자행한다. 이러한 외교적 행태는 다른 국가들의 외교 행태에서 찾기 매우 어려운 북한 외교의 독특한 특징이다. 북한의 독특한 외교 행위는 국제사회의 비난을 낳았으며, 세계 많은 국가들이 북한과의 외교적 협상을 꺼리는 결과를 불러왔다.

나. 인질 외교

벼랑끝 외교 이외에 북한 외교의 또 다른 특징 중 하나는 **인질**(hostage) **외교**이다. 인질 외교란 상대방이 소중하게 생각하는 사람을 억류하고 죽이겠다고 위협하여 상대방으로부터 원하는 목적을 달성하려고 시도되는 비인도적 행위이다. 경제적 이익을 위해 인질을 억류하고 상대방에게 금전을 요구하는 범죄행위가 발생하기도 하며, 정치적 이익을 위해 인질을 억류하고 상대방에게 정책의 변화를 요구하는 테러행위가 발생하기도 한다. 인간의 생명을 볼모로 상대방으로부터 정치적, 경제적 이익을 취하는 것은 비인도적 행위이며, 범죄자들과 테러리스트들의 행동양식이다. 북한은 범죄자와 테러리스트들이 사용하는 비인도적 행위와 유사한 외교행태를 일삼는다는 점에서 국제사회로부터 비난을 받는다.

북한은 갈등관계에 있는 상대 국가와의 협상 과정에서 상대방 국가의 국민이나 군인을 인질로 억류하여 상대국으로부터 최대한의 양보를 이끌어 내려는 시도를 한다. 북한 인질 외교의 대표적인 예는 1968년 발생한 '푸에블로호 납치사건'에서 찾을 수 있다. 당시 공해상에 위치해 있었던 미국의 정보수집함 푸에블로호를 북한의 해군과 공군이 납치하는 사건이 벌어졌다. 미국은 승무원과 함정의 송환을 요구했으나, 북한은 미국의 사과와 재발방지에 대한 약속 없이는 승무원을 송환할 수 없다고 주장했다. 북한은 미국 군인들의 목숨을 볼모로 미국에게 부당한 요구를 한 것이다.

또한 2017년 발생한 '김정남 암살 사건'에서도 북한의 인질 외교 사례를 찾아볼 수 있다. 김정남은 김정은의 이복형제로서 말레이시아의 쿠알라룸푸르 공항에서 살해당했다. 말레이시아 당국은 김정남 살해사건과 연루된 북한 외교관을 조사하고 처벌하려 했으며, 국제 인도규범에 따라 김정남의 시신을 김정남의 가족들에게 인계하려고 했다. 그러나 북한은 김정남 살해 사건과 북한 외교관은 무관하다고 주장했으며, 김정남의 시신을 북한으로 송환하라고 요구했다. 말레이시아 당국이 북한의 요구에 불응하자 북한은 주북한 말레이시아 대사관의 직원 전원을 출국금지시키고 말레이시아 정부를 위협했다. 북한은 자신들의 요구에 불응하는 다른 국가의 외교관들의 생명을 볼모로 외교적 양보를 요구한 것이다.

대부분의 국가들은 타국과 갈등 관계가 발생한 경우 협상을 통해 문제를 해결하려고 하며, 협상에서 유리한 결과를 얻기 위해 노력한다. 협상에서 유리한 결과를 얻기 위해 북한이 활용하는 인질 외교는 국제사회가 용인할 수 있는 수준을 벗어난 것이다. 타국 국민의 생명을 볼모로 타국에게 최대한의 양보를 요구하는 북한의 외교행태는 다른 국가의 외교관례에서는 찾기 힘들다. 일반적 외교관례와 국제규범을 무시한 북한의 인질 외교로 인하여 북한은 국제사회의 비난을 받게 되었으며, 많은 국가들은 북한과의 외교적 협상을 꺼리게 되었다. 북한은 외교적 이익을 최대화하기 위해 사용된 스스로의 협상 전술에 의해 외교적 고립을 초래하게 되었다.

요약

1. 외교(外交, Diplomacy)란 국가가 다른 국가 및 국제기구와 관계를 맺는 것을 의미한다. 특정 국가가 다른 국가 및 국제기구와 대외적인 관계를 맺는 근본적인 목적은 국가의 안보 확충과 경제적 번영이다. 다수의 국내외 언론들과 학자들은 북한을 '은둔의 왕국(Hermit Kingdom)'이라고 부른다. 북한을 은둔의 왕국으로 표현하는 이유는 북한이 외부세계와의 관계를 최소화하며, 외부인들에게 알려진 바가 거의 없기 때문이다.

2. 북한이 다른 나라나 국제기구와 대외적 관계를 맺는 근본적인 이유는 북한의 이념인 주체사상과 북한의 정치체제인 수령 중심의 당-국가체제를 한반도 전체와 전 세계로 확산시키기 위해서이다. 이러한 목적을 달성하기 위한 기조로서 자주, 평화, 친선을 제시하고 있다. 표면적으로는 북한이 제시하는 외교정책의 기조는 국제협력과 국제평화에 기여하는 것처럼 보지만, 북한의 외교 목표와 외교정책 기조는 국제평화와 국제협력을 저해한다.

3. 외교적 의미로 보았을 때 수교에 비해 해외공관 유지는 보다 강력한 외교적 관계를 의미한다. 수교를 맺은 모든 국가에 해외공관을 유지하지 않기 때문에, 특정 국가의 재외공관이 다른 나라에 있다는 것은 두 국가 간의 교류와 협력이 활발하다는 것을 의미한다. 대한민국은 총 194개 국가와 수교를 맺었지만, 해외에 있는 대한민국의 재외공관은 총 173개이며, 북한은 159개 국가와 수교를 맺었지만, 2025년 해외에 43개의 해외공관을 유지하고 있다.

4. 북한의 외교정책은 수령에 의한 지시와 당의 감독을 통해 결정되고 집행된다. 당 국제부의 보좌를 받는 조선노동당 정치국과 비서국의 결정에 따라 외무성과 최고인민회의 상임위원회 등이 북한의 외교정책을 집행한다.

5. 북한은 1961년 소련 및 중국과 동맹을 맺었다. 소련 및 중국과의 동맹조약 내용을 통해 북한과 두 국가의 군사적 협력관계가 매우 강했다는 사실을 확인할 수 있다. 북한은 경제적 수단을 활용한 외교에는 실패했으며, 중국과의 경제적 협력 강화는 북한의 외교적인 노력의 결과가 아닌 국제제재 때문이다.

6. 북한 정권의 반인도적 인권유린과 대량살상무기 개발은 북한이 외교적으로 고립된 근본적인 이유이다. 더불어 북한의 독특한 외교행태인 벼랑끝 외교와 인질 외교 때문에 국제사회는 북한을 비난하며, 북한과의 협상을 꺼리게 되었다.

미주

1 외교부 홈페이지: http://www.mofa.go.kr. <검색일: 2022.3.29>

2 김계동은 북한이 해방과 혁명이라는 관점에서 세계를 바라보기 때문에 북한의 외교가 이념을 강조하고 있다고 분석한다. 김계동, 『북한의 외교정책과 대외관계』 (서울: 명인문화사, 2012), pp.71~74.

3 북한의 헌법 제17조는 북한 대외정책의 기본 이념에 대하여 제시하고 있다. 자주, 평화, 친선이라는 세 가지 외교 기조와 함께, "평등과 자주성, 상호존중과 호혜, 내정불간섭의 원칙 아래 제국주의 국가들을 견제하고 우호 국가들과의 외교관계를 적극 추진해 나가겠다."는 주장을 함께하고 있다.

4 이미경, "국제환경의 변화와 북한의 자주노선 정립: 1960년대 시기를 중심으로," 『국제정치논총』 제43집 2호(2003), pp.273~294.

5 심양섭, "탈냉전기 북한 반미주의의 유형과 특징 연구," 『북한학보』 제38권 2호(2013), p .124~128.

6 백성호, "국가수립시기 북한 외교의 특징 연구: 후견-피후견 국가관계의 시각을 중심으로," 『북한연구학회보』 제9권 2호(2005), pp.233~253.

7 이미경, "국제환경의 변화와 북한의 자주노선 정립: 1960년대 시기를 중심으로," 『국제정치논총』 제43집 2호(2003), pp.273~294.

8 북한은 1983년 아웅산 묘소 폭탄 테러와 1987년 칼기 폭파 사건 등의 국제테러 행위를 자행한다. 북한의 테러 행위에 대해서는 2부에서 보다 자세히 살펴본다.

9 김근식, "북한의 체제보전과 대외정책 변화: 진영외교에서 전방위외교로,"『국제정치논총』제42집 4호(2002), pp.151~166.

10 김영재, "탈냉전기 북한 외교정책의 변화," 『한국정치외교사논집』 제24집 2호(2003), pp.345~375.

11 Graham Allison and Philip Zelokow, *Essence of Decision: Explaining the Cuban Missile Crisis*, 2nd edition (MA: Longman, 1999).

12 Robert D. Putnam, "Diplomacy and Domestic Politics: The Logic of Two-Level Games," *International Organization*, Vol. 42, No. 3(1988), pp.427~460.

13 전재성, "외교정책 결정체계와 이론," 김계동 외 『현대외교정책론』(서울: 명인문화사, 2007), pp 61~68.

14 최고인민회의 상임위원회 직속의 외교위원회는 2017년 4월 신설되었다. 1989년 동유럽 국가들의 붕괴에 따라 미국과 일본에 대한 외교를 강화하기 위해 북한은 최고인민회의 산하에 외교위원회를 설치했었으나, 1998년 헌법 개정을 통해 외교위원회를 폐

지한 바 있다.

15 조소 우호협력 및 상호원조조약, 1항(1961.7.6.).

16 조중 우호협력 및 상호원조조약, 2항(1961.7.11.).

17 북한의 대중 무역의존도는 매우 높은 것으로 평가되고 있다. 2014년 이후 북한 대외교역의 90% 이상이 중국과 이루어지는 것으로 타나나고 있다. 한상옥, "1990년대 이후 북한의 대중무역의존도 실태와 특징에 관한 분석," 『평화학연구』 제16권 4호(2015), pp.111-141.

18 James D. Fearon, "Rationalist Explanations for War," *International Organization*, Vol. 49, No. 3(1995), pp.379~414.

19 Thomas Schelling, *Arms and Influence* (New Haven: Yale University Press, 1966).

20 서보혁, "벼랑끝외교의 작동방식과 효과: 1990년대 북한의 대미외교를 사례로," 『아세아연구』 제40권 1호(2003), pp.157~186; 미치시타 나루시게, 이원경 역, 『북한의 벼랑끝외교사, 1966~ 2013』 (서울: 한울 아카데미, 2014).

제2부

제6장 북한은 왜 전쟁을 포기하지 않는가?

남한을 미국과 일본의 이중식민지로 규정하고 있는 북한은 민족해방을 명분으로 1950년 6월 25일 기습 남침을 통해 6·25전쟁을 일으켰다. 그러나 우리 사회의 일부 세력들은 6·25전쟁이 미국과 대한민국이 북한을 침략한 북침전쟁이라는 주장과 미국이 북한의 남침을 유도한 것이라는 북한의 억지 주장에 동조하고 있다. 또한 일부 세력들은 북한은 심각한 경제난으로 전쟁을 일으킬 능력이 없기 때문에 북한의 군사적 위협에 대비하는 것은 한반도의 전쟁위기를 고조시킬 뿐이라고 비난하기도 한다. 그렇다면 6·25전쟁은 누가 왜 일으킨 것인가? 그리고 북한은 제2의 6·25전쟁을 일으킬 능력과 의도가 없는 것인가? 6장에서는 북한이 전쟁을 포기할 수 없는 이유를 살펴보고, 이를 통해 북한의 군사적 위협의 실체에 대해 이해한다.

학습목표

1. 북한의 전쟁관을 이해한다.
2. 북한의 무력적화통일 의도와 능력에 대해 이해한다.

탐구중점

1. 북한이 한반도 공산화를 위해 전쟁이 불가피하다고 보는 이유는 무엇인가?
2. 북한은 또 다른 전쟁을 개시할 의도와 능력을 갖고 있는가?

핵심개념

- 민족해방전쟁론
- 자력방위
- 4대 군사노선
- 선제기습전략
- 배합전략
- 속선속결전략

1. 북한정권의 목표

우리는 왜 북한을 적, 위협으로 인식하는가? 일반적으로 적은 "국가의 존립, 안전보장, 자주권 행사, 번영과 발전 등 국가 이익에 심대한 위협이 되는 대상 또는 이를 지원·동조하는 세력"으로 정의된다.[1] 이러한 정의에 따르면 1950년 6월 25일 대한민국을 기습 남침한 북한 정권은 우리의 명백한 적으로 규정할 수 있다. 6·25전쟁이라는 동족상잔의 비극을 경험한 세대에게는 북한을 적대적인 대상으로 인식하는 것이 너무나 당연한 일이었다. 그러나 남북관계는 한편으로 불안한 정전체제 하에서 총부리를 맞대고 있는 대적관계임과 동시에 다른 한편으로 끊임없이 통일을 추구해야 하는 민족공동체라는 점에서 특수성을 가지고 있다. 이에 따라 분단을 극복하고 통일을 지향하기 위한 노력이 지속되었고, 1992년 「남북기본합의서」, 2000년 「6·15 남북공동선언」, 2007년 「10·4 선언」을 비롯하여 2018년 「판문점 선언」과 「평양공동선언」 등 남북 체제에 대한 상호 존중을 토대로 통일을 위한 다양한 형태의 협력 시도가 최근까지 이루어지고 있다. 그러나 북한은 2010년 3월 26일 천안함 폭침, 11월 23일 연평도 포격, 2015년 8월 4일 DMZ 지뢰도발, 2020년 6월 남북공동연락사무소 폭파, 9월 서해상 우리 국민 피격사건 등의 도발 행위를 멈추지 않고 있다.

이처럼 북한이 근본적인 변화를 보이지 못 하는 이유는 체제유지라는 생존전략의 차원에서 대남정책을 추진하고 있기 때문이다. 남북의 심각한 경제격차로 인해 흡수통일을 우려하고 있는 북한에서는 대규모 인적 교류 등 남북관계의 개선이 체제의 안정을 위협하는 요인이 될 수 있기 때문이다. 이에 따라 북한은 대한민국을 공존과 협력의 대상이 아니라 타도와 전복의 대상으로 규정하고 있다. 특히 남한의 동포들을 식민지배로부터 해방시키는 것이 북한의 목표라고 주장한다. 북한은 2021년 8차 당대회에서 개정된 노동당 규약 전문에 "조선노동당의 당면목적은 공화국북반부에서 부강하고 문명한 사회주의사회를 건설하며 전국적 범위에서 사회의 자주적이며 민주주의적 발전을 실현하는데 있으며 최종목적은 인민의 리상이 완전히 실현된 공산주의사회를 건설하는데 있다."고 밝히고 있다. 이렇듯 북한은 여건만 조성된다면 그 당과 국가의 최종목적인 전국적 범위의 공산주의사회 건설을 위하여 무력 적화통일을 시도할 것이며, 이러한 가능성을 단적으로 보여주는 사례가 6·25전쟁이었다.

북한군의 정치적 성격

공산주의 국가에서는 군대가 공산주의 혁명과 노동계급의 해방을 위한 핵심 역할을 담당한다. 그러나 북한군은 노동계급을 위한 군대가 아니라 독재정권을 수호하기 위한 군대로 존재한다. 북한군 창설기념일의 변경은 이러한 북한군의 정치적 특성을 잘 보여주는 사례이다. 북한군은 공식적으로 1948년 2월 8일 창설되었다. 그러나 북한에서는 1978년부터 조선인민군 창건일을 김일성의 항일유격대 창설일인 1932년 4월 25일로 변경하여 기념하고 있다. 1931년 9월 일제가 만주를 침략한 만주사변이 발생하자, 중국 공산당은 만주 전역에 유격대를 창설할 것을 지시하였다. 이에 따라 당시 중국 공산당원으로 활동하던 김일성은 소수의 동료들과 함께 유격대를 조직하였다. 북한에서는 김일성의 항일유격대 활동 중 가장 큰 성과로 보천보 전투를 내세우고 있지만, 북한이 주장하는 것과 달리 보천보 전투의 전과에 대한 구체적인 기록은 찾아보기 힘들다.[2] 한편 북한은 김정은 집권 이후 2018년부터 다시 조선인민군 창건일을 2월 8일로 환원하였으며, 4월 25일은 조선인민혁명군 창건일로 기념하고 있다. 북한군 창설기념일을 지도자의 의지에 따라 쉽게 변경하고 환원하는 것은 북한군이 수령 개인의 군대로 변질되었다는 사실을 보여준다.

2. 북한의 6·25전쟁 기획 의도

북한의 남침으로 시작된 6·25전쟁은 3년에 걸친 기간 동안 남북 민간인 약 200만 명, 남북 군인 약 140만 명 등 당시 남북 전체인구의 13%를 희생시킨 민족 최대의 참화였다. 또한 남한 공업시설의 45% 이상이 파괴되는 등 남북한의 경제시설을 초토화시켜 대한민국을 세계 최빈국으로 전락시켰다. 따라서 누가 6·25전쟁을 일으켰는지에 대한 진실을 밝히는 것은 이러한 피해에 대한 역사적 책임을 묻기 위해서라도 반드시 필요하다. 지금까지 6·25전쟁의 원인에 대해서는 북침설과 유도설 등 다양한 주장이 제기되어왔다.

첫째, 미국과 대한민국이 먼저 전쟁을 개시했다고 주장하는 북침설의 근거로는 남한이 북한을 공격했기 때문에 어쩔 수 없이 방어전에 나섰다는 김일성의 1950년 6월 26일 평양방송 발표를 들 수 있다. 그러나 이러한 발표는 전쟁의 정당성을 확보하려는 북한 심리전의 일부로 파악해야 한다. 또한 만약 미국과 대한민국이 먼저 전쟁을 개시했다면 왜 전쟁 당일인 6월 25일에 전방지역 군인의 1/3에게 휴가, 외출, 외박 등을 부여하여 병영을 떠나도록 했는지 설명할 수 없다. 오히려 미국과 대한민국이 전쟁준비를 갖추지 못한 상태에서 북한군이 기습을 했기 때문에 북한군은 3일 만에 서울을 점령하고, 1달 후에는 낙동강 선까지 진출할 수 있었다.

둘째, 미국이 북한의 남침을 유도했다는 유도설의 근거로는 대한민국을 미국의 방위선에서 제외한 애치슨 선언을 들 수 있다. 1950년 1월 12일 애치슨(Dean G. Acheson) 미 국무장관은 알류샨 열도 - 일본 - 필리핀을 연하는 애치슨 라인을 발표했는데, 여기에 남한이 포함되지 않았다. 북한을 추종하는 일부 세력들은 이러한 조치가 북한의 남침을 유도하기 위한 것이었다고 주장한다. 그러나 이들은 6·25전쟁 당시 14만 명 규모의 미군 전·사상자가 발생했다는 사실을 고려할 때, 미국이 무엇을 위해서 북한의 남침을 유도했는지에 대한 납득할 만한 설명을 제시하지 못하고 있다.

이후 구소련의 6·25전쟁 관련 문서가 공개되면서 6·25전쟁을 스탈린의 승인과 마오쩌둥의 지원 하에 김일성이 주도하여 일으킨 남침전쟁이었다는 것이 명백해졌다. 그러자 북한은 6·25전쟁이 '정의의 전쟁'이었다고 주장하면서 침략을 정당화하고 있다. 국제사회의 통상적인 기준에 따르면 '정의의 전쟁'은 정당한 원인과 의도를 가지고 있어야 한다.[3] 북한은 '조국해방전쟁인 동시에 국내외 반동세력을 반대하는 첨예한 계급투쟁이었으며, 인민민주주의 제도를 고수하기 위한 혁명전쟁'이었다는 주장을 통해 6·25전쟁의 원인과 의도를 설명하고 있다. 이러한 주장은 김일성의 전쟁관과 밀접한 관련을 맺고 있다.

[그림 6-1] 북한의 전쟁관과 6·25전쟁

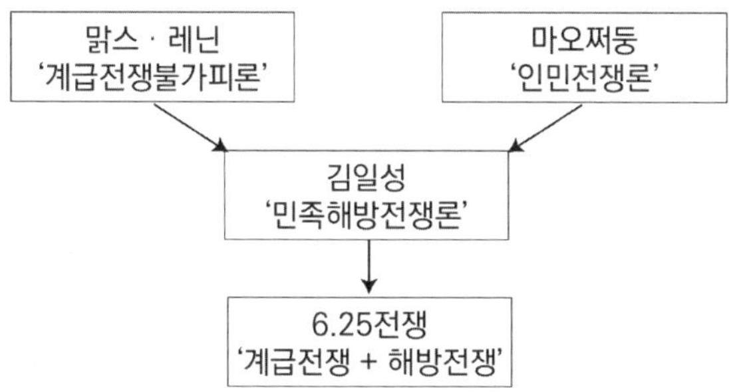

김일성은 남한을 미국과 일본의 이중식민지로 보고, 남한을 해방시키기 위해서는 계급전쟁이 불가피하며, 전쟁을 통해 미국을 남한에서 쫓아내는 것이 유일한 해결책이라는 '**민족해방전쟁론**'을 제기하였다.

김일성의 민족해방전쟁론은 맑스, 레닌, 마오쩌둥의 영향을 받았다. 맑스는 국가권력을 장악한 지배계급은 경제적 이익을 극대화하기 위해 언제든지 전쟁을 일으킬 수 있다고 설명한다. 특히 자본주의 사회에서는 상품시장의 확대를 위한 전쟁이 불가피하다. 레닌 역시 "전쟁은 자본주의 제도의 풍토병"이라는 말을 남겼다. 공산주의 국가가 등장하면 자본주의 국가 내부의 노동자 계급이 동요할 수 있기 때문에 자본가 계급은 체제의 생존을 위해 공산주의를 뿌리 뽑기 위한 전쟁에 나서지 않을 수 없다는 것이다. 반면 마오쩌둥은 인민전쟁론을 통해 계급전쟁에서 승리하기 위해서는 정치적 교육을 통해 군대와 인민이 계급 전쟁의 정치적 목적을 이해하고 따르도록 해야 한다고 강조하였다. 이에 따라 북한에서는 6·25전쟁이 정의로운 전쟁이었으며, 민족해방을 위해 불가피한 전쟁이었다고 주장한다.

그러나 이러한 주장은 명백한 오류를 안고 있다. 첫째, 김일성은 제국주의가 존재하는 한 전쟁은 불가피하다고 주장한 레닌의 영향을 받았다. 레닌은 노동자에 대한 자본가의 착취, 식민지에 대한 식민지 지배국의 착취를 토대로 하는 제국주의가 사라지지 않는 한 경제적 이익을 확대하기 위한 전쟁이 끊이지 않게 된다고 풀이하였다. 그러나 1950년대 후반 소련 내부에서는 맑스와 레닌이 주장한 경제적 동기에 의한 계급 전쟁의 불가피성(inevitability of war)을 강하게 비판하였다. 사회주의 진영과 자본주의 진영은 서로 양립할 수 없는 가치를 추구하더라도 정치적 이유 때문에 평화공존이 가능하다는 것이다.[4] 따라서 김일성의 주장과 달리 전쟁은 계급 갈등을 해결하기 위한 유일한 해결책이 아니다.

둘째, 김일성은 정치적 교육을 통해 군대와 인민이 계급 전쟁의 정치적 목적을 이해하고 따르도록 해야 한다는 마오쩌둥의 영향을 받았다. 이에 따라 북한은 6·25전쟁은 '민족해방'을 위한 정당한 전쟁이었지만, 미국의 부당한 개입으로 실패하였다고 주장하면서 교묘하게 전쟁의 책임을 회피하려 한다. 그러나 이러한 주장은 우리 사회의 반미 감정을 자극하여 북한의 남침 책임을 미국에 전가하기 위한 술책에 지나지 않는다. 흐루쇼프의 회고록에 따르면 "김일성은 남한에 한두 번 자극을 주기만 하면 내란이 일어나서 인민의 힘으로 승리를 거둘 수 있을 것이라 장담했다"고 한다. 그러나 이와 달리 좌익세력의 동조반란은 일어나지 않았고, 대한민국 국민들은 자유민주주의를 수호하기 위해 공산주의자들의 무력도발에 맞서 싸웠다. 따라서 6·25전쟁은 민족해방전쟁이 아니라 공산주의 침략에 맞서 자유를 지켜낸 '자유수호전쟁'이었다.

3. 북한의 6·25전쟁 준비

1945년 8월 15일 일본의 항복 선언 이후 북한 지역에서는 조만식을 중심으로 하는 민족주의 세력이 조직한 '자위대'와 현준혁을 중심으로 하는 국내파 공산당 세력이 조직한 '치안대' 등 사설무장단체가 조직되었다. 일본의 패망으로 정치적 공백상태가 된 북한 지역에서 권력을 장악하기 위해서는 자신들의 노선을 지지하는 무장단체가 반드시 필요했다. 이에 따라 해방 직후 소련군과 함께 북한에 들어온 김일성 역시 소련파 공산당 세력을 중심으로 '적위대'를 창설하여 이들과 경쟁하였다. 사설무장단체들의 경쟁은 소련의 후원을 받은 김일성의 승리로 귀결되었다. 소련군이 1945년 10월 사설무장단체들을 모두 해산시켜 새롭게 신설된 '보안대'로 통합시켰기 때문이다.

소련군은 병력 부족을 이유로 1946년 1월 '철도보안대'를 창설하는 한편, 1946년 8월 새롭게 편성된 부대들에 대한 지휘체계를 확립하기 위해 '보안간부훈련대대부'를 창설하였다. 보안간부훈련대대부의 지휘부에는 빨치산파, 연안파, 소련파가 모두 포함되었지만, 김일성의 빨치산 동료인 최용건과 김일이 각각 사령관과 문화부사령관에 임명되었다. 문화부가 군인들의 동태를 파악하고 선전활동과 심리전을 전담하는 조직이라는 점을 고려하면, 북한군 창설 단계부터 김일성의 빨치산파가 실권을 장악하였음을 알 수 있다.

[표 6-1] 보안간부훈련대대부 지휘부 구성

구 분	성 명	비 고
사령관	최용건	빨치산파
문화부사령관	김 일	빨치산파
포병부사령관	무 정	연안파
후방부사령관	최홍극	소련파
총참모장	안 철	소련파
간부부장	이 림	연안파
통신부장	박영순	빨치산파
공병부장	황호림	소련파
정찰부장	최 원	소련파
사령관 총고문	스미르노프 소장	소련군

출처: 한국민족문화대사전,「보안간부훈련대대부」

보안간부훈련대대부는 1947년 5월 인민집단군 총사령부로 개칭되었다가, 1948년 2월 8일 조선인민군 창설과 함께 '인민군 총사령부'로 전환되었다. 북한은 1948년 9월 9일 조선민주주의인민공화국을 선포하였기 때문에 북한 정규군의 창설은 공산정권의 창설에 비해 시기적으로 앞섰다. 김일성이 북한정권 수립에 앞서 정규군 창설을 서두른 이유는 소련의 극동전략과 군사사상에서 찾아볼 수 있다. 2차 세계대전 중 만주와 북한 지역을 점령한 소련은 이 지역에 안정적인 사회주의 정권을 설립하여 세계혁명의 수출기지로 삼는 '민주기지' 전략을 채택하였다. 이에 따라 소련은 만주에는 가오강(高崗)을 수반으로 하는 '동북인민정부'를 수립하고, 북한에는 김일성을 수반으로 하는 '조선민주주의인민공화국'을 수립하였다. 결국 소련은 북한을 앞으로 다가올 계급전쟁을 준비하기 위한 전초기지로 인식한 것이다.

소련이 제시한 '민주기지 노선'에 충실했던 김일성은 1945년 12월 남한을 무력통일하기 위해서는 남한이 군대를 보유하기 이전에 북한이 먼저 강력한 군대를 보유해야 한다고 주장하였다.[5] 이에 따라 1948년 북한으로부터 철수한 소련은 무력에 의한 한반도 적화통일을 목표로 북한군을 현대화한다는 계획을 수립하였다. 소련은 1948년 12월 북한에 전차 500대를 제공하여 2개의 전차사단을 편성하도록 한다는 내용의 '모스크바 협정'을 체결하였고, 중국은 1949년 1월 동북인민해방군 내의 한인부대 28,000명을 북한으로 송환한다는 내용의 '하얼빈 협정'을 체결하였다. 1949년 10월 중국에 공산정권이 형성되자, 1950년 소련과 중국이 「중소우호동맹 및 상호원조조약」을 체결하면서 북한·소련·중국을 연결하는 삼각협력체제가 완성되었다.

이에 따라 김일성은 1949년 초부터 북한을 전시체제로 전환시키는 한편, 유격대원을 남파하여 남한 내 사회혼란을 조성하였다. 또한 1949년 6월 25일에는 「조국통일민주주의전선」이라는 단체를 조직하여 미군 철수와 남한군대 해산을 조건으로 남북통일을 위한 총선거를 실시하자는 평화공세를 폈다. 한편으로 대남평화공세를 제기하면서, 다른 한편으로 소련과 중국의 지원을 받아 전쟁준비를 마무리한 김일성은 1950년 6월 25일 전면적인 남침을 개시하였다. 유엔군과 중공군의 잇따른 참전으로 국제전으로 확전된 6·25전쟁은 1953년 7월 27일 정전협정이 체결됨에 따라 일시 중단된 상태이다. 그러나 북한이 김일성의 '민족해방전쟁론'을 고수하는 한, 미국의 제국주의로부터 우리 민족을 해방시킨다는 명분으로 또 다른 전쟁을 시도할 가능성을 배제할 수 없다.

4. 북한의 전쟁 의도와 능력

가. 북한의 군사전략

대남적화통일이라는 국가목표를 달성하기 위한 북한의 군사전략을 살펴보면, 적화통일을 추진하고자 하는 의도가 명확하게 드러난다. 장기적인 전쟁수행능력의 측면에서 남한에 비해 열세를 보이는 북한이 대남적화통일이라는 군사적 목표를 달성하기 위해서는 초전에 대공황을 조성하고, 미군의 추가적 증원 이전에 전쟁의 주도권을 장악해야 한다. 북한은 이러한 목표를 달성하기 위해 다음과 같은 세 가지 군사전략을 추진하고 있다.

[그림 6-2] 북한의 군사적 목표와 대남군사전략

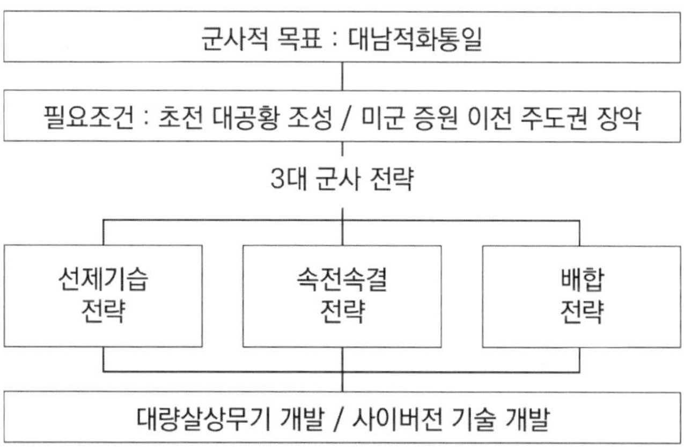

선제기습전략은 남한이 예상하지 못하는 시간과 장소, 방법을 통해 전쟁을 개시하는 것을 말한다. 그러나 선제기습에 성공하더라도 반드시 전쟁에서 승리할 수 있는 것은 아니다. 남한이 혼란을 조기에 수습하고 미군과 함께 조직적인 반격을 개시할 경우 전쟁지속 능력에서 불리한 위치에 처한 북한이 승리할 가능성이 작아지기 때문이다. 이에 따라 북한은 속전속결전략을 채택하고 있다.

속전속결전략은 남한의 정치 · 경제 · 사회 활동의 중심지인 수도권을 조기에 탈취하고, 미국이 증원되기 이전에 한반도 전체를 석권하는 것을 말한다. 선제기습과 속전속결전략이 성공하기 위해서는 남한 사회 전체에 혼란을 일으켜 적절한 대응을 하지 못하도록 해야 한다. 이에 따라 북한은 정규군에 의한 전면 공격과 함께 특수전 부대를 한국군 후방지역에 침투시켜 지휘 및 통신, 병참 시설들을 타격하고 주민들을 선동하는 **배합전략**을 추진하고 있다.[6]

[그림 6-3] 북한군 전진배치 현황

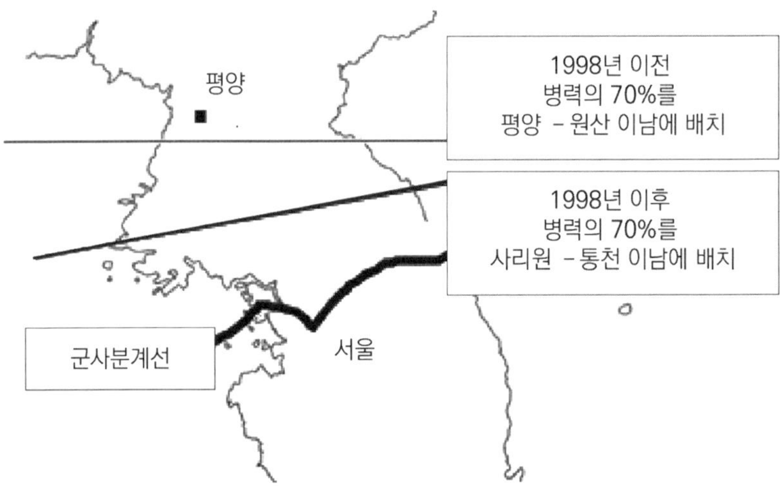

출처: 『중앙일보』 2013년 11월 14일.

이러한 구상에 따라 북한은 지상군 전력의 약 70% 이상을 평양-원산 이남에 배치해왔다. 특히 김정일 체제가 공식적으로 출범한 1998년 이후에는 병력을 사리원-통천 이남으로 전진시킨 것으로 알려져 있다. 북한은 수도권 일대까지 타격이 가능한 170mm 자주포와 240mm 방사포 등 장사정포를 전방지역에 집중 배치하여 선제기습을 위한 준비를 강화하는 한편, 강력한 기갑여단 및 기계화여단으로 부대를 개편하여 한반도 종심으로 신속하게 공격할 수 있는 능력을 갖추고 있다. 또한 대규모 특수부대를 보유하여 전·후방 동시공격 능력을 강화시켜 왔다.

북한은 김일성에서 김정일, 김정은으로 권력승계 과정에서 기존의 군사전략 기조는 유지한 가운데 대량살상전략과 사이버전략을 새롭게 추진하고 있으며, 최근 대량살상무기(WMD: Weapons of Mass-Destruction)와 사이버전 기술 개발에 박차를 가하고 있다. 남한에 비해 재래식 군사력에서 열세가 지속되는 상황에서 남한 사회에 공황을 조성하고 전쟁능력을 약화시키기 위해서는 남한이 효율적으로 대응할 수 없는 비대칭 전력이 필요했기 때문이다. 북한은 대량살상무기를 활용하여 재래식 군사력의 열세를 만회하는 동시에 미국이 한반도 문제에 개입하지 못하도록 위협하고 있다. 북한이 보유하고 있는 생화학 무기 또는 핵탄두를 장거리 미사일에 탑재하여 미국 본토 또는 일본의 미군 기지를 공격할 수 있게 된다면 미군의 한반도 증원에 부정적인 영향을 미칠 수 있기 때문이다. 또한 북한은 한국 사회의 분열을 유도하고 혼란을 일으키기 위해 사이버전 기술을 적극 활용하고 있다. 특히 대규모 해커부대를 양성하여 한국의 기간시설에 대한 사이버 공격을 감행함과 동시에 인터넷을 통해 여론을 왜곡하고 유언비어를 유포시키는 등 사이버 심리전을 전개하고 있다. 북한의 이러한 군사적 활동이 지속된다면 북한의 무력적화통일 의도를 의심하지 않을 수 없다.

나. 북한의 전쟁 능력

냉엄한 국제관계의 현실에서 국가안보를 달성하기 위한 가장 바람직한 방법은 자력방위를 채택하는 것이다. 여기서 **자력방위**란 "다른 나라의 보호 또는 간섭을 받지 않고 자신의 군사력으로 국가방위를 전담하는 것"을 말한다.[7] 그러나 일반적으로 약소국은 자력방위를 통해 독자적으로 국가안보를 감당하는 것이 불가능하다. 이에 따라 적국의 위협에 공동으로 대응하기 위해 **군사동맹**을 체결한다. 그러나 자국의 이익을 최우선시 하는 냉혹한 국제질서 하에서 동맹에 안보를 의존하는 국가는 동맹국으로부터 버림받을 가능성을 우려하지 않을 수 없다. 강대국과 동맹을 맺고 있는 약소국은 대내 · 외적 정책결정과정에서 자율성을 잃을 수 있기 때문이다.

이처럼 동맹은 한 편으로 국가이익을 증진시킬 수 있는 수단이지만, 다른 한 편으로 동맹을 체결한 국가는 동맹국이 조약에 규정된 의무를 다하지 않으려고 할 때 발생하는 포기(abandonment)의 위협을 느끼게 된다. 미 · 소 냉전으로 양 진영의 대립이 심화되는 상황에서 북한은 1961년 소련 및 중국과 동맹을 체결했다. 그러나 중 · 소 분쟁의 틈바구니에 낀 북한은 어느 한쪽을 지지할 경우 다른 쪽으로부터 경제 · 군사원조가 중단되는 어려움을 감수해야 했다. 소련의 흐루쇼프는 북 · 소 동맹을 체결하면서 이와 무관하게 미 · 소 관계를 발전시켜 나갈 것이며, 미국과 합의한다면 조약은 무효가 될 것이라고 강조하였다.[8] 따라서 북한의 입장에서는 소련으로부터 포기의 위협을 느끼지 않을 수 없었다.

[표 6-2] 북한의 4대 군사노선

구분	내 용
전군간부화	북한 인민군 전체가 간부와 같은 정신 상태를 갖도록 교육하고, 간부처럼 조직 운영함
전군현대화	인민군이 보유 · 운용하고 있는 장비를 현대화
전민무장화	북한 주민을 교도대와 노농적위군 등 준군사조직에 편성하여 무장시킴
전국요새화	전쟁에 대비해 북한의 모든 국토를 요새화

출처: 통일부, 『북한정보포털』.

특히 1962년 10월 발생한 중국과 인도의 국경분쟁에서 소련이 중립적인 태도를 보이고, 같은 달 미국 케네디(John F. Kennedy) 행정부의 쿠바 연안 봉쇄로 발생한 쿠바 미사일 위기(Cuban Missile Crisis)에서 미국에 굴복하면서 포기의 위협이 현실화되었다. 이에 따라 북한은 1962년 12월 10일 당 중앙위원회 전원회의에서 "인민경제의 발전에 일부 제약을 받더라도 우선 군사력을 강화하여야 한다"[9]고 강조하며, '국방에서의 자위원칙'과 '4대 군사노선'을 채택하였다. 당시 김일성은 "자위로선의 본질은 자력갱생의 혁명정신을 발양하여 자체의 혁명무력으로 자기 나라를 보위하며 모든 군사문제를 주도, 자체의 힘에 의거하여 자기 나라 실정에 맞게 해결하는 것"이라며 국방에서의 자위의 중요성을 강조하였다.[10]

북한은 국방에서의 자위를 실현하기 위한 지침으로 1960년대 이후 지속적으로 **4대 군사노선**을 추진하고 있다. 첫째, 김일성은 1950년 별오리(別午里) 회의에서 민병대와 같은 예비대의 부족을 6·25전쟁의 패전원인으로 제시하였다. 이에 따라 북한에서는 병력동원 및 후방지역 방어에 활용하기 위해 북한 주민 전체를 무장시키는 전민무장화를 추진하였다. 둘째, 전국요새화는 전쟁에 대비해 북한 전역을 요새로 만든다는 것이다. 김일성은 1963년 10월 김일성 종합대학 졸업식에서 "우리는 원자탄이 없습니다…우리에 이르는 곳마다 굴을 파놓아야 합니다. 땅굴을 파고 들어가면 원자탄도 막을 수 있습니다. 전방지대 뿐만 아니라…온 나라를 요새화하여야 하며, 대공방어와 해안방어도 강화해야 합니다"[11]라며 전국요새화의 중요성을 강조하였다.

셋째, 전군간부화는 "유사시 장병이 자신의 현재 직급보다 한 등급 높은 직무를 담당할 수 있는 능력을 갖추는 것"을 말한다. 마지막으로 전군현대화는 북한군이 보유 · 운용하는 장비를 현대화한다는 것이다.

김일성은 1970년 11월 노동당 제5차 대회에서 "4대 군사노선을 적극 추진한 결과, 전체 인민이 총을 쏠 줄 알며 총을 메고 있다. 모든 지역에 철옹성 같은 방위시설을 쌓아 놓았으며 중요한 생산시설까지 요새화하였다. 자립적 국방공업기지가 창설되어 자체로 보위에 필요한 현대적 무기와 전투기재들을 만들 수 있게 되었다"고 평가하였다.[12] 그러나 1990년 한 · 소 수교와 1991년 소련의 붕괴, 1992년 한 · 중 수교로 더 이상 동맹을 활용할 수 없게 되면서 북한은 자력방위에 더욱 의존하게 되었다. 그 결과 1990년대 이후 북한은 재래식 전력의 열세를 만회하기 위해 장거리 미사일과 핵무기 등 대량살상무기 개발에 주력하고 있다.

[표 6-3] 북한 군사정책의 시기별 주요 실천 방향

구분	내 용	비 고
1960년대	경제건설과 군사건설병진 전쟁동원 태세 확립	중·소 의존정책에서 탈피 1969년 특수 8군단 창설
1970년대	자립형 군사공업 기지 완성 정규·비정규, 소부대·대부대 배합전술 위주 교리 개발	전쟁 독자 수행능력 향상 휴전선에 남침용 땅굴 건설
1980년대	전투동원태세 완비 예비전력의 정규군 수준화 현대전 능력 보강	기계화군단, 지구사령부, 민방위부 설치 스커드 미사일 개발 및 배치
1990년대	군민일치 강화 전국가·전인민 방위체계 강화 전략무기 독자체계 구축 선군정치 강화	군사중시, 군대원호 기풍 진작 노동 미사일 개발·배치 및 대포동 1호 시험발사 방사포 등 장사정포 전방배치
2000년 이후	국방공업의 선차적 역량 집중 선군사상 헌법 추가 핵보유국 헌법 명문화 경제와 핵무력 건설 병진 노선	핵실험 장거리 미사일 시험발사 잠수함 발사 탄도미사일 시험발사
김정은 집권 이후	4대 전략적 노선, 4대 강군화 노선 핵·미사일 고도화 선별적 재래식 전력 증강	6차례 핵실험 탄도미사일 사거리 연장 투발 수단 다양화(잠수함 등) 신형 전차(선군호, 준마호)

출처: 통일연구원, 『북한이해 2022』(서울: 통일연구원, 2022)를 참조하여 작성.

요약

1. 북한은 6·25전쟁이 '정의의 조국해방전쟁인 동시에 국내외 반동세력을 반대하는 첨예한 계급투쟁이었으며, 인민민주주의 제도를 고수하기 위한 혁명전쟁'이라고 주장하고 있다. 이는 남한을 미국과 일본의 이중식민지로 보면서 남한을 해방시키기 위해서는 계급전쟁이 불가피하고, 침략세력인 미국의 제국주의와 맞서 싸우기 위한 해방전쟁이 필요하다는 김일성의 '민족해방전쟁론'에 토대하고 있다.

2. 1945년 8월 해방 직후 북한지역에 조직된 사설무장단체들의 경쟁은 소련의 후원을 받는 김일성의 일방적인 승리로 귀결되었다. 소련군은 1946년 1월 '철도보안대'를 창설하는 한편, 1946년 8월 새롭게 편성된 부대들에 대한 지휘체계를 확립하기 위해 '보안간부훈련대대부'를 창설하였다. 이 때 김일성의 빨치산 동료인 최용건과 김일이 각각 사령관과 문화부사령관에 임명되었다. 이를 통해 북한군을 장악한 김일성은 소련의 민주기지 전략에 따라 6·25전쟁을 주도하였다.

3. 북한의 군사전략은 대남적화통일이라는 최종 군사목표를 달성하기 위해 두 가지 세부 목표를 갖고 있다. 첫째, 초전에 대공황을 조성하여 전쟁의 주도권을 장악하는 것이다. 둘째, 미국의 추가적인 증원 이전에 한반도 일대를 조기 장악하는 것이다. 북한은 이러한 전략목표 달성을 위하여 선제기습전략, 배합전략, 속전속결전략 등 세 가지 형태의 전략을 수립하고 전쟁을 준비하고 있다.

4. 중 · 소 분쟁의 틈바구니에 낀 북한은 어느 한쪽을 지지할 경우 다른 쪽으로부터 경제 · 군사적 원조가 중단되는 어려움을 감수해야 했다. 이에 따라 1962년 12월 "국방에서의 자위원칙"과 "4대 군사노선"을 채택하면서 자력방위 능력을 강화하기 시작하였다. 특히 1990년 한 · 소 수교와 1991년 소련의 붕괴, 1992년 한 · 중 수교로 더 이상 동맹을 활용할 수 없게 된 북한은 자력방위에 더욱 의존하게 되었다.

미주

1 국방부, 「정신교육 기본교재」 (서울: 국방부, 2013), p. 119.

2 육군사관학교, 『북한학』(서울: 황금알, 2008), p.41.

3 국제사회는 '정의의 전쟁'이 되기 위한 기준을 다음과 같이 제시하고 있다: 정당한 원인, 정당한 의도, 최후의 수단, 적법한 권위, 비례성, 합리적 성공 희망, 전쟁목적의 선포; 권기봉, "전쟁의 일반이론과 정당한 전쟁론,"『정의로운 전쟁은 가능한가』(서울: 철학과 현실사, 2006), pp.48~49.

4 John Yin, *Sino-Soviet Dialogue on the Problem of War* (The Hague, Martinus Nijhoff, 1971), p.17

5 윗글, p.214.

6 통일교육원, 『북한이해 2017』(서울: 통일교육원, 2017), p.117.

7 황진환 외, 『신국가안보론』(서울: 박영사, 2014), p.50.

8 김보미, "중소분쟁시기 북방삼각관계가 조소·조중동맹의 체결에 미친 영향(1957~1961),"
『북한연구학회보』 17권 2호, p.182.

9 통일교육원, 『북한이해 2017』(서울: 통일연구원), p.114, 재인용

10 통일연구원, 『북한지식사전』(서울: 통일연구원, 2013), p.178.

11 육군사관학교, 앞의 글, p.222.

12 통일교육원, 『북한이해 2016』(서울: 통일연구원, 2016), p.129, 재인용.

제7장 북한은 어떻게 전쟁을 준비해 왔는가?

북한은 한반도의 공산화를 목표로 하고 있으며 이를 위해 선제기습전략, 배합전략, 속전속결전략을 핵심으로 하는 군사전략을 채택하고 있다. 그리고 이를 구현하기 위하여 기갑 · 기계화부대와 비정규전부대를 중심으로 하는 대규모 지상군을 보유하고 있으며, 연안작전과 해상침투에 유리한 소형함정 및 잠수함(정) 중심의 해군전력, 기습 폭격과 특수전 부대의 침투를 지원하는 공군전력을 보유하고 있다. 그러나 북한의 경제적 실패는 남북한 군사력 경쟁에서 북한군을 군사적 열세에 놓이게 만들었으며, 이를 극복하기 위해 북한은 비대칭 전력들을 개발해 오고 있다. 핵, 미사일, 화생방 무기 등의 대량살상무기(WMD: Weapons of Mass-Destruction)를 개발하여 한국군을 위협하고 미국에 대한 군사적 압박을 시도하는가 하면, 한국 사회의 혼란을 일으키고 한국군의 정보통신체계를 마비시키기 위해 사이버 · 전자전 전력을 양성하고 있다. 이 장에서는 북한의 군사전략을 구현하기 위한 재래식 전력에 대해 알아보고, 비대칭 전력으로 북한이 개발 중인 WMD와 사이버 · 전자전 전력에 대해 살펴본다.

학습목표

1. 북한의 군사전략을 구현하기 위한 재래식 전력에 대해 알아본다.
2. 북한의 대량살상무기 개발 목적 및 과정, 능력에 대해 파악한다.
3. 북한의 사이버 · 전자전 능력 및 조직에 대해 알아본다.

탐구중점

1. 북한군은 어떠한 무기체계들을 보유하고 있으며 각 군종(육군, 해군, 공군, 특수작전군, 전략군)별로 어떠한 특성을 갖고 있는가?
2. 북한의 대량살상무기 개발 목적은 무엇이며 현재 어느 수준까지 진행되었는가?
3. 북한의 사이버 · 전자전 수행 능력은 어느 수준이며 사이버 · 전자전 공격은 어떠한 형태로 이루어져 왔는가?

핵심개념

- 비대칭 전력
- 비정규전부대
- 대량살상무기(WMD)
- 사이버 공격
- 사이버 심리전
- 전자전

1. 북한의 재래식 전력

북한은 3대 군사전략을 구현하는 기반으로서 대규모 재래식 전력을 보유하고 있다. 최근 북한의 WMD 및 비전통 위협이 증가하고 있기는 하지만 북한 군사 위협의 중심에는 북한군의 대규모 재래식 전력이 자리 잡고 있다. 여기서는 북한군의 주요 재래식 전력에 대해서 지상군, 해군, 공군으로 나누어서 알아본다.

[표 7-1] 남북한 군사력 비교

<table>
<tr><th colspan="4">구분</th><th>한국</th><th>북한</th></tr>
<tr><td rowspan="5">병력
(평시)</td><td colspan="3">계</td><td>50만여 명</td><td>128만여 명</td></tr>
<tr><td colspan="3">육군</td><td>37.5만여 명</td><td>110만여 명</td></tr>
<tr><td colspan="3">해군</td><td>7만여 명(해병대 포함)</td><td>6만여 명</td></tr>
<tr><td colspan="3">공군</td><td>6.5만여 명</td><td>11만여 명</td></tr>
<tr><td colspan="3">전략군</td><td>-</td><td>1만여 명</td></tr>
<tr><td rowspan="18">주요
전력</td><td rowspan="8">육
군</td><td rowspan="3">부대</td><td>군단(급)</td><td>12(해병대 포함)</td><td>15</td></tr>
<tr><td>사단</td><td>36(해병대 포함)</td><td>84</td></tr>
<tr><td>여단(독립여단)</td><td>32(해병대 포함)</td><td>117</td></tr>
<tr><td rowspan="5">장비</td><td>전차</td><td>2,200여 대(해병대 포함)</td><td>4,300여 대</td></tr>
<tr><td>장갑차</td><td>3,100여 대(해병대 포함)</td><td>2,600여 대</td></tr>
<tr><td>야포</td><td>5,600여 문(해병대 포함)</td><td>8,800여 문</td></tr>
<tr><td>다련장/방사포</td><td>310여 문(해병대 포함)</td><td>5,500여 문</td></tr>
<tr><td>지대지유도무기</td><td>발사대 60여 기</td><td>(전략군) 발사대 100여 기</td></tr>
<tr><td rowspan="5">해
군</td><td rowspan="4">수상
함정</td><td>전투함정</td><td>90여 척</td><td>420여 척</td></tr>
<tr><td>상륙함정</td><td>10여 척</td><td>250여 척</td></tr>
<tr><td>기뢰전 함정</td><td>10여 척</td><td>20여 척</td></tr>
<tr><td>지원함정</td><td>20여 척</td><td>40여 척</td></tr>
<tr><td colspan="2">잠수함정</td><td>10여 척</td><td>70여 척</td></tr>
<tr><td rowspan="4">공
군</td><td colspan="2">전투임무기</td><td>410여 대</td><td>810여 대</td></tr>
<tr><td colspan="2">감시통제기</td><td>70여 대(해군 포함)</td><td>(정찰기) 30여 대</td></tr>
<tr><td colspan="2">공중기동기</td><td>50여 대</td><td>350여 대(AN-2 포함)</td></tr>
<tr><td colspan="2">훈련기</td><td>190여 대</td><td>80여 대</td></tr>
<tr><td colspan="3">헬기(육 · 해 · 공군)</td><td>700여 대</td><td>290여 대</td></tr>
</table>

구분	한국	북한
예비전력(병력)	310만여 명 (사관생도, 후보생, 전시근로소집, 전환/대체 복무인원 등 포함)	762만여 명 (교도대, 노농적위군, 붉은청년근위대 포함)

출처: 국방부, 『2022 국방백서』(서울: 국방부, 2022) p.334.

가. 지상군

북한의 지상군은 10개의 정규 전·후방군단, 91수도방어군단, 고사포군단, 1개 기갑사단, 5개 기계화보병사단, 1개 기계화포병사단 등으로 편성되어 있으며, 국방성 예하에 도로건설군단, 총정치국 예하에는 공병군단 등 전문건설부대가 편성되어 있다.[1]

북한이 보유하고 있는 지상군은 다음과 같은 세 가지 특성을 갖고 있다. 첫째, 대규모 병력에 기반하고 있다. 북한군은 총 128만여 명 규모로 운용되며 이 중 육군은 110만여 명으로 한국군의 2배가 넘는 수준이다. 게다가 교도대, 노농적위군, 붉은청년근위대, 호위사령부 등의 예비전력 762만 명을 포함하면 그 수는 전 북한 인구의 30% 수준이다. 이들 예비전력 중 교도대 62만 명은 현역과 비슷한 수준의 교육훈련을 받고 있으며 유사시 바로 정규군으로 편입될 수 있다. 이렇게 되면 유사시 지상에서 한국군이 직면해야 할 정규전 병력은 180만 명에 달하게 된다. 또한 전차, 야포, 방사포, 지대지 유도무기 등 주요 지상군 무기체계들의 경우 한국군 보유량의 2배 또는 그 이상이다. 물론 무기체계의 성능면에서 한국군이 우세할지라도 북한군의 거대한 규모는 여전히 위협적이다.

둘째, 강력한 기갑·기계화 부대를 보유하고 있다. 북한은 속전속결진략 구현의 핵심적 전력으로 기갑·기계화 부대를 양성해 왔다. 북한군은 현재 약 4,300여대의 전차를 보유하고 있으며 이는 한국군이 보유하고 있는 2,200여 대에 비해 약 2배 수준이다. 이들의 대부분은 T-55와 T-62 등 과거 소련으로부터 도입한 노후화된 전차들이 차지하고 있었다. 그러나 북한은 전군의 현대화 계획에 따라서 이들 전차를 꾸준히 개량 및 대체해 오고 있다. 예를 들어, 북한군은 1976년 T-62를 개량한 천마호를 개발하여 노후 전차들을 대체하기 시작하였는데, 이 전차는 1980년대 이란에 약 150여 대가 수출되기도 하였다. 1990년대 들어 북한은 천마호를 한 단계 더 발전시킨 폭풍호를 만들었다. 폭풍호는 전면에 복합장갑을 장착하여 방호력을 향상시켰으며, 천마호와 함께 현재 북한군의 주력전차로 평가받는다. 현재 북한이 보유하고 있는 최신 전차는 2009년부터 생산된 선군호이다. 이 전차는 러시아계 전차기술에 기반하여 125mm 활강포를 장착하고 최신 방호장비들을 갖추고 있다. 한편, 장갑차로는 VTT-323을 주력으로 운용하고 있다. 중국의 63식 장갑차에 기반을 두고 개발된 이 장갑차는 병력수송, 박격포 탑재, 전투지휘 등 다양한 목적으로 개량하여 운용되고 있다. 북한은 최근 M2010 장갑차를 새롭게 개발하여 전력을 보강하였는데, 이 장갑차는 최신예 전차인 선군호와 함께 제105땅크사단에 배치되어 운용되고 있다.

셋째, 대규모의 **특수전 부대**를 보유하고 있다. 북한군은 특수전 부대의 위상을 강화하기 위해 '특수작전군'을 별도의 군종으로 분류하였으며, 특수전 부대는 11군단과 특수작전대대, 전방군단의 경보병 사·여단 및 저격여단, 해군과 공군 소속 저격여단, 전방사단의 경보병연대 등 각 군 및 제대별로 다양하게 편성되어 있고, 병력은 20만여 명에 달하는 것으로 평가된다.[2] 이들은 유사시 한국군 전후방 지역으로 침투하여 지휘소나 통신소 등 주요 군사시설이나 공항이나 항만 등 전략 시설들을 파괴하고, 요인 납치 및 암살 등을 통한 교란 임무를 수행할 것으로 판단된다. 따라서 이들은 배합전략을 구현하기 위한 핵심 전력이다.

[표 7-2] 북한 특수전부대의 종류와 주요 임무

구분	주요 임무
저격 여단	주 전선 돌파, 82mm 박격포 및 방사포로 전략 목표 타격, 국군 위장침투 및 교란, 조직 구축
해상 저격 여단	함선 · 레이더기지 · 보급기지 기습, 유격전, 고속보트, 공기부양정 보유
공군 저격 여단	공군기지 정비 시설 타격
항공 저격 여단	병참 시설 파괴, 증원 차단, 거점 확보
군단 정찰 대대	밀로 개척, 납치, 정찰, 폭파
경보병 여단	핵심지역 장악, 지휘소 습격, 대부대 지원, 6개 대대 편성(120명), 60mm 박격포, 휴대용 미사일 보유

출처: 통일교육원, 2016, 『2016 북한이해』

나. 해군

해군은 해군사령부 예하에 2개 함대사령부가 동 · 서해를 맡고 있으며 13개 전대, 2개의 해상저격여단으로 구성되어 있다. 해군은 총 40개의 기지를 갖추고 있는데 이 중 60% 이상이 평원선(평양 ~ 원산) 이남에 위치해 있다. 전력으로는 총 470여 척의 전투함, 잠수함, 지원함 등을 보유하고 있는데 이는 수상전력, 수중전력, 상륙전력으로 구분할 수 있다.

먼저, 수상전력은 유도탄정, 어뢰정, 경비정, 화력지원정 등 구성되어 있다. 이중 중대형함정으로는 1970년대 중국으로부터 들여온 배수량 300톤의 하이난급 경비정이 6척 운용되고 있으며, 이를 자체 개량한 400톤의 대청급 경비정이 가장 큰 규모이다. 이들 함정은 유도탄정 및 어뢰정과 함께 한국군 함정들에 대한 수상작전을 실시한다. 그리고 수상전력의 대부분을 차지하고 있는 소형 경비정들은 지상작전과 연계하여 지상군의 진출을 지원하는 등 주로 연안작전을 실시한다.

다음으로, 수중전력으로는 로미오급 잠수함부터 소형 잠수정까지 총 70여 척을 보유하고 있다. 이 중 1,830톤의 로미오급 잠수함은 1960년대부터 동 · 서해안에 각 10척씩 총 20척이 운용되고 있다. 그리고 북한 해군의 주력 잠수함인 상어급 잠수함은 배수량 370톤 규모에 승조원 15명을 탑승시킬 수 있는 소형 잠수함으로 이는 주로 특수전 부대의 침투용으로 사용된다. 실제 1996년 강릉 무장공비 침투사건 때에도 상어급 잠수함이 사용되었으며, 당시 작전 중 좌초되어 강릉 앞바다에서 발견된 바 있다. 이들 잠수함은 해상교통로 교란, 기뢰 부설, 한국군 수상함정 공격, 비정규전부대 침투 지원 등의 임무를 수행한다. 북한은 수상전력에 비해 비대칭적인 성격을 띠는 수중전력 개발에 힘쓰고 있으며, 최근 SLBM(Submarine Launched Ballistic Missile) 시험 이후에는 이를 탑재할 수 있는 대형 잠수함을 건조하여 공개하는 등 지속적으로 전력을 강화하고 있다.

마지막으로, 상륙전력으로는 공기부양정과 고속상륙정 등을 포함하여 총 250여 척의 자산을 보유하고 있으며 이들은 소형 잠수정들과 함께 유사시 해상저격여단 등의 특수전 부대를 후방지역으로 침투시키는 데 사용된다. 그중 공기부양정은 최대 50여 명을 싣고 최고 50노트의 속력으로 이동할 수 있어서 갯벌이 발달되어 있는 서해안 지역에서 효과적인 침투수단으로 운용될 수 있다.

한편, 북한의 해군전력은 노후화되어 있다는 약점을 갖고 있다. 또한 무기체계의 가격이 비싸고 개발하는데 들어가는 비용도 높아 새로운 함정으로 대체하는 데 한계가 있다. 이에 더해 소형함정들이 많아서 악천후로 파도가 높을시에는 기동성이 떨어지며 원해에서의 작전에 매우 취약하다. 그러나 휴전선에 가깝게 전진배치 되어 선제기습에 유리하다는 점과 특수전 부대와 연계하여 운용할 수 있는 상륙전력 및 수중전력이 많다는 점, 기습공격에 특화된 다수의 잠수함 및 잠수정을 보유하고 있다는 점은 한국군에게 큰 위협이다.

다. 공군

북한의 공군은 공군사령부 예하에 5개 비행사단, 1개 전술수송여단, 2개 공군저격여단, 방공부대 등으로 구성되어 있다. 그리고 20여 개의 작전 기지와 예비 기지를 구축하고 있으며, 항공기의 생존성을 보장하기 위한 지하 활주로까지 보유하고 있다. 공군전력으로는 전투임무기 810여 대, 감시통제기 30여 대, 공중

기동기 330여 대, 헬기 290여 대, 훈련기 170여 대 등을 보유하고 있는데, 이들 전력의 40%를 평원선(평양 ~ 원산) 이남에 배치해 두고 기습공격을 준비하고 있다.[3] 북한이 보유한 최신예 전투기는 MiG-29로 1988년에 도입되었고, 1990년대부터 소련의 기술지원을 받아 북한 내에서 생산하였다. MiG-29는 한국군 공군전력에 대항할 수 있는 유일한 전투기로 현재는 20여 대를 운용하고 있으며, 평남 순천과 온천기지에 배치되어 주로 평양 방어 임무를 수행하고 있는 것으로 판단된다. 이와 함께 북한 공군은 마하 2의 비행능력을 지닌 MiG-23을 40여 대 보유하고 있는데 이들은 유사시 신속하게 군사분계선을 통과하여 남한지역을 공격할 수 있는 무기체계로 평가된다. 한국군이 보유한 F-4와 유사한 성능을 지닌 MiG-23은 2010년 연평도 포격전 당시 서해에 출격하여 한국군을 위협하기도 하였다.[4] 한편, 북한의 주력기종이라 할 수 있는 MiG-21은 약 150여대가 운용되고 있는데, 이들은 황해북도 황주 기지와 함경남도 독산 기지에서 운용되고 있다. MiG-21은 노후한 기종으로 작전시간이 길지 않다는 단점을 갖고 있으나 한반도 전장의 종심이 짧다는 것을 고려한다면 유사시 군사적 효과성은 매우 높다고 평가된다.

북한 공군의 중요한 임무 중 하나는 비정규전부대의 침투지원이다. 공군 직속 특수전 부대로 2개의 저격여단을 보유하고 있으며 대남 침투용으로 AN-2기와 헬기를 운용하고 있다. 특히 AN-2기는 단발엔진 회전익 항공기로 날개가 천으로 덮여 있어서 레이더에 탐지될 가능성이 매우 낮다. 또한 단거리 이착륙이 가능하며 12명을 수송할 수 있어서 특수전력 침투용으로 최적화된 항공기라 할 수 있다. 북한은 이러한 AN-2기를 300여 대 보유하고 있으며, 이들은 유사시 신속한 기습 침투를 위해 휴전선 인근에 배치되어 있다. 이와 더불어 세계에서 가장 큰 헬기인 Mi-26은 90명이 탑승할 수 있고 장갑차도 수송할 수 있어서 이 또한 특수전 부대의 침투 지원에 활용될 것으로 평가된다. 이 외에도 북한군은 M-9, M-17 등 공격헬기들을 보유하고 있는데, 연평도 포격전 이후 서해 5도와 인접한 황해도 태탄과 누천 기지에 집중 배치하고 있는 것으로 보인다.

북한의 방공체계는 공군사령부를 중심으로 하여 항공기, 지대공 미사일, 고사포, 레이더 방공포대 등의 장비들로 구성되어 있다. 북한은 6·25전쟁 간 미군의 공중폭격에 심각한 피해를 입었던 경험을 바탕으로 다층적인 방공체제를 구축하기 위해 노력해 왔다. 북한의 방공은 5개의 비행사단이 각 책임지역을 담당하고 있으며 한국군 공군 전력이 접근할 수 있는 휴전선 인근과 해안지역에는 SA-2와 SA-5 지대공 미사일을 배치해 놓았다. 그리고 평양 일대에는 SA-2, SA-3 지대공 미사일과 고사포를 이용하여 대공방어를 실시하고 있다.[5]

2. 북한의 대량살상무기

비대칭전력이란 적의 강점을 회피하면서 취약점을 최대한 공격하여 효과를 극대화하기 위한 전력 또는 상대방이 보유하고 있지 않거나, 상대방보다 월등하게 보유한 능력을 의미한다.[6] 남북한의 재래식 군사력 경쟁은 냉전체제에서 자유주의 진영의 우세와 한국의 급속한 경제발전에 힘입어 한국에 유리한 방향으로 진행되었다. 북한은 군사력 경쟁에서 열세를 느끼고 기존의 경쟁 틀을 파괴하고자 하였다. 그리하여 한국에 대한 군사적 우위를 달성할 수 있는 **비대칭 전력**을 양성하기 시작하였는데, 그 핵심에는 WMD 개발이 있다. WMD란 핵방사능, 화학, 생물학 무기(CBRN: Chemical, Biological, Radiological and Nuclear)등 대규모 살상력을 갖는 무기체계와 이를 운반할 수 있는 능력인 미사일 전력을 포함하는 개념이다. 따라서 여기서는 북한이 개발 중인 WMD에 대해 핵, 미사일, 생화학무기로 나누어 알아보도록 하겠다.

[표 7-3] 북한의 핵개발 과정

시기	내용	비고
1956~1964	소련 두브나 핵연구소에 과학자 연수실시(연간 30명)	
1962.11.1	IRT-2000형 연구용 원자로 착공 영변 원자력 연구소 설치	
1980.7	5MWe 실험용 원자로 착공	
1985.11	재처리 시설(방사화학실험실) 착공	
1987.12	5MWe 원자로 가동	
1993.3.12	핵확산금지조약(NPT) 탈퇴선언	1차 북핵위기
1994.10.21	제네바 합의	
2002.10.17	켈리 특사 '북 핵개발 시인' 발표	2차 북핵위기
2002.12.22	북한 영변 폐연료봉 저장시설 봉인제거 IAEA 감시카메라 제거	
2005.2.10	북한 핵무기보유 선언	
2005.9.19	9.19 공동선언	
2006.10.9	제1차 핵실험 실시(안보리 결의 1718호 채택)	
2007.7.15	영변 원자로 폐쇄	
2008.6.27	영변 5MWe 원자로 냉각탑 파괴	
2008.9.24	영변 원자로 봉인 해제	
2009.5.25	제2차 핵실험 실시(안보리 결의 1874호 채택)	
2009.9.3	우라늄 농축실험 성공 발표	
2013.2.12	3차 핵실험 실시	
2016.1.6	4차 핵실험 실시	
2016.9.9	5차 핵실험 실시	
2017.9.3	6차 핵실험 실시	
2018.4.20	핵, ICBM 시험중지 및 핵실험장 폐기 결정	
2018.5.24	풍계리 핵실험장 폭파, 폐기	
2021.1.8	제8차 당대회에서 핵무력 고도화를 위한 투쟁 선언	
2022.9.8	핵 보유를 공식화하고 사용원칙 등을 담은 법령 채택	

가. 북한의 핵개발과 국제사회의 대응

북한의 핵개발 목적은 크게 세 가지 측면에서 살펴 볼 수 있다. 첫째, 군사적 차원에서 한국군과의 재래식 군비경쟁의 열세를 극복하고, 미국과 핵균형을 이루려 하였다. 둘째, 정치적 차원에서 대외적으로는 사회주의 진영의 와해와 탈냉전으로 인한 대외적 고립상황을 극복하고 싶었으며, 대내적으로는 체제의 안정성을 높이고자 하였다. 셋째, 경제적 차원에서 북한의 군수산업을 육성하고 그렇게 만들어진 북한 무기 수출을 통해 외화를 획득할 수 있었으며 협상 테이블에서는 서방세계로부터 경제 원조를 끌어낼 수 있었다.

이러한 목적에서 시작된 북한 핵개발의 기초는 1950년대 소련의 기술지원이었다. 당시 소련은 두브나 연구소(Institute for Nuclear Research in Dubna)를 설립하고 공산권 국가들에게 원자력 기술을 이전하였다. 북한은 그 혜택을 입는 국가 중 하나였다. 1959년 9월 소련은 북한과 '조 · 소간 원자력의 평화적 이용에 관한 협정'을 체결하여 보다 적극적인 원자력 기술 이전 정책을 추진하였다. 북한은 1962년 영변 지역에 원자력 연구단지를 조성하고 1964년 소련으로부터 IRT-2000 연구용 원자로를 도입하였다. 그 과정에서 30여 명의 소련 전문가들이 영변에 상주하며 원자력 연구를 지원하였고, 300명 이상의 북한 학자들이 소련에서 원자력 관련 교육을 받게 되었다. 이렇게 시작된 북한의 원자력 연구는 지속적인 투자와 소련의 추가적 지원으로 1980년대에는 영변에 5MWe 원자로를 건설하기에 이르렀다.

한편, 북한에 원자력 기술을 이전해 준 소련은 북한의 원자로들이 미 · 소가 합의하여 만든 국제원자력기구(IAEA: International Atomic Energy Agency)의 통제 하에 있기를 원했다. 이렇게 하여 북한은 1974년 소련의 권유로 IAEA에 가입하게 되었으며, 그로부터 3년 후 영변에 있는 IRT-2000 연구용 원자로에 대한 사찰을 받았다. 그리고 1985년에는 IAEA 보다 높은 수준의 핵통제 조항들을 포함하는 핵확산금지조약(NPT: Nuclear Non-proliferation Treaty)에 가입하였고 국제핵통제체제 속으로 완전히 들어오게 되었다.

그러나 IAEA와 NPT로는 북한의 핵개발을 완전히 통제할 수 없었다. 1980년대가 되면서 북한은 본격적인 핵무기 개발에 돌입하였다. 북한은 추가적인 원자로를 건설하기 시작하였으며 1985년에는 플루토늄을 재처리할 수 있는 방사화학실험실을 만들기 시작하였다. 그리고 그 다음해 12월에는 정무원(현 내각) 산하에 원자력 공업부를 설치하고 노동당 군수공업부 예하에 원자력총국을 만들어 핵관련 연구 및 개발을 총괄하도록 하였다.[7] 북한의 이러한 행보들은 1989년 프랑스의 상업위성에 의해 국제사회에 공개되었다. 북한은 영변 지역에서 가동하고 있던 5MWe 원자로 이외에 추가적으로 50MWe와 200MWe 원자로를 건설하고 있었다. 게다가 5MWe 원자로에서 폐연료봉 약 8,000개를 꺼내어 플루토늄을 추출한 정황이 포착되었다. 북한의 핵무기 보유를 위한 본격적인 작업이 시작된 것이다. 그러나 북한은 이러한 과정이 진행되는 동안 1991년 남북 기본합의서를 채택하였고 이듬해 1월 IAEA와 전면안전조치협정을 체결하는 등 대외적으로는 평화적 행보를 보이며 핵무기 개발의 의도를 숨겼다.

북한의 핵문제가 본격적인 국제적 위협으로 등장한 것은 1차 북핵위기 때이다. 1992년 체결된 전면안전조치협정에 따라서 북한은 IAEA에 원자력 에너지 활용에 관한 보고서를 제출하였고 이를 확인하기 위한 사찰을 받았다. 그런데 사찰과정 중 IAEA는 북한의 신고내용과 실제 플루토늄 보유량에 '심각한 불일치'가 있는 것을 발견하였다. 따라서 핵폐기물 보관시설로 의심되는 두 곳에 대해서 특별 사찰을 요구하였다. 북한은 사찰 요구에 소극적인 태도를 보였으며 IAEA가 특별사찰을 위한 결의안을 통과시키자 이에 반발하며 IAEA 사찰단을 추방하고 NPT 탈퇴를 선언하였다. 국제사회는 이러한 북한의 행동을 규탄하였으며 클린턴 행정부는 군사 시위를 벌이며 강력한 대북 경고 메시지를 보냈다. 이렇게 한반도에서 긴장이 고조되자 미국은 북한의 핵개발을 저지하기 위하여 북미 양자 간 협상을 추진하였다. 그 결과 1994년 10월 21일 북·미 제네바 합의가 체결되었다. 이 합의에 따르면 미국은 북한의 핵폐기 조건으로 대북 경수로 제공, 북·미 연락사무소 설치, 매년 50만 톤의 중유지원(경수로 완성시까지)을 약속하였다. 제네바 합의로 1차 북핵위기가 마무리되었으며 북한의 핵문제는 해결되는 듯했다.

그러나 부시 행정부 등장 이후 북미관계는 다시 악화일로를 걷기 시작하였다. 미국은 IAEA와 NPT를 중심으로 하는 국제핵통제레짐 속에서 북핵문제를 다루려 하였으며, 북한은 미국이 제네바 합의를 이행하지 않는다며 비난하였다. 그러던 중 2002년 10월 핵문제 해결을 위해 방북하였던 켈리(James Kelly) 미 대통령 특사가 북한이 고농축우라늄(HEU: Highly Enriched Uranium)을 이용한 핵무기를 개발하고 있다는 의혹을 제기하였다. 미국은 중유공급을 중단하고 제네바 합의에 의한 지원들 역시 중단하겠다고 발표하였다. 이에 북한은 핵동결 해제를 선언하고 핵시설을 재가동하였으며, 2003년 1월에는 NPT를 탈퇴하였다. 이른바 2차 북핵위기가 시작되었다. 미국은 북한 핵문제를 UN 안보리에 상정하고 국제적 수준에서 대북제재를 실시하고자 하였으며, 동시에 동아시아의 국가들을 설득하여 북핵문제 해결을 위한 6자 회담을 제안하였다. 이렇게 하여 2003년 8월 제1차 6자회담이 시작되었다. 그러나 회담은 의미있는 성과를 내지 못한 채 차수만을 반복하였다. 그러는 동안 북한의 핵개발 행보는 더욱 과감해 졌다. 2003년 10월 북한 외무성은 폐연료봉 재처리가 완료되었다고 발표하였다. 그리고 2005년 2월에는 핵무기 개발이 완료되었다는 발표와 함께 공식적인 핵보유를 선언하였다. 핵보유 선언 이후, 북한은 북핵 폐기를 위해 실시되었던 6자회담이 군축회담으로 바뀌어야 한다고 주장하며 핵보유를 기정사실화 하고자 하였다.

플루토늄 재처리와 우라늄 농축

핵무기 제조는 플루토늄 재처리(reprocessing)와 우라늄 농축(enrichment)을 통해 가능하다. 플루토늄 재처리란 사용후 핵연료를 화학적으로 처리하여 핵분열물질로 사용 가능한 플루토늄-239(Pu-239)을 생산해 내는 것이다. 이때 처리과정에 사용되는 사용후 핵연료나 고농도 질산용액 등은 매우 불안정한 물질로 특별한 처리시설이 필요하다. 북한의 경우 영변에 있는 방사화학실험실에서 재처리를 실시하였다.[8]

우라늄 농축은 우라늄-235(U-235)의 비율을 높이는 방법으로, 기체확산법, 원심분리법, 전자기분리법, 레이저 분리법 등의 농축 기법을 이용하여 고농축 우라늄을 만드는 것이다. 이때 U-235의 비율이 90%를 넘게 되면 이를 무기로 사용할 수 있게 된다. 이 방법은 핵무기의 대량생산이 용이하며 제조과정이 쉽게 노출되지 않는 장점을 갖고 있다. 원심분리기 1천기를 설치하는데 약 300평 정도의 면적만 확보하면 되고, 핵실험 과정을 거칠 필요가 없다. 또 플루토늄에 비해 핵무기 제조가 용이하고 소형화, 경량화에도 유리하다.[9]

2005년 제2기를 맞게 된 부시행정부는 북한에 대한 회유의 제스쳐를 취했다. 미국은 북한을 주권국가로 인정하고 불침의사를 명확히 하는 동시에 북한의 6자회담 복귀를 요구하였다. 이에 제4차 6자회담이 열렸다. 이 회담에서 6개국 대표는 북한 핵문제 해결을 위한 9.19 공동성명에 합의하였다. 이 성명은 북한 핵프로그램의 완전한 폐기 조항을 담고 있었다. 그러나 이어진 미국의 방코델타아시아(BDA: Banco Delta Asia)제재에 북한은 강력하게 반발하였으며 2006년 10월에는 1차 핵실험을 실시하였다. 함경북도 길주군 풍계리에서 실시한 이 실험에 국제사회는 큰 충격을 받았다. UN은 안보리 제재 1718호를 채택하고 본격적인 대북제재에 들어갔다.

그 이후 북핵문제는 또 한 번의 해결국면을 맞는 듯하였다. 2007년 제5차 6자회담에서 9.19 공동성명의 단계적 세부 이행조치들을 정리한 2.13 합의가 채택되었다. 그리고 같은 해 10월에는 이를 보완하는 10.3 합의가 성사되었다. 2008년 5월 성김(Sung Kim) 미 국무부 한국과장이 평양을 방문하여 영변에서의 핵활동에 관한 보고를 받았으며, 6월에는 6자회담 의장국 중국에게 공식 핵신고서를 제출하였고, 그다음 날에는 외신기자들을 모아두고 냉각탑을 폭파시키는 퍼포먼스를 연출하기도 하였다. 이러한 북한의 유화적 행보에 미 국무부는 북한을 테러지원국 명단에서 해제하였다. 그러나 핵활동에 관한 구체적 검증절차가 진행되자 상황은 바뀌었다. 핵활동 신고 후, 시료 채취를 하는 등 구체적인 검증절차를 실시하게 되는데, 북한이 이를 거부한 것이다. 북미관계는 다시 악화되었으며 북한은 2.13 합의 및 10.3 합의의 사항들을 전혀 이행하지 않았다. 오히려 2009년 우주개발을 위한 인공위성(광명성 2호) 발사라는 명분 아래 미사일을 발사하였으며, 5월에는 제2차 핵실험을 실시하며 국제사회에 도전하였다. 이에 UN은 안보리 결의안 1874호를 채택하고 북한에 대한 제재를 더욱 강화시켰다.

2011년 12월 17일 김정일이 사망하고 김정은 정권이 시작되었다. 그러나 김정은 정권 하에서도 북한의 핵개발은 지속되었다. 오바마 행정부는 경제제재와 동시에 북한을 협상 테이블로 끌어내기 위한 회유책을 폈다. 2012년 2월 베이징에서는 북핵문제를 두고 북미 고위급 회담이 열렸다. 이 회담에서 북한은 핵 및 미사일 개발을 중단하고 IAEA의 통제를 받기로 하였으며, 미국은 대북제재에서 지원으로 정책을 바꾸기로 합의하였다. 그러나 두 달 뒤인 4월 13일 북한이 대포동 2호로 추정되는 미사일 발사실험을 강행하며 양측의 합의사항은 이행되지 않았다. 그리고 2013년 2월 12일 북한은 제3차 핵실험을 실시하였다. 3차 핵실험은 이전 실험들과는 다르게 완성도가 높은 핵폭탄이 사용되었다. 전문가들은 북한이 실질적인 핵무기 개발에 성공했다고 평가하였다.

제3차 핵실험 실시 후 국제사회의 제재가 더욱 강화되었음에도 북한의 핵개발은 오히려 가속화되었다. 2013년 3월 31일 북한은 당중앙위원회 전원회의를 통해 경제·핵무력 건설 병진노선 채택을 발표하였고, 이어서 핵보유 법령을 발표하여 핵보유국의 지위를 공고화하고자 하였다. 그리고 그다음 달에는 5MWe 원자로를 재가동할 것을 발표하였다. 농축 우라늄과 플루토늄을 함께 사용하여 핵무기 개발을 가속화 하겠다는 심산이었다. 또한 장거리 탄도 미사일 실험과 SLBM 실험을 실시하는 등 발사체의 성능을 향상시키기 위한 노력도 병행하였다. 이렇게 북한은 핵무기를 질적 양적으로 발전시키고 핵보유를 기정사실로 하려는 노력들을 꾸준히 진행해 갔다.

[표 7-4] 북한의 핵실험

구분	1차 핵실험	2차 핵실험	3차 핵실험	4차 핵실험	5차 핵실험	6차 핵실험
일시	2006. 10. 9	2009. 5. 25	2013. 2. 12	2016. 1. 6	2016. 9. 9	2017. 9. 3
장소	풍계리 시험장 동쪽 갱도	풍계리 시험장 동쪽 갱도	풍계리 시험장 서쪽 갱도	풍계리 시험장 북서쪽 3km 지점	풍계리 시험장 북서쪽 인근	풍계리 시험장
위력	1kt 미만	2~6kt	6~7kt	6kt	10kt	50kt
인공 지진파 (규모)	3.9	4.5	4.9	4.8	5.0	5.7
유형	플루토늄	플루토늄	고농축 우라늄 또는 플루토늄	증폭 핵분열탄	증폭 핵분열탄	증폭 핵분열탄
유엔 안보리 제재	결의안 1718호 (2006. 10. 14)	결의안 1874호 (2009. 6. 12)	결의안 2094호 (2013. 3. 7)	결의안 2270호 (2016. 5. 2)	결의안 2321호 (2016. 11. 30)	결의안 2375호 (2017. 9. 11)

출처: 국방부 및 통일부 공식자료 종합

2016년 1월 6일 북한은 네 번째 핵실험을 실시하였다. 북한은 최초의 수소탄 실험에 성공했다고 발표하며 본인들의 핵능력이 크게 향상되었음을 홍보하였다. 그러나 파괴력을 분석해 보았을 때, 수소탄 실험일 가능성은 매우 낮으며 전문가들은 핵분열(fission)과 핵융합(fusion) 기술이 함께 사용된 증폭핵분열탄(boosted fission weapon)일 가능성이 있다고 분석했다. 국제사회는 한 단계 높은 대북제재체제를 구축하였다. 안보리 결의안 2270호가 통과되었고 북한을 비호해 주던 중국도 이에 참여할 수밖에 없게 되었다. 그러나 한국의 고고도 미사일 방어체계(THAAD: Terminal High Altitude Area Defense) 도입과 관련하여 한중간 갈등을 빚게 되면서 중국의 제재 참여가 불투명해 졌다. 그러던 중 북한은 2016년 9월 9일 정권수립 68주년을 기념하며 제5차 핵실험을 감행하였다. 4차 실험 장소에서 동쪽으로 400m 지점에서 실시된 5차 실험에서는 4차 때보다 약 2배 강력한 핵폭탄이 사용되었다. 국제사회는 북한의 핵실험을 규탄하는 개별 성명을 발표하였으며, 안보리는 북한의 SLBM 발사 및 핵실험 규탄 성명을 채택하였다. 그리고 추가적인 제재들을 담은 2321호를 통과시켰다.

현재 북한의 핵개발과 관련된 주요 정책은 당중앙군사위원회의 결정에 따라 당 군수담당비서와 군수공업부가 주도한다. 국무위원회 산하 제2경제위원회는 자금과 물자를 지원하며 원자력공업성(구 원자력총국)이 연구분야를 총괄하고 있는데 실질적인 연구는 제2자연과학원의 제5총국 산하 연구소와 연구원에서 이루어진다.[10] 북한의 원자력 관련 전문인력은 약 3,000명에 이른다. 최초 구소련의 두브나 연구소에 파견하여 교육을 받았던 250명으로부터 출발하여 김일성종합대학, 김책공업대학, 평성이과대학 등을 중심으로 지속적인 핵 전문가들을 양성하고 있다. 주요 시설로는 영변에 위치한 IRT-2000 연구용 원자로와 폐연료봉 인출을 통해 플루토늄을 생산해내는 5MWe 실험용 원자로, 플루토늄 재처리 시설인 방사연구실, 우라늄 변환 시설을 갖춘 핵연료가공공장, 그리고 여섯 차례의 핵실험을 실시하였던 풍계리 핵실험장 등을 들 수 있다.

현재 북한이 갖고 있는 핵무기 양에 대해서는 다양한 추측들이 존재한다. 1기의 핵무기를 만드는데 약 6kg의 플루토늄이 필요하고 북한의 주장대로 2003년과 2005년에 플루토늄 재처리를 완료하였다고 했을 때, 지금까지 실시한 6번의 실험에 사용된 것을 제외하고 총 12~20개 정도의 핵무기를 보유하고 있을 것으로 평가된다.[11] 그러나 우라늄까지 고려할 경우 문제는 더욱 심각해진다. 북한의 고농축우라늄 핵프로그램은 제2차 북핵위기 때 전 세계에 알려졌으며, 그 이후에도 지속적으로 발전시켜 2010년에는 영변의 우라늄농축 관련 시설을 공개하면서 2,000대의 원심분리기를 가동 중이라고 발표하였다. 이 발표가 사실일 경우 북한은 매년 고농축 우라늄 30~40kg을 생산할 수 있게 된다. 현재 북한 핵프로그램의 화두는 소형화 및 경량화이다. 북한은 1차적으로 핵무기를 미사일에 탑재하여 운용하려는 의도를 갖고 있다. 통상 탄두에 장착하기 위해서는 핵무기를 1t 이하로 경량화시켜야 하지만, 북한이 핵무기 소형화 기술을 확보했는지는 아직 확인되지 않고 있다.

나. 북한의 미사일 위협

북한은 1960년대부터 미사일 개발에 관심을 가졌으나 본격적으로 미사일 개발에 착수한 것은 1970년대 후반이다. 북한은 4차 중동전쟁 때 군사적 지원을 해주었던 이집트로부터 SCUD-B 미사일 1기와 발사대를 입수하여 역설계(reverse engineering)방식으로 미사일 개발을 시작하였다.[12] 그후 1983년에는 미사일 발사실험을 전담하는 특수부대를 창설하였고, 지속적인 연구 개발을 거쳐서 1984년에는 사거리 300km의 SCUD-B 미사일 시험발사에 성공하였다. 북한은 이어서 탄두 중량을 줄이고 사거리를 500km로 연장한 SCUD-C 미사일을 개발하기 시작하였다. 그리고 1986년 5월 시험발사에 성공하였고, 1988년에는 4군단 예하에 단거리 미사일 연대를 창설하여 SCUD-B와 C를 작전배치 하였다. 1980년대 단거리 미사일 개발에 성공한 북한은 1990년대부터는 사거리를 늘려가기 시작했다. 그리하여 1993년 5월에는 사거리 1,300km의 노동 1호 시험발사에 성공하였다.

노동 미사일의 성공이후 북한은 우주개발이라는 명분을 빌어 대륙간탄도탄(ICBM: Intercontinental Ballistic Missile) 개발을 추진하였다. 노동 미사일까지 1단 추진 로켓의 형태로 만들어졌다면 ICBM인 대포동 미사일은 3단 추진 방식이 적용되어 사거리의 연장을 시도하였다. 1998년 8월 북한은 대포동 1호(광명성 1호) 발사실험을 하였다. 그러나 미사일은 최종 3단 분리에 실패하며 본체를 궤도에 진입시키는 데 실패하였고 약 1,600km를 비행하여 바다에 떨어졌다. 그 이후 2006년 7월 SCUD 및 노동미사일 발사와 함께 대포동 2호 시험발사를 실시하였다. 결과는 대실패였다. 미사일은 1단 분리도 하지 못한 채 동해상으로 추락하였다. 이후 2009년 4월 인공위성(광명성 2호)을 쏘아 올린다는 명분으로 대포동 2호의 두 번째 발사실험이 이루어졌다. 발사체는 궤도진입에 실패하였다. 하지만 위성을 궤도에 올리지 못했을 뿐 대포동 2호는 3단 분리까지 성공하며 약 3,600km를 비행하며 북한의 미사일 기술이 높은 수준에 올라왔음을 전 세계에 알렸다. 2012년 4월 북한은 대포동 2호의 개량형인 은하 3호(광명성 3호)를 발사하였다. 그러나 은하 3호는 비행 도중 공중 폭발하였으며 미사일 실험은 실패로 끝났다. 2012년 북한은 은하 3호 발사실험을 재개하였다. 그리고 광명성 3호라 불리는 인공위성을 궤도에 진입시키는 데 성공하였다.

[표 7-5] 북한의 장거리 미사일 실험

구분	대포동 1호 (광명성 1호)	대포동 2호	대포동 2호 (광명성 2호)	은하 3호 (광명성 3호)	은하 3호 (광명성 4호)	화성-14형	화성-15형	화성-17형
발사시기	1998.8.31	2006.7.5	2009.4.5	2012.4.13	2016.2.7	2017.7.4	2017.11.29	2022.11.18
발사장소	무수단리	무수단리	무수단리	동창리	동창리	무평리	평성	순안
비행거리	1,620km	490km	3,600km	45~500km (추락)	500km	5,500km	960km (최고고도 4,500km)	1,000km (최고고도 6,100km)
비행방식	3단 추진	3단 추진	3단 추진	3단 추진	3단 추진	2단 추진	2단 추진	2단 추진
결과	궤도진입 실패	조기 실패	3단 분리 성공 궤도진입 실패	조기 실패	성공	성공	성공	성공
실패요인	3단분리 실패	1단분리 실패	추진력 부족	1단추진체 이상	–	–	–	–

출처: 국방부 및 통일부 자료 종합

그러나 북한 미사일 전력에는 발사준비에 많은 시간이 소모된다는 한계를 갖고 있다. 액체연료를 사용함으로써 연료를 충전하는 준비과정이 그대로 노출되며, 발사대에 탑재 후에도 30~50분의 준비시간이 소요된다.[13] 이러한 한계를 극복하기 위하여 북한은 잠수함발사탄도미사일(SLBM: Submarine Launched Ballistic Missile)을 개발하기 시작하였다. SLBM은 일반 ICBM과는 다르게 수면 밖으로 미사일을 내보내는 사출(射出)기술을 요구하며, 따라서 통상 지상 시험발사(지상사출시험) → 해상 시험발사(해상사출시험) → 잠수함 시험발사의 단계를 거쳐서 개발된다. 북한은 2013년 함남 신포에 지상 수직발사 시험 시설을 설치한 이후 지속적으로 지상 사출시험을 실시하였고, 2015년 5월 북한은 신포 인근에서 모의탄 수중 사출시험에 성공하였다. 그리고 같은 해 11월과 12월 두 차례에 걸쳐 잠수함에서 SLBM 미사일 발사시험에 실패한 후, 조작된 홍보영상을 유포하며 시험발사 성공을 주장하기도 하였다. 그 후 2016년 신포급 잠수함에서 실시한 발사시험에서, 미사일은 사출에 성공하여 30km 정도를 비행하다가 공중폭발 하였으며, 한 달 후인 7월 9일에는 THAAD 배치에 항의하며 SLBM 1발을 발사하였으나 10km 고도에서 폭발하였다. 그로부터 한 달 뒤인 8월 24일 북한은 북극성으로 명명한 SLBM 발사에 성공하였다. 미사일은 500km를 비행하다가 일본의 방공식별구역 80km 지점에 떨어졌다. 이후 북한은 지속적으로 사거리를 늘려 2017년 5월 1일 화성-12형을 발사하였고, 2달후인 7월 4일에는 이를 2단 추진으로 개량한 화성-14형을 발사하였다. 화성-14형은 마하 21이상의 속도로 상승하여 5,500km를 비행하였다. 북한은 이 발사영상을 공개하며 미 본토를 타격할 수 있는 ICBM 개발 성공을 선언하였다. 2017년 11월 29일에 발사한 화성-15형은 960km를 비행하였는데, 최고고도가 4500km에 달한다는 점을 고려할 때 10,000km 이상 비행이 가능한 것으로 판단된다. 2022년 11월 18일에 발사한 화성-17형은 최고고도 6,100km, 비행거리 1,000km로 13,000km 이상 비행이 가능한 것으로 판단되며, 이는 미 동부를 타격할 수 있는 사거리이다. 최근 북한은 2023년 고체연료 추진 ICBM으로 추정되는 화성-18형을 시험 발사하고, 2024년에는 화성-19형을 시험 발사하였다.

북한의 탄도시험 미사일 개발은 당 군수담당부서와 군수공업부에서, 연구개발은 제2자연과학원 제4총국 산하 공학연구소에서 담당한다. 시제품 시험발사는 장거리탄도미사일의 경우 함경북도 무수단리와 평안북도 동창리 발사장에서 이루어지며 기타 탄도미사일은 함경북도 청진시의 사부지 발사장과 강원도 깃대령 발사장에서 이루어져 동해안 방향으로 시험 발사한다. 미사일의 운용과 관련하여 북한은 미사일의 개발속도에 맞게 조직을 정비해왔다. 2003년 북한은 미사일 지도국을 창설하여 스커드 미사일 부대들의 지휘체계를 일원화하였다. 그리고

2012년 4월에는 미사일지도국을 확대 개편한 전략로켓군을 창설하여 전략 미사일인 노동 및 무수단 등을 효과적으로 운용할 수 있도록 하였다. 또한 2014년 5월에는 이를 더 격상시켜 제4의 군종으로서 전략군을 창설하였다. 이러한 행보는 핵무기와 장거리 미사일 등 전략무기를 통합 개발 및 운용하겠다는 의도로 평가된다.

북한의 미사일 개발에는 군사적인 목적만 있는 것이 아니다. 북한은 미사일을 포함한 무기 수출을 통해 매년 1억 달러의 수익을 얻었으며,[14] 그중 미사일은 수차례 도발을 통한 홍보와 높은 가격 경쟁력으로 제3세계 국가들로부터 인기가 높다. 국방부가 국회에 제출한 보고서에 따르면 북한은 1985년 이후 약 400기의 스커드 미사일과 관련부품을 중동국가에 수출하였으며, 심지어는 지난 20년간 개도국에 수출된 미사일의 40% 이상이 북한산이라는 분석도 나오고 있다. 북한은 파키스탄과 이란의 가우리 미사일을 개발하는데 핵심적인 기술을 지원해 준 바 있으며, 2000년대 들어서는 연간 5억 달러 규모의 미사일을 수출해 왔다. 2002년에도 스커드 미사일 부품과 연료의 용기를 선적한 배가 예멘으로 향하다가 미 정보당국의 감시망에 포착되기도 하였는데,[15] 이는 북한의 미사일 수출이 지속되고 있음을 보여주는 근거이다.

[그림 7-1] 북한 주요 미사일 사거리

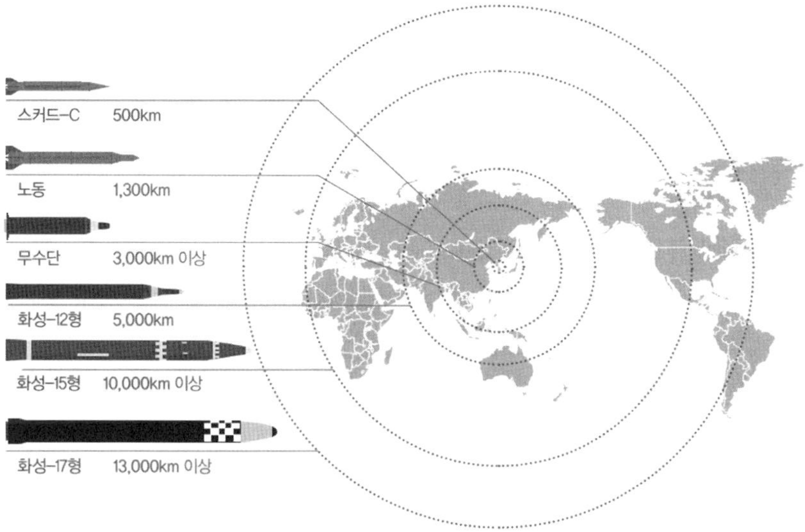

출처: 국방부, 『2022 국방백서』 (2022)

북한이 현재까지 개발한 미사일의 사정거리를 지도위에 나타내면 [그림 7-1]과 같다. 스커드 미사일은 한반도 전역을 공격할 수 있으며 노동 미사일은 유사시 한반도 증원에 중요한 역할을 할 수 있는 주일미군 주요 기지들과 일본열도 전체를 사정거리에 두고 있다. 그리고 무수단은 미군이 배치되어 있는 괌과 필리핀까지 공격할 수 있는 능력을 갖고 있다. 또한, 화성 15·17형의 사거리는 미 본토에 이른다. 북한의 미사일 개발은 현재에도 지속되고 있으며 다음과 같은 세 가지 방향으로 진행 중이다. 첫째, ICBM의 전력화이다. 중거리 미사일인 무수단은 이미 실전배치 되어 있으며 3단 추진체로 구성된 대포동 개발은 완성도가 매우 높은 상태이다. 그리고 화성 18·19형 등 신형 ICBM을 개발하고 있다. 북한은 실험에 성공한 대포동 미사일과 화성 15·17형, 신형 ICBM 등을 전력화하여 작전배치하는데 노력을 기울일 것으로 예상된다. 둘째, SLBM의 개발이다. 북한은 2016년 세 차례의 실험을 통해서 수중 발사실험에 성공한 바 있다. 북한은 SLBM을 미국에 대항할 수 있는 가장 효과적인 무기체계로 생각하고 있으며, 따라서 SLBM의 완성도를 높이는데 노력을 기울일 것으로 생각된다. 북한은 현재 SLBM에 대한 연구를 지속적으로 진행하고 있으며, 이것의 작전 배치와 SLBM을 탑재할 수 있는 대규모 잠수함을 건조할 것으로 예상된다. 셋째, 핵무기와의 연계개발이다. 북한은 핵무기를 대미 위협수단으로 활용하고자 한다. 그러기 위해서는 핵무기를 소형화하여 미사일 탄두에 탑재할 수 있어야 한다. 따라서 북한의 미사일 개발은 핵무기의 소형화와 연계하여 진행될 가능성이 매우 크다.

[표 7-6] 북한의 주요 미사일 전력

구분	단거리	중거리		장거리	
	SCUD-B/C	노동	무수단	대포동 2호	화성-15·17형
사거리 (km)	300~500	1,300	3,000 이상	10,000 이상	10,000 이상
탄두중량 (kg)	1,000	700	650	500~1,000	1,000
비고	작전배치	작전배치	작전배치	발사	시험발사

출처: 국방부, 『2022 국방백서』(2022)

다. 북한의 생화학무기 위협

북한의 국제적 도발 수단인 핵 및 미사일 개발에 가려져 비교적 관심을 받고 있지 못하고 있지만 북한의 생화학무기는 유사시 한국군에 심각한 위협이 될 수 있다. 북한은 현재 대량의 생화학무기를 개발하여 보유하고 있다. 여기서는 북한의 생화학 위협에 대하여 생물학무기와 화학무기로 나누어 알아보도록 하겠다.

북한은 1987년 3월 13일 생물학무기의 생산 및 보유를 금지하는 생물무기협약(BWC: Biological Weapons Convention)에 가입하였다. 그러나 북한은 이미 총 13종의 생물학무기를 개발하여 보유하고 있다. 그 종류로는 7종의 세균(탄저균, 브루셀라, 야토균, 장티푸스 등)과 1종의 리켓치아(발진티푸스), 3종의 바이러스(천연두, 황일병, 유행성출혈

열), 2종의 독소(보토리움, 황우) 등이 있다. 그리고 이 중 탄저균, 천연두, 페스트, 콜레라, 보토리움 등 5종은 이미 무기화시켰을 것으로 판단된다. 특히 탄저균은 치사율이 높고 전염성이 낮아 통제가 용이하여 전력화시켰을 가능성이 매우 높으며 유사시 한국군에 심각한 피해를 줄 수 있다.[16] 북한은 이들 생물학 작용제를 유사시 10일 이내에 배양하여 사용할 수 있도록 준비하고 있다.

[표 7-7] 북한의 생물학 무기 연구 및 생산시설 현황

구분	관련 시설
연구시설	백마리 세균무기 연구소, 평양 생물학연구소(26호 공장), 평성 미생물연구소
생산시설	정주 25호 공장, 선천 세균연구소, 순천 제약공장

출처: 신범철 외, 『북한 군사연구 2012』, p.158.

생물학 무기는 평양에 있는 생물학연구소 등 17개 시설에서 개발 및 보유하고 있으며, 이들은 개전초기에 사용될 가능성이 매우 크다. 북한은 생물학작용제의 배양기간을 고려하여 개전일에 맞추어 특수전 부대 및 고정간첩이 살포하거나, 야포, 방사포, 미사일 등에 의해 투발할 수도 있으며 AN-2기를 이용하여 광범위한 지역에 살포할 가능성도 있다.[17]

한편, 북한은 아직까지 화학무기협약(CWC: Chemical Weapons Convention)에 가입조차 하지 않고 있으며 1980년대부터 화학무기를 생산하기 시작하여 현재 25종 이상의 화학작용제를 보유하고 있다. 그 종류로는 신경작용제 6종(사린(GB), V계열), 수포작용제 6종(겨자(HD), 루이사이트(HL)), 혈액작용제 3종(시안화수소(AC) 등), 질식작용제 2종(포스겐(CG)), 구토 및 최루작용제 8종 등이다. 북한이 보유하고 있는 화학무기는 2,500~5,000톤에 달하는 것으로 추정되는데 이 양은 서울시 면적의 4배를 오염시킬 수 있는 수준으로 북한이 보유한 박격포, 야포, 미사일 등의 투발 수단을 이용한다면 한반도 전역에 유효성 있는 화학공격을 할 수 있게 된다. 특히 북한의 속전속결 및 선제기습전략에 따라 초전에 포병화력을 이용한 기습공격을 할 것으로 예상되며, 이때 사용되는 포탄의 30%는 화학탄일 가능성이 크다. 그리고

공항 및 항만 등 전략표적이나 대도시와 같은 인구 밀집 지역은 주요 화학공격 표적이 될 것으로 추측된다.

[표 7-8] 북한의 화학무기 연구 및 생산시설 현황

구분	관련 시설	
생산 시설	기초물질 생산	청진(일향동) 화학섬유 연합기업소, 흥남 비료연합기업소, 함흥 2.8비날론 연합기업소, 안주 남흥청년화학연합기업소, 순천 석회질소비료공장, 신흥 화학공장
	중간물질 생산	만포 화학공장, 청수 화학공장, 아오지 7.7연합화학기업소
	최종작용제 생산	강계 화학공장
국가급 저장소	정주 25호 공장, 선천 세균연구소, 순천 제약공장	

출처: 신범철 외, 『북한 군사연구 2012』, p.154-155.

북한의 화학작용제 생산은 아오지, 청진, 강계, 신의주, 흥남, 만포, 안주, 순창 등 8개 지역의 비료공장 및 화학 산업시설을 중심으로 이루어지고 있다. 그리고 신읍리, 황촌, 사리원, 삼산동, 왕제봉 등 MDL에서 가까운 지역에서 무기화되고 있는 것으로 알려져 있다. 북한은 현재 군단급부터 연대급까지 각 제대의 규모에 맞게 화학대대, 중대, 소대를 편성하여 운영하고 있다. 평시에는 연간 4,500톤, 전시에는 연간 12,000톤까지 생산가능한데 이러한 화학무기 보유량은 미국, 러시아에 이어서 세계 3위 수준으로 평가받고 있다. 2012년 김정은 정권 출범 이후 시리아에 화학무기 판매를 늘리는 등 제3세계 국가들에 대한 화학공격능력의 지원을 실시하기도 하였다.[18]

3. 북한의 사이버 · 전자전 전력

북한은 남한 사회의 혼란과 체제 선전의 효과를 함께 누리기 위하여 **사이버 · 전자전**을 수행할 수 있는 능력을 준비해 왔으며, 이를 활용한 사이버 공격과 전자전 공격 등을 수행해 왔다.

가. 북한의 사이버전 전력

사이버전이란 국가 또는 그 요원이 자국의 이익을 위해 인터넷 등 사이버 공간에서 정보기술을 이용하여 타국을 대상으로 적대적 행위를 가하고, 이에 대하여 사이버 공간에서 정보 기술을 통해 방어하는 일련의 전쟁양상을 말한다.[19] 북한은 1980년대부터 사이버전에 관심을 갖기 시작하였으며 1990년대 초부터는 평양의 지휘자동화대학과 컴퓨터기술대학, 김책공과대학에서 전문해커를 양성하고 있다. 특히 지휘자동화대학은 북한의 대표적인 해커 양성기관으로 총참모부 주도로 매년 100여명의 컴퓨터 전문요원을 양성하고 있다.[20] 또한 중국 및 러시아와도 밀접한 협력을 하고 있다. 러시아는 전문가를 파견하여 사이버전 기술 교육을 지원한 바 있고, 중국은 기술 교육 외에도 하드웨어를 제공해 주었으며 북한의 사이버전 요원들이 선양(瀋陽)에서 임무를 수행할 수 있도록 지원해 주었다.[21]

[그림 7-2] 사이버 공격의 형태

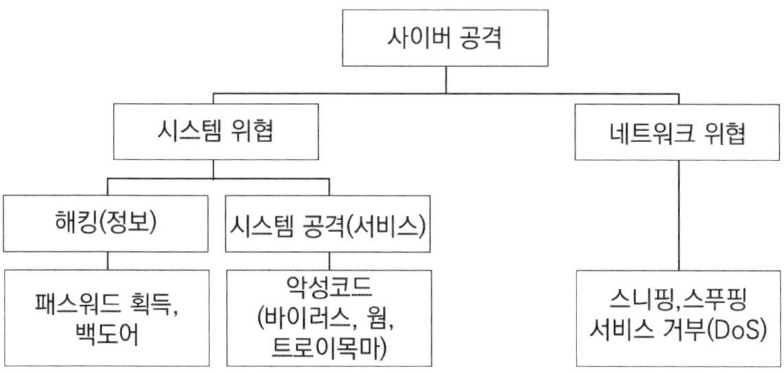

북한의 사이버전 수행은 **사이버 공격**(cyber attack)과 **사이버 심리전**(cyber psychological warfare)으로 구분할 수 있다. 먼저 사이버 공격은 정보 기술을 이용하여 한국군의 시스템 및 네트워크를 공격하는 것으로 공격 대상에 따라 다시 시스템 위협과 네트워크 위협으로 구분할 수 있다. 그 중 시스템 위협은 정보를 탈취하거나 위조/변조된 정보를 삽입하는 해킹(hacking)과 시스템 파괴 및 마비를 통해 서비스 사용을 불가하게 하는 시스템 공격이 있다. 해킹은 기술적 또는 사회공학적 방법을 통하여 패스워드를 획득하거나 백도어(backdoor)를 통해 인증체계를 우회하는 형태로 이루어진다. 그리고 시스템 공격은 바이러스(virus), 웜(worm), 트로이목마(Trojans) 등 악성코드(malware)를 통해서 이루어진다. 다음으로 네트워크 위협은 상대의 네트워크를 엿보는 스니핑(sniffing), 다른 사용자로 위장하여 네트워크를 공격하는 스푸핑(spoofing), 네트워크에 연결된 시스템이 정상적인 서비스를 제공하지 못하게 하는 서비스 거부(DoS: Denial of Service)공격이 있다.

북한은 위에서 제시한 방법을 복합적으로 사용하며 사이버 공격을 해왔다. 초기 사이버 공격은 악성코드를 활용한 공격이었으며 그렇게 큰 피해를 주지 못했다. 2009년 기무사령부의 보고에 따르면 군 전산망에 대한 사이버 공격 중 약 86%가 바이러스 유포였다.[22] 이들 바이러스는 감염된 일부 PC의 하드디스크에 있는 자료를 파괴하는 정도의 피해를 가져왔다. 2009년 6월과 7월에 이루어졌었던 분산형 서비스 거부(DDoS: Distributed Denial of Service) 공격 때에도 일부 PC가 피해를 입거나 몇몇 웹사이트의 접속이 일시 제한되는 정도였다. 그러나 북한의 사이버 공격 양상은 보다 큰 피해를 강요하는 형태로 발전하고 있다. 2011년 4월 12일 실시되었던 악성코드를 이용한 사이버 공격은 농협 전산망 서버를 파괴하려는 목적이었으며, 2013년 3월 20일의 공격은 KBS 등 방송사와 농협 등 금융사의 내부 시스템을 파괴를 목표로 하고 있었다.[23] 이러한 공격들은 방송체계의 마비나 금융시스템의 붕괴를 야기하여 큰 사회적 혼란으로 연결될 수 있는 위험을 갖고 있다.

북한은 사이버 공격과 함께 사이버 심리전을 수행하고 있는데, 이는 북한의 사이버전 수행이 갖는 특수한 측면이다. 사이버 심리전이란 사이버 공간에서 국가 정책의 효과적 달성을 목적으로 주체 측 외 모든 국가 및 집단의 견해, 감정, 태도, 행동에 영향을 주는 선전 및 기타 모든 활동의 계획적 사용[24]을 의미한다. 북한은 김일성 시대부터 사상전의 중요성을 강조해 왔으며 사이버 공간이 전장화되면서 사이버 공간에서도 심리전을 수행하기 위한 능력을 강화해 왔다.

북한은 1996년부터 해외 서버를 이용하여 체제선전용 웹사이트를 개설하여 운영하고 있다. 북한의 대남 사이버 심리전에 활용되는 이러한 웹사이트들은 구국전선(반제민전 홈페이지), 조선중앙통신, 류경, 조선인포뱅크, 김일성방송대학, 백두넷 등 무려 140여 개에 달하며, 직영사이트만 노동신문 등 12개에 달한다.[25] 또한 정찰총국은 일명 '댓글부대'라 불리는 예하 조직을 운용하며 한국의 웹사이트들에서 사회적으로 민감한 문제들을 이슈화시키고 여론을 조장하는 활동을 한다. 예를 들면 2010년 5월에는 국내 사이트를 해킹하여 입수한 한국 국민들의 주민등록번호를 도용하여 천안함 폭침 조사결과에 대한 정부 발표가 날조라는 내용의 글을 인터넷에 유포시켜 국론의 분열을 조장한 바 있다.[26]

지금까지 살펴본 바와 같이 북한의 사이버전을 담당하는 핵심 조직은 정찰총국이다.[27] 아울러 총정치국 소속의 적군와해공작국(적공국)도 한국군을 상대로 선전, 선동 및 전단살포 등 심리전을 담당한다. 북한은 이러한 사이버 심리전을 통해서 한국 내 남남갈등을 유발하고 불안감을 증대시키며 사회적 분열을 조장하려 하고 있다.

나. 북한의 전자전 전력

전자전(electronic warfare)은 적의 전투수행 기능을 탐지, 감소, 저지하거나 아군의 전투수행 기능을 보호하기 위해 전자파 스펙트럼을 사용하는 군사활동을 말한다. 다시 말해 적의 전자파 사용을 억제하거나 기능을 마비시키며 아군의 전자파 사용을 보호하는 것이다. 전자전은 크게 세 가지 기능으로 나누어진다. 전자지원(ES: Electronic Support)은 적이 발출한 전자신호에 대한 탐색(search), 도청(intercept), 방향탐지(direction finding), 기록 및 분석(analysis)을 통해 아군의 작전을 지원하는 것이다. 전자공격은 전자신호를 이용하여 적 인원, 시설, 장비를 공격하거나 전투기능을 무력화 시키는 것으로 전파방해(jamming), 전자 기만(electronic deception), 무력화(neutralization) 등이 해당된다. 전자보호(EA: Electronic Protection)는 상대의 전자공격 목적을 와해하고 아군의 자산들을 보호하는 것을 의미한다.[28]

북한은 1980년대 사이버전을 강화하는 동시에 전자전 능력에도 많은 노력을 기울여 왔으며 매우 높은 수준의 전자전 능력을 보유하고 있다. 현재 북한은 총참모부 예하에 1개 전자전 연대와 전방 4개 군단에 각각 1개 대대의 전자전 부대를 편성하고 있으며, 평원선 이남에는 수십 개소의 전자전 기지를 운영하고 있다.[29] 현재 북한군의 감청 및 도청 능력은 남한 지역의 유선전화뿐만이 아니라 휴대전화까지 감청할 수 있는 수준이다.[30] 북한은 이러한 전자지원활동 결과를 분석하여 유사시 한국군에 전자전 공격을 할 수 있는 준비를 하고 있다.

북한이 중점을 두고 있는 또 하나의 전자전 능력은 전파방해(교란)이다. 북한은 1992-3년 안토노프(AN-24) 항공기를 개조해 러시아로부터 도입한 교란장비(jammer)를 장착하여 한국의 방공부대를 대상으로 전자파공격을 하는 훈련을 해오고 있다. 2000년대 후반에 들어 서해안 지역을 중심으로 전자파 기기 고장 신고 접수가 급증하였으며, 2010년 연평도 포격도발 시에는 TPQ 레이더가 작동하지 않았던 것은 북한의 교란 공격에 피해를 입은 것이라는 주장이 제기되기도 하였다.[31] 그 후 2010년 12월에는 위성항법장치(GPS: Global Positioning System)를 방해하는 교란전파를 발사하여 한국군의 무인정찰기 활동에 영향을 주었으며[32], 2011년 3월, 2012년 5월에는 개성과 금강산 일대에서 실시한 GPS 교란 공격까지 포함하여 항공기 1,137대, 함정 4척, 선박 225척, 어선 36척 등 총 1,402건의 피해를 발생시킨 것으로 나타났다.[33] 그리고 2016년 3월 31일에는 해주, 연안, 평강, 금강 등 4개 지역에서 GPS 교란 공격을 실시하는 등[34] 공격의 범위가 점차 넓어지고 있으며 그 빈도도 증가하고 있다.

요약

1. 북한은 대규모 병력에 기반한 지상군을 유지하고 있으며 기갑 및 기계화 부대와 대규모 비정규전 부대를 보유하여 속전속결 및 선제기습전략을 구현하려 하고 있다.
2. 북한 해군전력은 노후화된 소형함정 위주로 편성이 되어 있어 원해작전과 악천후에 취약하나 상륙전력 및 수중전력이 많아 기습공격에 유리하다.
3. 북한의 공군전력은 남한에 비해 열세한 수준이고 작전반경이 짧은 노후 기종 위주로 편성되어 있으나, 종심이 짧은 한반도 전장에서는 충분히 군사적 효과를 발휘할 수 있다.
4. 북한은 경제적 실패로 인해 남북한 재래식 군비경쟁에서 열세에 놓이게 되었으며 이를 만회하기 위하여 WMD와 사이버 전자전 전력 등 비대칭 전력을 양성해 왔다.
5. 1950년대 소련의 기술지원으로 시작된 북한의 핵개발은 여섯 차례의 핵실험을 거치며 높은 수준으로 발전하였으나, 이로 인해 북한은 국제사회의 제재를 받으며 외교적으로 고립의 길을 걷게 되었다.
6. 북한은 군사적, 경제적 이유에서 미사일 기술을 개발해 왔으며 불완전한 수준이지만 SLBM과 ICBM 시험 발사에 성공하는 등 미사일 능력을 지속적으로 발전시키고 있다.
7. 북한은 다량의 생화학무기를 보유하고 있으며 이는 전면전시 초전 주도권을 확보하기 위해 공격수단으로 사용될 가능성이 크다.
8. 북한은 사이버 전자전 전력을 강화시켜 왔으며, 최근 들어 공공 및 민간 영역을 대상으로 한 북한의 사이버 및 전자전 공격이 크게 증가하고 있다.

미주

1 국방부, 『2022 국방백서』(서울: 국방부, 2022), p.26.

2 국방부(2022), p.27.

3 국방부(2022), p.28~29.

4 유용원 외, 『북한군 시크릿 리포트』(서울: 플래닛 미디어, 2013), pp.278~280.

5 국방부(2022), p.29.

6 군사용어대사전 편집위원회, 『군사용어대사전』(서울: 청미디어, 2016), p. 364.

7 James Clay Molt and Alexandre Y. Mansourov(eds,), *The North Korean Nuclear Program* (New York: Routledge, 2000), pp.45~52.

8 권태영 외, 『북한 핵 · 미사일: 위협과 대응』(서울: 북코리아, 2014), pp.83~86.

9 박용환, 『김정은 체제의 북한전쟁전략: 선군시대 북한 군사전략』(2012), p.199.

10 한국국방연구원, 『2015~2016 동북아 군사력과 전략동향』(2016), p.128.

11 David Albright and Serena Kelleher-Vergantinni, *Plutonium, Tritium, and Highly Enriched Uranium Production at the Yongbyon Nuclear Site* (Washington D.C.: Institute for Science and International Security, 2016), p.6를 바탕으로 예측

12 Joseph S. Bermudes and Seth Carus, "The North Korean Scud-B Programme," *Jane's Soviet Intelligence Review*, Vol 2, No.4(1989), p.180.

13 권태영 외, 『북한 핵 · 미사일: 위협과 대응』(서울: 북코리아, 2014), pp.167~168.

14 "*North Korea Exports $100 Million of Arms Each Year in Breach of Sanctions,*" *Bloomberg* (2010. 11. 10), <http://www.bloomberg.com/news/2010-11-10/ north-korea- exports-100-million-of-arms-each-year-in-breach-of-sanctions.html>.

15 Washington Post (2002. 12. 2)

16 한국국방연구원(2016), p.237.

17 야전교범, 참고 5-21, 『핵 및 화생방 방호』, pp.1~29.

18 한국국방연구원(2016), p.238.

19 오명호 외, 『사이버전 개론』(서울: 양서각, 2014), p.22.

20 박용환, 『김정은 체제의 북한전쟁전략』(서울: 선인, 2012), p.180.

21 윤규식, "북한의 사이버전 능력과 위협 전망," 『군사논단』, 제68호(2011), pp.76~78.

22 『SBS 뉴스』, 2009년 6월 16일.

23 김인수, KMARMA, "북한 사이버전 수행능력의 평가와 전망," 『통일정책연구』, 제24권, 1호 (2015), pp.138~139.

24 이상호, "북한 사이버 심리전의 실체와 대응방향," 『한국정치외교사논총』, 제33권, 1집

(2011), p.264.

25 유동열, "북한의 대남 사이버위협 실태와 대책," 국가안보전략연구소 학술회의 발표자료(2014년 4월 17일)

26 『조선일보』, 2011년 5월 10일.

27 정보사령부, 『북한연보』(계룡: 국군인쇄창, 2010), p.236.

28 최영윤 외, 『군전자통신』(서울: 황금알), pp.214~218.

29 2005 국회 국정감사－국군정보사령부 (2005년 9월 23일).

30 2005 국회 국정감사－국군기무사령부 (2005년 9월 23일).

31 동아일보

32 『통일한국』, 2012년 9월, p.41.

33 『연합뉴스』 2014년 12월 24일.

34 『연합뉴스』, 2016년 4월 1일.

제8장 북한은 군을 어떻게 통제하는가?

클라우제비츠(Karl Clausewitz)는 "전쟁은 단지 다른 수단에 의한 정책의 연속이다"라고 언급하였다.[1] 즉, 전쟁은 정치적 목표를 달성하기 위한 여러 수단 중 하나이며, 따라서 군사력의 사용은 정치적 목표에 종속되어야 함을 의미하는 것이다. 이는 곧 군사력을 관리하고 사용하는 군인 집단이 정치적 목표 달성을 위해 정책을 결정하는 민간 집단에 종속되거나 지배받는다는 것과 같은 의미이다. 그리고 이러한 사안은 공산주의 국가에서 당과 군의 지배 및 통제 관계를 규정하는 당-군 관계의 문제로 귀결된다. 북한에서는 1998년 이후 선군정치(先軍政治)를 통해 군을 중시해 왔으며 따라서 외부 전문가들 사이에서 군이 당에 우선할 수 있다는 인식이 생겨났다. 하지만 북한은 각 군 제대별 군 당위원회와 정치기관을 조직하여 군을 당과 수령 아래에서 철저히 통제하고 있다. 결국 '북한군은 당에 우선하는가?'라는 질문에 대해 본 장에서는 북한의 당-군 관계를 바탕으로 '군은 당 위에 있을 수 없다.'라는 답을 하고자 한다. 이를 위해 공산주의 국가와 북한에서의 당-군 관계를 이해하고, 북한의 군에 대한 역사적 통제과정을 확인할 것이다. 또한 현재 북한군을 둘러싼 북한 당·정·군의 핵심 기구를 분석하여 북한군의 이원적 지휘체계를 이해하고, 대한민국 국군과는 다른 특성을 비교하고자 한다. 마지막으로 선군정치가 의미하는 바를 명확히 고찰하여 북한의 당-군 관계를 올바르게 이해할 것이다.

학습목표

1. 공산주의 국가에서의 당과 군의 관계를 이해한다.
2. 북한의 당과 군의 관계와 역사적 변천과정을 이해한다.
3. 북한군을 둘러싼 북한 당·정·군의 핵심 기구를 이해한다.
4. 북한의 선군정치를 이해한다.

탐구중점

1. 공산주의 국가에서는 군대를 어떻게 통제하나?
2. 북한은 어떠한 과정을 거쳐 군을 통제해 왔는가?
3. 현재 북한이 군을 통제하는 조직 체계는 어떠한 모습을 보이는가?
4. 군을 중시하는 선군정치는 군이 당보다 우위임을 뜻하지 않는가?

핵심개념

- 인민군
- 당의 군대
- 수령의 군대
- 정치선
- 군사선
- 총정치국
- 총참모부
- 조선인민군 당위원회
- 당중앙위원회
- 당중앙군사위원회
- 최고사령부
- 국무위원회
- 국방성
- 선군정치

1. 공산주의 국가에서의 군에 대한 지도 · 지휘체계

가. 공산주의 국가에서의 군대

공산주의 국가에서의 군은 인민군(people's army)이라 불린다. 이는 국민주권을 바탕으로 국가의 영토와 국경, 국민의 생명과 재산을 지키는 국민군(national army)을 의미하는 국군의 개념과는 다르다. 국민군은 프랑스 혁명 이후 나타난 프랑스 국민군에 어원을 두며, 중세시대 용병의 개념에 맞서 나타난 개념으로써 현대의 국민주권에 기초한 민주주의 국가의 군대를 의미한다. 이에 반해 맑스(Karl Marx), 레닌(Vladimir Il'ich Lenin), 마오쩌둥(毛澤東) 등은 특정 국가의 국민주권, 영토, 국민의 생명과 재산을 위해 싸우는 국민군의 개념보다는 인민이 스스로 만든 군대로서 공산당의 지도하에 국경을 초월한 전 세계 인민을 위해 싸우는 인민군의 개념을 내세웠다. 이는 국군의 개념에 맞서 나타난 개념으로써 대부분의 사회주의 국가에서 운용되는 군대를 의미한다. 1장에서 제시한 바와 같이 공산주의 국가의 사상적 바탕이 된 맑스-레닌주의는 자본가 계급을 소멸시키기 위해 공산당 주도의 폭력을 통한 사회주의 혁명으로 공산주의 사회가 도래되어야 함을 강조하였다. 결국 노동자, 농민 등 노동계급으로 대표되는 소비에트(Soviet), 즉 다수의 인민이 정치에 참여하게 되는 인민민주주의가 탄생하게 되는 것이며, 계급이 소멸된 사회에서는 국가도 소멸되기에 국민군, 국군의 개념도 소멸하게 되는 것이다. 이러한 인민들은 국경을 초월하여 공산당의 지도하에 지주 계급, 부르주아 계급, 자본가 계급, 그리고 제국주의에 맞서 전쟁을 하게 되었고, 이를 인민전쟁으로 보았다. 결국 1917년 '10월 혁명' 이후 최초의 사회주의 국가인 소련의 '소비에트 사회주의 공화국 연방군(붉은 군대)'과 1927년 8월 1일에 창설된 중국의 '중국인민해방군', 1950년 10월 19일부터 6·25전쟁에 참여한 '중국인민지원군', 그리고 1948년 2월 8일에 창설된 김일성의 '조선인민군'은 전 세계 인민을 명분으로 하는 인민군이었던 것이다.[2] 그러나 이러한 인민군은 진정한 의미에서 인민을 위한 군대가 아니라 권력층의 민중 착취와 권력유지 수단으로 변질되고 말았다.

나. 공산주의 국가에서 당과 군의 관계

1917년 '2월 혁명'을 통해 러시아 차르(전제군주)체제가 무너지고 자유주의적 임시정부가 수립됐으나, 볼셰비키의 '10월 혁명'을 통해 소비에트가 권력을 쥐는 인류 최초의 사회주의 정권으로 바뀌게 되었다. 이에 러시아의 공산주의를 반대하던 백군이 반란을 일으켜 러시아 내전이 발생하게 되었고, 정권을 잡은 볼셰비키는 이에 대항할 군대가 필요하게 되었다. 결국 과거 차르 체제 하의 군대 장교들을 충원할 수밖에 없었는데, 문제는 이들이 공산주의를 신봉하는지에 대한 사상적 검증이었다. 따라서 군사 '코미사르(commissar)', 즉 정치장교를 군대에 침투시켜 이들 군 지휘관들을 감시 · 감독하게 된다. 뿐만 아니라 군 지휘관들의 작전명령에 대해서는 코미사르의 부서(副署)없이는 효력을 발휘할 수 없게 하였다. 이러한 과정에서 결국 군은 군 지휘관 계통의 군사부와 당 정치장교 계통의 정치부로 이원화 될 수밖에 없었으며, 이를 통해 군에 대한 당의 우위 또는 지도의 원칙이 확립되었던 것이다.[3] 그리고 이러한 원칙은 공산주의 국가인 중국과 북한에도 공통으로 적용되었다. "우리의 원칙은 당에 의한 총의 통제이며 당에 대한 총의 통제는 결코 허용될 수 없다."라는 마오쩌둥의 말은 이러한 원칙을 가장 잘 대변해주고 있다.[4] 따라서 공산주의 체제에서 기본적으로 군대는 국가(공화국)의 군대가 아니라 바로 **당의 군대**인 것이다.

결국 군을 감시 · 감독하기 위해 당이 정치부를 조직하여 하부조직의 군 지휘관까지 통제하고 영향을 미친다는 점에서 군의 당에 대한 종속성을 확인할 수 있다. 이와 같은 모습은 당-국가체제인 사회주의 국가에서 인민군은 당에 절대로 도전할 수 없는 태생적 위치를 보여준다. 그리고 이러한 군에 대한 이원화는 군을 당의 이념에 맞게 정치화하는데 유리하며, 당의 목표를 달성함에 있어 훌륭한 수단이 되는 것이다. 또한 볼셰비키가 민주적 자유주의 의사결정 단계를 거치지 않고 무산계급에 의한 폭력혁명을 정당화하였다는 점에서 인민군이 인민혁명을 위해 행한 폭력행위는 언제나 정당한 행위였다. 따라서 인민군은 폭력을 추구하며 폭력을 정당화한다. 이를 종합하면 공산주의 국가의 인민군은 군 조직 이원화를 통한 당의 통제로 당의 이념과 목표를 실현하기 위한 수단이자 당에 도전할 수 없는 태생적 한계를 가짐과 동시에 그 과정에서 벌어지는 모든 폭력적 행위를 정당화한다고 볼 수 있다.

2. 북한의 군에 대한 지도·지휘체계

가. 북한에서 당과 군의 관계

그렇다면 북한군은 위에서 제시한 공산주의 국가에서의 군과 같은 성격을 가지고 있을까? 앞선 2장에서 제시한 바와 같이 북한은 다른 공산주의 국가와 마찬가지로 '당-국가체제'로서 조선노동당이 조선민주주의인민공화국이라는 국가 조직을 통제하는 체제이다. 따라서 군 조직도 다른 공산주의 국가들과 마찬가지로 당의 철저한 통제 하에서 존재하도록 조직되어 있다. 이를 위해 당은 군의 각급 제대를 대상으로 당조직(당단체)과 정치기관을 별도로 조직하고 있으며, 정치위원(정치지도원)을 해당 군 조직에 파견하여 군에 대한 통제와 감시·감독을 강화하고 있다. 이는 과거 소련이 군사 코미사르를 군대에 침투시켜 군을 감시·감독했던 것과 마오쩌둥이 언급한 당에 의한 총의 통제와도 일맥상통한다고 볼 수 있다.

특히 2010년도 조선노동당 규약 제46조에 의하면 "조선인민군은 당의 위업, 주체혁명위업을 무장으로 옹호 보위하는 수령의 군대, 당의 선군혁명령도를 맨 앞장에서 받들어나가는 혁명의 핵심부대, 주력군이다."라고 언급하고 있다. 또한 "조선인민군은 모든 정치활동을 당의 령도 밑에 진행한다."고 언급하면서, 제51조에서는 "조선인민군 안의 각급 당조직들과 정치기관들은 조선노동당규약과 조선인민군 당정치사업지도서에 따라 사업한다."라고 명시하고 있다. 2021년 1월 개정된 조선노동당 규약 제47조에서 기존의 '수령의 군대', '당의 군대', '인민의 군대'라는 표현이 삭제되었지만 여전히 군을 '국가방위의 기본역량, 혁명의 주력군으로서 사회주의조국과 당과 혁명을 무장으로 옹호보위하고 당의 영도를 앞장에서 받들어나가는 조선노동당의 혁명적무장력'으로 규정하고 '모든 군사정치활동을 당의 영도밑에 진행한다'고 하여, 군에 대한 당의 영도를 더욱 분명히 하였다. 이를 바탕으로 북한군은 당의 목표인 한반도 공산화를 위한 수단으로써 '당의 군대'이자 폭력혁명을 정당화하는 혁명적 무장력으로서 '혁명의 군대'인 것이며, 이를 위해 당이 군을 정치적으로 철저히 통제하고 있는 것이다. 따라서 일반적인 공산주의 국가가 가진 당-군 관계의 특성과 동일하게 북한군은 바로 '당의 군대'인 것이다.

나. 북한군의 또 다른 특징, '수령의 군대'

앞서 2장에서는 북한의 정치체제가 다른 공산주의 국가와는 다른 차별화된 특성을 가지고 있음을 설명하였다. 즉, 북한은 일반적인 공산주의 국가와 같은 단순한 '당-국가체제'가 아니라 수령의 영도를 받들어 당이 국가를 통제하는 '수령중심의 당–국가체제'인 것이다. 북한의 김일성–김정일–김정은으로 이어지는 3대 세습 구조에서 무리의 우두머리를 의미하는 수령은 이들 3명의 북한 정치지도자 개인을 의미한다.

이러한 측면에서 북한군도 일반적인 공산주의 국가의 군이 가진 특성과 더불어 또 다른 특성을 가지고 있음을 추론할 수 있다. 즉 북한군은 수령을 중심으로 수령을 보위하며 수령의 영도를 받드는 **'수령의 군대'**인 것이다. 2010년도 노동당 규약 제46조에 의하면 "조선인민군은 위대한 수령 김일성 동지께서 항일혁명투쟁의 불길 속에서 몸소 창건하신 혁명적 무장력이다."라고 언급했듯이 북한군은 김일성에 의해 만들어진 군대인 것이다. 또한 2016년 북한의 개정된 헌법에서는 "공화국 무장력의 사명은 선군혁명 로선을 관철하여 혁명의 수뇌부를 보위하고 근로인민의 리익을 옹호하며, 외래침략으로부터 사회주의제도와 혁명의 전취물, 조국의 자유와 독립, 평화를 지키는 데 있다."고 규정하고 있다.[5] 여기서 '혁명의 수뇌부를 보위하고'라는 의미는 북한군이 김일성–김정일–김정은으로 이어지는 북한의 최고통치자를 보위하겠다는 의미인 것이다. 북한은 맑스–레닌주의 사상의 역사적 퇴행과 소련이 붕괴된 현 시점에서 3대 세습을 정당화하기 위해서는 권력 유지의 핵심 수단인 군을 수령이 창안한 주체사상을 받드는 '수령의 군대'로 만들어야만 했다. 따라서 과거 김일성은 6·25전쟁 당시 조선인민군 최고사령관이었으며, 김정일은 권력 세습 시 가장 먼저 군대를 장악하여 조선인민군 최고사령관의 직책으로 추대되었고, 김정은도 권력 세습 시 당·국가 직위에 앞서 조선인민군 최고사령관으로 가장 먼저 추대되었다. 이는 기존의 소련군이 스탈린의 군대가 아니었으며, 중국군이 마오쩌둥의 군대가 아니었던 것과 큰 차이가 있는 것이다. 2019년 개정 헌법 59조에서는 "조선민주주의인민공화국 무장력의 사명은 위대한 김정은동지를 수반으로 하는 당중앙위원회를 결사옹위"하는 것이라고 직접적으로 명시를 했다.

따라서 이를 종합하면 북한군은 조선노동당의 최종목표인 한반도 공산화를 위한 무력수단으로서 '당의 군대'이며, 폭력을 정당화하는 '혁명의 군대'이다. 또한 수령중심의 당-국가체제에서 3대 세습 독재를 보장하는 수단이자 김일성의 주체사상을 받드는 '수령의 군대'이다. 그리고 이러한 체제를 지탱하는 핵심 기구가 바로 당조직과 정치기관이다. 특히 군 고유의 명령체계인 **군사선**과 더불어 정치위원을 각 제대별로 파견하여 군을 당적으로 통제하는 **정치선**을 두는 군 지도·지휘체계의 이원화는 군을 '당의 군대'이자 '수령의 군대'로 유지시켜 주는 핵심적 특징이라 볼 수 있다. 따라서 북한군은 진정한 의미에서의 세계 인민 또는 북한의 인민을 위한 인민군이 아니라 김씨 3대 세습 부자를 받드는 개인적인 군대 즉, '사병'인 것이다. 이는 대한민국 국군이 국가의 영토와 국경을 수호하고 국민의 생명과 재산을 지키는 '국군'의 성격을 나타내고 있는 것과는 명확히 차별되는 것이다.

3. 북한군의 이원적 지도·지휘체계에 대한 역사적 형성과정

가. 문화훈련국을 통한 당-군 관계 원형 형성

해방 직후 1945년 8월, 북한지역을 점령한 소련 제25군은 군내에 정치국 조직과 정치장교를 통해 당이 군을 통제하는 전형적인 모습을 보이고 있었다. 특히 이들 정치장교들은 북한군 조직을 건설함에 있어 핵심적인 역할을 하였는데, 대표적인 예로 북한군 창설 과정에서 가장 먼저 설립한 평양학원을 들 수 있다. 평양학원은 일반적인 군사간부도 양성하였지만 궁극적으로 정치 간부인 문화군관을 양성했던 최초의 군사학교라는 측면에서 의의가 있다. 따라서 당시 소련에서의 당과 군의 관계 특성이 북한군 창설 초기부터 영향을 미쳤을 것임을 확인할 수 있다.

1948년 2월 8일 북한군 창설 이후, 당의 군에 대한 정치적 통제를 담당했던 정치기관은 현재 국방성의 전신인 민족보위성 예하의 문화훈련국이었다. 당시 북한군 총사령부에는 문화훈련국이 조직되었고, 사(여)단에는 사(여)단 정치문화부, 연대에는 연대 문화부가 조직되었다. 또한 각 부대별로 군 지휘관보다 한 계급 낮은 문화군관인 문화부사단장, 문화부연대장, 문화부대대장이 임무를 수행하였으며, 1949년 5월 15일 중대급에 문화부중대장제를 신설함으로서 문화훈련국의 전체적인 조직이 최종적으로 완성되었다. 특히 각 조직의 문화군관은 군사지휘관의 반당, 반역 행위에 대해 당조직에 직접 보고할 수 있는 '중앙당 직보' 권한과 당의 목적에 부합한 인사관리를 추진할 수 있는 권한, 그리고 군 지휘관의 훈련명령서에 연서(連署)할 수 있는 권한이 부여되는 등 제한적이나마 군사규율을 지키고 당의 사업을 관장하는 당의 보조자로서 역할을 수행하였다.[6] 이는 대표적 공산주의 국가인 소련의 제도를 모방한 것으로 총정치국이 북한군을 통제하는 주요 역할을 했던 시스템의 시초로서 당군관계의 원형이 형성된 시기라 볼 수 있다.

하지만 당시 북한의 문화부(문화훈련국)와 문화군관(각급 문화부사령관)은 소련의 정치국과 정치장교와는 달리 당중앙위원회의 통제를 받지 않았다는 점에서 큰 차이가 있다. 당시 북한군은 소련군과 같이 '군사유일관리제'로서 군부대의 군 지휘관이 모든 지휘권을 행사하였다. 따라서 문화부는 군내 노동당원을 통제하는 역할을 맡았지만 정치사상교육, 군사규율 등 정치업무에 관한 보조적인 역할만 수행했을 뿐 실질적 군 지휘관의 통제에는 한계가 있었다.[7] 결국 북한군 창설 이후 초기의 북한군은 '군사유일관리제' 하에 군 지휘관의 권한이 문화군관보다 강했고, 문화부는 국가조직인 민족보위성 문화훈련국 예하에 있었기 때문에 제한적 역할만을 했을 뿐 아니라 당조직이 설립되지 않아 당의 군대에 대한 통제가 현재에 비해 미비했다고 볼 수 있다.

나. 총정치국 설립을 통한 당-군 관계 기반 확보

1950년 9월 유엔군에 의한 인천상륙작전으로 북한군은 패배에 직면하였고, 이에 북한 지도부는 군대 내 당조직(당단체)과 정치기관을 조직하기로 결정하였는데, 이를 계기로 북한군은 본격적인 당의 군대로 전환되기 시작하였다. 1950년 10월 21일 당중앙위원회 정치위원회 회의에서 김일성은 부대에 당조직이 없는 점을 지적하면서 문화훈련국을 총정치국으로, 각급 제대의 문화부를 정치부로 개편하였고, 이로 인해 정치 사업이 국가기관인 민족보위성에서 당의 직접적인 지도하에 놓이게 되었다. 또한 총정치국의 위상을 높여 국가기관인 민족보위성과 군 기관인 총참모부와 수평적인 관계를 유지하게 하였다. 특히, 총정치국의 위원들에 대한 책임과 역할을 강조함으로써 당의 정치사업과 더불어 군사사업까지 지도 통제할 권한을 부여하여 당의 군 지휘관에 대한 통제를 강화하였다.

이처럼 김일성이 문화훈련국을 총정치국으로 개편한 표면적 이유는 당의 영도와 전투력 강화를 위함이었다.[8] 당시 북한 지도부는 북한군의 후퇴 원인을 기율의 붕괴와 사상적 이완, 고위급 간부들의 패배주의로 간주하였다. 그리고 이를 위한 해결책으로 군인들에 대한 당적인 제재가 필요한 것으로 판단했던 것이다.[9] 하지만 근본적인 이유는 첫째, 작전 실패에 대한 김일성의 책임 회피였다. 당시 최고사령관 김일성의 잘못된 판단과 능력부족으로 유엔군의 낙동강 방어선을 돌파할 수 없었으며, 유엔군의 인천상륙작전을 예상 및 저지할 수 없었다. 이로 인한 초기 패배의 원인은 김일성에게 있었다. 하지만 자신의 책임에 대한 과오를 군 지휘관의 기율 붕괴와 사상적 이완으로 돌렸고, 이를 통제하기 위한 대책으로 총정치국으로의 개편을 추진한 것이다.[10] 이를 통해 당의 군에 대한 통제를 강화하면서 자신의 과오를 무마시키고 독자적 권력을 강화해 나가게 된다. 둘째, '중 · 조 연합사' 구성에 따른 내부 단속을 통한 자신의 정치권력 유지였다. 1950년 11월 중공군의 6·25전쟁 참전이후 '중 · 조 연합사' 구성에서 북한군의 작전 지휘권이 중국인민지원군 사령관 펑더화이(彭德懷)에게 이양될 예정이었다. 이는 당시 최고사령관이었던 김일성의 북한군에 대한 지휘공백이자 권력유지의 위기를 의미하는 것이었다.

결국 김일성은 자신의 작전실패에 대한 책임을 무마시키고, 개인적 정치권력의 유지를 위해 군이 당의 통제 하에 있을 수 있도록 총정치국을 설립한 것이다.[11] 따라서 전쟁기간 중 총정치국의 설립은 당이 직접적으로 군을 통제하는 '당의 군대'로 전환되는 중요한 계기가 되었으며, 이와 동시에 김일성-김정일-김정은으로 이어지는 '수령의 군대'를 보장할 핵심적인 역할을 하였던 것이다. 하지만 이 시기에도 여전히 소련식 '군사유일관리제'가 유지되었다는 점에서 김일성의 군 장악은 아직 미진한 상태라 볼 수 있을 것이다.

다. 인민군 당위원회 설립을 통한 당-군 관계 정립

1956년 '8월 전원회의 사건'으로 김일성에 의한 당내 연안계와 소련계 인사들의 숙청이 이루어졌으며, 이러한 숙청은 군내의 연안계와 소련계 군 지휘관을 대상으로도 이루어졌다. 이를 계기로 김일성은 군에 대한 통제방식을 근본적으로 바꾸어 당-군 관계의 변화를 추구했으며, 이를 통해 군부의 쿠데타로부터 자신의 정권을 유지하고 군을 강력히 통제하고자 했다. 특히, 1958년 3월 당중앙위원회 전원회의를 계기로 소련식 '군사유일관리제'가 폐지되었고, 민족보위성에서 사단, 연대에 이르기까지 제대별 '당위원회 제도'를 도입할 것을 결정하였으며, 이러한 당조직을 통하여 군내 숙청작업을 시작한 것이다. 또한 이보다 앞선 1958년 2월 8일, 김일성은 인민군 제324부대 방문 간 연설에서 "당의 혁명적 무장력으로서 조선노동당에 의해 조직된 군대"라 언급하여 처음으로 북한군을 '당의 군대'라 칭하였다.[12]

인민군 당위원회 제도와 관련하여 인민군 전체 수준에서는 인민군 당위원회를 설립하여 당중앙위원회 상무위원회의 지도하에 활동하도록 하였고, 군단, 사단, 연대에도 각 제대별 당위원회를 설치하였다. 또한 대대에는 초급당위원회를, 중대에는 세포위원회(초급당단체)를 조직하였다. 모든 간부가 각 제대별 당위원회에 소속될 수 있었고, 각 제대별 당위원회의 최고 책임자는 군 지휘관도 될 수 있고 정치부장도 될 수도 있었다. 이는 기존에 '군사유일관리제' 원칙 하에서 각 제대별 해당 군 지휘관이 최고 책임자가 되었던 것과는 다른 것으로 당의 통제가 더욱 강화되었음을 의미한다고 볼 수 있다.[13]

그리고 총정치국의 역할에 있어서 기존에 총정치국이 단독으로 당 사업을 결정하고 활동했던 것과는 달리 인민군 당위원회의 '집체적 지도'를 바탕으로 활동하게 되었다. 즉 인민군 당위원회가 당 사업에 대해 집체적으로 토론하여 대책을 세우고, 사업을 감독·통제하는 '당위원회의 집체적 지도'를 제시하면, 총정치국은 이를 바탕으로 단순히 집행하는 사업부서로서의 역할을 했던 것이다.[14] 따라서 군단, 사단, 연대 당위원회는 각급 부대의 총정치국 예하 정치부를 통제하게 되며, 이와 동시에 군 간부들의 당 생활에 대한 통제를 강화하는 권한이 부여되었다. 이와 같은 당위원회의 '일원적 통제방식'이 정착되면서 군에 대한 당의 실질적인 통제가 시작되었던 것이다. 하지만 인민군 당위원회는 비상설기구라는 점에서 상설기구이자 당 사업을 직접 집행하는 총정치국이 여전히 군을 실질적으로 통제하는 당의 대표적인 기구라 볼 수 있다.

라. 당중앙군사위원회 권한 강화와 군정지도부 신설을 통한 당적 통제 강화

북한은 1962년 12월 '당군사위원회'를 당중앙위원회 산하 조직으로 설치하였다. 이 기구는 군사노선과 정책, 동원 및 군수 등 군사정책 전반의 최고의사결정기구로서 역할을 하였다. 1983년 4월 26일 당군사위원회는 '당중앙군사위원회'로 승격되어 당중앙위원회와 위상이 같은 동격 조직으로 분리·격상되었다.

북한은 2021년 제8차 당대회와 노동당 규약 개정을 통해 당중앙군사위원회의 권한을 더욱 강화하고, 군정지도부 신설을 통해서 당적 통제를 강화하고 있다. 2010년 노동당 규약에서 당중앙군사위원회는 "당대회와 당대회 사이에 군사분야에서 나서는 모든 사업을 당적으로 조직지도"하고, "당의 군사로선과 정책을 관철하기 위한 대책을 토의결정하며 혁명무력을 강화하고 군수공업을 발전시키기 위한 사업을 비롯하여 국방사업 전반을 당적으로 지도"한고 규정되어 있었다. 그러나 2021년 노동당 규약 30조에서는 위의 내용에 더하여 당중앙군사위원회가 "당의 최고군사지도기관"이며, "공화국무력을 지휘"한다는 내용을 추가함으로써 당중앙군사위원회의 위상과 권한을 강화하였다.

한편 북한은 당-군관계의 핵심조직인 총정치국의 역할을 조정하고 군정지도부를 신설하여 당적통제 강화를 시도하고 있다. 2010년 노동당 규약 49조에서 총정치국은 "인민군 당위원회의 집행부서로서 당중앙위원회 부서와 같은 권능을 가지고 사업"한다고 규정되어 있었는데, 2021년 노동당 규약에서는 위 내용을 삭제하고 대신에 "인민군 당위원회는 도당위원회기능을 수행"한다고 규정하였다. 북한은 2019년 당중앙위원회 산하 전문부서로 기존의 군사부를 개편해 군정지도부를 신설하였는데, 이 신설된 군정지도부가 기존의 군사부 임무에 더하여 총정치국의 군에 대한 지도권 일부를 이관받은 것으로 보인다. 김정은이 이러한 개편을 실시한 것은 과거 총정치국에 집중된 권한을 분산하여 수령의 권위를 강화하고 부패 등의 문제를 해결하여 '수령중심의 당-국가체제'를 더욱 확고히 하기 위해 군에 대한 당의 정치적 지도·통제를 강화하기 위한 목적으로 판단된다.[15] 김정은 체제에서 총정치국 위상의 약화 조짐들은 2017년 이후 이미 나타나고 있었는데, 과거 군부 서열 1위이자 '정치국 상무위원'으로 당연히 임명되었던 총정치국장은 2017년 황병서를 끝으로 한 단계 낮은 '정치국 위원'에 머무르고 있다.[16]

4. 북한의 군사국방 지도·지휘체계와 핵심 조직

북한군을 지도 및 지휘하는 기구는 군의 최고직책인 최고사령관을 필두로 당(총정치국)·정(국무위원회, 국방성)·군(총참모부)으로 구성되어 있다. 조선노동당으로부터 당중앙위원회 예하의 총정치국과 조선인민군 당위원회, 당중앙군사위원회는 군을 당적으로 '지도'하고 통제하는 핵심기구이자 정치선을 형성한다.

[그림 8-1] 북한의 군사국방 지도 · 지휘체계[17]

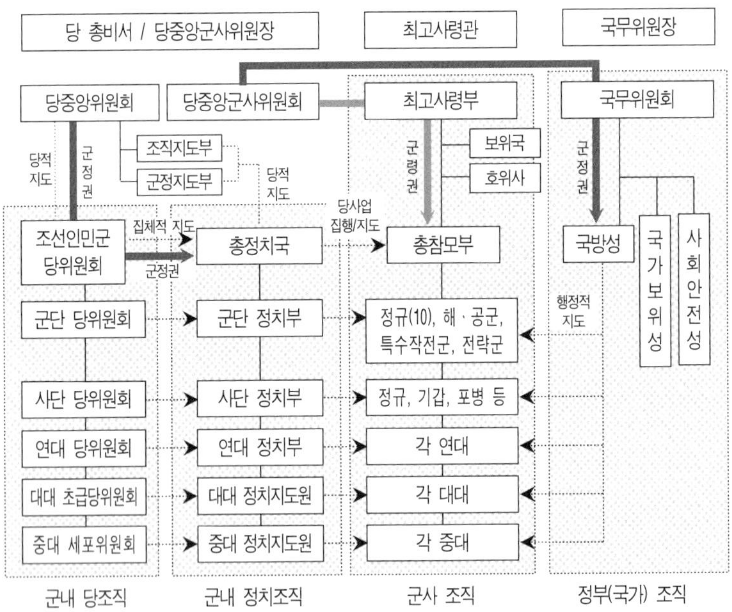

반면 국무위원회 예하의 국방성은 군의 제한적 군정권을 행사를 통해 군을 '지휘'하고, 최고사령부 예하의 총참모부는 군의 군령권을 행사를 통해 군을 '지

휘'하며 군사선을 형성한다. 당·정·군의 핵심적인 기구 중 김정은은 조선노동당 총비서, 당중앙군사위원회 위원장, 국무위원회 위원장, 북한군 최고사령관의 직책을 맡고 있다. 군 최고사령관으로서 김정은은 총정치국, 총참모부, 국방성 등의 군사조직을 지휘 및 통제하고 호위사령부와 보위국도 직접 관장함에 따라 당·정·군의 최고지도자로서 군을 정점에서 지도 및 지휘하는 등 무력 일체를 장악하고 군정권과 군령권을 행사하고 있다고 할 수 있다. 본 절에서는 남한과는 다른 북한의 군에 대한 이원적 지도 및 지휘체계를 당·정·군의 조직을 통해 고찰하며, 북한 당-군 관계의 특수성을 핵심기구들의 실체와 상관관계를 통해 이해하고자 한다.

군 보위국[18]

북한군 보위국은 국가보위성, 사회안전성과 함께 북한의 3대 정보·사찰기구로 군을 정치적으로 감시하는 조직이다. 북한군의 모든 부대에는 보위요원 또는 이들의 비밀정보원이 활동하고 있으며, 군내 반당·반혁명 세력 색출·검거, 방첩임무, 최고지도자 군 방문시 경호, 군내 주민등록 사업 등의 임무를 수행하고 있다.

보위국은 군대 안에 조직된 독립적인 방첩·반탐조직으로서 임무수행 방법에 있어서도 총정치국과 달리 비공개적이고 비밀스런 방식으로 군을 감시하고 통제하고 있다.

가. 당중앙위원회

당중앙위원회는 당대회가 열리지 않는 기간 동안 최고 지도기관의 역할을 대행하며 당의 모든 사업을 주관한다. 1년에 1회 이상 소집하여 당중앙위원회 전원회의를 개최하며, 이때 정치국과 정치국 상무위원회를 선거하고, 비서국과 당중앙군사위원회를 조직한다. 특히, 2013년 3월 31일에는 '경제건설 및 핵무력 건설 병진노선'을 당중앙위원회를 통하여 채택하였다. 당중앙위원회는 조선인민군 당위원회와 총정치국을 당적으로 지도하며 주요 핵심 인사를 선발한다. 조선인민군 당위원회와 총정치국이 군의 당적 통제에 가장 핵심적인 역할을 하는 조직이기 때문에 이 조직에 대한 당적지도와 인사권을 가진 당중앙위원회는 전체적인 당의 사업을 결정짓는 핵심 기구라 볼 수 있다.[19]

나. 당중앙군사위원회

앞서 살펴본바와 같이 당중앙군사위원회는 1983년 초까지 '당중앙위원회 군사위원회'로 당중앙위원회 하부조직이었으나, 1983년 4월 26일 '당중앙군사위원회'로 개칭되어 당중앙위원회와 동격의 조직으로 승격되어 최고군사지도기관임을 확인할 수 있다. 이는 군사부분에서의 전문성을 갖추기 위함으로 추정된다.[20] 2021년 조선노동당 규약 제30조에는 "조선노동당 총비서는 당중앙군사위원회 위원장으로 된다."라고 명시되어 있으며 따라서 현재 당중앙군사위원장은 김정은이다. 또한 **당중앙군사위원회**의 기능과 위상에 대해 "당대회와 당대회 사이의 당의 최고군사지도기관"이며, "당의 군사노선과 정책을 관철하기 위한 대책을 토의결정하며 공화국무력을 지휘하고 군수공업을 발전시키기 위한 사업을 비롯하여 국방사업전반을 당적으로 지도한다"고 규정하고 있다. 따라서 당중앙군사위원회는 군령권을 담당하는 총참모부뿐만 아니라 국가기관인 국무위원회가 관장하는 국방사업도 당적으로 지도하는 실질적인 최고기관임을 확인할 수 있다. 1960년대 당중앙위원회 군사위원회에서 4대 군사노선을 추진한 것과 2015년 8월 북한의 DMZ 목함지뢰 도발 사건으로 인한 남북 대치 시 김정은이 당중앙군사위원회 확대회의를 거쳐 최고사령부 명의로 조선인민군의 완전무장한 전시상태로의 이전과 전선지대에 준전시상태를 선포한 것을 볼 때 이 기구가 군사정책 전반에 대한 실질적 책임을 가지고 있음을 확인할 수 있다. 당중앙군사위원회와 당중앙위원회의 차이점은 전자가 군사노선과 정책, 군수산업 부분에 초점을 맞추고 있다면, 후자는 정치, 사상, 인사 등의 부분을 담당하고 있다는 것

이다.[21]

다. 조선인민군 당위원회

노동당 규약 제48조에 의하면 "조선인민군 각급 단위에는 당조직을 두며 그를 망라하는 조선인민군 당위원회를 조직한다. 조선인민군 당위원회는 도당위원회기능을 수행하며 당중앙위원회 지도 밑에 사업한다."라고 명시되어 있다. 또한 각급 당 조직의 주요 사업이 "전군의 김일성-김정일주의화를 군건설의 총적과업으로 틀어쥐고 인민군대를 정치사상적으로, 군사기술적으로 철저히 준비시키기 위하여 투쟁"하는 것이라고 명시한다. 즉 **조선인민군 당위원회**는 비상설기구로서 군에 대한 당의 사업을 집체적으로 지도하는 기관이며, 당중앙위원회의 지도하에 주요 의사 결정을 하는 당조직이다. 여기에는 노동당 당원, 총정치국 소속의 정치위원, 군의 주요 핵심간부 등이 정책결정에 참여하게 된다. 그리고 여기서 결정된 사안을 직접적으로 집행하는 사업부서가 바로 총정치국인 것이다. 1956년 '8월 전원회의 사건' 이후, 김일성은 군 지휘관에 대한 보다 강력한 정치적 통제가 필요함을 자각하면서 1958년 3월 8일, 당중앙위원회 전원회의에서 군대 내에 '당위원회 제도'를 도입할 것을 결정한다. 따라서 인민군 전체 수준에서 '조선인민군 당위원회'가 설립되어 당중앙위원회의 지도를 받고 있으며, 예하 군단－사단－연대에는 각 조직별 군단 당위원회－사단 당위원회－연대 당위원회가 설립되었고, 대대에는 대대 초급당위원회, 중대에는 중대 세포위원회가 설립되었다.

라. 국무위원회

6·25전쟁을 계기로 현재 국무위원회의 전신이자 국방위원회의 전신인 공화국 군사위원회가 설립되었다. 김일성을 위원장으로 하는 국가기구인 공화국 군사위원회는 전쟁수행을 위해 국가기구 동원, 병력 충원, 군수 보급 등 후방지원 역할을 수행하였다. 1972년 10월 헌법 개정을 통해 공화국 군사위원회가 국방위원회로 대체되었고, 1998년 4월 개정된 헌법에서는 국가주석직을 폐지하면서 최고 국가기관으로 자리매김하게 된다. 이후 김정은 시대 들어와서 2016년 6월 개

정된 헌법을 통해 국방위원회는 **국무위원회**로 대체되었다. 헌법 제100조에 의하면 "조선민주주의인민공화국 국무위원회 위원장은 조선민주주의인민공화국의 최고령도자이다."라고 언급하고 있으며, 제102조에 의하면 "조선민주주의인민공화국 국무위원회 위원장은 조선민주주의인민공화국 전반적 무력의 최고사령관으로 국가의 일체 무력을 지휘통솔한다."라고 명시하고 있다. 이를 통해 조선인민군 최고사령관인 김정은이 국무위원회 위원장을 겸직하고 있음을 확인할 수 있다. 2019년 8월 개정된 헌법 재110조에 따라 국무위원회는 국가의 중요정책을 토의 결정하며 제107조에 따라 국가주권의 최고 정책적 지도기관으로 규정되어 있고 제103조에 의거 국무위원회 위원장이 국가의 일체 무력을 지휘 통솔하는 무력 총사령관으로 명시되고 있음을 볼 때, 그 권한과 위상이 국무위원회 위원장이자 최고사령관인 김정은에게 집중되어 있는 것을 확인할 수 있다.

마. 최고사령부

북한군 최고사령부는 6·25전쟁 발발 10일 후인 1950년 7월 4일 '전반적 무력을 통일적으로 장악 지휘하는 기구'로서 조직되었다. 그 후로 **최고사령부**는 군 내부의 최고 지휘기구로서 최고지도자의 유일적 지휘기구이며,[22] 군의 유일적 지휘는 최고사령관에 의해 이루어진다. 실제로 조선노동당은 군대를 정치적으로 지도 통제하는 정치조직에 불과할 뿐 전쟁 상황을 즉각적으로 파악하여 작전 지시를 내리기에는 한계가 있으며, 사회주의 체제에서 군은 당의 군대이기 때문에 국가기관의 기관장이 군대를 지휘하기에도 한계가 있다. 따라서 최고사령부는 무력을 통일적으로 장악하고 지휘하는 필수적인 기구이자 군대의 유일적 지휘권을 보장할 수 있는 핵심기구인 것이다. 최고사령부는 총참모부를 직접 지휘하여 군령권을 행사하며, 이는 6·25전쟁 시에도 그대로 적용되었다. 전시에 형성된 최고사령부는 정전체제에도 불구하고 여전히 그 기능을 유지하고 있다. 대표적인 예로 소장에서 대장까지의 군 장성급 인사는 당의 결정을 거쳐 최고사령관의 명령에 의해 이루어진다. 특히 김정일 시대에는 최고사령관 명의로 군부대를 방문하였다. 또한 김정은 시대 들어서 김정일 사후 남북관계의 악화와 함께 최고사령부 대변인 성명으로 대남·대미 호전적 발언을 자주 쏟아내었다. 특히 2013년 3월 26일에는 "전략미사일 부대와 장거리포병 부대를 포함한 모든 야전 포병군을 '1호 전투준비태세'에 진입시킨다."와 같은 기존의 대변인 성명보다 더 높은 수위의 최고사령부 성명을 통해 강경 발언을 쏟아냈으며, 2016년 3월에는 한미연합훈련에 대해 최고사령부 명의로 중대성명을 하는 등 김정은 주관 하에 그 기능이 활성화 되고 있는 모습을 확인할 수 있다. 이를 통해 현재에도 최고사령부는 궁극적으로 전쟁수행기능을 발휘하고 있음을 확인할 수 있다.[23]

뿐만 아니라 북한에서의 김씨 3대 세습을 위해서는 군의 장악이 매우 중요하기에 세습과정에서 가장 먼저 승계 받은 직책은 최고사령관이었다. 1950년 7월 4일 최고사령부 조직과 동시에 김일성이 최고사령관에 임명되었고, 권력 승계 과정에서 1991년 김정일이 최고사령관으로 추대되었으며, 2011년에는 김정은이 최고사령관으로 추대되었다. 최고사령관직의 승계는 군에 대한 유일적 지휘로서 군권의 완전한 승계를 뜻하는 것이었다.

바. 총정치국

과거 북한군을 정치적으로 통제하는 가장 영향력 있고 실질적인 군내 당 조직은 바로 **총정치국**이었다. 이는 총정치국이 각급 군조직의 당위원회에서 결정된 사안을 실질적으로 집행하는 사업부서일 뿐만 아니라 군에 대한 인사권을 행사했기 때문이다. 노동당 규약 제50조에서는 "조선인민군 총정치국과 그 아래 각급 정치부들은 해당 당위원회의 집행부서로서 당 정치사업을 조직집행"한다고 규정하고 있다. 즉 총정치국은 당중앙위원회의 통제 하에서 당의 군 통제를 위한 실질적인 집행기관인 것이다.

따라서 인민군 전체 수준에서 총참모부와 국방성은 총정치국이 통제하며, 예하 군단–사단–연대에는 각 조직별 군단 정치부–사단 정치부–연대 정치부가 조직되어 통제한다. 각 제대별 정치부에는 정치위원이 책임자이며, 대대와 중대에는 별도의 부서가 존재하지 않지만 정치지도원이 파견된다. 이들 정치위원과 정치지도원은 각급 동일 제대의 군 조직을 상대로 당정치사업과 군사사업을 비롯한 부대 안의 사업 전반에 대하여 당적, 정치적으로 장악·지도한다. 무엇보다 군 지휘관의 군사계통 명령에서 이것이 효력을 발휘하기 위해서는 해당 정치위원(지도원)의 비준과 서명이 필요하다. 만약 군 지휘관이 당의 지침과 어긋나는 명령을 내릴 경우 이를 저지시킬 수 있는 권한이 있다. 이처럼 총정치국의 철저한 통제를 통해 북한군을 '조선노동당의 혁명적 무장력'으로 유지시킬 수 있는 것이다.

당이 군을 장악하는 핵심조직인 만큼 총정치국은 3대 세습을 위한 핵심적인 기구이기도 했다. 김정일, 김정은으로 이어지는 세습 과정에서 이들은 총정치국 군 핵심 간부들을 자기사람으로 만들어 이들로부터 군부 엘리트 장악을 적극적으로 지원받았다. 즉 군에 대한 사상적 통제지시를 직접 내릴 수 있었고, 예하 말단 조직까지 수령 후계자 작업을 효율적으로 진행할 수 있었던 것이다. 다만 앞서 살펴보았던 것과 같이 김정은 체제에서 2017년 이후 총정치국 위상 약화는 지속되고 있으며, 2019년 군정지도부 설치 이후 역할 변화 등에 대해서는 지속 확인이 필요하다.

사. 총참모부

총참모부는 1948년 2월 8일, '조선인민집단군 총사령부'에서 '조선인민군 총참모부'로 개칭된 이후 현재에 이르고 있다. 총참모부는 대한민국 국군 기준으로 합참과 같은 역할을 한다고 볼 수 있다. 이 기구는 실질적인 군사작전을 지휘하는 기구로서 최고사령부 예하에서 최고사령관 김정은의 직접적인 지휘를 받는다. 당의 철저한 통제 하에 북한의 육·해·공 군사작전 전반을 지휘·관리·통솔하는 군 최고의 집행기관으로서 북한군에 대한 군령권을 행사한다. 북한군을 지휘함에 있어 총정치국이나 국방성의 간섭을 받지 않기 때문에 이들 간에는 상하관계가 있다고 할 수 없다. 따라서 북한군은 총참모장 예하의 통합군 체제로서 모든 군사 제대들은 총참모장의 명령과 지시를 따른다. 총참모부 산하에는 10개의 정규군단, 91수도방어군단, 고사포군단, 1개 기갑사단, 6개 기계화보병사단, 1개 포병사단, 11군단 등 특수작전군, 해군사령부, 공군사령부, 전략군 등이 있다. 총참모부는 각급 부대와 훈련소, 각 군 사령부의 전·평시 작전 및 훈련계획을 수립해 집행하고, 매년 발령되는 최고사령관 명령 작성에 참여하는 등의 방법으로 산하 부대들을 지휘·통솔하고 있다.

아. 국방성

국방성의 전신은 1948년 민족보위성, 1972년 헌법개정시 인민무력부, 2016년 7월 인민무력성으로 변경되어 오늘날에 이르다가 2020년 국방성으로 명칭을 변경하여 국무위원회의 지도와 통제를 받고 있다. 이 기구는 군사집행기구로서 대외적 군사외교와 행정 등 군의 대외적 대표기능과 군인들의 식품, 의류, 유류, 의료 등과 관련된 군수·재정 및 후방지원과 같은 전투근무지원을 담당한다. 이 기구는 대한민국의 국방부에 해당되며 실제로 국방상이 남북 국방장관 회담에 참석한다. 하지만 군정권과 군령권을 동시에 가지고 있는 대한민국 국방부와는 동일한 수준으로 볼 수 없다.[24] 또한 이 기구가 행사하고 있는 군정권마저도 군 주요 간부에 대한 인사권은 총정치국이 행사하고 있다는 측면에서 완벽한 군정권을 행사한다고 볼 수 없는 것이다. 따라서 국방성은 외견상 총정치국, 총참모부와 수평적 위치에 있지만 실질적인 권한은 제한적이며 상대적으로 낮은 위상을 차지한다고 볼 수 있다.

군정권과 군령권이란?[25]

군정(軍政, military administration)권이란 “국방목표를 달성하기 위하여 군사력을 건설·유지·관리하는 기능으로서 국방정책의 수립, 국방관계법령의 제정·개정·시행, 자원의 획득배분과 관리, 작전지원 등”이라 정의되며, 군사행정에 관한 권한을 의미한다.

군령(軍令, military command)권이란 “국방목표를 달성하기 위하여 군사력을 운용하는 용병의 기능으로서 군사전략 기획, 군사력 건설에 대한 소요제기 및 작전계획의 수립과 작전부대에 대한 작전지휘 및 운용 등”이라 정의되며, 군의 작전과 용병에 관한 통수작용을 의미한다.

그리고 군정권과 군령권을 통틀어 국군통수권이라 한다. 대한민국과 같은 민주주의 국가에서는 ‘군정·군령 일원주의’ 또는 ‘병정통합주의’를 채택하면서 두 가지 권한을 모두 국가 기관인 행정부가 관장하고 있다. 그리고 행정부의 대표인 대통령이 국군통수권자인 것이다. 반면 북한은 당이 두 가지 권한을 모두 관장하며, 국가기관인 국무위원회는 군령권을 행사할 수 없고, 군정권마저도 일부만 행사하고 있는 시스템이다.

[그림 8-2] 남·북한의 군령권 체계 비교

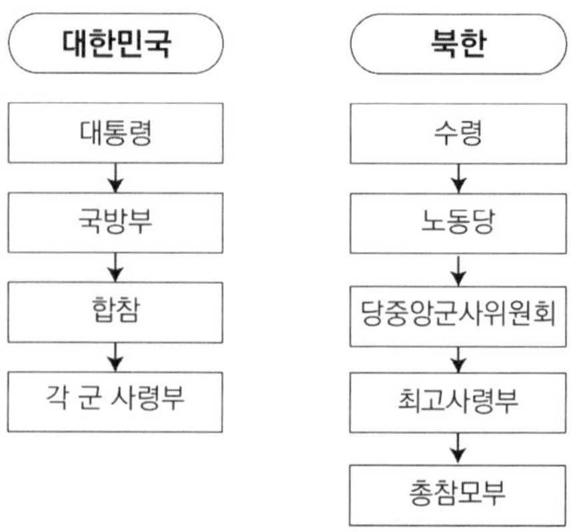

[그림 8-3] 남·북한의 군정권 체계 비교

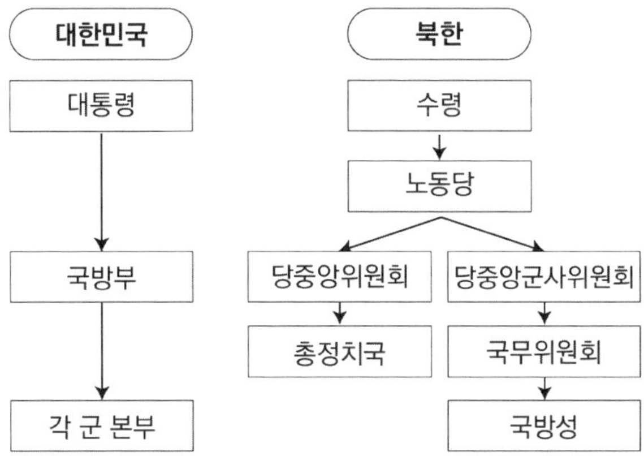

이와 같이 현재 북한의 군에 대한 군사국방 지도·지휘체계를 고찰해 본 결과, 군은 최고사령부를 정점으로 총참모부와 국방성에 의한 군사명령체계인 군사선과 당조직 및 정치기관이 총정치국에서부터 중대급까지 조직되어 정치위원(지도원)에 의해 당의 통제가 활발히 이루어지는 정치선이라는 이원적 통제구조를 가지고 있음을 확인할 수 있었다. 무엇보다 당의 군 조직에 대한 당적 통제는 예하 중대급 조직까지 종적으로만 지도하는 것이 아니라 군 최고기관인 최고사령부와 총정치국, 정부 최고기관인 국무위원회와 국방성까지도 당적으로 통제하는 횡적인 지도를 하고 있다는 측면에서 당 기관이 가장 우위에 있음을 확인할 수 있다. 따라서 북한군은 정치군사조직으로서 '당의 군대'인 것이다. 뿐만 아니라 수령이 최고 정점에서 당·정·군의 3선으로 분화되어 당의 핵심 직책인 노동당 총비서, 당중앙군사위원회 위원장을 통한 군의 당적 통제, 국무위원회 위원장을 통한 군의 군사외교 및 후방지원 통제, 그리고 최고사령관으로서 군 작전의 지휘통제를 담당하고 있다는 점에서 북한군은 순수 인민군이 아니라 수령 개인의 통치 수단으로서 '수령의 군대'인 것이다.[26] 특히 군정권과 군령권 체계에 있어서도 모든 권한은 수령과 당의 핵심조직으로부터 비롯되고 있다. 이것이 현재 북한 당-군 관계의 특징이고, 대한민국과는 다른 시스템이라 볼 수 있다. 따라서 북한군은 절대로 당에 도전할 수 없는 구조 속에 있으며, 이러한 모습은 수령을 정점으로 이루어지기에 북한군은 '당의 군대'임과 동시에 '수령의 군대'이자 수령의 '사병'인 것이다.

5. '선군정치'는 군이 당보다 우위에 있다는 뜻 아닌가?

김정일 시대의 선군정치 이래 북한은 늘 군의 역할을 강조해왔으며, 현 김정은 정권도 핵 및 미사일 능력에 주력하며 군의 능력을 강조하고 있다. 이러한 측면에서 북한을 '군정체제' 또는 '군 우위 체제'로 보는 시각이 있다. 하지만 선군정치는 김정일, 김정은이 당권과 군권의 확고한 장악을 바탕으로 이루어지는 것이며, 군이 정치의 중심이 되는 것이 아니라 단순히 군을 앞세워 군의 역할이 강화되었음을 의미하는 것이다. 따라서 군이 당을 영도하거나 군이 당 위에 있을 수 없다.

북한의 **선군정치**란 "군대를 중시하고 그를 강화하는데 선차적인 힘을 넣는 정치"[27]라는 뜻으로서, 1998년 5월 26일 노동신문에서 처음으로 등장하였다.[28] 이러한 선군정치는 1990년대 북한의 체제위기 속에서 장기적 전략으로 채택한 '강성대국'론에서 비롯되었다. 강성대국이란 "국력이 강하고 모든 것이 흥하며 민중이 세상에 부럽지 않게 사는 국가"를 의미하는 것으로서, 정치·경제·군사적 부흥을 의미하는 것이다. 그리고 북한은 사회주의 강성대국 건설을 위한 4가지 방법을 제시하는데, 당의 영도적 역할 강화, 인민정권의 역할 제고, 근로단체의 역할 강화와 더불어 선군정치를 제시한다. 이러한 선군정치를 위해서 군과 인민들의 군·민 일치 하에 북한군은 주력군, 조선노동당은 참모부로서 역할을 강조하는 것이다.

선군정치를 제도적으로 뒷받침하기 위해 북한은 현재 국무위원회의 전신인 국방위원회의 기능을 강화하였다. 1998년 개정된 헌법에서는 국방위원회를 "전반적인 국방관리기관"(100조)이며, 위원장은 "일체의 무력을 지휘통솔하며 국방사업 전반을 지도"(102조)한다고 언급한다. 즉 혁명의 주력군으로서 군이 주도하는 사업에는 군 통수권자의 높은 지휘와 통솔력이 뒷받침되어야 하고, 이에 따른 국방위원장의 권한 강화와 국방위원회의 확대는 필수적인 것이었다.[29]

선군정치 하에서 이러한 군의 실제적 역할은 무엇보다 대외적으로 안보를 강화하는 측면이 있다. 하지만 대내적으로 첫째, 인민들에게 모범사례를 제시한다. 즉 군의 모범적인 당 정치사업을 제시함으로서 사회의 당 일꾼과 인민들에게 군을 따라 배울 수 있도록 하여 당과 수령에 대한 충성심을 지속적으로 유발하는 것이다. 둘째, 경제건설 현장에서의 노력동원을 통해 사회주의 위업달성과 경제를 활성화시키고 현장에서 군·민 일치를 달성하는 역할을 하고 있다.[30]

이렇듯 선군정치의 의미와 제도변화, 그리고 군의 역할 측면에서 군이 당보다 우위인 것처럼 보이나 사실은 그렇지 않다. 우선 표면적으로 북한에서는 선군정치를 "군대를 강화하는 정치로서 군대가 당의 위업에 끝없이 충실하도록 하는 것을 중요한 과업으로 내세우는"것이라 언급한다.[31] 즉 군을 당보다 먼저 내세우는 것이 아니라 당이 주관하는 안보, 경제, 문화 등의 영역에서 안보영역의 군을 먼저 강화하고 역할을 확대하겠다는 뜻이다. 또한 '당 = 참모부', '군 = 주력군'의 표현에 대해서 북한에서 발간된 조성박 저자의 『세계를 매혹시키는 김정일정치』에 의하면 '혁명의 주력군'이란 "군사가 건전하고 군대가 강해야 나라가 굳건히 지켜진다는 것"을 뜻하는 것으로 군대가 정치체제의 중심이 아니라고 규정하였다.[32] 국방위원회의 권한 강화와 관련하여 이는 군-정 관계에서 군의 역할이 커진 것이지 앞에서 고찰한 당-군 관계는 일체의 변화가 없다. 국방위원회 위원장의 일체무력에 대한 지휘통솔도 최고사령관이 동시에 겸임하고 있다는 측면에서 김정일, 김정은 개인에게 부여된 권한이라 볼 수 있다. 무엇보다 국방위원회는 비상설기구였다는 점에서 일상적으로 군을 통제하기에는 부적합하였다. 또한 현재 김정은 정권은 국방위원회를 폐지하고 국무위원회를 신설하였으며, 여전히 당의 지도를 받고 있다는 측면에서 군은 당위에 있을 수 없는 제도적 구조를 보여주고 있는 것이다.

북한의 군을 앞세우는 선군정치는 체제위기를 극복하는 데 중요한 역할을 하였다. 역할이 증대된 군은 북한의 외부적 안보위기 해결뿐만 아니라 내부의 정치적, 사회적, 경제적 위기를 극복하고 안정화시키는 데 큰 기여를 하였다. 하지만 이는 군의 자발적, 독자적 역할이 아닌 군권과 당권을 장악한 수령의 통제 하에서 발휘된 것이다. 위에서 제시한 과거 북한 당-군 관계의 역사와 현재 북한군을 둘러싼 핵심 기구들에 대한 고찰을 통해서도 군이 당보다 우위일 수 없는 구조적 한계를 확인할 수 있었다. 선군정치는 군-정 관계의 변화를 유발하였지만 당 우위의 당-군 관계는 근본적으로 변화시킬 수 없다. 따라서 선군정치로 인해 군이 당보다 우위에 있을 수 있다는 생각은 잘못된 판단인 것이다.

6. 북한군을 둘러싼 조직을 통해서 본 당-군 관계 함의

북한군을 둘러싼 조직을 분석함으로서 도출할 수 있는 함의는 다음과 같다. 첫째, 당의 군에 대한 과도한 지도 및 통제는 군 전투력 발휘를 제한시킬 수 있다. 앞서 살펴본 바와 같이 군 고유의 군사선과 더불어 당의 군에 대한 통제를 담당하는 정치선을 통한 이원적 지도 및 지휘체계는 일사불란한 명령복종체계가 요구되는 군 조직의 특성상 혼란을 가중시킬 수 있다. 중대급까지 파견되어 있는 정치위원(지도원)들은 각 해당 제대 군 지휘관의 군사작전 명령이 당의 지도와 어긋난다면 개입할 수 있다. 이 과정에서 군 지휘관과 정치위원간의 충돌이 일어날 수 있으며, 군 지휘관의 군사작전에 대한 창의적인 임무형 지휘가 불가능하고, 명령 복종체계에 있어 예하 지휘관들의 혼란을 불러일으켜 궁극적으로 전투력 집중을 상실할 수 있는 것이다. 또한 인사권을 가지고 있는 총정치국 예하의 정치위원들은 군 지휘관에 비해 실질적인 권한을 행사하기에 지휘통일이 될 수 없는 구조를 가지고 있는 것이다. 따라서 군의 전문적 영역을 인정받는 대한민국 국군과는 다른 성격의 군으로서 군 자체의 전투력 발휘측면에서는 취약하다고 볼 수 있다.

둘째, 북한의 지도부가 조선인민군 당위원회라는 당조직(당단체), 총정치국이라는 정치조직을 통해서 군대를 철저히 통제하기 때문에 선군정치와 경제난에도 불구하고 북한에서의 군부에 의한 쿠데타는 사실상 불가능하다. 특히 1956년 '8월 전원회의 사건'을 계기로 당의 군에 대한 통제가 강화되었고, 이러한 체제가 변함없이 지금까지 이어져 오고 있기에 향후 군부 쿠데타에 의한 김정은 정권 붕괴의 가능성은 낮다. 이는 북한군이 철저히 '수령의 군대'이자 수령의 '사병'임을 잘 대변해 주는 것이다.

셋째, 당에 의한 지배를 받고 있는 북한군은 북한군 주도의 모험적인 대남 군사도발을 자행하기 어려운 구조적인 한계를 가지고 있다. 11장에서 자세히 다루겠지만 지금까지 북한이 자행한 모든 대남 군사도발은 대부분이 당의 지침과 명령 아래에서 이루어진 것이며, 군은 당의 지침을 이행하기 위한 단순한 수단에 불과했다. 선군정치로 인한 군의 역할 강화는 당이 군을 통제하는 확고한 우위 속에서 진행되는 것이며, 따라서 군부에 의한 자체적인 모험적 군사행동은 발생하기 제한될 것이다.

요약

1. 공산주의 국가에서 군은 전 세계 인민을 위한 인민군으로서의 성격을 가진다. 당이 국가보다 상위인 공산주의 국가에서의 군은 당 정치부의 통제를 받는다. 따라서 공산주의 국가에서 군은 국가의 군대가 아니라 바로 당의 군대인 것이며 군은 당의 목표를 달성함에 있어서 하나의 수단이다.

2. 북한군은 일반적인 공산주의 국가에서의 군과 같이 '당의 군대'와 같은 성격을 가지고 있다. 또한 한반도 공산화를 위한 혁명적 무장력으로서 '혁명의 군대'이다. 이와 더불어 '수령중심의 당-국가체제'에서 북한군은 김일성-김정일-김정은으로 이어지는 '수령의 군대'이며 수령의 '사병'인 것이다.

3. 이러한 북한군의 성격을 유지하기 위해 북한은 철저하게 당이 군을 통제하는 당-군 관계를 형성하고 있다. 최초 북한군 창설 이전부터 '문화훈련국'을 통해 당-군 관계의 원형을 형성하였고, 1950년 10월에는 '문화훈련국'을 '총정치국'으로 변경하여 당-군 관계의 기반을 확보하였으며, 1956년 '8월 전원회의 사건' 이후 '군 당위원회 제도'를 도입함으로써 현재와 같은 당-군 관계를 완성할 수 있었다.

4. 현재 북한군을 둘러싼 조직을 고찰해 보면 당이 군을 확고히 통제하고 있음을 확인할 수 있다. 당중앙위원회의 통제를 받는 조선인민군 당위원회와 총정치국, 그리고 당중앙군사위원회는 군과 정부 조직을 종적, 횡적으로 통제한다. 특히 당조직(당단체)과 정치기관이 최고사령부로부터 중대급까지 1:1로 편성되어 있고, 정치위원(지도원)이 실제로 파견되어 당적 지도를 이행하고 있다.

5. 북한의 군령권은 당의 지도를 받는 최고사령부 예하 총참모부에서 행사하며, 북한군은 통합군 체제로서 여전히 최고사령부 체제 하에 있다. 국가기관인 국무위원회 예하 국방성에서는 제한적인 군정권을 행사한다.

6. 선군정치는 군이 당의 위에 있는 것이 아니라 군의 역할을 강화하는 정치로서 김정일, 김정은의 확고한 군권과 당권 장악을 바탕으로 이루어지는 것이며 따라서 군은 당을 영도하거나 당 위에 있을 수 없다.

미주

1 클라우제비츠(류제승 역), 『전쟁론』 (서울: 책세상, 2014), p.55.

2 김명섭, 『전쟁과 평화』 (서울: 서강대학교출판부, 2015), pp.51~53.

3 심지어 소련에서는 러시아 내전 이후 혁명의 주역이었던 적군도 1937년부터 스탈린에 의해 숙청당하기 시작했는데, 원수 5명 중 3명, 야전군 사령관 15명 중 13명 등 대부분의 고위급 장성들이 숙청되기도 하였다.

4 온만금, 『군대와 사회』 (서울: 황금알, 2014), pp.280~281.

5 통일부, 『2017 북한 이해』 (서울: 통일부 통일교육원, 2016), p.103.

6 고재홍, "북한 인민군 정치기관 특성연구(1945~1950)", pp.77~105.

7 서동만, 『북조선 사회주의체제 성립사 1945~1961』 (서울: 선인, 2005), p.403.

8 이대근, 『북한 군부는 왜 쿠데타를 하지 않나: 김정일 시대 선군정치와 군부의 정치적 역할』 (서울: 한울, 2003), p.54.

9 김광수, "조선인민군의 창설과 발전, 1945~1990," 『북한 군사문제의 재조명』 (파주: 한울, 2006), p.97.

10 장성진, "북한군 창설기 당-군관계의 형성과 의미," 『현대북한연구』제15집 제3호, 2012, p.186.

11 이신재, "조선인민군 총정치국 설치 배경에 대한 연구: 한국전쟁 시기 북·중 갈등을 중심으로," 『군사』 제83호, 2010, pp.37~38.

12 서동만, "북한 당군관계의 역사적 형성: 한국전쟁 이후부터에서 1961년 전후 시기까지를 중심으로," 『통일문제연구』 제8권 제2호, 1996, p.169.

13 특히 1960년 9월 8일 조선노동당인민군위원회의 확대회의에서 김일성은 당-군 관계를 전면적으로 재규정한다. 군대는 당의 지도하에 존재할 수밖에 없다. 군대에서 최고 조직은 당위원회이며, 사단에서는 사단당위원회가, 군단에서는 군단당위원회가 최고 조직이고 사단장의 사단, 군단장의 군단은 있을 수 없다고 강조한다. 또한 당위원회는 "집단적인 군사정치적 영도기관"으로서 모든 사업은 당위원회의 지도아래에 진행되어야 하고, 당위원회에서 토의를 거쳐 군사문제는 군사지휘관이, 정치문제는 정치지휘관이 명령을 하달해야 한다고 강조하였다. 이처럼 김일성은 군에 대한 당의 지도를 강조하였다. 서동만, 위의 글, pp.174~175.

14 정성장, "북한군 총정치국의 위상 및 역할과 권력승계 문제," 『북한연구학회 동계학술발표논문집』, 2012, p.144.

15 이기동, "김정은 시기 군에 대한 당적 지도와 통제," 『INSS 전략보고』, No. 140, 2021, p.11.; "노동당 군정지도부," 『북한 지식사전』 (서울: 국립통일교육원) (https://ww

w.uniedu.go.kr/uniedu/home/brd/bbsatcl/nknow/view.do?id=46075) (검색일: 2023.7.14.)

16 "북한 노동당 내 '군정지도부' 신설…군부 통제 강화," Voice of America, 2020년 8월 24일 (검색일: 2023.7.14.)

17 정성장, 위의 글, p. 146; 정성장, "김정은 정권의 당과 군부 파워 엘리트 변동," 『북한연구학회 하계학술발표논문집』, 2014, p. 50; 노동당 규약 등을 참고로 필자가 작성.

18 북한정보포털 (https://nkinfo.unikorea.go.kr/). 검색일: 2025.4.20.

19 특히 2011년과 2012년, 김정일과 김정은이 최고사령관 직책으로 군부대 방문 시 기념사진에는 '당중앙위원회를 목숨으로 사수하자'라는 구호가 적힌 현수막이 있다. 이를 통해 군대는 당의 군대이며, 가장 핵심적인 조직이 바로 당중앙위원회임을 알 수 있다. 정성장, "북한군 최고사령관의 위상과 역할 연구," 2014년 세종연구소 후반기 과제, pp.489~490.

20 윤진형, "김정은 시대 당중앙군사위원회와 국방위원회의 비교 연구," 『국제정치논총』 제53호 제2권, p.77.

21 정성장, 앞의 글, p.144.

22 김동엽, "북한의 군사지도·지휘체계: 당・국가・군 관계를 중심으로," 『북한연구학회보』 제17권 제2호, p.94.

23 정성장, "북한군 최고사령관의 위상과 역할 연구," 2014년 세종연구소 후반기 과제, pp.489~ 520.

24 김동엽, 앞의 글, p.89.

25 합동참고교범10-2, 『합동・연합작전 군사용어사전』 (서울: 합동참모본부, 1998), p.68, 76.

26 김동엽, 앞의 글, p.108.

27 고상진, "위대한 령도자 김정일동지의 선군정치의 근본특징," 『철학연구』 (평양: 과학백과사전종합출판사, 1999), pp.17.

28 정성장, "북한의 정치변동: '선군정치'와 당·군 관계를 중심으로," 2001, p.38.

29 정성임, "북한의 '선군정치'와 군의 역할," 『국방연구』 제47권 제1호, 2004, pp.112~120.

30 정성임, 위의 글, pp.126~129.

31 고상진, 앞의 글, pp.17~18.

32 조성박, 『세계를 매혹시키는 김정일정치』 (평양: 평양출판사, 1999), pp.94~95; 정성장, "북한의 정치변동: '선군정치'와 당・군 관계를 중심으로," 2001, p.50.

제9장 북한은 어떻게 대규모 병력을 유지하는가?

우리는 6장을 통해 북한이 절대 전쟁을 포기하지 않을 것이라는 점을 배웠다. 또한 4장을 통해 북한 경제가 지지부진한 상황이라는 점도 알고 있다. 이러한 상황에서 북한은 그들이 가진 경제 능력의 상당 부분을 군사 분야에 투입하고 있다. 특히, 핵무기로 대표되는 비대칭 전력에 집중함으로써 투입 대비 큰 효과를 내기 위해 노력하고 있다. 한편, 비대칭 전력에 집중한다고 해서 재래식 전력을 등한시할 수는 없다. 북한은 질적으로 다소 노후화되었다고 하더라도 많은 양의 재래식 전력을 확보하여 우리에게 위협을 가하고 있다.

북한은 부족한 경제력으로 인해 현대화된 재래식 전력 확보에 어려움이 있으므로, 많은 군인을 동원하여 이를 상쇄하려 노력하고 있다. 잘 알려져 있다시피, 북한의 상비전력은 128만여 명이고, 예비전력은 762만여 명에 이른다. 이는 북한의 인구가 약 2,500만 명임을 감안했을 때 매우 놀라운 수준이다. 전면전과 같은 상황이 발생하면 전체 인구의 약 35.6%에 해당하는 890여만 명을 동원할 수 있는 것이다. 군사력으로 활용할 수 없는 노약자와 어린이, 그리고 특권층과 성분 불량자를 제외한 거의 모든 인력을 포함한다고 해도 과언이 아니다. 즉, 북한은 그 자체가 하나의 커다란 병영이라고 볼 수 있다.

따라서 본 장에서는 북한이 어떻게 이러한 대규모 군대를 징집하고 유지하는지 살펴보려고 한다. 대규모 군대의 제도적 기반인 병역제도를 살펴보고, 북한군이 어떠한 교육을 받는지 알아볼 것이다.

학습목표

1. 북한 병역제도의 특징 및 예비전력에 대해 이해한다.
2. 북한군의 병영생활 및 군관 교육과정에 대해 이해한다.

탐구중점

1. 북한 병역제도는 어떠한 요인에 의해 어떻게 변화하고 있는가?
2. 북한 예비전력에는 어떠한 조직이 있으며 조직별 특성은 무엇인가?
3. 북한군 병영생활의 특징은 무엇인가?
4. 북한군 군관은 어떠한 양성과정과 보수교육을 받는가?

핵심개념

- 10년 복무연한제
- 전민 군사복무제
- 붉은청년근위대
- 교도대
- 노농적위군
- 4대 교육훈련 원칙
- 5대 교육훈련 방침
- 강건종합군관학교
- 김일성군사종합대학
- 김일성정치대학

1. 북한의 병역제도

북한 헌법 86조[1]는 "조국보위는 공민의 최대의 의무이며 영예이다. 공민은 조국을 보위하여야 하며 법이 정한데 따라 군대에 복무하여야 한다."라고 명시하고 있다. 즉, 북한은 의무복무제도에 기초하여 병역 자원을 충당하고 있다. 여성은 본인의 희망에 의해 군 복무를 선택할 수 있었으나, 현실적으로 많은 여성들이 본인의 의사에 반하여 반강제적으로 군 복무를 해야 했다. 수령과 당을 위한다는 명분 하에 조직적으로 강요되는 군 복무를, 개인 입장에서 피해간다는 것이 현실적으로 불가능하다. 또한 노동당에 입당하거나 다른 사회적인 혜택을 받기 위해서는 군 복무를 완수해야 상대적으로 유리한 위치를 점할 수 있다. 더군다나 최근에는 형식적으로 유지되던 지원제가 의무복무제도로 변경되어[2], 여성도 모두 군 복무를 해야 하는 것으로 추정된다.

[그림 9-1] 북한의 학제

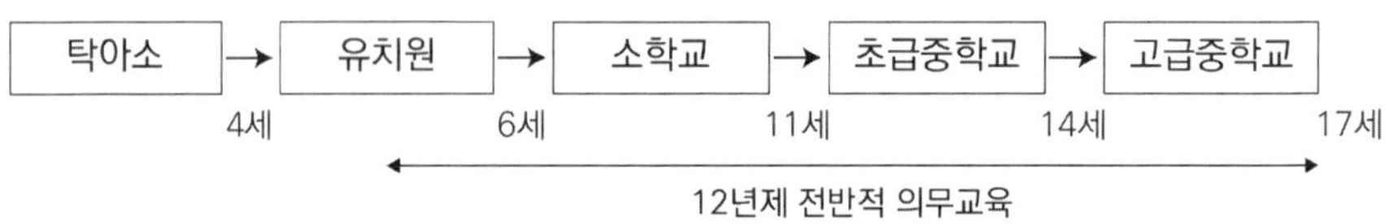

북한은 김정은 집권 후 개최된 최고인민회의 제12기 제6차 회의(2012.9.25.)에서 '전반적 12년제 의무교육' 시행 법령을 발표하고, 2013년에 일부 시범 실시를 거친 후, 2014년부터 '12년제 전반적 의무교육'을 실시하고 있다. 의무교육으로 규정된 유치원 높은 반부터 고급중학교 과정을 거치고 나면 17세가 된다.[3] 북한 주민은 초급중학교를 졸업하는 14세 전후가 되면 징집대상자로 등록이 된다. 징집대상자로 등록되는 나이에 관해서 각 자료마다 조금씩 차이가 있는데, 그 이유는 북한 의무교육 제도의 변화 때문이다. 북한은 우리의 고등학교에 해당하는 고급중학교 과정까지 의무교육으로 실시하고 있다. 1972년부터는 총 11년의 의무교육을 실시해왔고(유치원 1년, 소학교 4년, 중학교 6년), 2014년 이후에는 소학교가 1년 더 늘어서 총 12년의 의무교육이 실시되고 있다. 따라서 의무교육을 끝마치는 나이가 과거에 비해 1살 더 늘었지만, 많은 자료들이 과거의 11년제 전반적 의무교육에 근거하여 징병 대상자 등록 나이를 산정하고 있다.

징병 대상자로 등록이 되고 나면 시·군 인민병원과 도 인민병원 등에서 두 차례에 걸쳐 신체검사를 받게 된다. 남성의 신체검사 합격 기준은 1990년대 이전까지 신장 150cm 이상, 체중 48kg 이상이었다. 하지만 북한이 1990년대 경제 위기에 직면하여 주민들에게 충분히 영양 공급을 하지 못한 결과, 징병 대상자들의 체격이 왜소해졌다. 따라서 기존의 신체검사 기준을 적용했을 경우 충분한 병역 자원을 확보할 수 없게 됨에 따라, 1994년 8월부터 신장 148cm 이상, 체중 43kg 이상으로 하향 조정되었다.[4] 최근에는 성별에 상관없이 신장이 142cm 이상이면 전부 신체검사에 합격한다는 주장이 제기되기도 하였다.[5] 여성에 대한 상세한 신체검사 기준은 잘 알려져 있지 않다.[6]

이처럼 대부분의 북한 주민이 군 복무를 해야 하지만, 일부 그렇지 않은 주민도 있다. 3장에서 다루었듯이 북한은 주민을 3개 계층으로 강제적으로 구분하였다.[7] 이는 정권 유지에 위협이 되는 인물들이 사회경제적 자원에 접근하는 것을 차단하기 위함이다. 따라서 '성분'이 극히 불량한 주민, 즉 북한 정권에 위협이 될 수 있을 것이라 생각이 되는 사람들은 군 복무를 할 수 없다. 북한의 기득권층 입장에서는 체제에 불만이 많은 주민들에게 총칼을 쥐어주는 것 자체가 불편하고, 이들이 군 복무를 사다리 삼아 계층 이동을 하는 것도 달갑지 않기 때문이다.

또한 일부 주민은 성분불량자와 다른 관점에서 군 복무가 면제되거나 축소된다. 사회 유지에 필수적인 임무를 담당하는 경우와 북한 사회의 엘리트로서 교육을 받고 있는 경우가 이에 해당한다. 일부 중요직 근무자나 산업필수 요원 등이 이러한 정책상 수혜자에 해당하여 군 복무를 면제받는다. '만경대혁명학원'과 같은 영재 학교에 진학하거나 김일성종합대학을 비롯한 주요 대학의 주요 학과에 진학하는 경우에는 군 입대가 연기되거나 군 복무 기간이 상대적으로 짧아 일반적인 주민들과는 다른 경로를 가게 된다.

북한에서 대학에 진학하기 위해서는 일반적으로 예비시험, 대학 추천, 본 시험의 과정을 거쳐야 하는데, 고급중학교를 졸업한 인원 중 약 10%의 학생이 최종 선발되는 것으로 알려져 있다.[8] 1990년대 중반에는 한 학급에 대학 지표가 10% 정도 할당되는데 실제로 진학한 비율은 5% 이내였다고 한다.[9] 따라서 당·정·군 고위간부의 자제 및 성분이 양호한 학생 중에 실력이 뛰어난 경우에만 대학에 진학할 수 있다. 즉, 대학에 진학할 수 없는 약 90%의 일반적인 고급중학교 학생들은 졸업 후 별다른 여지없이 군에 입대해야 한다. 이처럼 북한 사회는 자연스럽게 대규모 인력이 군에 유입되도록 하는 구조를 갖추고 있다.

만경대혁명학원

만경대혁명학원은 1947년 '평양혁명자유가족학원'으로 시작하여 몇 가지 이름을 거친 후, 1962년부터 현재의 명칭인 만경대혁명학원으로 불리고 있다. 만경대혁명학원은 평양시 만경대구역에 위치해 있다. 만경대혁명학원의 목적은 빨치산 출신 자녀, 당·정·군 고위 간부의 자제들을 체제의 핵심 일꾼으로 키우는데 있다. 하지만, 시간이 지남에 따라 순수 빨치산 출신 자녀들은 감소하고, 고위 간부 자제들의 비중이 늘어나고 있다. 학생 수는 약 700~1,000명 정도로 추정된다. 만경대혁명학원은 북한 최고의 엘리트 교육 기관인 만큼 교육의 질과 환경이 여타 다른 교육 기관보다 월등하다. 만경대혁명학원을 졸업한 학생들은 '김일성종합대학', '김일성군사종합대학', '김일성정치대학' 등에 진학하여, 당과 군의 핵심 간부로 성장한다. 김정일 국방위원장, 오극렬 전 총참모장, 최태복 최고인민회의 의장, 강성산 전 총리, 최룡해 당 비서 등 북한의 주요 엘리트들이 만경대혁명학원을 졸업했다.

북한군의 복무 기간은 1958년 내각 결정 제148호에 의해 지상군은 3년 6개월, 해·공군은 4년으로 정하였다. 하지만 실제로는 이 기간을 초과하여 지상군은 5~6년, 해공군은 8년, 기술병과 요원은 8~9년간 복무하였다. 1993년 4월에는 김정일 국방위원장의 지시에 의거 '**10년 복무연한제**'를 도입하여 만 10년을 군에 복무하도록 하였다. 이는 법률과 실제 복무 기간의 차이를 없애고, 안정적으로 병역 자원을 확보하기 위함이다. 1996년 10월에는 군 복무 조례를 변경하여 남성은 만 30세까지, 군에 지원한 여성은 만 26세까지 복무해야 했다. 변경된 조례에 따르면 남성은 약 13년, 여성은 약 10년을 군에 복무해야 한다. 2003년 3월에는 '**전민 군사복무제**'를 법령으로 채택하여 남성은 10년, 여성은 7년으로 군 복무 기간을 변경하였다.[10] 전민 군사복무제는 2003년 5월 31일 조선중앙방송이 "인민의 일치한 지향과 염원을 반영하여 공화국 정부는 전민 군사복무제를 법령으로 채택하였다."라고 보도함으로써 확인되었다.[11] 이는 군 복무 기간을 재확인한 의미가 있을 뿐만 아니라, 전 주민이 군 복무를 해야 하는 '의무'를 다시 강조한 것이다. 하지만 경보병 부대를 비롯한 특수부대, 특정 병과, 특정 주특기, 부대 사정 등에 따라 10년을 넘어 추가 근무를 해야 하는 경우가 적지 않은 것으로 알려져 있다. 2014년에는 남성의 병역 의무 기간을 1년 더 늘려서 총 11년 복무로 바뀌었다가, 2017년에는 남성은 7~8년, 여성은 5년으로 각각 단축하였고 2023년에는 다시 각각 10년, 8년으로 늘었다는 내용이 언론에 보도되기도 하였다.[12] 이 내용에 대해서는 향후 공신력 있는 기관이나 정부의 확인이 필요하지만, 북한 주민이 오랜 기간 동안 군에 복무해야 하고, 이러한 흐름이 점점 강화되고 있는 것은 명확한 사실이다.

이처럼 북한이 128만여 명에 이르는 대규모 상비 전력을 유지할 수 있는 것은, 오랜 기간 복무를 강제하는 병역제도에 기인하는 바가 크다. 부족한 경제력으로 군의 현대화에 많은 부분을 투자할 수 없는 북한은 대규모 상비 전력을 유지해야 할 필요성이 높다. 하지만 여러 가지 요소들이 대규모 상비 전력 유지를 어렵게 만들고 있다.

첫째, 병역 자원의 감소이다. 1993년과 2008년 사이 북한 인구 총조사를 분석한 연구에 의하면, 해당 기간 중 5세 미만의 영유아들과 20대 연령층에서 인구 감소가 두드러지게 나타났다. 15세 미만 인구의 구성비는 급감한데 비해 65세 이상 인구는 약 2배 정도로 증가했다. 15세 미만 인구의 구성비는 1993년에 27%였으나, 2008년에는 23.2%로 하락했다. 이러한 수치의 변화는 1990년대 중반 경제난의 여파로 해당 연령층에서 사망률이 높았기 때문이다.[13] 뿐만 아니라, 1990년대 중반 경제난 이후 출산 기피로 인해 출산율이 감소하고 있다. 1990년 2.4명에서 2023년 이후로는 1.6명을 유지하며 크게 줄었다.[14] 젊은 연령층의 감소, 출산율의 감소에 따라 병역 자원으로 충원할 수 있는 자원이 줄어들 수밖에 없다. 이러한 현상은 사회 변화의 일반적인 흐름과 북한의 특수 상황을 고려했을 때 향후에도 지속될 것이라 예상되기 때문에, 앞으로도 북한은 병역 자원의 부족에 시달릴 것이고, 따라서 기존 군 복무자들의 복무 기간을 더 연장할 확률이 높다.

둘째, 병역 기피의 확산이다. 북한은 비정상적인 체제를 유지하기 위해 외부 정보를 강력하게 통제하면서 주민들이 수령에게 충성할 수 있도록 정치사회화 교육을 실시한다. 만약 정치사회화 교육이 충실하게 이루어진다면 북한 주민들은 '수령의 군대'에서 오랜 기간 동안 복무하는 것에 불만을 가지지 않을 것이다. 하지만 북한 당국의 외부 정보의 통제 노력에도 불구하고, 북한 주민들은 점점 더 많은 외부 정보에 노출되고 있다. 한국의 드라마와 영화들이 저장매체에 담겨 북한에서 유통되고 있고, 핸드폰을 사용하여 북한 밖의 사람과 정보를 주고받는 일도 있다고 한다. 2022년 북한 인권단체 국민통일방송과 데일리NK가 실시한 전화 인터뷰에 따르면 한국을 포함한 외국 콘텐츠를 시청한 적이 있느냐는 질문에 98%가 그렇다고 응답했다.[15] 북한 내 핸드폰 사용 인구는 약 475만 명으로 추산된다.[16] 당국의 단속에도 불구하고 점점 늘어나고 있는 외부 정보의 유입은 북한 주민들이 북한을 객관적인 시각으로 바라보게 하는 데 영향을 미쳐 그들의 체제에 의문을 갖게 하고, 결국 북한 체제 및 김정은 일가에 대한 무조건적인 충성을 강조하는 군 복무에 염증을 품게 한다. 뿐만 아니라 약 10년에 이르는 긴 기간 동안 군 복무를 해야 한다는 것에 상당한 부담을 느낄 수밖에 없다. 따라서 유력자의 자제들은 대학 진학을 비롯한 다양한 방법으로 군 복무를 대체하기 위해 노력하고 있다. 군 복무를 해야 하는 경우에는 전방 근무가 아닌 좀 더

편한 곳으로 배치하기 위해 갖은 방법을 동원한다고 한다.

이러한 상황에 직면하여 북한은 병역 기간을 늘리고, 전 주민이 군 복무를 하도록 독려하며, 여성까지 의무복무대상에 포함시키는 강경한 조치를 취하고 있다. 이는 인적 자원을 대체할 경제력이 부족한 상황에서 북한이 할 수 있는 유일한 방안이기 때문이다. 앞으로도 북한의 병역제도는 현재와 같은 기조를 유지할 가능성이 높다. 국제사회에서 고립된 북한의 경제가 단기간에 회복되기는 어렵다. 또한 체제 유지를 위해 군사적 대결 구도를 포기하기도 쉽지 않을 것이다. 따라서 북한은 지속적으로 병역 기간을 늘리고 병역 대상을 확대할 것이라고 예상할 수 있다.

2. 예비전력

대부분의 북한 주민은 고급중학교를 졸업하면 군에 입대하여 남성은 약 10년, 여성은 7~8년의 의무복무를 해야 한다. 통상 17세에 고급중학교를 졸업하기 때문에 남성은 28세, 여성은 24세가 되어야 군에서 제대할 수 있다. 하지만 군에서 제대한다고 해서 군으로부터 완전히 벗어날 수 있는 것은 아니다. 촘촘하게 구성된 북한의 예비전력 제도는, 북한 주민이 군사력으로 활용될 수 없을 때까지 가만히 두지 않는다. 이러한 예비전력 제도는 병역제도와 더불어 북한이 대규모 군대를 유지하는데 제도적인 기반을 제공한다.

북한은 6.25 전쟁의 패인 중 하나로 예비전력의 부족을 꼽고 있다. 김일성은 1950년 12월 중공군의 개입으로 전세가 다소 호전되자 별오리에서 회의를 개최하고 예비전력의 중요성을 강조하여,[17] 향후 북한 주민에 대한 대대적인 군사 동원이 있을 것임을 암시했다. 특히 1958년 중국군이 철수하면서, 북한은 이를 대체할 병력의 필요성을 느끼게 되었고, 그 일환으로 1959년에 '노농적위대(현 노농적위군)'가 창설되었다. 노농적위대는 북한 예비전력의 시초로 볼 수 있다. 1962년 '4대 군사노선'이 제기됨에 따라 '전민 무장화'에 의거 예비전력 충원에 박차를 가하게 되면서, 1963년에 '**교도대**'가 창설되었다. 1970년에는 김일성의 지시에 의해 학생들을 대상으로 하는 '**붉은청년근위대**'가 조직되었다.

[그림 9-2] 북한군 인력 자원의 개략적 흐름

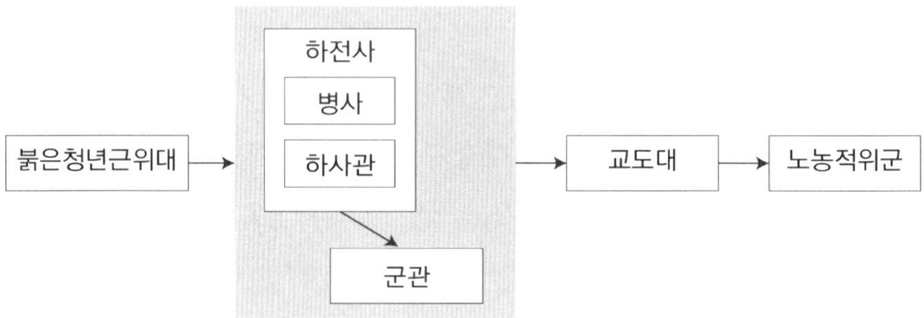

가. 붉은청년근위대

과거 한국에서는 고등학교 이상의 교육 기관에 재학 중인 학생을 대상으로 군사 관련 내용을 교육하는 '교련'이라는 과목이 있었다. 학생들은 군복과 유사한 교련복을 착용하고 제식훈련, 총검술, 구급법 등을 배웠다. 북한과 대치하고 있는 상황에서 학생들에게 기초적인 군사 훈련을 시켜 유사시에 신속하게 대응하기 위함이다. 하지만 여러 가지 이유로 대학 교련은 1988년에 폐지되었고, 고등학교 교련은 1997년부터 선택과목으로 바뀌어서 점차적으로 실시하지 않게 되었다.

한국의 교련과 유사한 성격을 갖는 것이 바로 북한의 붉은청년근위대이다. 물론 교련은 과목을 뜻하는 것이고, 붉은청년근위대는 조직을 뜻하는 것이므로 비교의 대상이 올바르지 않다. 하지만 학생들이 군사 훈련을 한다는 본질적인 내용은 유사하다.

우리의 고등학교에 해당하는 북한의 교육 기관은 고급중학교이다. 고급중학교는 3년 과정으로 14세에서 16세의 학생이 교육을 받는다. 고급중학교까지는 의무교육이라 원칙적으로 북한의 모든 학생이 다녀야 한다. 붉은청년근위대는

이러한 고급중학교 학생들로 구성되는데 그 규모는 약 94만 명으로 추정된다. 붉은청년근위대는 학급, 학교 단위별로 건제를 유지해 소대, 중대, 대대 등의 부대가 편성된다. 붉은청년근위대의 전반적 관리는 노동당 민방위부에서 이루어진다. 노동당 민방위부는 예비전력을 효율적으로 관리하기 위해 1988년에 조직되었으며, 붉은청년근위대, 교도대, 노농적위군 등 준군사조직을 전반적으로 관리한다.

붉은청년근위대에 소속된 학생들은 토요일을 활용하여 총 160시간의 교내 훈련을 받고, 방학 기간에는 약 일주일간 야영훈련소에 입소하는 등 좀 더 장기적인 교육을 받는다. 주요 훈련 내용은 사격, 제식, 산악 행군, 소총 분해 및 결합 등이다. 즉, 북한 주민들은 상비 전력이 되기 이전부터 붉은청년근위대에서 훈련을 받아 소총의 기본적인 분해·결합 및 사격능력을 보유하게 된다. 1년에 받는 총 훈련 시간은 약 450시간이고, 개인화기는 100%, 공용화기는 일부 보급받는 것으로 알려져 있다.

붉은청년근위대의 목적은 아직 군에 입대하지 않은 학생들에게 군사적인 능력을 구비하게 하는 것이다. 이를 통해 유사시 학생들을 군사력으로 활용할 수 있을 뿐만 아니라, 고급중학교를 졸업하여 상비 전력이 되었을 때 좀 더 효율적으로 군사적 전문성을 배양할 수 있다. 뿐만 아니라 준 군사조직에 북한 주민들을 묶어 둠으로써 좀 더 용이하게 사회통제를 할 수 있는 측면도 있다.

나. 교도대의 역할

교도대는 1963년에 노농적위대에서 분리되어 창설되었다. 방대한 노농적위대의 병력 중에서, 제대한 지 얼마 되지 않은 인원들을 중심으로 조직되었다. 남성은 17세부터 50세까지, 여성은 17세부터 30세까지 미혼자 중 지원자를 대상으로 한다. 즉, 상비 전력에 포함되지 않은 병력 중 가장 젊은 층이 바로 교도대가 되는 것이다. 그렇기 때문에 북한 예비전력 중 핵심이 교도대라 할 수 있으며, 유사시에 즉각 예비대로서 투입된다. 이들은 상비 전력에 배속되어 전방에 투입되거나 후방 지역 방어 임무를 수행하게 된다. 예비전력의 핵심인 교도대는 노동당 민방위부의 통제를 받되, 국방성 예하 후방군단의 지휘를 받는 것으로 알려져 있다.

총 병력은 약 62만 명으로 알려져 있다. 행정단위와 직장, 그리고 대학별로 사단 및 여단으로 구성되어 60여 개의 교도사단·여단, 80여 개의 대학생 교도여단이 있다고 한다. 북한의 핵심 예비전력으로서 지휘관 및 공용화기 사수 등 주요 직위는 현역 군인으로 편성된다. 또한 상비 전력에 버금가는 편성과 무장을 하고 있다. 개인화기는 100%가 지급되고, 공용화기는 70~80%가 지급되어 현역 못지않은 수준을 갖추고 있다.

뿐만 아니라 높은 수준의 훈련을 통해 최상의 상태를 유지하려고 노력한다. 상비 전력과 합동 훈련을 실시하기도 한다. 각 제대별 현역 군관이 주축이 되는 자대훈련 10일, 각 도 위수 군단이 주관하여 실시하는 동원훈련 30일 등 총 40일의 훈련을 받으며, 이를 시간으로 환산하면 약 500시간이다. 교도대에 소속된 대학생은 연간 190여 시간의 교내 훈련을 받고, 2학년 재학 시에는 군부대에 입영하여 6개월간 상비 전력과 동일하게 훈련을 받는다. 이 과정을 이수하면 소위 계급이 부여된다.

다. 노동적위군의 역할

노동적위군은 교도대에 미편성된 인원 중 남성은 17세에서 60세까지, 여성은 17세부터 30세까지를 대상으로 한다. 노농적위군의 주력은 46세에서 60세까지의 남성이고, 총 병력은 약 570만 명으로 예비전력 중 가장 규모가 크다. 행정단위 및 직장별로 부대를 편성한다. 리·동 단위에 중대 및 소대, 시·군 단위에 연대 및 여단, 도 단위에 사단급 부대가 편성된다. 부대의 지휘관은 해당 직장이나 지역의 당 책임비서가 겸직하고, 부지휘관은 해당 지역 사회안전성 안전국장이 겸직하며, 참모장은 해당 지역 당 군사부장이 겸직한다. 간부 자원은 상급 단위 적위군 참모장이 선발하여 임명한다.

노농적위군의 임무는 민방위, 전시 직장 및 주요시설의 경계, 지역 방어, 대공 방어 등 해당 지역에 대한 보조적인 방어 임무를 수행하는 것이다. 개인화기는 100% 지급되고, 공용화기는 일부 지급되는 것으로 알려져 있다. 매년 자체훈련 15일, 동원훈련 15일 등 총 30일의 훈련을 소화하고, 주말과 월말에는 야외훈련을, 연말에는 상비 전력과 합동 훈련을 실시하기도 한다.

앞서 살펴보았듯이, 노농적위군은 1959년에 '노농적위대'라는 명칭으로 창설되어, 북한 예비전력 중 가장 긴 역사를 가지고 있다. 1963년에 제대군인을 중심으로 한 핵심 인력 층이 교도대로 분리되었고, 2010년에는 노농적위대에서 노농적위군으로 명칭이 변경되었다.

3. 상비전력

고급중학교를 졸업하게 되면 90%에 이르는 대부분의 북한 주민들은 군인이 되어 상비 전력으로서 오랜 기간 복무해야 한다. 북한의 상비 전력을 계급에 따라 구분하면 병사, 하사관, 군관으로 나눌 수 있다. 병사와 하사관을 통칭하여 하전사라고 한다. 이는 한국군이 병사, 부사관, 장교로 이루어진 것과 유사하다. 군관이 되기 위해서는 하전사로서 일정 기간 근무한 후 선발되어 양성 교육을 받아야 하는 체제를 갖추고 있다. 북한군의 계급구조[18]는 [그림 9-3]과 같다.

[그림 9-3] 북한군 계급구조

	계급	견장		계급	견장
원수급	대원수		하급 군관 (위관)	대위	
	공화국원수			상위	
	인민군원수			중위	
	차수			소위	
장령	대장		하사관	특무상사	
	상장			상사	
	중장			중사	
	소장			하사	
상급 군관 (좌관)	대좌		병사	상급병사	
	상좌			중급병사	
	중좌			초급병사	
	소좌			전사	

가. 하전사

1) 병사 교육훈련 및 병영생활

북한군 병사의 계급은 크게 전사와 상등병으로 나눈다. 상등병은 다시 초급병사, 중급병사, 상급병사로 나뉜다. 병사의 계급 구조가 4단계로 이루어진 것은

1998년 이후이다. 상등병 계급으로 있는 기간이 5년을 넘다 보니, 위계서열이 다소 문란해지는 경향이 있어 이를 바로 잡고, 장기 복무하는 병사들의 사기를 진작시키기 위함이다. 북한군 병사의 계급 구조는 한국군 병사의 계급 구조가 이등병부터 병장까지 4단계로 이루어진 것과 유사하다. 일반적으로 신병 기간에는 전사 계급이고, 신병 교육을 이상 없이 마치면 상등병이 되어 초급병사 계급장을 달게 된다. 전사에서 상급병사가 되는 기간은 약 5~7년 정도가 소요되는 것으로 알려져 있다.

군에 입대하면, 훈련병으로서 각 부대 신병교육대에서 신병교육을 받는다. 지상군의 신병교육 기간은 1개월에서 2개월 정도이고, 특수부대 병사는 3개월 이상의 교육을 받는다. 성적 미달 시에는 1개월 정도의 추가 교육을 한다. 신병교육 기간은 1990년대 중반부터 상당 기간 축소되었다. 지상군은 사단·군단 신병교육대에서 각 병과별로 교육을 받는다. 교육과목은 정치학, 대열(제식훈련), 체육, 규정, 병기, 사격, 전술 등이다.[19] 이 중 가장 중요한 것은 정치학인데, 김일성 교시 및 김정일 지시, 당의 정책, 유일사상 체계, 혁명역사 등에 대해서 학습하게 된다. 전체 교육 시간의 약 25%를 정치학 학습에 할당하게 된다. 즉, 정치학은 **정치사상교육**의 일환으로 군인이 수령 및 당에 충성하고 순종할 수 있도록 하는 역할을 한다.

해군 신병교육도 약 2개월에 걸쳐 실시된다. 성적 미달 시에는 추가 교육을 하게 되어 있다. 교육은 각 부대 신병교육대에서 담당한다. 교육은 일반교육과 전문교육으로 나누어지는데, 일반교육은 군인으로서 공통적으로 배워야 할 내용이고, 전문교육은 해군에 맞게 특화된 내용이다. 일반교육에는 정치학, 체육, 규정 등이 있고, 역시나 정치사상교육의 일환으로 정치학이 가장 중요시된다. 전문교육에는 항해 및 해군 무기체계를 다루는데 필요한 것을 배우는데, 조나 신호반, 항해반 등의 과목이 있다. 공군은 비행기지별 신병교육대에서 기본적인 군사훈련만을 받은 후 해당 부대로 배치된다. 해당 부대 책임 하에 공군으로서 필요한 전문분야 교육을 하게 된다. 공군 전문분야는 공군전술, 비행이론, 비행기 및

발동기 구조학 등이다.[20]

신병교육이 끝나면 '군인선서'를 하게 된다. 군인선서는 군인으로서 각오를 다지는 의식인데, 수령과 당에 무조건적으로 충성할 것을 강조하는 내용이 주를 이룬다. 예를 들어 "...최고사령관 동지를 수반으로 하는 혁명의 수뇌부를 목숨으로 사수할 것을...", "...미일 제국주의자들과 온갖 원쑤들의 도전과 침략으로부터 조국과 인민을..."이라는 표현이 포함되어 있다.[21]

북한군 병사의 일과 시간은 우리나라의 병사와 크게 차이나지 않는다. 북한군의 규정에 의하면 기상 → 아침검사 → 상학준비검열 → 상학 → 식사 → 무기소제 → 저녁점검 순으로 이루어진다. 아침검사 및 저녁점검에서는 인원파악 및 건강 확인 등이 이루어진다. 상학은 군에서 이루어지는 훈련과 사업을 총칭하는 개념 정도로 이해하면 된다. 일과가 끝나면 분대별로 장비를 정비하는 무기소제 시간을 갖는다. 이처럼 월요일부터 금요일까지 훈련을 실시하고, 토요일 오전에는 정치사상교육, 오후에는 조직별 생활총화[22]를 실시한다. 신병교육에서 강조되었던 것처럼 북한군 병사의 일과에서도 정치사상교육이 중요한 위치를 갖는다.[23]

이러한 정치사상교육은 총정치국에서 교육 계획을 총괄하여 수립하고, 그 예하에 있는 군 출판사와 영화제작소 등에서 교재 및 자료를 제작하여 각 부대에 배부한다. 각급 부대에 파견되어 있는 정치위원 및 정치지도원이 정치사상교육을 주관하여 실시한다. 수령 및 당에 복종하는 군대를 만드는 것이 무엇보다 중요하기 때문에 다른 교육훈련 보다 우선하여 실시된다. 또한 반복적으로 교육하여 각 개인이 이를 신념화하고 중요 내용은 암기할 수 있도록 강요한다. 정치사상교육의 실시 및 성과에 대해서는 주기적으로 상급부대에서 검열관을 파견하여 확인한다.[24]

정치사상교육을 비롯한 북한의 교육훈련을 제대로 이해하기 위해서는 4대 교육훈련 원칙과 5대 교육훈련 방침에 대해 알아볼 필요가 있다. **4대 교육훈련 원칙**은 주체성, 정치사상성, 전투성, 과학성이다. 첫째, 주체성의 원칙은 모든 훈련이 당의 군사전략전술 사상과 주체전법에 기초하여야 한다는 것이다. 둘째, 정치사상성은 당의 군사노선과 정책을 훈련내용에 적시에 반영하여, 훈련의 전 과정이 군인들로 하여금 당과 수령에 대한 충성을 키우는 과정이어야 한다는 것이다. 셋째, 전투성의 원칙은 모든 훈련을 실전과 같이 실시하고, 훈련은 어려운 조건을 가정해서 해야 한다는 것이다. 넷째, 과학성의 원칙은 훈련에 현대적인 과학기술 수단의 활용을 강조하여, 훈련내용과 방법을 과학적으로 정해야 한다는 것이다. 4대 교육훈련 원칙 중 주체성과 정치사상성의 내용은 북한 군대가 북한 체제 및 수령의 보위를 주 임무로 하는 것을 나타낸다. **5대 교육훈련 방침**은 강인한 혁명정신 함양, 백발백중의 사격술 향상, 무쇠와 같은 체력단련, 기묘하고 영활한 전술연마, 강철 같은 군사기율 유지이다. 세부 내용을 보면 '김일성의 신출귀몰한 항일 유격전술 계승' 등 북한의 비정상적인 특징과 관련된 내용도 있지만, 전반적으로 전통적인 군사 분야와 일치되는 내용이다.[25]

교육훈련은 매년 국방성에서 하달되는 교육훈련 강령을 기초로 각 부대에서 세부 계획을 작성하여 실시하고 있다. 정치사상교육, 사격 및 체력단련이 강조되고 있다. 접적지역에 근무하는 부대는 특별히 정치사상교육이 더욱 중시되는데, 이는 지리적으로 한국과 가까운 이들이 귀순하는 것을 막기 위함이다. 뿐만 아니라 과외 훈련 및 기타 활동이 자주 있는데, 이는 기강을 바로 세워 정신적 이완을 방지하고 탈영을 막기 위한 목적을 가지고 있다. 동계에는 전방 부대를 제외한 각 부대 단위로 대부대 기동 훈련을 실시하여 동계 전투에 대비한다.

한편, 북한군은 열악한 북한의 경제 사정 때문에 많은 시간을 비군사 활동에 할애해야 한다. 비군사 활동의 대부분은 자체적인 식량 조달을 위한 농사, 가축 사육 등과 좀 더 상부 차원에서 동원되는 건설 활동 등이 있다. 군 복무 기간의 약 30%에서 50%가 비군사 활동에 할애되는 것으로 알려져 있다. 예를 들면 김정은이 많은 관심을 가지고 독려해 2014년 1월 1일에 개장한 '마식령 스키장' 건설에 많은 군인들이 투입되었다. 뿐만 아니라 평양의 아파트 건설 등 대규모 공사 현장에는 예외 없이 군인들이 동원되고 있다. 잘 조직된 군대의 노동력은 북한의 통치자가 활용할 수 있는 주요 노동력인 것이다.

이처럼 북한군이 많은 시간을 식량 조달을 위한 활동에 투자하는 것은 식량 사정이 여의치 않기 때문이다. 주식은 주로 보급되나 특히 부식이 잘 보급되지 않는 것으로 알려져 있다. 북한의 거의 모든 부문이 그러하듯, 1990년대에 접어들면서 식량 사정이 더욱 악화되어 각 사단별로 임시 보양소를 운영하기도 하였다. 국제사회의 지원 여부에 따라 북한군의 식량 사정도 어느 정도 영향을 받는다. 대부분의 북한군 부대에서는 자체적인 식량 조달을 위해 가축을 사육하고, 어로 활동을 하며, 부식으로 쓰일 수 있는 농작물을 재배한다. 북한군과 인접해 있는 한국군의 최전방 부대에서는 종종 북한군의 이러한 활동 등이 목격된다.

식량 사정이 좋지 못하다 보니, 북한군의 건강 상태가 좋을 리가 없다. 이는 북한군 입대를 위한 신체검사 기준이 계속해서 하향 조정된 것과 맥락을 같이 한다. 따라서 군 복무 기간에 영양실조로 군 병원에 신세를 지는 경우가 많다고 한다. 군 병원을 찾는 입원 환자 중 약 절반 정도가 영양실조에 의한 것이라고 알려져 있다.[26] 가벼운 질병으로 7일 이내에 치료가 가능한 경우에는 연대 군의소에서 진료 및 치료를 하고, 그보다 더 중한 질병일 경우에는 사단 군의소에서 치료를 하게 된다. 15일 이상의 장기 치료나 수술이 필요한 경우에는 종합 병원 성격의 군단 야전병원에서 치료하게 된다.[27] 하지만 의료 장비 및 약품의 만성적인 부족으로 인해 제대로 진료를 받지 못하는 경우가 많다.

북한군도 규정상 휴가가 존재한다. 연 1회 정기 휴가 15일을 사용할 수 있고, 그 밖에 경조사나 표창 수여 시 표창 휴가가 있다. 하지만 이 역시 잘 지켜지지 않는다고 한다. 부대 물자 구입 등 예외적인 경우에 한해서 휴가를 나간다고 한다. 군 복무 기간 중 제대로 된 휴가를 다녀온 병사는 약 20%에 불과한 것으로 알려져 있다.[28]

2) 하사관(부사관) 양성과정

북한의 하사관은 한국군의 부사관에 해당한다. 계급 구조는 하사 → 중사 → 상사 → 특무상사로 이루어져 있다. 한국군의 부사관이 하사 → 중사 → 상사

→ 원사로 이루어져 있는 것과 유사하다. 계급장의 모습은 병사의 계급장과 비슷한 형태이다.

일반적으로 하사관이 되기 위해서는 병사로 복무 중에 선발되어 하사관학교에서 교육을 받아야 한다. 군 복무 4년차 이상인 상급병사 중에서 분대장 요원, 당성이 강하고 열성적인 자, 근무성적이 우수하여 해당 당 조직이 추천한 자 등이 선발된다. 해군은 신병교육 우수자, 공군은 관련 기술학교 졸업자가 우대된다고 알려져 있다.

하사관 교육과정은 기술 하사관 양성과정, 일반 하사관 양성과정, 중대 사관장 양성과정으로 나뉜다. 기술 하사관은 특정 무기체계 및 장비 전문가를 육성하는 것이고, 중대 사관장은 한국의 중대 행정보급관과 유사한 기능을 하는 직책으로 주로 군수 분야를 담당한다. 각 군 및 병과, 그리고 양성과정에 따라 조금씩 과목에 차이가 있다. 공통적으로 배우는 내용은 정치학을 비롯한 사격, 체육, 규정 등이다. 보병 하사관 양성과정은 전술, 지휘관리 등을, 포병 하사관 양성과정은 포병 등을, 군단 사관장 양성과정은 후방 등을, 공병 하사관 양성과정은 축성, 폭파 등을 추가로 더 학습한다.[29]

하사관학교 교육 기간은 각 학교별로 조금씩 차이가 있다. 짧게는 4개월에서 길게는 1년까지 소요된다. 일반 하사관 과정이 상대적으로 짧고, 기술 하사관 과정이 상대적으로 길다. 일반 하사관을 양성하는 기관에는 국방성 직속 하사관학교, 군단하사관학교가 있고, 기술하사관을 양성하는 기관에는 종합포병학교, 공병하사관학교, 자동차훈련소, 해군하사관학교, 해군기술훈련소 등이 있다.[30] 하사관학교를 졸업하게 되면 하사 계급장을 달고 다시 부대로 돌아가 임무를 수행하게 된다. 해당 학교에서 보수교육도 담당하는 것으로 알려져 있다.

나. 군관(장교) 양성과정 및 보수과정

북한 군관의 계급 구조는 한국 장교와 다소 차이를 보인다. 첫째, 한국군 위관장교 계급이 소위 → 중위 → 대위와 같이 3단계로 구성되어 있다면, 북한군은 소위 → 중위 → 상위 → 대위와 같이 4단계로 구성되어, 좀 더 세분화되어 있다. 둘째, 장성급에서 한국군이 준장 → 소장 → 중장 → 대장의 명칭을 갖는 것에 반해, 북한군은 소장 → 중장 → 상장 → 대장의 명칭을 갖는다. 즉, 우리의 준장에 상응하는 북한의 계급이 소장이고, 우리의 소장에 대응하는 북한의 계급이 중장이다. 셋째, 한국군에는 없는 원수급 계급이 별도로 존재함을 알 수 있다. 이처럼 북한의 군관 계급 구조는 한국의 장교 계급 구조와 비교 시 좀 더 세분화되어 있다.

원수급은 북한의 몇 안되는 최고위층만 도달할 수 있는 상징적인 계급이다. 원수급에는 차수 → 인민군원수 → 공화국원수 → 대원수가 있다. 인민군원수와 공화국원수는 '원수'로 통칭해서 부르기도 한다. 하지만 인민군원수와 공화국원수는 엄연히 구분되고, 계급장에도 작은 차이가 있다. 인민군원수는 백두혈통이 아닌 자가 올라갈 수 있는 최고의 계급으로 상징적인 의미가 크다. 오진우, 최광, 리을설과 같은 군 최고 원로가 인민군원수였다. 2016년 4월에는 김영춘 전 인민무력상과 현철해 전 인민무력상에게 인민군원수 칭호가 부여되었고, 2020년 10월에는 리병철과 박정천을 인민군원수로 진급시켰다. 인민군원수는 군 원로에 대한 예우 차원에서 부여하는 상징적이고 명예스러운 계급이다. 군부의 존경을 받는 인물에게 인민군원수 칭호를 부여함으로서 군의 사기를 진작시키고 이들의 명성을 정치적으로 활용하려는 목적이 크다고 볼 수 있다.

공화국원수는 백두혈통만의 계급으로, 김일성, 김정일이 공화국원수의 칭호를 받았었고, 현재는 김정은 국무위원장이 유일한 공화국원수이다. 즉, 공화국원수는 북한의 지도자를 상징한다. 대원수는 이보다 더 상징적이다. 김일성은 사망 2년 전인 1992년에 80회 생일을 앞두고 대원수로 추대되었고, 김정일은 사망 후인 2012년에 대원수로 추대되었다.

북한에서 군관이 되기 위해서는 관련 학교를 졸업해야 한다. 군 관련 학교는 크게 군관학교와 군사대학으로 구분할 수 있다.[31] 군관학교는 한국의 병과학교와 유사한 개념으로, 해당 병과에 대한 전문적인 내용을 약 2년 정도 교육한

후 군관으로 임관시키는 곳이다. 주로 초급 군관을 충원하기 위한 양성과정에 해당한다. 군사대학은 좀 더 고급 군관을 길러내기 위한 목적을 갖는다. 양성과정이 있는 경우도 있지만, 주로 보수과정이 주를 이룬다. 고급 군관 양성 혹은 보수과정을 목적으로 하기 때문에 군관학교보다는 교육 과정이 더 긴 편이다.

북한에서 군관이 되는 가장 일반적인 경로는 군 입대 이후 2~5년 정도 하전사로 근무하다가 군관 과정에 지원하여 선발되는 것이다. 군관으로 선발되면 **강건종합군관학교**, 김철주종합포병군관학교 등 각 병과별 군관학교에 입학하여 약 2~3년의 교육을 받은 후 소위로 임관하게 된다. 해군은 김정숙해군대학에서 약 4~5년의 교육을 받은 후에 초급 군관으로서 역할을 수행하게 되고, 공군은 비행군관학교 혹은 김책공군대학에서 양성 교육을 받는다. 성적이 우수한 자는 중위로 임관되는 경우도 있다. 선발되는 인원은 당성이 강하고 성분에 하자가 없으며, 열심히 근무할 뿐만 아니라 처벌을 받은 경력이 없어야 한다.

강건종합군관학교

강건종합군관학교는 평양에 위치해 있는 북한의 대표적인 군 양성기관이다. 군사 및 정치 간부를 양성하기 위해 1945년에 개교한 평양학원을 시초로 볼 수 있다. 평양학원의 기능 중 군사 부문이 분리되어 1946년에 중앙보안간부학교로 흡수되었다. 이후 중앙보안간부학교는 몇 차례 명칭이 변경되다가 1955년부터 현재의 명칭인 강건종합군관학교로 불리고 있다. '강건'은 김일성의 빨치산 동료로서 북한군 총참모장을 역임하다 6 · 25전쟁 중에 사망한 인물로, 강건종합군관학교 내에는 강건 동상이 있는 것으로 알려져 있다. 보병을 비롯하여 병참, 공병, 화학 등의 병과 교육이 이루어진다. 군 양성에 초점을 맞추어 한국의 육군사관학교와 기능상 유사하다고 볼 수도 있으나, 이는 다소 무리가 따른다. 왜냐하면 한국의 육사는 정예장교 양성을 위한 교양 및 군사적 전문성 배양에 힘쓰는데 반해, 강건종합군관학교는 초급장교 양성을 위한 각 병과 교육에 치중하기 때문이다.

김정숙해군대학

김정숙해군대학은 해군 초급 군관 양성 및 일부 보수교육을 담당하는 기관이다. 함경남도 함흥에 위치해 있으며, 모태는 1947년 설립된 '수상보안간부학교'에서 찾을 수 있다. 1947년 7월 해군군관학교로 명칭을 변경하였고, 1993년에 현재의 명칭으로 변경되었다. 김정숙은 김일성과 빨치산 활동을 같이 했던 인물로 김일성의 첫 번째 부인이자 김정일의 어머니이다. 양성과정의 교육기간은 약 4~5년으로 알려져 있다. 명칭은 '대학'이지만 초급 군관 양성이 주목적이므로 강건종합군관학교를 비롯한 군관학교와 기능상 유사하다고 볼 수 있다.

비행군관학교 및 김책공군대학

북한 공군 군관은 비행군관학교와 김책공군대학에서 교육을 받는다. 비행군관학교에서는 조종사 양성과정을 제공하고, 김책공군대학에서는 행정 및 기술과 관련된 양성과정과 보수과정을 담당한다. 북한의 공군 교육기관은 1945년에 설립된 '신의주 항공대'가 모체이다. 1956년 김책공군대학으로 개칭되었고, 1975년에는 비행군관학교가 설립되면서 조종사양성과정이 분리되었다. 비행군관학교는 함북 주을에 있고, 김책공군대학은 함북 청진시에 있다. 김책은 김일성과 빨치산 활동을 같이 한 동료로서, 김일성을 북한의 최고지도자로 만드는 데 크게 기여한 인물이다. 내각 부수상 등 북한 설립 초기 고위 직책을 역임했으며, 6 · 25전쟁 중인 1951년에 사망하였다.

8장에서 살펴봤듯이 북한군에는 군사 분야를 담당하는 군관 이외에 '정치 군관'이라는 것이 존재한다. 정치 군관은 그 특성상 상당한 영향력을 갖는다. 일반적으로 당 · 정 · 군 고위 간부의 자제 중에서 선발된 인원이 **김일성정치대학**을 졸업한 후 정치 군관으로서 역할을 수행하게 된다. 만경대혁명학원을 거쳐 김일성정치대학에 진학하는 경우가 많다. 김일성정치대학의 정치 군관 양성과정은 약 4년으로 알려져 있다.

> **김일성정치대학**
>
> 김일성정치대학은 북한군 정치 군관을 양성하는 최고의 기관이다. 전신은 북한의 정치·군사 분야의 간부를 양성하던 평양학원이다. 평양학원의 기능 중 군사 부문은 앞서 살펴본 강건종합군관학교로 분리되었고, 정치부문은 그대로 평양학원에 남게 되었다. 1972년부터 현재의 명칭인 김일성정치대학으로 불리게 되었다. 김일성정치대학에서는 정치 군관을 양성뿐만 아니라 보수교육까지 담당한다. 양성과정은 약 4년, 보수과정은 3년 및 단기로 구분된다. 즉, 김일성정치대학은 북한군 고급 정치 군관의 산실이라고 할 수 있다.

이 밖에 민간인 기술·예능 보유자 중에서 선발하여 단기 교육 후 군관으로 임관시키는 과정도 있다. 또한, 하사관 중에서 우수한 자를 선발하여 각 군 및 병과학교에 보내어 군관으로 양성하기도 한다.

이처럼 각 병과학교 및 일부 군사대학에서 군관 양성을 위한 교육을 담당하고 있다. 초급 군관으로서 전후방 각지에서 임무를 수행한 후 적정 기간이 지나면 다시 보수교육을 받아야 한다. 군관의 보수과정은 초급 군관 과정과 고급 군관 과정으로 나누어진다. 초급 군관 과정은 병과별 군사학교에서 6개월~1년 정도 각 목적에 맞게 교육을 받는 것이다. 소대장반, 중대장반, 참모군관반 등이 있으며 해당 직책을 수행하기 전에 관련 내용을 교육 받는다.

고급 군관 과정은 주요 군사대학에서 이루어진다. 가장 대표적인 기관은 **김일성군사종합대학**이다. 김일성군사종합대학의 군관 보수과정은 다시 본과와 강습과로 구분된다. 본과는 상위부터 중좌 계급의 군관이 약 3~4년 정도의 보수교육을 받는 것이고, 강습과는 상좌 이상의 계급을 가지고 있는 고위 군관이 약 1년 정도의 교육을 받는 것이다.

이처럼 북한 군관이 양성과정 교육 이후에 보수과정의 교육을 받고 고급 군관으로 진출하는 것은 한국을 비롯한 대부분의 국가와 유사하다. 예를 들어 한국 육군 장교의 경우를 살펴보면, 육군사관학교, 육군3사관학교, 육군학생군사학교 등의 기관에서 양성과정 교육을 받은 후 장교로 임관한다. 임관 후에는 보병학교를 비롯한 각 병과학교에서 보수교육을 이수하고, 전후방 각지에서 초급장교로서 임무를 수행하게 된다. 중대장 임무를 수행하기에 앞서 다시 고등군사반 교육을 받게 되고, 소령 진급자 중 일부를 선발하여 육군대학을 비롯한 기관에서 일정 기간 교육을 받게 한다. 차후 계급으로 진출하여 고급 장교가 되기 위해서 각 시기별 보수교육을 필수적으로 이수해야 한다.

김일성군사종합대학

김일성군사종합대학은 1952년 '고급군사학교'로 설립되어 1954년 '김일성육군대학'으로 불리다가, 1956년부터 현재의 명칭으로 변경되었다. 북한 군관의 보수교육을 담당하고 있으며, 고급 군관이 되기 위해서는 반드시 이 과정을 거쳐야 한다. 북한의 주요 군부 엘리트는 예외 없이 김일성군사종합대학에서 교육을 받았다. 육해공군 및 다양한 병과의 군관에게 보수교육을 제공하는 북한의 대표적인 군사 교육 기관이다. 평양에 위치해 있으며, 흔히 '김일성군사대'라고 줄여서 부르기도 한다.

[표 9-1]은 북한군 최고위층이 어떠한 교육을 받았는지를 알아보기 위해 그들의 학력을 확인해 본 것이다. 북한군 최고위층의 범주에는 인민군원수, 총정치국장, 국방상, 총참모장을 포함했다. 인민군원수는 김일성 일가가 아닌 자가 오를 수 있는 가장 높은 계급으로 그 상징성이 대단히 크다. 총정치국장, 국방상, 총참모장은 북한 군부 최고위층에 해당한다.

[표 9-1] 북한군 주요 인물의 학력

주요 직책 및 계급	성명	학력
인민군 원수	오진우	소련 보병학교
	최광	–
	리을설	소련 군사아카데미
	김영춘	만경대혁명학원–김일성군사종합대학
	현철해	만경대혁명학원–김일성종합대학
	리병철	만경대혁명학원
	박정천	-
총정치국장	조명록	만경대혁명학원–러시아 공군대학 등
	최룡해	만경대혁명학원–김일성종합대학
	황병서	–
	김정각	김일성군사종합대학
	김수길	-
국방상	김정각	김일성군사종합대학
	김격식	강건종합군관학교
	장정남	–
	현영철	김일성군사종합대학
	박영식	–
	노광철	–
총참모장	리영호	김일성군사종합대학
	리영길	–
	리명수	김일성군사종합대학

출처: 북한정보포털(검색일 : 2022.5.2) 및 유관 기관 자료 종합.

[표 9-1]에서 확인할 수 있듯이, 대학 이전의 학력이 확인 가능한 인물은 모두 만경대혁명학원에서 수학했다. 이는 북한의 정치·군사 엘리트를 양성하는 영재 학교로서 만경대혁명학원이 확고한 위상을 가지고 있음을 보여준다. 또한 국방상 및 총참모장으로 대표되는 전통적인 군부 출신의 인물들은 김일성군사종합대학에서 교육을 받았음을 알 수 있다. 김일성군사종합대학이 고급 군관으로 진출하기 위한 보수교육 기관으로서 독점적인 역할을 하고 있음을 확인할 수 있

다. 전통적인 군부 출신이 아니라 당이나 기타 분야에서 성장한 최룡해와 같은 인물은 김일성종합대학에서 교육을 받기도 하였다. 또한 빨치산 1세대 인물들은 구 소련 군사 교육의 영향을 받은 것으로 보인다.

다. 여군

북한은 정권 수립 초기부터 남녀평등이라는 명분을 내세우며, 여성의 노동력을 조직적으로 활용하였고, 이는 군에서도 예외가 아니었다. 북한 여군의 시초는 1947년 '평양학원'의 정규과정 1기 졸업생이라고 볼 수 있다.[32] 800여명의 졸업생 중 300여 명이 여군이었다. 이들은 6·25전쟁 중 여군의 주축으로서 활약하였다. 이들이 종사한 분야는 전통적인 군사 업무보다는 행정 및 간호 등의 부문이었다. 1950년대 이후 여군이 좀 더 대규모로 복무하게 되었고, 1962년 4대 군사노선이 채택되어 '전민무장화'가 강조되면서 여군의 양적인 증대가 탄력을 받게 되었다. 이 시기에 포병 사령부 예하 최초의 여군 고사총 여단이 창설된 것으로 알려져 있다. 1970년대에도 여군이 계속 확대되었으나, 주로 행정부서 및 고사총 부대에 한정되었다. 1980년대 이후에 일부 전투부대 및 직위에도 여군이 배치되기 시작했고, 2000년대 이후 전방 사단별로 여군 중대가 증편되는 등, 본격적으로 군의 전통적인 분야에 여군이 진출하기 시작했다.

북한 여군의 규모에 대해서는 각 연구자 및 기관별 추정에 큰 편차가 있는데, 작게는 10만 명, 많게는 20만 명까지로 예상하고 있다. 공통적으로 유추하는 것은 북한군 내 여군 비율이 1990년대 이후 현재까지 지속적으로 늘고 있다는 것이다. 또한 한국의 여군 규모가 약 1만 명, 남군 간부 대비 약 5% 규모인 것을 감안하면 북한 여군의 비율 및 규모는 한국에 비해서 높은 편이라 할 수 있다. 하지만 북한 여군의 규모를 한국 여군과 단순 비교하는 것은 무리가 따른다. 왜냐하면 북한 여성들은 본인의 의사에 반해서 군 복무를 하는 경우가 많고, 여군 병사도 존재한다. 하지만 한국 여군은 자원해서 입대하고 있고 병사가 존재하지 않기 때문이다.

이처럼 북한에서는 여군이 양적으로 확대되고 있고, 제한적이지만 질적으로 성장하고 있다. 북한 여성이 군인이 되는 과정은 기본적으로 남성과 다를 바 없다. 사실상 병역이 대부분의 여성에게 강제되기 때문에 군인이 되기 위해서 특별한 능력을 요구받는 것도 아니다. 먼저, 신체검사를 받아야 한다. 최근의 정확한 신체검사 기준은 알려져 있지 않다. 과거 신장 145cm 이상, 체중 42kg 이상이라고 알려져 있었으나, 남성 신체검사 기준이 하향 조정된 것을 감안했을 때, 이 역시 하향 조정되었을 가능성이 높다. 여성 역시 남성과 동일하게 고급중학교를 졸업하는 시점에 군에 입대해야 한다.

북한에서 군관이 되는 일반적인 길은 적정 기간 병사로 근무한 후 선발되어 관련 교육을 받는 것이다. 이는 여성도 마찬가지이다. 성분에 문제가 없으며 신체검사를 통과한 여성은 병사로서 군에 복무하게 된다. 각 군 및 병과에 따라 신병교육을 받으며, 남군과 특별한 차이는 없다. 군관이 되기 위해서는 병사나 하사관으로 근무 중에 선발되어 군관학교나 병과학교에서 교육을 받아야 한다. 선발되는 인원은 남성과 마찬가지로 수령 및 당에 대한 충성심이 뛰어나고, 출신성분에 문제가 없으며, 근무성적이 우수한 자이다. 교육은 남군과 차이가 있는데, 대부분의 군 관련 기관에서 여군 과정을 별도로 운영한다. 또한 최희숙군관학교처럼 여군을 위한 별도의 군 교육기관도 있다.

여군의 계급 구조도 앞서 소개한 남군의 계급 구조와 같다. 여군의 각 계급별 비율이 어떻게 되는지에 대해서는 알려져 있는 것이 없다. 다만, 우리의 장성급 장교에 해당하는 장령급 장교는 2017년까지 6명이 있는 것으로 알려져 있다.[33] 최초의 여군 장령급 장교는 1992년에 진급한 전구강 소장이다. 국방성 소속 병원장을 역임했다. 이는 한국 최초의 여군 장성급 장교가 간호 병과인 것과 유사하다. 그 밖에 최초의 전투병과 장령급 장교인 태선희 소장, 김정일의 여동생 김경희 대장 등이 있다.[34]

한편, 북한 여군들은 주로 전투를 지원하는 역할을 담당하고 있다. 여기에는 간호, 수송, 통신 및 각종 행정 관련 업무들이 포함된다. 또한 해안포, 고사총, 고사포 등 포를 다루는 부대들의 여군 비율이 높은 것으로 알려져 있고, 여군만으로 이루어진 부대도 있다. 특히 후방 지역의 고사포 부대는 대부분 여군이 담당하고 있다. 공군에서는 조종사 중에 여군들도 상당히 있어 육·해군에 비해 여군의 위상이 높다. 공군의 여군들이 주로 조종하는 기종은 경량 수송기로 저공 저속을 통한 후방 침투에 용이한 AN-2 등이다.[35]

이처럼 북한은 여군을 대규모로 활용하고 있지만, 이들은 주로 보조적인 임무를 담당하는 한계를 가지고 있다. 여군은 간호와 행정 분야부터 진출하기 시작했고, 전투부대에서는 포 관련 부대에 주로 배치된다. 그나마도 전방이 아닌 후방 위주로 배치된다. 또한 여성 관련 용품이 제대로 보급되지 않아 군 복무 간 어려움이 많다고 한다.

이러한 구조적인 한계와 어려움에도 불구하고, 향후 북한군 내 여군의 역할은 더욱 확대될 것으로 보인다. 이는 근본적으로 북한군 남성 병역 자원의 한계에서 기인한다. 인력 자원을 첨단 무기나 시스템으로 대체할 경제력이 부족한 상황에서 병역 기간의 연장, 더욱더 적극적인 여성 자원의 활용이 지속적으로 요청된다. 주변부부터 채워질 개연성이 높지만, 전쟁 양상의 변화와 인구 구조의 변화 등을 감안하면, 시간이 지나면서 점점 더 북한군에서 여군의 역할이 늘어날 것으로 전망된다.

요약

1. 북한의 병역제도는 '내각 결정 제148호', '10년 복무연한제'와 '전민 군사복무제'를 거쳐 현재에 이르렀다. 남성은 10년 이상의 군 복무를 해야 하고, 여성도 7년의 군 복무를 해야 한다. 1990년대 경제난 이후 영양상태 불량, 출산율 감소 등으로 인해 병역 자원이 부족해지자 신체검사 기준을 지속적으로 낮춰서 병력 충원에 애쓰고 있다. 고급중학교를 졸업한 북한 주민은 주요 대학 진학, 정책상 수혜자, 성분 불량자를 제외한 대부분이 군에 입대해야 한다.

2. 북한에서는 병사와 하사관을 통칭하여 하전사라고 한다. 병사의 계급은 전사와 상등병으로 나뉘는데, 상등병은 다시 초급병사, 중급병사, 상급병사로 구분된다. 하사관은 하사, 중사, 상사, 특무상사로 나뉜다. 북한군의 병영생활에서는 정치사상교육이 극도로 강조된다. 신병교육, 군인선서, 일과시간, 교육훈련에서 정치사상교육은 많은 비중을 차지한다. 그리고 열악한 사정 때문에 식량 조달을 위한 비(非)군사활동에 많은 시간을 할애하고 있다.

3. 북한군 군관이 되기 위해서는 하전사로서 일정 기간 우수하게 복무 후 선발되어 군관학교에서 교육을 받아야 한다. 대표적인 군관 양성과정에는 강건종합군관학교가 있다. 이후 고급 군관으로 진출하기 위해서는 보수교육을 받아야 하는데, 가장 대표적인 기관이 바로 김일성군사종합대학이다. 정치 군관이 되기 위해서는 김일성정치대학에서 교육을 받아야 한다. 일반적인 북한군 엘리트의 경로는 만경대혁명학원을 거쳐 김일성군사종합대학을 졸업하는 것이다.

4. 북한은 762만여 명에 이르는 대규모 예비전력을 보유하고 있다. 붉은청년근위대는 고급중학교 학생들로 구성되어 약 94만 명에 이르고 개인화기를 100% 보급받는다. 교도대는 예비전력의 핵심으로서 17~50세의 남성과 17~30세의 여성으로 편성된다. 개인화기 100%, 공용화기 70~80%가 지급되고 강도 높은 훈련을 통해 상비 전력에 버금가는 전투력을 유지하고 있다. 노농적위군은 570만 명에 이르는 대규모 조직으로 17~60세의 남성과 17~30세의 여성 중 교도대 미편성자로 조직되어 있다. 주 임무는 민방위 및 후방 시설 방어이다.

미주

1 2019년도 수정 헌법. 통일법제 데이터베이스(http://www.unilaw.go.kr/bbs/selectBoard Article.do)에서 2022년 5월 2일에 검색.

2 경향신문. 2014.09.26. 김정은 "군복무 1년 연장 · 여성 의무복무".

3 징집은 군에 복무할 수 있는 병역 대상자를 모집하는 것이다. 북한에서는 주로 '초모'라는 단어를 사용하는데, 초모란 군 지원자를 뽑는 것을 의미하며 형식상으로는 지원병제에 해당한다. 그러나 실제로는 초모 연령이 되면 신체 불합격자, 정책 수혜자, 성분 불량자, 대학생 등을 제외하고는 대부분 군복무를 하고 있다. 본 글에서는 독자의 이해를 위해 '징집'이라는 단어를 사용한다.

4 국립통일교육원, 『2022 북한이해』 (서울: 국립통일교육원, 2022), p.148.

5 국민일보. 2016.03.16. "'총보다 키 크면 무조건 군대 간다?' 北 인구감소로 142cm이상 모두 입대".

6 허동욱(2013)의 글에 따르면 북한 여군의 신체검사 합격 기준은 신장 145cm 이상, 체중 42kg 이상이다. 하지만 최근 북한 남군 신체검사 합격 기준을 감안하면, 현재 북한 여군에 적용되리라고 판단하기에는 다소 무리가 있다.

7 북한의 주민성분 조사사업 및 계층에 대해서는 3장을 참고하길 바란다.

8 정병호 · 최창국, 2007, "북한의 군사교육제도", 「교수논총」 44: 229~256.

9 이승훈 · 홍두승, 『북한의 사회경제적 변화』 (서울: 서울대학교출판부, 2007), p.141.

10 국립통일교육원, 『2022 북한이해』 (서울: 국립통일교육원, 2022), pp.147~148.

11 북한연구소, 2011, 『북한총람』 p.703.

12 뉴데일리, 2017.1.18., "3년 만에 복무기간 다시 줄이는 북한군...왜?"; VOA, 2023.3.22., CIA "북한 남성 군 복무기간 최장 10년으로 재연장…여성도 최대 3년 늘어나".

13 홍성국, 2010, "1993/2008년 북한 인구센서스 : 인구구조의 변화", 「북한학보」 35(1).

14 통계청 국가통계포털(https://kosis.kr/bukhan/statisticsList). 검색일: 2025. 5.12.

15 연합뉴스, 2022.11.30., "북한 주민 96%가 한국 드라마·영화시청 경험".

16 선데이저널, 2022.8.31., "북한인구 19%가 핸드폰 사용한다지만...".

17 육군사관학교, 『북한학』(서울: 황금알, 2006), p.216.

18 북한군은 계급 구조를 '군사 칭호'라고 부른다.

19 정병호 · 최창국, 2007, "북한의 군사교육제도", 「교수논총」 44: 229~256.

20 윗글.

21 정보사령부, 2011, 『북한군 군사규정』. p.267.

22 북한에서 생활총화는 수령과 당의 교시에 어긋나는 일을 하였는지를 점검해보는 자기비판이다.

23 윗글. pp.29~36.

24 신광민, "북한군 정치사상교육에 관한 연구", 「대학원연구논집-동국대학교대학원」 33.

25 4대 교육훈련 원칙과 5대 교육훈련 방침은 정병호 · 최창국(2007: 238~239)을 참고함.

26 통일교육원, 『2016 북한이해』(서울: 통일교육원, 2015), p.140.

27 군 병원의 규모는 다음과 같이 추정된다.
연대 군의소 : 군의관 8~10명, 간호병 10여 명
사단 군의소 : 군의관 20~25명, 간호병 50여 명
군단 야전병원 : 군의관 60~70명, 간호병 및 간호원 130여 명

28 국립통일교육원, 『2022 북한이해』(서울: 국립통일교육원, 2022), p.149.

29 정병호 · 최창국, 2007, "북한의 군사교육제도", 「교수논총」 44: pp.229~256.

30 윗글.

31 군관학교의 예 : 강건종합군관학교, 김철주포병종합군관학교 등
군사대학의 예 : 김일성군사종합대학, 김일성정치대학 등

32 북한은 여군의 모태를 1936년 4월 중국에서 조직한 여군 중대에서 찾는다. 하지만 이는 북한이라는 정치체제가 수립되기 이전의 활동일뿐만 아니라, 김일성의 첫 번째 부인이자 김정일의 어머니인 김정숙의 활동을 부풀리는 과정에서 발생한 것이다. 따라서 평양학원의 졸업생 300여명을 북한군 여군의 시초로 보는 것이 보다 적절해 보인다.

33 ① 전구강 소장 : 북한 여군 최초의 장령급 장교로 알려짐(1992년 진급) ② 태선희 소장 : 북한 여군 최초의 공군 조종사 ③ 김학실 소장 : 조국해방전쟁 승리기념관 강사 ④ 주순옥 소장 : 강반석유자녀대학 학장 ⑤ 권영교 소장 : 소속이 알려져 있지 않음 ⑥ 김경희 대장 : 김정일의 여동생. 장성택 처형 이후 행적이 알려지지 않고 있음.

34 김경희가 군 경력을 인정받아 진급한 것은 아니다. 백두혈통 및 유력자가 그러하듯이, 대장으로 '임명'된 것이다. 장성택 처형 이후 김경희의 활동에 대해서는 알려져 있지 않다.

35 허동욱, 2013, "남 · 북한 여군 운영의 실체와 대응전략", 「군사연구」 136: pp.241~269.

제10장 북한의 군사비는 어떻게 책정되며, 무기체계는 어떻게 발전해 왔는가?

군수산업이란 국가의 여러 산업분야 중 군사 장비 및 무기 등의 군수품을 생산하는 산업을 의미한다. 민수산업은 군수산업의 반대개념으로서 민간에서 요구되는 제품을 생산하며, 군수산업은 군의 활동에서 요구되는 제품을 생산하는 산업을 의미한다. 군수산업의 생산 활동은 군사비에 영향을 받는다. 군사비가 많이 책정된 경우 군수산업의 생산량이 늘어나며, 군사비가 적게 책정된 경우 군수산업의 생산이 위축된다. 따라서 군수산업의 생산 활동을 결정하는 핵심적 요소는 군사비이다. 군수산업은 민수산업과 일정한 상관관계를 갖는다. 일반적으로 군수산업과 민수산업 간에는 음의 상관관계를 갖는다고 알려져 있다. 즉, 군수산업의 발전은 민수산업의 발전을 저해한다는 것이다. 군수산업도 일반 민수산업과 같이 일정한 단계를 거쳐 발전하는 경향이 있다. 군대의 수요와 국방과학 기술력에 따라 군수산업의 규모와 생산제품이 결정되는 것이 일반적이지만, 저자본 및 소규모 설비가 요구되는 군수산업으로부터 고자본 및 대규모 설비가 요구되는 군수산업으로 성장하는 경향성을 갖는다. 일반적으로 군수산업의 생산 제품들은 해당 국가의 군대에서 소비된다. 그러나 국내적으로 과잉 생산이 발생하거나, 국제적으로 경쟁력을 갖춘 무기체계를 개발한 경우 해외 판매를 통해 소비되는 경우도 있다. 본 장에서는 북한의 군사비와 무기체계에 대해서 살펴본다.

학습목표

1. 북한군의 군사비를 결정하는 조직과 북한 군사비의 특징을 이해한다.
2. 북한 군사비의 변화를 살펴보고, 북한 군수산업과 민수산업의 관계를 이해한다.
3. 북한 무기생산의 시기적 변화와 변화의 원인을 이해한다.

탐구중점

1. 제2경제위원회의 구성과 기능 및 북한 군사비의 특징은 무엇인가?
2. 북한의 군사비는 지난 70년 동안 어떻게 변화해 왔으며, 군수산업의 발전이 민수산업의 발전에 어떠한 영향을 주었는가?
3. 북한은 시기별로 어떠한 무기체계를 생산해 왔으며, 생산 제품 변화의 원인은 무엇인가?

핵심개념

- 군수산업
- 제2경제위원회
- 군사비
- 군사비의 불투명성
- 군사비의 과다지출
- 예산대비 군사비 비율
- 군비경쟁
- 민수산업
- 중공업 성장
- 국제정세 변화
- 군사전략 변화
- 무기의 공급 과잉
- 외화 획득

1. 북한의 군사비와 무기체계 발전 개요

북한에는 '제2경제'라는 용어가 존재하며, 이는 북한의 군사경제 분야를 지칭하는 용어이다. 북한 군사경제의 세 가지 축은 '제2경제위원회'라는 기관, 군사비, 그리고 군수품의 생산과 소비 활동이다. 제2경제위원회는 북한의 군사비를 결정하는 핵심적 기관으로서 군사비 편성과 함께 군수품을 생산하는 예하의 공장들을 관리하고 있다. 북한의 군사비는 불투명성과 과다 지출이라는 특징을 갖고 있다. 북한의 군사비는 국방성의 예산 이외에도 제2경제위원회에서 편성하는 엄청난 양의 전력개발비가 존재하며, 이는 북한의 국방예산에 포함되지 않는 관계로 북한 군사비의 정확한 규모를 알 수 없다. 또한 북한의 군사비는 국가예산에서 차지하는 비중이 매우 큰 것으로 알려져 있다. 대한민국의 경우 1990년대 중반 이후 국가의 총 예산 중 15% 이하를 국방비로 지출하고 있는 반면, 북한의 경우 예산 중 30~50%를 군사비로 지출하는 것으로 추정하고 있다. 6·25전쟁 이후 대한민국과 북한은 서로에 대한 군사적 우위를 달성하기 위해서 경쟁적으로 군사비를 지출해 왔다. 지난 60여 년 동안 대한민국과 북한의 군사비는 일정한 상관관계를 보이고 있다. 1970년대 중반 대한민국의 군사비가 북한의 군사비를 앞지르기 시작했으며, 1990년대부터는 대한민국의 군사비가 북한의 군사비를 압도했다. 북한은 재래식 군비경쟁에서의 패배를 만회하기 위해 대량살상무기를 개발했다. 일반적으로 민수산업과 군수산업 간에는 음의 상관관계를 갖지만, 북한의 군수산업 성장은 국가의 총생산을 증가시킨다고 알려져 있다. 이는 북한 군수산업이 국가의 총 산업생산에서 차지하는 비중이 매우 크기 때문에 발생하는 현상이며, 북한의 비대한 군수산업은 민수산업의 발전과 경제 성장을 가로막는 걸림돌로 작용하고 있다.

6·25전쟁 이후 본격적으로 생산 활동을 시작한 북한의 군수산업은 대한민국의 군수산업과 비교해 봤을 때, 매우 일찍이 그리고 급속히 성장했다. 1960년대 이미 사단급, 1970년대 군단급 지상군 부대를 완전 무장시킬 수 있는 능력을 갖추었다. 1980년대에는 미사일 및 대량살상무기를 개발하기 시작했으며, 1990년

대에는 단거리 및 중·장거리 미사일 완제품을 생산할 수 있는 능력을 갖추게 되었다. 북한 군수품 생산의 양적, 질적 발전 원인은 중공업의 성장과 국제정세의 변화로 인한 군사전략의 변화에서 찾을 수 있다. 북한은 저자본 소규모 설비가 요구되는 소화기 중심의 무기 생산을 시작으로 중공업이 발전함에 따라 고자본 대규모 설비가 필요한 자주화 장비 및 포병 화기를 생산할 수 있게 되었다. 또한 1970년대 본격화된 중국과 소련의 갈등과 1980년대 말에 발생한 공산주의 국가 몰락이라는 국제정세의 변화는 북한이 '배합전과 속전속결', '대량살상전'이라는 군사전략을 채택하게 하는 계기가 되었다. 이와 같은 군사전략의 달성을 위해 북한은 무기 생산의 양적 증가뿐만 아니라, 질적 개선, 그리고 대량살상무기 개발을 추구하게 되었다. 북한의 군수산업 시설에서 생산한 군수품들 중 대다수는 북한의 군대에서 소비된다. 그러나 과잉 공급 문제 해결 및 외화 획득이라는 목표를 달성하기 위해서 북한은 무기를 해외로 판매하고 있으며, 이렇게 수출된 무기들은 지역분쟁 및 타국가의 내전에 사용되면서 소비되기도 한다.

2. 북한 군수산업의 구조

북한의 군수산업을 이해하기 위해서는 북한의 군사경제를 관리하는 조직과 군사비를 살펴볼 필요가 있다. 북한의 군사 경제는 '제2경제'라는 독특한 이름으로 불리며, 로동당과 국가적 차원에서 군수산업은 매우 중요한 산업으로 평가받는다. 북한은 '제2경제위원회'라는 조직에서 상당 부분의 년도 별 군사비를 결정하며, 책정된 군사비를 활용하여 군수산업시설의 생산을 관리한다. 북한은 국내총생산(GDP) 대비 엄청난 규모의 군사비를 사용하는 것으로 알려져 있으나, 다양한 이유로 인하여 북한 군사비의 규모를 정확히 파악하는 것은 매우 어려운 실정이다. 국내외 여러 기관에서 북한 군사비의 규모를 추정하여 발표하고 있으며, 추정된 북한의 군사비를 활용하여 남북한 간의 군사비 변화 추이 및 군비경쟁의 양상을 이해할 수 있다. 북한의 군수산업과 민수산업의 상관관계에 대한 다양한 시각이 존재한다. 일반적으로 군사비의 과다지출은 국가의 경제성장을 저해하고,

민수산업의 발전을 막는다고 알려져 있다. 실증적 자료를 통한 분석 결과를 보았을 때, 북한의 군수산업과 민수산업 간에는 양의 상관관계가 존재한다고 나타났다. 그러나 이는 군사비가 국가 총예산에서 차지하는 비율이 과다하기 때문에 나타나는 현상일 뿐이며, 북한의 군수산업은 민수산업의 성장과 국가 경제의 발전을 저해하는 근본적인 원인이라고 평가해 볼 수 있다. 본 절에서는 북한의 군사비와 군수산업 전반을 관리하는 제2경제위원회의 기능과 조직을 살펴보고, 제2경제위원회의 활동이 갖는 함의를 제시한다. 또한, 남북한 군비경쟁의 맥락에서 북한 군사비 지출의 양상과 북한 군수산업과 민수산업의 관계를 살펴본다.

가. 제2경제위원회

북한에서 사용하는 '제2경제'란 용어는 북한의 군사경제를 의미한다. 일반경제와 달리 군사경제는 상당히 단순한 구조를 갖고 있다. 군사경제는 국가가 편성하는 군사관련 예산인 '군사비'와 생산을 담당하는 '군수산업' 그리고 생산품을 소비하는 '군대'로 이루어져 있다. 북한은 1960년대 경제와 군사를 동시에 발전시키겠다는 정책(경제·국방 건설 병진노선)을 채택한 이후 엄청난 양의 군사비를 지출하는 가운데 군수산업의 발전을 추구해왔다. 제2경제위원회는 북한의 제2경제를 관리하는 핵심적 '군산복합체(Military-Industrial Complex)'로서 군사비를 책정하고 군수산업을 관리한다. **제2경제위원회**는 국방성으로부터 독립하여 북한의 연간 군사비를 책정하며, 130여개의 군수공장 및 60여 개의 기업소 관리를 통해 군수품의 생산을 관리한다.[1] 또한 군사관련 예산의 편성과 군수품 생산관리의 기능을 뛰어넘어 외국과의 무역활동을 하는 등 다양한 경제활동 기능을 담당하는 것으로 알려졌다.[2]

제2경제위원회는 상당히 긴 역사를 가지고 있다. 1960년대 경제·국방 병진노선을 채택한 이후 국가기관인 내각 소속의 '제2기계공업부'를 신설하여 소화기 및 박격포 등의 군수품 생산 공장을 독자적으로 관리하도록 했으며, 노동당 비서국에 군수품 생산 담당 전문 비서직을 신설하기도 했다. 1970년대 초 제2기계공업부는 '제2경제위원회'로 확대 및 개편되었다. 조직의 구조적 측면에서 내각 산하에 제2경제위회를 두기는 했지만, 개편 당시부터 내각의 기타 기관들이 담당하는 일반경제에 우선하여 예산계획, 군수품의 생산과 자재공급, 재정업무를 독자적으로 추진하는 등 상당한 자율성을 확보한 기관이었다. 1993년 헌법 개정 당시 제2경제위원회는 국방최고지도기관인 국방위원회 소속으로 변경되었다.[3] 당시 헌법 개정을 통해 제2경제위원회는 내각 소속의 일반경제를 담당하는 기구들로부터 독립적인 위상을 강화했을 뿐만 아니라, 사실상 내각보다 더 높은 지위를 차지하게 되었다.

군산복합체(Military-Industrial Complex)

군산복합체란 군부와 군수산업의 협력적 상호의존관계를 설명하는 단어이다. 미국 아이젠하워(Dwight Eisenhower) 대통령이 1961년 이임연설에서 군산복합체의 위험성에 관하여 경고함으로서 널리 사용되게 되었다. 군수산업은 군부에서 필요로 하는 무기를 포함한 다양한 군수품을 생산하여 군부에 공급하고, 군부는 군수산업 분야로부터 공급된 군수품을 소비한다. 군수품의 생산과 소비를 중심으로 발생하는 군부와 산업 분야 간의 협력관계로 인하여 관료의 부패 및 국방정책의 왜곡 현상이 발생하기도 한다. 북한의 제2경제위원회는 일반적인 민주주의 국가들의 군산복합체와 구별되는 특성이 있다. 민주주의 국가의 군산복합체는 민간부문의 생산과 정부 부문에서의 소비에서 협력적 관계가 발생하는 반면, 북한의 제2경제위원회는 생산과 소비 모두 정부 부문에서 이루어지는 가운데 협력적 관계가 발생한다.

제2경제위원회의 주요 기능은 크게 군 관련 예산(군사비)의 편성과 무기의 생산관리 두 가지로 구분해 볼 수 있다. 제2경제위원회의 첫 번째 주요 기능은 군사비 편성 기능이다. 제2경제위원회는 국방성 산하 군수계획국의 예산 편성 기능으로부터 완벽히 독립된 군사비 편성 기능을 보유하고 있다. 일반적으로 군사비는 크게 운영유지비와 전력발전비로 나누어진다. 운영유지비는 병력, 장비, 시설의 유지를 위해 사용되는 비용이며, 전력발전비는 무기 및 장비의 구입, 연구개발에 사용되는 비용을 의미한다. 북한의 군사비 중 운영유지비에 해당하는 예산은 국방성 군수계획국에서 계획하고 내각 산하의 국가계획위원회의 검토 후 결정된다. 반면, 무기와 군 관련 장비의 생산 및 구입에 필요한 비용인 전력발전비는 제2경제위원회에서 독립적으로 계획하고 국가계획위원회의 검토 후 결정된다.

제2경제위원회의 두 번째 기능은 무기와 군 관련 장비의 생산관리이다. 국가 최고지도기관으로부터 승인받아 할당된 전력발전비를 기반으로 제2경제위원회는 북한군이 사용하는 모든 무기체계와 군 관련 장비를 생산한다. 소총과 수류탄과 같은 개인화기로부터 전차, 장갑차, 자주포와 같은 기계화 장비, 해군 함정과 공군 항공기, 생화학무기와 미사일 등의 대량살상무기까지 북한군이 사용하는 모든 무기와 장비를 생산한다. 제2경제위원회는 무기의 성능개선 및 개발을 위한 연구개발 기능도 보유하고 있으며 무기 생산에 필요한 물자의 수입 및 군수산업 생산품을 해외에 판매하는 무역 기능도 보유하고 있다.

제2경제위원회는 종합계획국, 7개 총국과 대외무역총국, 국방과학원으로 구성된다. 종합계획국은 제2경제위원회의 핵심부서로서 무기와 장비의 생산계획, 자재조달, 예산 편성 및 무기판매 등 제2경제위원회의 모든 활동을 계획한다. 1총국으로부터 7총국에 이르는 7개의 총국은 각 분야별 무기 및 장비의 생산을 관리한다. 1총국은 소형무기 및 탄약, 2총국은 전차와 장갑차, 3총국은 곡사포 및 다연장로켓 등의 포병무기, 4총국은 미사일, 5총국은 생화학 및 핵무기, 6총국은 해군 함정 및 잠수정, 7총국은 공군 항공기와 통신기기를 생산하는 공장과 기업소를 관리한다. 대외무역총국은 '룡악산무역총회사'와 '조선금강은행'을 직영으로 두고 있으며, 무역회사와 은행을 이용하여 무기 생산에 필요한 물자의 수입 및 무기의 수출을 주도한다. 국방과학원은 대한민국의 국방과학연구소(ADD: Agency for Defense Development)와 같은 기능을 한다. 국방과학원은 총 40여 개의 연구소를 보유하고 있으며, 북한군의 모든 무기와 장비의 성능개량 및 개조, 신무기 개발 연구를 하고 있다.

대한민국에는 위상과 기능 측면에서 북한의 제2경제위원회와 유사한 기관이 존재하지 않는다. 대한민국의 국방비는 국방부의 예산에 해당하는 운영유지비와 전력발전비로 구성된다. 대한민국 국방부에서 계획한 국방 관련 예산은 국가의 재정을 관리하는 기획재정부의 검토 후 대한민국 국회의 조정에 의해 할당된다. 북한의 제2경제위원회는 대한민국의 국방부에 해당하는 국방성의 통제를 받지 않으며, 국무위원회의 직접 통제를 받는다. 기능적 측면에서도 대한민국 국방부는 무역과 금융기능이 없는 반면, 제2경제위원회는 무역회사와 전용 은행을 보유하고 있다. 제2경제위원회는 북한이 군사비 및 군수산업을 중시하는 정책의 결과물이며, 무기와 군수물자 전반의 생산과 판매, 소비 등을 관리하는 북한 특유의 거대한 군산복합체라고 평가해 볼 수 있다.

나. 북한의 군사비

군수산업 시설을 가동하기 위해서는 국가의 **군사비** 지출이 필요하다. 국가가 지출하는 군사비 중 전력발전비에 해당하는 부분이 군수산업 시설의 가동에 필요한 자본을 제공하기 때문이다. 군사비의 지출이 증가할 경우 군수산업이 성장한다고 볼 수 있으며, 군사비의 지출이 감소할 경우 군수산업의 성장이 제한을 받는다고 할 수 있다. 북한의 군사비 지출은 불투명성과 과다지출이라는 특징을 갖고 있다. 북한 군사비 중 상당 부분이 일반 경제 분야의 예산으로 은닉되어 있으며, 국가 경제 규모에 비해 과대한 군사비를 지출하고 있다는 것이다. 북한 군사비의 변화 추이는 남북한 군비경쟁의 맥락에서 살펴볼 필요가 있다. 6·25전쟁 이후 대한민국과 북한은 지속적으로 군사비 지출을 늘려오고 있다. 북한의 군사비 지출과 대한민국의 군사비 지출은 일정한 상관관계를 갖고 그 규모가 증가하고 있는 것이다. 북한과 대한민국의 군사비 지출을 비교해 보았을 때, 대한민국은 북한에 비해 압도적으로 많은 액수의 군사비를 지출하고 있다. 그러나 대한민국의 군사비 지출 증가는 국가 경제의 폭발적 성장으로 인한 것이며, 총 예산대비 군사비의 비중은 현저히 줄어들었다. 반면 북한은 지속적인 저성장에도 불구하고 군사비를 늘려왔다. 북한의 총 예산대비 군사비 과대 지출은 산업간 불균형을 초래했으며 저성장의 주된 원인으로 지목될 뿐만 아니라, 대한민국의 안보를 위협하고 있다.

1) 북한 군사비 지출의 특징

북한 군사비 지출의 특징은 크게 두 가지로 요약해 볼 수 있다. 첫 번째는 **군사비의 불투명성**이다. 북한 군사비의 불투명성은 대외에 발표하는 군사비 지출과 실제 군사비가 다르다는 추측에서 기인한다. 북한의 경우 대외적으로 발표하는 군사비가 실제로 지출되는 군사비보다 현저히 적다는 의심을 받고 있다. 북한이 대외적으로 군사비를 적게 발표하는 이유는 두 가지이다. 먼저 과다한 군사비 지출을 노출시키지 않음으로써 비난의 소지를 없애려는 측면 때문이고, 또한 제2경제위원회를 통해 편성되는 군 관련 예산이 국방성의 예산이 아닌 일반경제 예산으로 책정되기 때문이다.[4] 앞서 살펴본 바와 같이 제2경제위원회에서 관리하는 전력발전비의 경우 국방성의 통제를 받지 않기 때문에, 국방성에서 사용하는 운영유지비만을 군사비로 발표할 경우 상당한 규모의 전력발전비가 누락된다.

두 번째 특징은 **군사비의 과다지출**이다.[5] 북한의 군사비 지출 규모 자체가 불투명하다는 점을 인정하는 가운데에도, 북한의 군사비가 과다하게 지출된다고 보는 이유는 다음과 같다. 먼저 128만 명 수준의 상비 병력을 유지하기 위해서는 엄청난 규모의 운영유지비가 필요하다는 것이다. 병력의 양적 우위를 중시하는 북한은 지속적으로 대한민국의 병력보다 많은 병력을 유지하는 정책을 취하고 있다. 병력의 양적 측면에서 북한의 병력이 대한민국 병력의 두 배 이상이라는 점을 감안했을 때, 북한은 상당량의 운영유지비를 지출할 것이라고 유추할 수 있다. 또한, 국가 경제 규모에 비해 군사비를 과다 지출한다는 것이다. 일반적으로 한 국가의 군사비는 비생산적인 부문에 대한 지출로서 민간분야의 경제성장에 부정적인 영향을 준다.[6] 북한의 경제성장은 이미 1980년대부터 둔화되기 시작했을 뿐만 아니라, 동구권 공산주의 국가의 몰락과 고난의 행군 시기인 1990년대 이후 현저한 경제난을 겪고 있다. 둔화된 국가 경제 상황에도 불구하고 국가 경제 규모에 비해 상당히 큰 규모의 군사비를 지속적으로 지출하는 것으로 추정된다.

2) 남북한의 군비경쟁

북한 군수산업의 성장과 둔화를 결정하는 결정적인 요인은 북한의 군사비 지출 규모이다. 군사비가 상대적으로 많이 편성된 경우에는 군수산업을 통해 보다 많은 무기와 장비를 생산할 수 있으며, 군사비가 상대적으로 적은 경우 군수산업의 생산 활동이 위축되기 때문이다. 북한의 군사비 지출을 이해하기 위해서는 군비경쟁이라는 이론적 토대 위에서, 남북한 간에 발생하는 경쟁적인 군사비 지출 양상을 살펴보아야 한다.[7] 적대적인 두 국가는 상대방 국가에 대한 군사적 우위를 차지하기 위하여 많은 군사비를 지출하여 군사력을 강화하려고 한다. 일반적으로 **군비경쟁**은 적대적인 두 국가의 군비 지출과 관련된 상호작용으로서 작용과 반작용의 원리를 따른다. 예를 들어 적대적인 두 국가 A와 B가 있다고 가정했을 때, 국가 A의 군비증강은 국가 B의 군비증강을 불러오며, 국가 B의 군비증강은 다시 국가 A의 군비증강을 불러온다. 예로 제시된 국가 A와 국가 B의 상황과 같이, 북한의 군비증강은 대한민국의 군비증강을 불러왔으며, 대한민국의 군비증강은 또다시 북한의 군비증강을 야기해왔다고 평가한다. 이러한 남북한 간의 군비 지출의 상호작용에 대한 이해를 통하여 북한의 군사비 지출을 파악하고 예측해 볼 수 있다.

> **군비경쟁(Arms Race, 軍備競爭)**
>
> 군비경쟁이란 둘 또는 그 이상의 국가 간에 서로 우월한 군사력을 보유하기 위하여 경쟁하는 현상을 의미한다. 군비경쟁에 참여하는 각 국가들은 경쟁국에 비해 우월한 병력, 무기, 군사기술을 보유하기 위하여 노력한다. 군비경쟁의 대표적인 예는 제1차 세계대전 직전에 발생했던 영국과 독일 간의 '군함경쟁'과 함께, 냉전기 미국과 소련 간의 '핵무기 경쟁'을 들 수 있다.

북한의 군사비 지출 규모에 관한 분석을 위해서는 먼저 남북한 간의 군비경쟁이 존재하는지 여부에 관해서 살펴볼 필요가 있다. 냉전기 소련의 군사비 지출에 관한 분석을 위해 수많은 학자들이 미국과 소련 간의 군비경쟁 현상에 관하여 연구했다.[8] 냉전 시기 미국과 소련 간에 극심한 군비경쟁이 존재해 왔다는 일반적인 믿음과 달리, 적지 않은 학자들이 소련의 군사비 지출과 미국의 군사비 지출이라는 두 변수 간에는 큰 상관관계가 존재하지 않는다고 주장했다. 따라서 대한민국과 북한의 군사비 지출에 관한 실증적인 자료를 토대로 남북한의 군사비 지출을 살펴보아야 한다.

[그림 10-1] 남북한 군사비 지출 현황 (1960~2015)

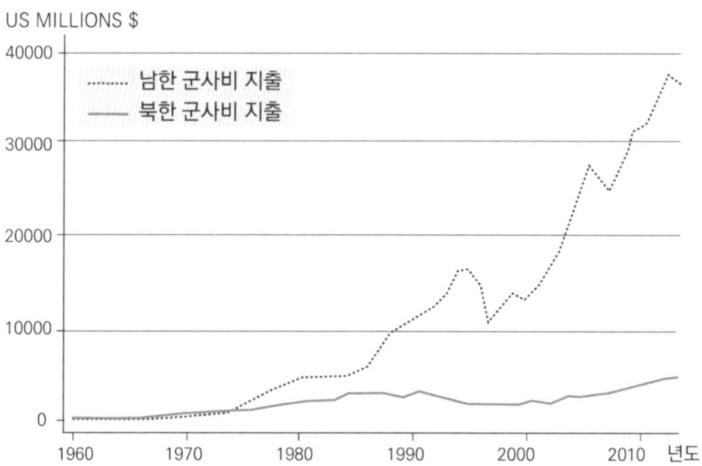

출처: 함택영. 『남북한 군비경쟁과 군축』 (서울: 경남대학교 출판부, 1992); SIPRI, SIPRI Yearbook.

[그림 10-1]은 1960년부터 2015년까지 북한과 대한민국의 군사비 지출 현황을 나타내고 있다. 위의 그림을 통해 다음 몇 가지 사실을 확인해 볼 수 있다. 첫째, 1970년대 중반 남북한 군사비 지출의 역전 현상이 발생했다. 격차가 크지는 않지만, 1970년대 중반 이전까지는 북한이 대한민국에 비해 많은 양의 군사비를 지출 해왔다. 그러나 1970년 중반, 대한민국이 북한에 비해 많은 군사비를 지출하는 군사비 지출의 역전 현상이 발생했으며, 이후로도 대한민국이 북한에

비해서 많은 군사비를 지출하고 있다. 둘째, 시간이 지남에 따라 남북한 간의 군사비 지출의 격차가 커졌다. 1980년대 이전까지는 남북한 간의 군사비 지출 격차가 크지 않았지만, 1980년 이후 대한민국은 북한에 비해 많은 군사비를 지출하고 있으며, 1990년 이후 대한민국은 북한에 비해 압도적으로 많은 양의 군사비를 지출하고 있다.

남북한 간의 군비경쟁 양상을 확인하기 위해서는 군사비 지출 현황과 함께 정부 예산대비 군사비 지출의 비율을 살펴볼 필요가 있다. 예산대비 군사비 지출 비율이 갖는 의미는 군사 분야에 대한 국가의 상대적 관심을 의미한다. 군사비 지출의 규모 자체도 중요하지만, 군사 분야에 대한 국가의 관심 정도를 동시에 파악할 때 보다 효과적인 분석이 가능하다고 할 수 있다. 따라서 군사 분야와 비군사 분야에 대한 상대적 자원 할당 규모를 비교할 필요가 있다. 군사 분야와 비군사 분야에 대한 상대적 자원 할당 규모를 나타내는 지표는 국가 예산대비 군사비 지출의 비율이다. 국가의 총예산에서 높은 비율의 군사비를 지출한다는 것은 상대적으로 군사 분야에 대한 많은 관심을 의미하며, 낮은 비율의 군사비 지출은 군사 분야에 대한 작은 관심을 의미한다.

[그림 10-2]는 1960년부터 2015년까지 북한과 대한민국의 **총예산대비 군사비 지출의 비율**을 보여주고 있다. 대한민국의 경우 2015년까지의 정부 예산과 군사비 지출 자료를 획득할 수 있으나, 북한은 1994년 이후 총예산을 정확히 발표하지 않고 있는 관계로 1994년까지의 자료를 가지고 분석했다. 가장 먼저 확인할 수 있는 사실은 대한민국의 군사비 지출 비율은 전반적으로 하향 패턴을 보이고 있다는 것이다. 1990년 이전까지 대한민국 군사비 지출 비율은 높아지거나 낮아지는 양상이 있지만, 전반적으로 국가 예산 중 20% 이상을 군사비로 지출해 왔다. 그러나 1990년 이후 대한민국은 군사비 지출 비율을 지속적으로 낮추고 있으며 1990년대 중반 이후 정부 예산 중 15% 이하를 군사비로 지출해 오고 있다.

[그림 10-2] 남북한 예산대비 군사비 지출 비율(%) 현황 (1960~2015)

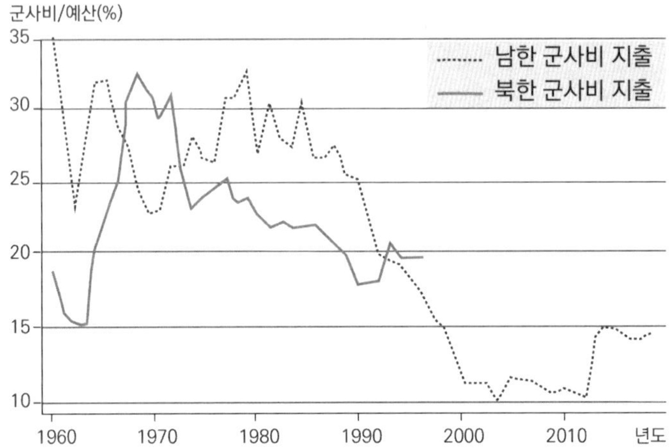

출처: 함택영. 『남북한 군비경쟁과 군축』(서울: 경남대학교 출판부, 1992); SIPRI. SIPRI Yearbook; 한국국방연구원(KIDA). 국방예산통계 (www.kida.re.kr).

북한의 군사비 지출 비율 지표를 통해 다음과 같은 사실을 확인할 수 있다. 첫째, 1960년대 중반 북한의 군사비 지출 규모가 폭발적으로 늘었다. 1960년대 초 군사비 지출의 비율이 20% 이하였으나, 1960년 중반 군사비 지출의 비율을 폭발적으로 늘려 1970년대 초까지 예산대비 군사비의 비율이 30% 이상으로 늘어났다. 군사비 지출의 규모가 급격히 늘어난 시기에는 군수산업을 포함한 북한의 군사경제 역시 폭발적으로 성장했을 것이라고 유추해 볼 수 있다. 둘째, 대한민국의 군사비 지출 비율은 1980년대 말부터 급격히 감소하는 추세를 보이고 있지만, 북한의 군사비 지출 비율은 1980년대 말부터 다시 상승하는 추세를 보이기 시작했다.

남북한 간의 군비경쟁 양상을 분석한 기존의 연구들은 크게 두 부류로 나누어진다. 첫 번째 부류는 북한의 군사비 지출과 남한의 군사비 지출이 상호 영향(reciprocal effect)을 주고 있다는 것이다.[9] 다시 말해 북한의 군사비 지출 증가는 대한민국의 군사비 지출 증가를 불러오고, 대한민국의 군사비 지출 증가가 북한의 군사비 지출 증가를 불러왔다는 것이다. 두 번째 부류는 북한의 군사비 증강이 대한민국의 군사비 증강에는 영향을 주었지만, 대한민국의 군사비 증강은 북한의 군사비 증강을 불러오지 않았다는 주장이다.[10] 군비경쟁의 일반적인 패턴은 경쟁에 참여하는 두 국가의 작용과 반작용에 따라 상호 간 영향을 주고받는 것이지만, 대한민국의 군사비만 일방적으로 북한 군사비의 영향을 받았다는 것이다. 상호 영향력에 관한 두 주장은 상반되지만, 두 주장 모두 북한의 군사비와 대한민국의 군사비 간에는 연관 관계가 있다고 보고 있다.

남북한의 군사비 지출 현황과 군사비 지출 비율 자료를 종합적으로 살펴보았을 때, 대한민국의 군사비와 북한의 군사비는 일정한 상관관계가 존재한다고 볼 수 있다. 앞서 설명했던 군비경쟁의 양상을 일정 부분 확인할 수 있다는 것이다. 군사비 지출 현황을 살펴보았을 때 지난 60여 년 동안 대한민국과 북한 모두 군사비 지출의 규모를 늘려왔다. 대한민국의 경우 폭발적인 경제성장으로 인해 군사비의 규모는 늘었지만, 군사비 지출의 비율은 줄어들었다. 반면 경제성장에 실패한 북한은 대한민국과 같은 수준의 군사비 확충은 할 수 없었지만, 지속적으로 군사비를 늘려왔다. 군사비 지출 비율의 측면에서 대한민국은 경제성장에 동반한 국가 예산의 확대로 인하여 군사비 지출의 비율이 감소했지만, 북한은 사실상의 저성장에도 불구하고 군사비 지출의 비율을 유지 및 증가시키고 있다.

앞서 살펴본 남북한의 군비경쟁 양상 분석은 큰 제한점을 갖는다. 대한민국의 연도별 군사비 지출은 상대적으로 매우 투명하게 관리되고 은닉된 부분이 존재하지 않지만, 북한의 군사비 지출은 은닉된 부분이 많고, 투명하게 관리되지 않는다. 그림에 나타난 북한의 연도별 군사비 지출은 북한 스스로 발표한 군사비와 제2경제 부문의 예산으로 은닉된 부분을 합한 추정치이다. 제2경제위원회가 관리하는 은닉된 군사비를 정확히 파악할 수 없다는 점에서 남북한 군비경쟁에 관한 분석은 제한적일 수밖에 없다.

제2경제위원회에서 많은 부분을 관리하는 북한의 군사비에 관하여 남북한 군비경쟁의 맥락에서 살펴보았다. 6·25전쟁 이후 대한민국의 군사비와 북한의 군사비는 일정한 상관관계를 갖고 지속적으로 증가하고 있는 실정이다. 대한민국은 지난 70여 년 동안 폭발적인 경제성장과 함께 군사비의 양적 증가를 이루었으나, 총예산대비 군사비 지출 비율은 현저히 줄어들었다. 반면 북한은 지속적인 저성장에도 불구하고 군사비 지출의 규모를 늘리는 가운데, 총예산대비 군사비 지출 비율을 줄였다고 볼 수 없다. 이와 같은 북한의 군사비 지출은 만성적인 저성장의 원인이 되며, 대한민국의 안보 상황에도 악영향을 주었다고 판단해 볼 수 있다.

다. 북한의 군수산업과 경제성장

군수산업과 민수산업의 상관관계는 경제학 분야의 주요 연구주제 중 하나이다. 군수산업 부문에서 생산되는 물품의 소비는 군대에서만 이루어지며, 재생산 활동을 일으키는 연계산업이 거의 존재하지 않는다. 일반적으로 군수산업과 민수산업은 부정적 상관관계가 있는 것으로 알려져 있다.[11] 즉, 군수산업의 발전은 민수산업과 국가 경제 발전을 저해한다는 것이다. 그러나 북한의 특수한 상황으로 인해 북한의 군수산업과 민수산업은 긍정적 상관관계가 있다는 주장도 존재한다.[12] 북한의 군수산업과 민수산업이 어떠한 상관관계가 있는지에 대한 면밀한 검토와 분석이 필요하다.

> **연계산업**
>
> 연계산업이란 특정 산업 부문의 발전과 퇴보에 연계된 산업을 의미한다. 예를 들어 자동차 산업은 자동차의 차체를 만드는 원료인 철강 산업, 타이어를 생산하는 화학 산업 등과 연계되어 있다. 따라서 자동차 산업의 성장은 철강 및 화학 산업의 성장과 연계되어 있으며, 자동차 산업의 퇴보는 두 산업의 퇴보를 불러올 수 있다.

군수산업의 발전이 **민수산업**의 발전을 저해하는 원인은 크게 세 가지로 요약된다. 첫째, 군수산업의 발전을 위한 국가의 투자는 민간부문에 대한 투자를 감소시키며, 민간부문의 연구·개발을 위축시킨다. 경제성장을 위해서는 민수산업 분야에 대한 국가의 충분한 투자가 선행되어야 하지만, 민수산업에 투입되어야 하는 인적, 물적 자원이 군수산업으로 전용되어 성장이 저해된다. 둘째, 민수산업의 발전을 위해서는 수출이 요구되지만, 군수산업의 발전은 수출부문의 가용자원을 축소시키는 효과가 있다. 군수산업의 생산품인 무기와 군수물자는 생산한 국가의 군대에서 소비되는 경우가 대부분이다. 따라서 군수산업의 발전은 민수산업의 발전에 필요한 민수품의 수출 기회를 제한하는 경향이 있다. 셋째, 군수산업의 발전은 비효율적 관료제도의 비중을 확대시킨다. 군수산업은 주로 국가가 주도하는 산업으로서, 군수산업의 성장은 관료의 국가 경제에 대한 개입의 여지를 늘린다. 많은 국가들이 시장의 자율성을 기반으로 성공적인 경제성장을 이룰 수 있었다. 즉, 정부의 시장 개입과 정부 주도의 산업 육성보다는 기업과 소비자의 결정에 의해 성장을 달성한 것이다. 그러나 정부의 과도한 시장 개입은 비효율적 관료조직에 의한 시장과 가격의 왜곡을 불러올 수 있으며, 이는 성장을 저해하는 요소로 작용할 수 있다.

군수산업과 민수산업의 긍정적 상관관계를 주장하는 학자들은 군수산업의 수요 창출 효과가 경제활동을 활성화한다고 주장한다. 군수산업 부문에서 개발된 기술들이 민수산업 분야로 전파되어 민수산업의 발전을 이끌며, 군수산업의 발전과정에서 발생하는 공공재의 공급으로 인해 민수산업도 동반 성장한다고 본다. 또한, 군수산업의 발전이 안정적 안보환경을 조성하여 해외자본 유치에 도움이 된다고 주장한다.

북한의 군수산업과 민수산업의 관계를 실증적으로 분석해 보았을 때 양의 상관관계가 있는 것으로 나타났다.[13] 즉 일반적인 예측과 달리 북한의 군수산업이 성장하면, 북한의 경제가 성장했다는 것이며, 북한의 군수산업이 퇴보했을 때, 북한의 경제가 퇴보했다는 것이다. 1960년부터 1990년까지 북한의 군수산업 관련 경제지표인 국방비 지출과 민수산업 관련 지표인 국내총생산의 상관관계를 분석한 결과 한 지표가 상승할 때 다른 지표도 동시에 상승하는 것으로 나타났다. 시기별로 두 지표의 관계를 비교해 보았을 때, 1990년대에 이러한 현상이 가장 두드러지게 나타났으며, 이는 최근 북한의 군수산업과 민수산업의 긍정적 상관관계가 더 강화되었음을 의미한다.

북한의 군수산업과 민수산업에서 나타나는 양의 상관관계의 원인은 공공재 공급의 촉진에서 찾을 수 있다. 북한은 군수산업의 발전을 위해 도로와 항만 및 발전소와 같은 사회간접자본들을 확충했다. 실제로 '청년 영웅도로', '안변청년 발전소', '태천발전소' 등은 2000년대 초반 군 인력이 투입되어 군수산업 시설 인근에 건설되었다. 그러나 북한 군수산업과 민수산업의 긍정적 관계를 면밀히 분석해 볼 때, 두 부문의 긍정적 관계는 단지 국가 예산에서 국방비가 차지하는 비중이 크기 때문에 발생하는 독특한 현상으로 파악할 수 있다. 북한의 산업생산은 전적으로 국가 예산에 의존하고 있으며, 국가 예산의 상당 부분을 차지하는 국방비의 증가가 산업생산의 증대를 가져왔다고 볼 수 있다. 또한, 북한의 민수산업 부문의 규모가 매우 작다는 점을 고려했을 때, 군수산업의 비대화는 산업 부문 간의 불균형을 초래했을 뿐만 아니라, 농업과 경공업 등에 대한 자원분배의 제약을 가져왔다고 평가해 볼 수 있다. 결과적으로 북한의 군수산업은 북한의 경제성장을 저해하고 있다고 볼 수 있으며, 과도한 군사비 지출이 민수산업의 발전을 저해하고 있다.

3. 북한 군수산업의 생산과 소비

북한의 군수산업이 북한경제에서 차지하는 비중은 매우 크다. 군수산업 분야에서 생산하는 주요 물품은 무기와 군 관련 장비이며, 생산품 대부분은 북한 군대에 배치되어 소비거나, 일부 생산품은 해외로 수출되기도 한다. 북한의 군수산업은 6·25전쟁 이후 양적, 질적 차원에서 크게 성장했다. 1970년대 지상군에서 요구되는 재래식 무기를 대부분 생산할 수 있는 능력을 갖추었으며, 1980년대에는 미사일 등의 대량살상무기를 개발하기 시작했고, 1990년대에는 미사일 완제품을 생산할 수 있는 능력을 갖추게 되었다. 북한 군수산업 생산품 변화의 근본적 원인은 중공업의 성장과 국제정세의 변화로 인한 군사전략의 변화에서 찾을 수 있다. 북한 중공업의 성장은 군수산업 생산품의 양적 발전을 불러왔으며, 군사전략의 변화는 북한 군수산업의 질적 발전의 원인이 되었다. 이렇게 생산된 북한의 군수산업 생산품들은 대부분 주요 소비자인 북한의 군대에서 소비된다. 그러나 일부 군수산업 생산품의 경우 해외로 수출되며, 이는 국제사회로부터 북한이 비판받는 원인이 된다.

가. 북한 군수산업의 생산

북한 군수산업의 발전과정은 중공업 생산체계의 성장과 국제정세 변화에 따른 군사전략 변화와 연계하여 설명할 수 있다. 먼저 북한의 군수산업 생산제품과 중공업 생산체계의 성장 과정을 연계하여 분석하기 위해서는 산업화에 대한 이해가 요구된다. 산업화에 성공한 동아시아 국가들의 공업 분야 성장 과정은 유사한 패턴을 보인다.[14] 국가가 노동집약적인 산업에 대해 우선적으로 집중투자를 하여 초기 단계의 공업화를 달성한다. 이후, 거대 설비와 대규모 자본이 요구되는 중공업 분야에 대한 성장을 추구하여 산업화를 통한 경제성장에 성공한 것이다. 산업화 단계를 단순화시켜 본다면, 노동집약적 경공업 분야에 대한 우선 성장 이후, 자본과 기술이 요구되는 중공업에 대한 발전을 추구한 것이다. 중공업의 발전단계 역시 세분화시켜볼 수 있다. 먼저 중공업 제품 생산에 요구되는 기초 원자재인 철강 산업과 상대적으로 적은 자본과 간단한 설비가 요구되는 중공업 산업을 육성한다. 충분한 철강의 생산과 자본 및 기술의 축적 이후 대규모의 설비와 고도의 기술이 요구되는 분야를 발전시키는 것이다.

경공업과 중공업

군수산업의 주요 분야인 무기 산업은 중공업 분야에 속한다. 상대적으로 질량이 작은 제품을 생산하는 공업 분야를 경공업이라고 하며, 대표적인 생산제품은 섬유, 잡화, 식품 등이 있다. 중공업 분야에서는 상대적으로 질량이 무거운 제품을 생산하게 된다. 대표적인 생산제품은 철강, 기계 및 자동차, 화학제품 등이 있다. 북한경제의 실패 원인 중 하나로 제시되는 것은 중공업 중심의 불균형 성장전략이다. 북한은 6·25전쟁 이후 철강, 기계 등의 중공업 분야에 대한 우선 복구를 강조해 왔으며 이후에도 중공업 분야의 우선 성장을 추구해왔다. 이러한 불균형 성장전략은 경공업 및 농업 분야의 낙후로 인하여 생필품 및 식료품 부족을 야기했으며, 수출에 요구되는 경쟁력 있는 경공업 제품 생산 실패로 이어졌다.

일반적으로 군수산업(특히 무기생산 산업 부문)은 다량의 철강 원자재와 거대 설비가 요구되는 중공업의 한 분야로 여겨진다. 북한의 군수산업 발전 역시 기타 국가들의 **중공업 성장** 패턴과 유사하다고 볼 수 있다. 단순화시켜 본다면, 무기의 생산을 위해 소규모의 자본과 설비가 요구되는 분야로부터 대규모의 자본과 설비가 요구되는 분야로 발전해 왔다. 6·25전쟁 이후 북한은 원자재의 원활한 공급을 위하여 기계와 제철 분야의 우선 복구를 실시했으며, 1960년대부터 생산을 위해 상대적으로 적은 자본과 설비가 요구되는 소화기(소총, 수류탄 등)를 본격적으로 생산했다. 기술과 자본의 축적 이후 1990년대에는 거대 설비와 고도의 기술이 요구되는 소형 잠수함 및 대량살상무기를 생산하고 있다.

북한의 군수산업 발전에 영향을 준 두 번째 요소는 북한 **군사전략의 변화**이다.[15] 6·25전쟁 이후 북한 군사전략의 변화를 야기한 다양한 **국제정세의 변화**가 존재해 왔다. 먼저 1960년대 촉발된 중국과 소련의 갈등과 1990년대 초에 발생한 소련 및 동유럽 사회주의 국가들의 몰락은 북한 군사전략의 변화를 불러왔다. 국제정세 변화에 따른 군사전략의 변화는 북한의 군수산업에도 큰 영향을 주었다. 1960년대 거대 공산주의 국가 간의 갈등으로 인하여 무기 수입에 제한을 받는 상황에서 북한은 군수산업의 생산량을 증가시키기 위해 노력했으며, 1990년대 초 공산주의 국가들의 몰락에 직면한 상황에서 북한은 대량살상무기라는 군수산업 분야의 신제품 개발에 몰두했다.

북한 군수산업의 발전을 단순화해보면 가볍고 단순한 무기의 생산으로부터 무겁고 복잡한 무기의 생산이라고 볼 수 있다. 이러한 성장 과정에 영향을 준 요소는 중공업 분야의 성장과 군사전략의 변화이다. 북한 군수산업의 성장 과정을 시기별로 나누어 분석해 보면 다음과 같다.

1) 1950년대

1950년대는 군수산업의 확장을 위한 기초 작업을 추진하는 기간이었다. 6·25전쟁 이전 북한 지역에는 일제강점기에 건설된 병기공장이 존재했다. 전쟁 이전 북한은 일본에 의해 건설된 병기공장과 소련의 자재 및 기술 원조를 기반으로 소량의 개인화기 및 수류탄을 생산했다.[16] 전쟁 이후 북한이 복구에 우선순위를 둔 공업시설은 기계, 제철과 함께 병기공장들이었다. 이 시기 북한이 추구했던 군수산업의 발전전략은 개인화기 및 탄약 분야의 집중 육성을 통한 불균형 성장전략이었다. 이 시기 북한의 군수산업 분야에서 생산된 제품들은 AK 자동소총과 수류탄, 대전차 로켓 등으로 지상군 중대 단위의 기본 무기를 자체적으로 조달할 수 있는 능력을 보유하게 되었다. 1970년대 초 소총을 생산하기 시작한 대한민국의 군수산업과 비교해 보았을 때, 당시 북한의 군수산업은 대한민국의 군수산업에 비해 상당히 앞서 있었음을 알 수 있다.

불균형 성장전략

불균형 성장전략이란, 산업의 특정 분야에 자본을 집중투자하여 여타 산업 분야에 비해 빠른 성장을 유도하는 전략을 의미한다. 모든 산업 분야의 동시 성장이 현실적으로 불가능한 저개발 국가에서 경제 발전을 위해 전략적으로 선택하는 전략이 불균형 성장전략이다. 일반적으로 불균형 성장전략의 대상이 되는 산업 분야는 여타 산업 분야의 발전을 이끌어갈 수 있는 견인역할을 하는 산업이다. 예를 들어 노동의 양이 많이 요구되는 산업의 발전은 실업률을 낮추며, 소비를 증가시키고, 조세를 늘려 자본을 축적하게 하는 효과가 있다. 1950년대 북한이 선택한 무기 공업 중심의 불균형 성장전략은 앞서 제시한 효과를 불러온다고 볼 수 없으며, 지속적인 중공업 중심의 불균형 성장전략은 북한경제의 저성장과 생필품 부족의 근본적 원인으로 볼 수 있다.

2) 1960년대

1960년대 북한의 군수산업은 폭발적으로 성장했다. 군수산업의 급격한 성장 원인은 국제정세의 변화로 인한 군사전략의 변화와 중공업 분야의 발전으로 볼 수 있다. 당시 본격화된 중국과 소련의 갈등은 북한이 대한민국에 대하여 공세적인 군사전략을 취하도록 했다. 중국과 소련의 갈등으로 인하여 양쪽 모두로부터 제한적인 군사지원만을 받을 수밖에 없는 상황에서 북한이 느끼는 안보위협은 커졌다. 이러한 북한의 안보위협은 앞서 제시된 [그림 10-1]과 [그림 10-2]에서도 잘 나타난다. 1960년대 중반 시작된 안보위협의 점증은 북한 군사비 지출의 규모를 확대하는 계기가 되었을 뿐만 아니라, 예산대비 군사비 지출 비율 역시 급격히 증가하게 되었다. 점증한 북한의 안보위협은 북한이 '국방에서의 자위'라는 정책을 추진하도록 했으며, 4대 군사 노선 중 '전인민의 무장화'와 '전군의 현대화'를 달성하기 위해 무기의 양적 확충과 질적 개선이 동시에 요구되었다. 또한, 1950년대에 시작된 북한의 중공업 육성정책은 군수산업의 폭발적 성장을 가능하게 했다. 6·25전쟁 이후 축적된 설비 기술과 자본, 철강 생산 증가는 병기공장의 생산증대를 가능하도록 했다.

이 시기 북한은 함흥을 비롯한 동북지역에 집중적으로 병기공장을 건설했으며, 많은 공장들이 지하에 구축되었다.[17] 이 시기 북한 군수산업의 주요 생산품은 소화기와 박격포, 무반동총과 함께 포병 무기에 해당하는 방사포, 곡사포이다. 또한, 어뢰정과 경비정 등의 소형 해군 함정까지 생산하기 시작했다. 이러한 생산능력으로 인하여 북한은 자체적으로 지상군 사단급 부대를 무장시킬 수 있게 되었으며, 해군의 연안 방어 능력을 증강 시킬 수 있었다. 1960년대 북한은 무기 생산의 양적 증가와 함께 질적 개선을 동시에 추진하는 가운데, 군수산업은 급격히 성장했다.

3) 1970년대

1970년대 북한의 군수산업은 한 단계 도약했다고 평가할 수 있다.[18] 1960년대 무기 생산의 양적 증가에 중점을 두었다면, 1970년대 북한의 군수산업은 항공기 및 유도무기 체계를 제외한 대부분의 무기를 자체 생산할 수 있는 능력을 보유하게 되었다. 1960년대까지 북한은 소련과 중국의 무기를 모방 생산하는 방식의 군수산업 시설을 운용했다. 그러나 1970년대부터는 북한의 군사전략을 달성하기 위한 독자적 무기체계 개발에 몰두했으며, 북한이 자체개발한 재래식 무기를 실전에 사용할 수 있는 군수산업 능력을 보유하게 되었다. 당시 북한의 군수산업을 대한민국의 군수산업과 비교해 보았을 때, 북한의 군수산업이 상당히 앞서 있었다고 평가해 볼 수 있다. 1970년 초 주한미군의 감축 등 안보위기에 직면했던 대한민국은 자주국방의 추진을 위해 무기 개발 및 생산을 비롯한 군수산업에 관심을 기울이기 시작했다. 당시 대한민국은 미국의 소총(M-16)을 면허 생산하는 수준의 군수산업 능력을 갖추었던 반면, 북한은 자체적으로 개발한 자주화 장비[19]를 생산할 수 있는 능력을 보유하고 있었다.

면허 생산(라이선스 생산)

면허 생산이란 원제작자와 계약을 통하여 허가를 받고 제품을 생산하는 방식을 의미한다. 특정 무기체계가 필요한 상황에서 무기를 개발할 능력이 부족한 경우, 국가들은 해당 무기체계와 관련된 기술을 보유하고 있는 타국의 무기 생산 회사와 계약을 맺어 기술을 도입 받고 무기를 생산한다.

이 시기 북한 군수산업 분야의 핵심적인 목표는 자동화 및 기계화 장비의 생산증대이다. 이러한 목표에 따라, 1970년대 전차, 장갑차 및 자주포 등 기계화 장비의 생산이 폭발적으로 증가했다. 북한이 군수산업 시설을 이용하여 자동화 및 기계화 무기체계의 생산을 급격히 늘렸던 핵심적인 원인은 북한의 군사전략이다. 1970년대 북한이 강조했던 군사전략은 '배합전과 속전속결'이다. 전쟁이 발생했을 때, 특수전 부대를 활용하여 대한민국의 후방지역을 교란하고, 정규군 부대는 급속한 속도록 남하하여, 대한민국의 전 지역을 단시간 내에 석권한다는 것이 배합전과 속도전 군사전략이다. 북한은 이러한 군사전략의 달성을 위하여 자동화 및 기계화된 무기체계가 필요했다. 급속한 속도로 남하하기 위해서는 전차, 장갑차 및 자주포 등의 기동성 있는 장비가 필요했기 때문이다. 이 시기 북한은 지상군의 자주화 장비뿐만 아니라, 수륙양용 장갑차, 고속 상륙정 등을 생산했으며, 공군 전투기를 면허 생산했다. 이는 전술단위 작전이 가능한 군단 수준의 무장을 자체적으로 해결할 수 있는 능력이다.

4) 1980년대

1980년대 북한 군수산업의 특징은 대량살상무기 개발의 착수와 무기 수출의 본격화로 요약할 수 있다. 북한이 군수산업 분야에서 대량살상무기 개발과 무기 수출을 시작하게 된 근본적인 원인은 국제정세의 변화로 인한 군사전략의 변화로 볼 수 있다. 먼저, 남북 군비경쟁 양상의 변화가 북한의 대량살상무기 개발을 불러왔다. [그림 10-1]에 나타난 바와 같이 1970년대 중반 남북한 군사비 지출에서 역전 현상이 발생했으며, 1980년대 대한민국의 군사비 지출은 북한의 군사비 지출을 압도하기 시작했다. 이는 재래식 전력의 증강을 위한 군비경쟁에서 북한이 대한민국과 비교하여 열세에 처하게 되었음을 의미한다. 거액의 군사비 지출이 요구되는 재래식 군비경쟁에서의 열세를 만회하기 위하여 북한은 미사일, 핵 등의 대량살상무기를 개발하기 시작한 것이다. 북한이 무기 수출을 본격화한 근본적인 원인 역시 국제정세의 변화로 볼 수 있다. 이미 1980년대 중반 이후 소련과 동유럽 국가들과의 무역 관계가 악화하기 시작했으며, 이는 북한의 외화 보유에 악영향을 주었다. 북한은 외화의 획득을 위해 자주화 장비 및 미사일 등을 중동과 아프리카 국가들에게 판매하기 시작했다. 국제정세의 변화와 함께 북한이 무기 수출을 본격화한 원인 중 하나는 무기의 자체수요를 충족했기 때문이다. 이미 1970년대에 지상군의 무장에 필요한 모든 무기를 자체 생산하기 시작했으며, 무기의 생산이 수요를 앞지르는 상황이 발생한 것이다. 북한은 잉여 생산품에 대한 수출을 통해 무기의 과잉 공급 문제를 해결하고자 했다.

5) 1990년대 이후

이 시기 북한 군수산업의 가장 큰 변화는 핵과 미사일 등의 대량살상무기 생산을 본격화한 것이다. 이미 1980년대부터 대량살상무기 개발을 착수했으며, 1990년대 이후 북한의 군수산업은 대량살상무기 생산에 박차를 가했다. 북한이 대량살상무기 개발 및 생산에 주력한 근본적인 원인은 국제정세의 변화로 인한 군사전략의 변화로 볼 수 있다. 1990년대 소련과 동유럽 공산주의 국가들의 몰락으로 인해 북한은 경제적 곤란을 겪었으며, 국제적으로 고립되었다. 남북한 군비경쟁에서의 열세 및 소련과의 동맹 관계가 약화된 상황에서 북한의 안보 불안은 가중되었다. 이러한 상황에서 북한이 택한 군사전략은 '대량살상전략'과 '공세적 위협전략' 이다.[20] 중 · 장거리 탄도 미사일과 핵탄두의 개발 및 생산을 통해 전쟁의 주도권을 장악하며, 체제의 생존능력을 강화하고자 시도한 것이다. 1990년대 이후 북한은 고도의 기술이 요구되는 미사일 및 핵탄두와 같은 정밀무기의 생산에 전력을 기울였으며, 미사일 기술은 단기간 내에 급속히 발전했다. 이 시기 북한은 장사정 미사일에 해당하는 '노동 1호'를 작전 배치하기 시작했으며, 이란과 시리아 등 일부 중동국가에 '스커드 미사일' 완제품을 수출했다. 장거리 타격 및 핵무기 등의 투발 능력을 확보하기 위한 북한의 노력으로 2007년 사거리 3,000km 이상의 중거리탄도미사일 '무수단(북한명: 화성-10호)' 미사일 배치, 2000년대 중반부터 고체 연료를 사용하는 탄도 미사일 개발을 추진하였으며 2012년부터는 인공위성 발사를 시작으로 장거리 로켓 및 탄도 미사일 시험 발사를 단행하기 시작하였다. 특히 2017년에는 중·장거리 탄도 미사일로 평가되는 화성-12형, 화성-14형, 화성-15형 등을 시험 발사하였으며 2019년에는 게임 챌린저라 불리는 중거리급 잠수함발사탄도미사일 '북극성-3호'를 시험 발사했다. 2020년 초대형 방사포, 다종의 단거리 발사체 시험 발사, 2021년 화성-8형, 신형 잠수함발사탄도미사일 발사, 2022년 탄도 및 순항미사일 발사 및 각종 기념일 열병식 등을 통하여 미사일 개발에 있어 다종화, 소형화를 과시하고 있다.[21]

나. 북한 군수산업의 소비

군수산업의 주요 생산품은 군사 장비 및 무기이며 모든 국가들의 군수산업 생산품의 주요 소비자들은 해당 국가의 군대이다. 군수산업이 존재하는 목적이 군대에서 요구되는 장비와 무기를 생산하기 위함임을 고려했을 때, 군수산업 생산품의 소비가 대부분 해당 국가의 군대에서 이루어진다는 것은 당연하다고 볼 수 있다. 북한 역시 북한 군수산업의 생산품을 소비하는 것은 북한의 군대이다. 북한은 이미 1970년대에 지상군 군단급 부대에 요구되는 모든 군수품과 무기를 생산할 수 있는 능력을 갖추었으며, 이는 북한 지상군이라는 소비자의 요구를 충족했음을 의미한다.

북한의 군수산업 시설에서 생산되는 무기 중 일부는 해외에서 소비되기도 한다. 1970년대 북한의 군수산업 분야에서는 공급이 소비를 앞지르는 과잉 공급 현상이 발생했으며, 이는 북한이 무기를 수출하는 계기를 마련했다고 볼 수 있다. 북한은 과잉 공급된 군수 생산품에 대한 해외 판매를 통해 과잉 공급의 문제를 해결하고자 한 것이다. 북한의 최고권력 기관인 국무위원회의 직접 통제를 받는 제2경제위원회와 북한의 군부는 무기판매를 위해 무역회사와 은행을 직접 경영하고 있다.

북한의 무기판매 행위는 오랜 역사를 가지고 있다. 이미 1970년대 중반부터 시작하여 최근까지 지속적으로 무기를 수출하고 있다. 또한, 포병 화기와 장갑차 등의 재래식 무기로부터 미사일에 이르는 대량살상무기까지 다양한 품목을 수출하고 있으며, 주로 중동과 아프리카의 권위주의 국가들이 북한의 무기를 수입해 왔다. 북한의 무기판매 현황을 시기별 및 제품별로 정리하면 다음과 같다.

[표 10-1] 북한의 무기체계별 무기 판매액

단위: 미화 백만 달러(1990년 가치 기준)

	장갑차	포병화기	미사일	공군 항공기	해군 함정	총계
1970년대	0	7	0	6	31	44
1980년대	271	521	198	12	44	1,046
1990년대	0	67	613	0	0	680
2000년대	3	0	314	0	257	574
총계	274	595	1,125	18	332	2,344

출처: SIPRI. SIPRI Yearbook.

1970년대 무기 수출을 시작한 이후 북한이 가장 많이 해외로 판매한 품목은 미사일이다. 1970년대 소량의 포병 화기와 항공기 및 함정을 판매하기 시작했으며, 1980년대에는 장갑차와 미사일까지 해외로 판매하기 시작했다. 이후 북한의 주요 수출 품목은 미사일로 변경되었다. 1990년대부터 재래식 무기의 해외 판매는 현저히 줄어든 반면, 미사일 수출은 1990년대에 정점에 이르렀다. 재래식 무기의 판매가 감소한 이유는 북한 재래식 무기의 국제 경쟁력 저하에서 찾아볼 수 있다. 선진국들과의 재래식 무기 개발 경쟁 속에서 북한의 무기는 시장성을 잃었으며, 높은 품질의 재래식 무기를 생산할 수 없었던 북한은 국제 경쟁력이 있는 품목인 미사일을 수출하는데 전력을 기울였다.

[그림 10-3] 국가별 북한 무기 수입 액수

단위: US Million $(1990년 가치 기준)

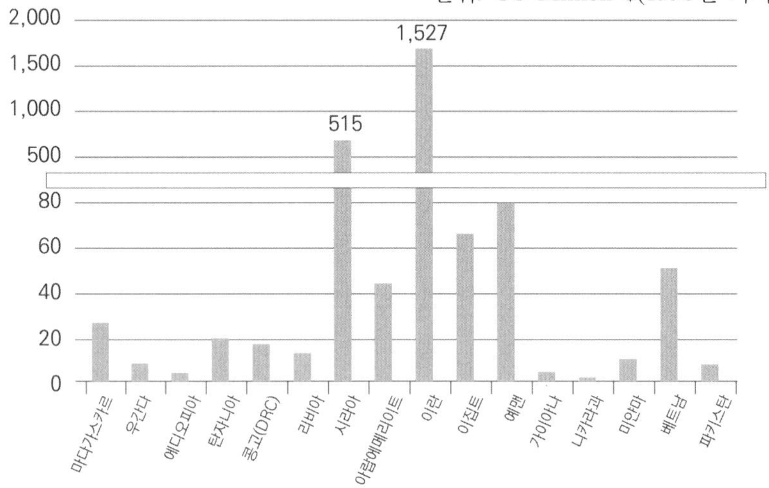

출처: SIPRI. SIPRI Yearbook.

북한은 총 16개국에 무기를 판매해 왔다. 북한의 무기를 수입한 국가들은 주로 아프리카와 중동의 국가들이며, 이 국가들의 특징은 내전을 겪었거나, 주변국과의 분쟁이 있었다는 것이다. 북한의 무기를 가장 많이 수입한 국가는 이란과 시리아이며, 이들 두 국가는 다른 국가에 비해 독보적으로 많은 무기를 북한으로부터 수입했다. 이란은 1980년대 이란-이라크 전쟁을 겪는 와중에 북한으로부터 다량의 재래식 무기와 미사일을 수입했다. 시리아는 1990년대부터 2000년대까지 꾸준히 북한의 무기를 수입해 왔다. 권위주의 국가인 시리아는 북한으로부터 화학무기를 포함한 재래식 무기들을 지속적으로 수입했다. 인권유린과 대량살상무기 개발 의혹으로 인하여 국제사회로부터 제재를 받은 시리아에게 북한은 무기를 수출한 것이다. 이들 두 국가 이외에 아프리카의 국가들이 북한의 무기를 수입했다. 이들 중 다수는 인종 갈등으로 인한 내전을 겪었으며, 북한으로부터 수입된 무기는 인종청소에 사용되기도 했다. 아시아 국가들 중 북한의 무기를 가장 많이 수입한 국가는 베트남이다. 1990년대 후반 베트남은 북한의 미사일 부품을 소량 수입했으나, 2000년 이후 북한과의 무기거래를 일체 중단한 상태이다.

북한이 무기를 수출하는 이유는 재래식 **무기의 공급 과잉**과 분쟁을 겪고 있는 국가들의 요구, 그리고 **외화의 획득**이다. 1970년대 재래식 무기판매를 시작한 북한은 1990년대 완제품의 미사일을 수출했다. 북한의 무기를 수입한 국가들을 살펴볼 때, 북한의 무기를 수입한 국가들은 대부분 권위주의 국가들이며, 북한의 무기 수출은 지역 및 국제정세의 불안 가중이라는 결과를 가져왔다. 이와 같은 북한의 무기판매 행위는 국제사회의 비난을 받고 있으며, 국제사회로부터 각종 경제 제재를 받는 주요한 원인이 되기도 한다.

4. 북한 군수산업에 대한 평가

북한의 군사경제인 제2경제는 생산계획을 수립하고 실천하는 제2경제위원회와 군수산업 시설, 군사비, 생산품을 소비하는 군대로 구성되어 있다. 북한의 거대한 군산복합체의 정점에 제2경제위원회가 존재하며, 상당한 규모의 북한 군사경제는 제2경제위원회에 의해 통제된다. 1970년대 초 신설된 제2경제위원회는 신설 당시부터 일반경제를 담당하는 기관들에 비해 높은 위상을 갖고 있었다. 제2경제위원회는 내각으로부터 독립되었으며, 국방성으로부터도 독립된 기관이다. 제2경제위원회의 주요 기능은 무기 생산을 위해 요구되는 예산을 책정하는 것과 예하의 무기 및 군수품 생산 공장의 생산 활동을 관리하는 것이다. 대한민국과 비교해 보았을 때, 대한민국에는 제2경제위원회와 같은 조직이 존재하지 않는다. 기능적 측면에서 주요 무기 및 군수품의 생산 활동은 전적으로 대한민국의 민간기업에서 이루어지며, 이들의 생산계획 역시 국가의 통제보다는 시장의 수요에 의해 결정된다. 또한, 위상적 측면에서 대한민국의 국방부는 국방 관련 모든 예산을 계획하고 집행하지만, 북한의 제2경제위원회는 모든 내각 기관 및 국방성으로부터 독립되어 독자적인 예산 편성기능 권한을 갖는다.

대한민국과 북한은 6·25전쟁 이후 재래식 전력에서의 우위를 달성하기 위해 경쟁적으로 군사비를 늘려왔다. 실증적 분석의 결과는 북한의 군사비증강은 대한민국의 군사비증강에 영향을 주었지만, 대한민국의 군사비증강은 북한의 군사비증강에 큰 영향을 주지 않았다는 것이다. 1970년 군사비 지출에서의 역전 현상이 발생한 이후, 대한민국은 북한에 비해 압도적으로 많은 군사비를 지출하고 있다. 그러나 국가예산대비 군사비 지출의 비율을 고려해 봤을 때, 북한은 여전히 군사비 지출에 몰두하고 있다고 평가해 볼 수 있다. 대한민국의 경우 국가 예산대비 군사비의 비중이 지난 60여 년 동안 현저히 줄어든 반면, 북한은 국가 예산대비 군사비의 지출을 유지하고 있거나 늘어난 것으로 추정되고 있다. 다수의 국가에서 나타나는 군수산업과 민수산업 간에 발생하는 음의 상관관계와 달리 북한에서는 군수산업의 발전이 민수산업의 발전과 경제성장에 도움을 줄 수 있다는 연구결과들이 존재한다. 그러나 이는 북한의 군수산업 관련 예산의 비중이 매우 크며, 군수산업 생산의 비중이 총 산업생산에서 차지하는 비중이 매우 크기 때문에 발생하는 현상이라고 볼 수 있다. 무기 생산을 위해 발전된 북한의 중공업은 경공업의 발전과 국가 경제성장의 발목을 잡는 걸림돌이다.

북한은 대한민국에 비해 매우 일찍이 군수산업의 발전을 추구했으며, 급속히 성장했다. 북한 중공업이 성장함에 따라 북한의 군수산업도 성장했다. 저자본과 소규모 설비가 요구되는 소화기 중심의 생산으로부터 고자본과 대규모 설비가 요구되는 중화기 및 자주화 장비 등을 생산할 수 있게 되었다. 1970년대 중국과 소련의 갈등이 격화됨에 따라 북한의 안보 불안은 더욱 가중되었다. 이러한 안보 불안을 해결하기 위해 대한민국에 대한 보다 공세적인 전략을 취했고, 이 전략을 달성하기 위해 무기 생산의 양적, 질적 성장을 추구했다. 1970년대 북한의 군수품 생산량은 폭발적으로 늘어났을 뿐만 아니라, 상대적으로 고도의 기술이 요구되는 장갑차와 전차 및 자주포를 대량 생산하기 시작했다. 1980년대 남북한 군비경쟁에서의 열세를 만회하고, 공산주의 국가의 몰락이라는 불리한 국제정세를 극복하기 위해 북한은 대량살상무기를 개발하기 시작했으며, 1990년대 고성능의 미사일을 생산했다. 북한의 군수산업 시설에서 생산된 각종 장비와 무기는 북한의 군대에서 소비되고 있다. 북한의 군부는 지속적으로 대한민국을 도발해 왔으며, 한반도와 동아시아의 안보를 불안하게 하고 있다. 과잉 생산 문제의 해결과 외화 획득을 목적으로 북한에서 생산된 일부 무기들이 해외로 판매되고 있다. 북한의 무기 수출은 지역분쟁을 격화시킬 뿐만 아니라, 전 세계의 안보를 불안하게 하는 주요 요인으로 지적받고 있다.

요약

1. 군수산업이란 국가의 여러 산업 분야 중 군사 장비 및 무기 등의 군수품을 생산하는 산업을 의미한다. 북한의 군사경제인 제2경제는 생산계획을 수립하고 실천하는 제2경제위원회와 군수산업 시설, 군사비, 생산품을 소비하는 군대로 구성되어 있다. 북한의 거대한 군산복합체의 정점에 제2경제위원회가 존재하며, 상당한 규모의 북한 군사경제는 제2경제위원회에 의해 통제된다.

2. 북한 군사비의 특징은 불투명성과 과대 지출이다. 6·25전쟁 이후 재래식 전력에서의 우위를 달성하기 위해 대한민국과 북한은 경쟁적으로 군사비를 늘려왔다. 1970년대 중반 대한민국의 군사비와 북한의 군사비 간에 역전 현상이 발생했으나, 총 예산대비 군사비 지출 규모를 보았을 때 북한은 지속적으로 군대에 상당한 예산을 할당하고 있다.

3. 북한 중공업의 발전과 국제정세의 변화로 인한 군사전략의 변화가 북한 군수산업 생산제품 변화의 원인이다. 1960년대 사단급, 1970년대 군단급 지상군 부대를 완전 무장시킬 수 있는 능력을 갖추었다. 1980년대에는 미사일 및 대량살상무기를 개발하기 시작했으며, 1990년대에는 단거리 및 중·장거리 미사일 완제품을 생산할 수 있는 능력을 갖추게 되었다.

4. 북한 군수산업 생산품은 대한민국과 동아시아의 안보를 불안하게 하는 북한의 군대에서 소비된다. 70년대부터 발생한 무기의 과잉 공급 현상과 외화 획득을 위해 무기를 수출하고 있다. 북한의 무기 수출 행위는 지역분쟁을 격화시킬 뿐만 아니라 세계적 차원의 안보를 불안하게 한다는 측면에서 국제사회의 비난을 받고 있다.

미주

1 임강택.『통일연구원 연구총서: 북한의 군수산업 정책이 경제에 미치는 효과 분석』(서울: 통일연구원, 2000).

2 제2경제위원회는 '룡악산무역총회사'를 소유하고 있다. 룡악산무역총회사는 군수품 생산에 필요한 자원에 대한 수입과 함께, 생산된 군수품을 해외로 판매하는 역할을 하는 것으로 알려져 있다.

3 북한은 2016년 헌법 개정을 통해 국방위원회를 폐지하고 '국무위원회'를 신설하는 등의 통치구조를 변화시켰다. 제2경제위원회와 관련된 헌법 개정의 내용은 알려진바 없다. 그러나 국무위원회의 권한과 기능이 기존 국방위원회의 권한과 기능에 비해 더 강력하다는 측면을 고려했을 때, 제2경제위원회는 국무위원회 소속으로서 내각에 비해 더 높은 위상과 권한을 유지하고 있는 것으로 추정해 볼 수 있다.

4 임강택. 2000. 앞의 글.

5 박춘삼. "북한의 군사비규모 판단,"『국방논집』, 15권(1991), p.89.

6 북한의 군수경제와 민간분야 경제의 상호작용 및 각 경제 분야의 성장패턴에 관해서는 다음 절에서 보다 자세히 살펴본다.

7 이은국, "남북한 군비경쟁행태의 공적분 분석,"『통일연구』, 8권1호, pp.143~145.

8 Lewis F. Richardson, *Arms and Insecurity*, (Pittsburgh: Boxwood, 1960); Charles W. Ostrom. "Evaluating Alternative Foreign Policy Decision-making Models: An Empirical Test Between an Arms Race Model and an Organizational Politics Model," *Journal of Conflict Resolution*, Vol. 21(1977), pp.235-266; Stephen J. Majeski and David L. Jones, "Arms Race Modeling: Causality Analysis and Model Specification," *Journal of Conflict Resolution*, Vol. 25(1981), pp.259~288; Dina A. Zinnes, "Three Puzzles in Search of a Researcher," *International Studies Quarterly*, Vol. 24(1980), pp.315~342; John T. Williams and Michael D. McGinnis, "Sophisticated Reaction in the U.S.- Soviet Arms Race: Evidence of Rational Expectations," *American Journal of Political Science*, Vol. 32(1988), pp.968~995.

9 이은국, 앞의 글, pp.153-156; Chung-in Moon and Sangkeun Lee, "Military Spending and the Arms Race on the Korean Peninsula," *The Asia-Pacific Journal*, Vol. 8, Issue 13(2010), pp.10~11.

10 Donggeun Kim, "An Arms Race between South and North Korea: A Causality Test," 응용경제, 제14권 3호(2012), pp.5~17.

11 Todd Sandler and Keith Hartley, *The Economics of Defense* (Cambridge: Cambrige University press, 1995).

12 이달희, “북한경제와 군사비,” 정상훈 외 『북한경제의 전개과정』 (서울: 경남대학교 극동문제 연구소, 1990); 황의각, “국방비의 국민경제적 영향,” 『국방논집』, 제15호 (1991).

13 임강택, 『통일연구원 연구총서: 북한의 군수산업 정책이 경제에 미치는 효과분석』 (서울: 통일연구원, 2001).

14 구종서, “동아시아 발전모델과 한국,” 『한국정치학회보』, Vol. 30, No. 2(1996), pp.214~217.

15 지효근, “북한의 군사전략과 무기체계 변화,” 『동서연구』, Vol. 12, No. 2, pp.33~36.

16 최주환, 『북한경제분석론』 (서울: 대왕사, 2006), p.155.

17 이은국, 앞의 글, pp.145~148.

18 이은국, 앞의글. pp.150~151.

19 자주화 장비란 자체적인 동력을 이용하여 기동이 가능한 장비를 의미한다. 지상군 자주화 장비의 대표적인 예는 전차, 장갑차, 자주포 등이 있다.

20 지효근, 앞의 글, pp.40~41.

21 통일연구원, 「북한이해 2022」 (서울: 통일연구원, 2022), pp. 155~158.

제11장 북한은 왜 도발하는가?

6·25전쟁이 끝나고 북한은 형식적으로는 한반도 정전체제 구축에 참여했지만, 실제로는 끊임없는 대남 '군사도발'을 자행해 왔다. 도대체 북한은 왜 도발하는 것일까? 이에 관한 대표적인 설명은 '불량국가론(rogue state)'이다. 즉, 북한이 '나쁘고(bad)', '비정상(mad)이고', '공격적이며(aggressive)', '무모하고(brinkman)', '비합리적(irrational)'이기 때문에 도발한다는 것인데,[1] 한 국가가 전적으로 나쁘거나 비정상일 수 있는가? 나쁘거나 비정상이라는 것은 도대체 어떤 의미인가? 정말로 북한이 나쁘거나 비정상이기 때문에 도발하는 것일까? 이러한 질문들에 답하기 위해 본 장은 군사도발의 개념과 역대 북한의 대남 군사도발 현황을 제시하고, 북한의 대남 군사도발 원인을 다양한 이론적 관점에서 살펴본 후, 향후 대남 군사도발의 가능성을 전망한다.

학습목표

1. 군사도발의 개념과 북한 대남 군사도발의 현황을 이해한다.
2. 북한 대남 군사도발의 원인과 대남 군사도발을 이행하는 조직을 이해한다.
3. 향후 북한의 대남 군사도발 전망을 이해한다.

탐구중점

1. 군사도발이란 무엇이며, 북한은 남한에 대해 지금까지 어떻게 군사도발해 왔는가?
2. 북한은 왜 대남 군사도발하는가? 군사도발을 이행하는 조직에는 무엇이 있는가?
3. 향후 북한은 어떻게 대남 군사도발할 것인가?

핵심개념

- 군사도발
- 국가 간 무력분쟁
- 침투도발
- 국지도발
- 정체성
- 민족해방전쟁론
- 전략문화
- 합리적 행위자 모델
- 적화통일
- 관료정치모델
- 전환전쟁과 안보결집효과
- 통일전선부
- 정찰총국
- 특수전부대
- 전략군

1. 군사도발의 개념

군사도발(military provocation)이란 무엇인가? 군사도발의 사전적 의미는 '군사적 언행을 통해 상대방을 의도적으로 화나게 하는 것'이다. 그러나 사실 군사도발에 대한 고정된 정의는 없다. 실제로는 다양한 맥락 속에서 사용된다. 예를 들어, 1999 · 2002년 제1, 2차 연평해전, 2010년 11월 23일 '연평도 포격' 등에서처럼 북한이 대한민국에게 군사력을 사용하여 직접적으로 물리적 피해를 입힌 사건에서 도발이란 용어가 사용되는가 하면, 2017년 7월 4일 '화성-14형 ICBM 미사일 발사 실험'에서와 같이 북한이 한국에 대해 직접적인 물리적 피해를 입히지 않은 사건에서도 도발이란 표현이 사용됐고, 때때론 북한의 수사적 위협이나 대남 비방에서조차 도발이란 표현이 사용됐다.[2]

[표 11-1] 국가 간 무력분쟁(MIDs)의 세부 유형

군사적 위협 (threat of force)	군사력 과시 (display of force)	군사력 사용 (use of force)
① 군사력 사용 위협	① 군사대비태세 강화	① 봉쇄
② 봉쇄 위협	② (예비군)동원	② 영토점령
③ 영토점령 위협	③ 육해공 전력 무력시위	③ 점거 · 억류
④ 전쟁개시 위협	④ 국경강화	④ 군사충돌, 교전(사격)
⑤ 핵무기 사용 위협	⑤ 핵전력대비태세 강화	⑤ 전쟁선포
	⑥ 국경침범	⑥ 화생방무기 사용

따라서 언론 · 정부 발표 등에서 사용되는 '군사도발'의 의미에 가장 가까운 학술적 개념은 '**국가 간 무력분쟁**(militarized interstate disputes: MIDs)'일 것이다. MIDs란 "한 국가가 다른 국가의 영토나 재산, 군, 공식인사, 정부 기관 등에 대해 전쟁(전면전) 이외의 방식으로 군사적으로 위협하거나(threat of military force), 군사력을 과시하거나(display of military force), 군사력을 사용하는 것(use of military force)"을 의미한다. 세부 유형은 [표 11-1]과 같다.[3] 이 개념을 적용하면, 북한의 대남 군사도발은 '북한이 대한민국의 영토나 재산, 군, 공식인사, 정부 기관 등에 대해 전면전

이외의 방식으로 ① 군사적으로 위협하거나, ② 군사력을 과시하거나, ③ 군사력을 사용하는 것'으로 정의될 수 있을 것이다.

한편, 합참 『군사용어해설』에 따르면, 군사도발은 "군대, 군비, 전쟁에 의한 대한민국의 국민과 재산 또는 영역에 가하는 일체의 위해행위"를 의미하는데, 그 유형은 크게 '침투도발'과 '국지도발' 두 가지로 분류된다. 여기서 '**침투도발**'이란 "적이 특정 임무 수행을 위해 우리 영역을 은밀히 침범하여 행하는 일체의 위해행위", 예를 들어, '북한의 공작원(무장공비 또는 간첩)을 남한 사회에 남파하는 행위'를 의미하며, '**국지도발**'은 "적이 일정 지역에서 특정 목적을 달성하기 위하여 대한민국 국민과 국가영역에 가하는 일체의 위해행위"를 뜻한다.[4] 이러한 정의는 MIDs 개념의 '군사력 과시'와 '군사력 사용'에 상응한다.

2. 북한의 대남 군사도발 현황

『국방백서』에 따르면, 1950년대부터 2022년까지 북한은 총 3,121건의 대남 군사도발을 자행하였다. 세부현황은 다음 [표 11-2]와 같다.

[표 11-2] 북한의 대남 군사도발 현황

		계	50s	60s	70s	80s	90s	00s	2010~20s
계		3,121	398	1,336	403	227	250	241	266
침투도발	직접침투	1,749	375	988	298	38	50	0	0
	간접침투	214	0	0	0	127	44	16	27
	월북·납북자 남파	39	4	21	12	2	0	0	0
	소 계	2,002	379	1,009	310	167	94	16	27
국지도발	지상도발	503	7	298	51	44	48	42	13
	해상도발	559	2	22	27	12	107	180	209
	공중도발	51	10	7	15	4	1	3	12
	전자전도발	5	0	0	0	0	0	0	5
	소 계	1,119	19	327	93	60	156	225	239

출처: 국방부, 『국방백서』(2022. 12.), p.352.

[표 11-2]를 통해 알 수 있듯이 북한 대남 군사도발의 가장 대표적인 유형은 '침투도발'이다. 북한은 1950년대부터 2020년까지 총 2,002건의 침투도발을 실행했으며, 직접침투한 경우가 1,749건으로 가장 많았다. 그러나 최근 들어서는 직접침투가 전무하며, 해외를 경유해 침투하거나 탈북자로 위장하여 침투하는 사례가 증가하였다. 이러한 변화가 발생한 배경은 DMZ 일대의 경계가 강화된 반면, 세계화로 인해 상대적으로 해외교류가 활성화되고, 탈북자의 입국이 용이해졌기 때문이라고 볼 수 있다.

침투도발의 대표적 사례로는 1968년 1월 21일 북한 정찰국 소속 김신조 등 무장공비 31명이 군사분계선을 넘어 서울에 침투하여 청와대 기습을 시도한 사건이나 1996년 9월 18일 잠수함을 이용한 강릉 무장공비 침투 사건[5]이 있다. 최근에는 이러한 '직접침투'보다는 해외 경유 또는 탈북자 위장 등 '간접침투' 형태로 침투도발이 지속되고 있다. 간접침투의 사례로는 2013년 6월 25일 탈북자의 국내 동향 파악 및 국정원 요원 중국 유인 임무를 받고 탈북자로 위장 입국한 보위사령부(현 군 보위국) 소속 간첩 7명이 간첩 혐의로 구속된 사건, 2013년 7월 15일 중국 내 탈북자 가족들을 유인, 강제 북송시키는 임무를 받고 탈북자로 위장 입국한 보위부(현 국가보위성) 소속 인원이 간첩 혐의로 구속된 사건 등이 있다.[6]

한편, 침투도발과 더불어 북한 대남 군사도발의 가장 대표적인 유형은 '국지도발'이다. 북한은 1950년대부터 2020년까지 총 1,119건의 국지도발을 실행했으며, 1960년대에는 판문점 내 미군에 대한 도발이 가장 많았고, 1970~80년대에는 지상 총·포격도발이 주를 이루었다. 1990년대 이후에는 북한 함정 및 어선에 의한 북방한계선(northern limit line: NLL)침범이 국지도발의 주요 부분을 차지했는데, NLL 침범의 증가 배경은 다양하겠지만 무엇보다 1990년대 경제위기로 인해 어장확보 필요성이 증가했고, 이에 따라 북한의 'NLL 분쟁수역화' 의도가 더욱 노골화된 것으로 볼 수 있다.

북한의 대남 국지도발 사례는 다양하다. 특히 최근에는 국내외적으로 큰 피해와 파장을 일으킨 강도 높은 도발이 시도되었다. 예를 들어, 1970년대부터 시작되어 2000년대 이후 주요 국지도발 유형으로 자리 잡은 '북한군 함정에 의한 NLL 침범'은 대한민국의 영해를 분쟁수역화하고 대한민국의 해양주권을 훼손한 강도 높은 도발이었으며, 2010년 3월 북한의 '천안함 피격'은 수십 명의 해군 장병이 목숨을 잃고, 도발의 주체를 식별하고 추적하는 것이 어려워 국내정치적으로 큰 혼란과 남남갈등을 불러일으켰던 사건이었다. 2010년 11월 북한의 '연평도 포격' 역시 6·25전쟁 이후 처음으로 북한이 직접적으로 대한민국의 영토를 대규모로 포격하여 대한민국 국민의 생명과 재산, 그리고 주권에 심각한 피해를 입혔던 대남 군사도발이었으며, 2015년 북한의 'DMZ 지뢰 도발'은 북한군이 군사분계선을 넘어와 설치한 지뢰에 의해 한국군 2명이 다리와 발목이 절단되는 중상을 입은 사건으로, 이 역시 정전협정을 위반한 중대한 도발행위였다.

한편 '군비 강화', '군사력 과시', '국제법 및 안보리 결의 위반' 차원의 군사 도발이라고 볼 수 있는 북한의 '핵실험'이나 '미사일 발사 실험' 역시 꾸준히 이어져 오고 있다. 핵실험과 미사일 발사 실험 도발 현황은 다음과 같다.

[표 11-3] 북한의 주요 핵개발/실험 및 미사일 발사실험 도발 현황

핵개발/실험	미사일 발사
1962 원자력연구소 설립(영변) 1964 국방과학원(핵개발 핵심기관) 1974 IAEA 가입 1985 NPT 가입 1993 핵사찰 거부, NPT 탈퇴 1994 제네바 합의, NPT 잔류, 핵개발 동결 2002 고농축우라늄(HEU) 개발 시인, 핵시설 재가동 2003 제네바 합의 파기 2006 1차 핵실험, 1kt 2007 2.13합의, 영변냉각탑 폭파 2009 2차 핵실험, 3~4kt 2013 3차 핵실험, 6~7kt 2016.1 4차 핵실험, 6kt 2016.9 5차 핵실험, 10kt 2017.9 6차 핵실험, 50kt	1964 소련 프로그 수입 1981 이집트 스커드B 수입 1984 스커드B 복제 개발, 300km 1986 스커드C 복제 개발, 500km 1992 노동1호(화성7호) 발사, 1300km 1998 대포동1호 발사, 2400km 2006 대포동2호 발사, 6700km 2009 은하2호 발사 실패 2012 은하3호(개량) 발사 2013 KN-08(추정) 발사, 1만km 2016.2 광명성호 발사 2016.4~6 무수단(화성10호)(IRBM) 발사 5회, 3~4000km 2016.4~8 SLBM 발사 3회 2017.2 북극성 2형 발사, 1000km 2017.4 북극성 2형(추정) 발사 2017.5 화성12호 발사, 5000km 2017.5 북극성 2형 발사 2017.7 화성14호 발사, 8000km 2017.11 화성15호 발사, 13000km 2019.10 신형 SLBM 발사 2022.11 화성 17호 발사, 15000km

※ 핵실험 규모 및 미사일 사거리는 추정값임.
출처: 국방부, 『국방백서』(2022. 12.), p.341.

[표 11-3]을 통해 알 수 있듯이 북한은 정권 수립 이후 지금까지 끊임없이 핵/미사일 개발을 시도해 왔다. 특히 1990년대 대내외적 위기를 맞아 핵/미사일

개발에 박차를 가하여, 핵실험은 지금까지 총 6차례에 걸쳐 실시하였고, 미사일 발사실험은 훨씬 더 잦은 빈도로 진행하였다. 특히 2010년 김정은 권력승계 이후에는 실험빈도가 더 잦아져, 핵실험은 2010~2017년 사이 총 4회를 실시했고, 2016년에만 2회 실시하였다. 대륙간탄도미사일(ICBM)과 중장거리탄도미사일(IRBM), 잠수함발사탄도미사일(SLBM)의 발사실험은 2016~2022년에만 ICBM 총 5회, SLBM 총 4회 실시하였다. 이는 김정은 정권 이전 시기와 비교 시 매우 높은 강도로서, 핵무기와 미사일의 파괴력과 영향력을 고려할 때 대한민국과 국제사회에 대한 중대한 도발과 위협이 아닐 수 없다.

3. 북한의 대남 군사도발 배경에 대한 이론적 고찰

이상 북한의 대남 군사도발 현황을 살펴보았다. 북한은 도대체 왜 도발하는 것일까? 북한의 도발 원인에 대해서는 다양한 설명들이 존재한다. 그러나 이러한 설명들은 몇 개의 이론적 범주로 수렴될 수 있다. 첫째는 앞서 언급한 '불량국가론', 즉, 북한이 '나쁘거나(bad),' '비정상이거나(mad)', '공세적이거나(aggressive)', '무모하고(brinkman)', '비합리적이기(irrational)' 때문에 도발한다는 설명이다. 이는 '구성주의'적 관점이다. 이 관점에서 북한의 대남 군사도발 원인을 설명할 때는 북한이 어떤 생각을 갖고 있고, 어떤 방식으로 생각하는지, 그들의 신념, 사상, 전략문화 등이 정말로 나쁘거나 비정상인지를 파악하는 것이 중요하다.

둘째는 '합리적 행위자론'이다. 이는 현실주의적 관점이다. 현실주의적 관점에 따르면, 그 어떤 국제 행위자도 비합리적이지 않다. 북한 역시 마찬가지이다. 북한도 다른 국가들과 마찬가지로 국제체제와 국제환경이라는 구조적 제약 속에서 국가이익, 안보와 번영을 추구하고, 분명한 전략목표 아래 '합리적 · 이성적' 선택을 내린다. 따라서 이 관점에서 북한의 대남 군사도발 원인을 설명할 때는 북한이 추구하는 목표와 처한 환경 때문에 군사도발을 사용할 수밖에 없었고, 도발을 통해 어떤 결과를 달성했는지, 그 결과가 목표에 부합했는지 등을 판단하는 것이 중요하다.

셋째는 북한의 국내정치에 초점을 맞춘 관점이다. 이는 자유주의적 관점이다. 우리는 일반적으로 '북한이 도발했다.', '남한이 대응했다.', '미국이 제재를 가했다.' 등 국제행위를 설명할 때, 한 국가를 하나의 인격체처럼 표현(의인화, personification)한다. 왜냐하면, 일반적으로 국내 행위자들의 다양한 의견은 국가이익이라는 이름 아래 하나의 의견으로 수렴되기 때문이다. 즉, 국가이익이 고려되면, 다양한 행위자들은 일반적으로 국제문제에 대해서 유사한 해결책을 제시한다. 그러나 그렇지 않은 경우도 있다. 국내의 다양한 행위자가 여전히 동일한 문제에 대해 서로 다른 의견을 주장하곤 한다. 자유주의적 관점은 이러한 다양한 국내 행위자에 주목한다. 한 정권 내에는 다양한 세력들이 존재한다. 북한에는 김정은이 있고, 김정은을 후견하는 세력과 반대하는 세력이 있으며, 그 세력 내에도 친인척이나 군부, 내각, 공산당 등이 있다. 이들의 이해관계와 생각이 반드시 일치하는 것만은 아니다. 각 세력은 서로 다른 생각과 이해관계를 갖고 있고, 이에 따라 정치적 생존을 추구한다. 따라서 이 관점에서 북한의 대남 군사도발 원인을 설명할 때는 행위자들이 각각 어떤 사상과 이해관계를 갖고 있으며, 특정 시점에 누가 영향력을 발휘하여 그것이 북한의 대외적 행동으로 표출되었는지를 이해하는 것이 중요하다.

가. 구성주의적 관점: 북한의 사상과 전략문화

구성주의적 관점에 따르면, 한 국가의 행동은 그 국가의 **정체성**(identity), 즉 그들이 갖고 있는 세계관, 관념, 사상, 신념, 규범 체계 등에 의해 결정된다.[7] 즉, 북한이 정권 수립 이래 지금까지 끊임없이 군사적으로 도발해 왔고, 대화와 협상이 가능한 상황에서도 군사도발을 선택했다면, 이는 북한이 갖고 있는 생각과 관념이 분명 '나쁘거나(bad)', '비정상(mad)'이거나, '공격적(aggressive)'이거나, '무모(brinkman)'하기 때문이다. 그렇다면 과연 북한의 어떤 부분이 나쁘거나 비정상적인 것일까?

무엇보다 북한이 '전쟁'에 대해 갖고 있는 사고방식이 나쁘거나(bad), 비정상

(mad)이라고 볼 수 있다. 북한은 군사적 수단(전쟁)의 사용을 주저하지 않는다. 이는 '전쟁(군사력)은 최후의 자기방어 수단'이라는 일반적 상식에 어긋난다. 또한, 북한은 대남, 대미 관계에 있어서 군사적 수단의 사용이 불가피하며, 정당하다고 여긴다. 이는 북한이 무엇보다도 근본적으로 '공산주의'를 토대로 설립된 정권이고, 맑스·레닌의 '계급전쟁불가피론'과 마오쩌둥의 전쟁관, 김일성의 '민족해방전쟁론'을 따르고 있기 때문이다.

주지의 사실이듯 근본적으로 공산주의는 '혁명을 위한 폭력의 사용'을 정당하게 여긴다. 레닌에 따르면 전쟁은 특정수단에 의한 정치의 연속에 불과하며, 레닌은 평화적 수단에 대해 회의적이었고, 전쟁을 혁명의 산파로 여겼다.[8] 또한 계급전쟁불가피론에 따르면, "사회주의와 자본주의가 대립하는 한 전쟁은 필연적"이며, 자본주의와 제국주의로부터 민족을 해방시키기 위한 전쟁, 소위 '민족해방전쟁'은 "그 어떠한 경우를 막론하고 정의의 전쟁"이다.[9] 왜냐하면 레닌의 관점에서 전쟁과 핍박, 착취의 근원은 자본주의와 제국주의이며, 따라서 자본주의 국가와 제국주의 국가는 해방과 혁명, 타도의 대상이기 때문이다. 마오쩌둥의 사상 역시 군사적 수단의 사용을 권장하고 있는데, 마오쩌둥에 따르면, "혁명의 중심 임무와 최고 형태는 무장에 의한 정권탈취이고 전쟁에 의한 문제해결"이며, "총구로부터 정권이 탄생한다."[10]

따라서 이들을 답습한 김일성의 **'민족해방전쟁론'** 역시 군사적 수단의 선호와 정당성을 주장하였다. 김일성에 따르면, "전쟁은 특별한 폭력수단에 의한 어떤 계급 정책의 연장이며 … 전쟁은 … 자본주의 제도의 필연적 산물"이고, "남한은 미국과 일본의 이중식민지"이며, "오늘 침략과 전쟁의 주된 세력은 미 제국주의"이기에 6·25전쟁 역시 "정의의 조국해방전쟁"이었다.[11]

결국, 북한에서 이러한 사상들이 계승되고 있다면, 대남 군사도발은 분명 마지막 수단(the last measure)이 아닌 여러 정책 옵션 중의 하나(one of them)이자 우선적으로 고려되는 수단(preferable measure)일 것이다. 그런데 북한의 이러한 특징은 국내정치로부터 독립적인 권위주의적 정치체제로 인해 더욱 강화된다. 여론의 윤리 · 도덕적 비판으로부터 면제되어 있기 때문에 군사수단에 대한 의존이 자유민주주의 국가들에 비해서 상대적으로 자유로운 것이다. 따라서 북한은 정권 수립부터 지금까지 환경 변화에 따라 적절히 그 강도와 양상을 달리하면서, 끊임없이 대남 군사도발을 대남정책의 수단으로서 사용해 왔다.

한편, 북한의 대외정책결정과정에 영향을 미치는 비정상적인 **전략문화**(strategic culture)가 북한의 끊임없는, 때론 비합리적인 대남 군사도발을 야기했다고 볼 수 있다. 전략문화란 "한 국가가 당면한 안보 상황과 관련하여, 특히 군사력의 사용과 관계된 정책 판단을 내리는데 있어 영향을 미치는 해당 국가의 고유한 문화적 요소, 인식이나 관념, 가치판단 체계"를 말하며, 이는 정책결정자들 사이에 공유되고, 키 텍스트(key text)[12]를 통해 전수된다.[13] 그러면, 북한의 전략문화는 어떤 측면에서 '비정상'일까?

황일도(2013)에 따르면, 북한에서는 김일성의 항일무장투쟁 시기부터 정권의 설립, 6·25전쟁 등을 거치는 동안 군사력의 사용, 전쟁 결정에 관해 특별한 관념 체계, 인식과 가치판단 체계가 형성되었다. 이러한 가치판단의 기준, 즉 전략문화는 김일성의 말과 저술 등을 통해 현재까지 이어져 왔으며, 그 핵심명제들은 키 텍스트인 김일성의 회고록 『세기와 더불어』에 담겨있고, 북한의 각종 군사교리 · 문헌들[14]에 반영되어 있다.[15] 『세기와 더불어』의 분석을 통해 도출된 북한의 대남 군사도발 관련 핵심 인식과 명제들의 주요 내용은 다음과 같다.

첫째, 북한은 집착에 가까울 정도로 미국으로 상징되는 제국주의 국가들의 압도적 군사력과 그 위협을 경계하고 있고, 피포위의식(siege mentality)[16]에 사로잡혀 있다. 둘째, 포위된 북한 주민들의 삶은 처참하기 때문에, '원쑤'들에게 반드시 복수해야 하며, 셋째, 궁극적으로는 맑스-레닌주의의 역사발전법칙에 따라 자신들이 승리할 것이다. 넷째, 제국주의자들의 침략적 본성은 본질적으로 변하지 않기 때문에, 외교적 수단에는 한계가 있으며, 무력투쟁만이 유일한 수단이다. 따라서 군사적 수단을 확보해 나가는 것이 우선적 과제이다. 다섯째, 제국주의자들의 강력한 군사력에 맞서 정규전보다는 비대칭 및 기습전략을 준비해야 하며,

여섯째, 객관적인 여건이 불리할수록 더 공세적이어야 주도권을 확보할 수 있고, '잃을 것이 더 많은' 상대의 사기와 의지를 꺾을 수 있다.[17] 소위 '벼랑 끝 전술(brinkmanship)'이다.

따라서 이러한 명제들이 김일성의 언어로 북한의 정책결정자들 사이에서 뿌리 깊게 이어져 오고, 주요 군사교리와 교육내용에 반영되어 장병들 사이에 강력한 규범으로서 영향을 미치고 있다. 결과적으로 대화와 협상, 양보가 가능한 상황에서도 공격적이고 무모한, 한편으론 비이성적이고 비합리적인 군사도발과 돌발적 행동들을 충분히 예상할 수 있는 것이다.

나. 현실주의적 관점, 합리적 행위자 모델: 북한의 대남 전략목표와 전략적 환경

이상 구성주의적 관점에서 북한은 나쁘고, 비정상이며, 비합리적이기 때문에 도발한다는 설명을 살펴보았다. 그러나 사실 이런 구성주의적 설명은 왜 '군사적 수단'을 선호하는지, 왜 때때로 '공격적'이고, '무모한'지 등을 설명하는데 유용하지만, 실제로 '왜 도발을 일으켰는지', '도발 목적이 무엇인지', '군사적 도발 이외에 다른 선택지는 없었는지' 등을 제시하는데 한계가 있다. 정말 북한은 마냥 나쁘고, 비정상적이기 때문에 특별한 목적 없이 빈번히 도발했던 것일까? 따라서 북한의 대남 군사도발 원인을 설명하는 이론적 관점에는 북한이 나쁘고, 비정상・비합리적이라는 입장에 반대되는 관점이 존재한다. 바로 현실주의적 관점으로서 '합리적 행위자 모델(rational actor model: RAM)'이다.

합리적 행위자 모델에 따르면, '한 국가의 대외정책(행동)은 해당 국가가 안보 관련 목표를 달성하기 위해 합리적인 의사결정과정을 거쳐 선택한 최적의 방안(optimal option)'이다. 이 모델은 한 국가는 합리적 행위자(rational actor)로서 하나의 단일행위자로 행동한다고 가정한다. 또한, 분명하고 고정된 정책목표와 선호의 위계를 갖고 있으며, 가능한 모든 정보를 취합하고 그 국가가 처한 전략적 상황/환경을 고려하여 가능한 모든 대안을 탐색하고, 기대효용(expected utility)에 따라 이 대안들을 비교분석하여, 정책목표를 극대화시킬 수 있는 대안을 최종적으로

선택한다.[18]

이 관점에 따르면, 북한 정권 역시 합리적인 행위자이며, 따라서 북한의 대남 군사도발 원인을 분석하는데 있어서 중요한 것은 북한이 어떤 대남 '전략목표'를 갖고 있고, 어떤 '전략적 환경'에 처해 있기에 합리적 선택의 결과로서 군사도발을 대남정책 수단으로 사용할 수밖에 없었는지, 그리고 그러한 도발이 어떤 '결과'를 야기했는지를 이해하는 것이다.[19] 그럼 먼저 북한의 대남 '전략목표'를 살펴보자. 어떤 목표를 갖고 있기에, 북한은 정권 수립 후 현재까지 끊임없이 도발해 온 것일까?

북한의 대남 전략목표는 한반도 '적화통일'이다. 적화통일이란 한반도 전체가 공산화되는 것을 의미하는데, 이는 앞 장들에서 살펴본 북한 정치·경제체제의 변화를 고려할 때, 한반도가 북한의 이념과 정치·경제·사회체계 아래 통일되는 것, 즉, 대한민국의 공식 이념이 '주체사상'과 '김일성-김정일주의'가 되고, 대한민국의 정치·경제체계가 북한식 '수령 중심의 당-국가체계'와 '중앙집권적 계획경제체계'가 되며, 전 시민사회가 강력한 전체주의적 사회통제 기제 아래 놓이게 되는 것을 의미한다고 볼 수 있다. 이러한 북한의 대남전략 목표는 북한의 최고 규범인 조선노동당 당규약에 잘 나타나 있다. 당규약 서문에 따르면, 조선노동당의 당면목적은 "공화국북반부에서 부강하고 문명한 사회주의 사회를 건설하며 전국적 범위에서 사회의 자주적이며 민주주의적인 발전을 실현하는데 있으며 최종목적은 인민의 리상이 완전히 실현된 공산주의 사회를 건설"하는 것이다.[20]

적화통일을 달성하기 위해선 어떤 조건이 마련되어야 할까? 적화통일을 달성하는데 있어 가장 큰 걸림돌은 분명 첫째는 강한 대한민국일 것이고, 둘째는 대한민국과 보조를 같이하는 미국일 것이다. 따라서 적화통일을 위해 조선노동당은 대한민국을 끊임없이 괴롭히고, 약화시켜야 하며, "남조선에서 미제의 침략무력을 몰아내고 온갖 외세의 지배와 간섭을 끝장내"야 한다.[21] 반대로 적화통일의 기반은 무엇일까? 당연히 첫째는 강력한 북한 자신이고, 북한체제와 정권이 공고히 유지돼야 하며, 둘째는 우호적인 국제환경, 특히 중국이나 러시아의 지원을 확보해야 할 것이다. 결국 이러한 내용들이 체계화된 것이 북한의 대남전략 기조(노선)인 '3대혁명역량 강화: 북한사회주의 혁명역량 강화, 남한사회주의 혁명역량 강화, 국제사회주의 혁명역량 강화이며,[22] 이는 1964년 2월 27일 조선노동당 중앙위원회 제4기 제8차 전원회의에서 채택되었다.

한편 북한이 처한 '전략적 환경'은 무엇일까? 한마디로 '고립'이다. 5장 '외교' 부분에서 살펴본 것과 같이 북한은 그것이 스스로 초래한 것이든 그렇지 않든 간에 남한, 미국, 세계와의 관계에 있어 정치, 경제, 사회적으로 모든 면이 막혀있다. 의지할 통로는 중국과 러시아, 기타 중립 국가, 제3세계 독재국가들뿐이다. 중국·러시아조차도 전방위적으로 북한을 지지하기 힘든 상황이다. 일부 이슈에 있어서는 대북제재에 동참해야 한다. 북한 스스로도 이미 1960년대부터 자주노선을 외치며, 중국, 러시아와 거리를 두었다.

또 다른 전략적 환경은 이미 정권 수립 초기부터 존재했던, 그리고 점차 벌어지고 있는 '한국-미국과 북한의 힘의 격차'이다. 북한은 정치·외교력, 경제력, 군사력 등 모든 부분에 있어서 대한민국과 미국에게 뒤져있다. 총체적인 국력 격차는 다음 [그림 11-1] '총국력지수(Composite Index of national capability: CINC)[23] 비교'를 통해서 유추할 수 있다. 따라서 북한이 대남, 대미 관계 등에서 사용할 수 있는 당근과 채찍은 거의 없다시피 한다. 북한에게 있어서, 어떻게 보면, 유일한 대남·대미 압박 수단은 군사적 수단이며, 정권 초기부터 '국방-경제건설 병진노선'에 따라 군사 분야를 발전시켜 왔기에 경쟁력을 갖고 있는 영역 역시 군사적 수단인 것이다.

[그림 11-1] 남북한 총국력지수 비교(1950~2016)

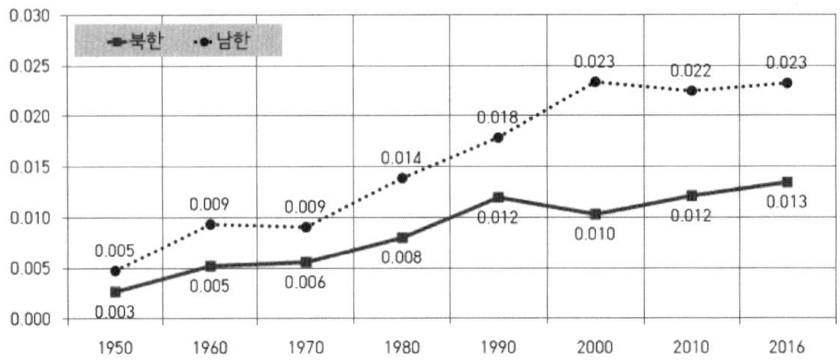

자료: "National Material Capabilities(v6.0)," Correlates of War, Acessed July 21, 2021. https://correlatesofwar.org/

이에 북한은 상술한 전략적 환경과 대남 전략목표 및 대남전략기조 아래 대남 군사도발을 자행해 왔다. 즉, 도발은 북한에게 있어서 '합리적 선택의 결과'였다. 이는 도발을 통해 북한이 얻은 '결과들'이 무엇인지를 분석해보면 쉽게 이해할 수 있다. 북한이 대남도발을 통해 얻는 결과들은 무엇일까? 정리해보면 다음과 같다. 첫째, 북한은 대남 군사도발로 대한민국에 직·간접적인 피해를 입힐 수 있다. 북한의 대남 군사도발은 대한민국 정부와 군, 민간사회에 직접적인 물리적 피해를 입힐 뿐만 아니라, 간접적인 정치·경제·사회적 피해와 비용을 발생시킨다. 일차적으로는 우리 군과 도발이 발생한 지역주민이 인명피해와 경제적 손실을 입으며, 이차적으로는 국가 전체에 간접적인 피해와 사회 혼란이 발생한다. 도발에 대응하고 피해를 수습하기 위한 노력과 시간, 비용 역시 만만치 않다. 2015년 DMZ지뢰도발로 인해 우리 장병이 다리를 잃었던 사건, 연평도 포격도발로 인해 해병대 용사가 사망하고 연평도 주민의 어업이 중단됐던 사건, 남북관계 경색과 2008년 금강산 관광 중단으로 인해 강원도 고성 등의 지역 상권이 수천억의 피해를 입었던 사건, 1996년 강릉 무장공비 침투로 인해 49일 동안 연일 150만 여명의 인력이 투입됐던 사건, 2016년 4차 북핵실험으로 개성공단이 폐쇄되어 남한의 기업들이 큰 피해를 입었던 사건, 2016~17년 북한 미사일시험과 이에 따른 남한의 THAAD 배치로 인해 남한의 기업들이 대중국 무역피해를 입었던 사건들을 생각해보면 쉽게 이해할 수 있다. 북한 대남 군사도발로 인한 정국 불안은 '코리아 디스카운트'[24] 현상의 원인으로 제시되기도 한다.

[그림 11-2] 군에 대한 신뢰 변화(2005~2015)

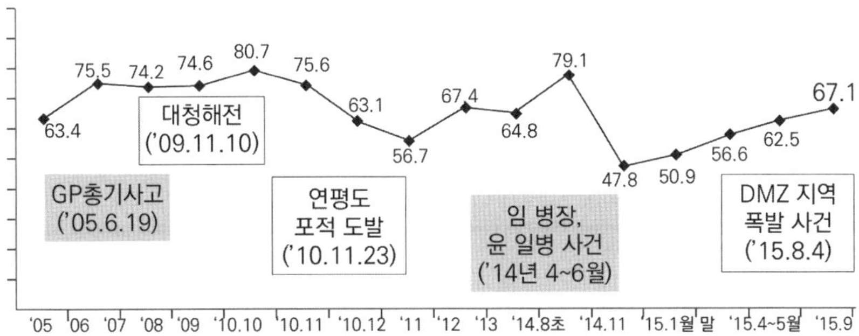

출처: 김광식, "국민의 군신뢰 제고를 위한 접근 방향," 『주간국방논단』 제1605호(16-6)(2016.2.8.)

한편, 대남 군사도발로 인한 피해는 국민들의 대정부·군 신뢰 저하로 이어진다. [그림 11-2]에서와 같이 '천안함 피격', '연평도 포격' 이후 대군신뢰도는 56.7%까지 추락했다. 또한, 북한은 천안함 피격 사태에서와 같이 도발 사실을 부인하거나 모략극이라며 남한 정부와 미국에 그 책임을 전가함으로써 도발의 주체가 누구인지에 관해 남남갈등을 유도하고 여론을 분열시키기도 했다. 천안함 장병들을 추모하는 분위기가 이어지기보다는 천안함 진상조사가 요구되는 것이 한국의 정치현실이며,[25] 이러한 대정부·군 신뢰 저하와 여론분열 및 갈등은 대남 군사도발의 사회적 피해이다.

둘째, 북한은 대남 군사도발로 주한미군 철수 여건을 조성할 수 있다. 북한은 "표면적으로는 한반도 정전체제 구축에 참여했으나, 실제로는 군사적 대결과 긴장을 고조시키면서, 정전체제의 무실화를 통해 유엔사 해체,[26] 한미동맹 와해, 북미관계 정상화, 북미평화협정 체결을 추진해 왔다."[27] 북한은 정세불안과 대남 군사도발의 근본 원인이 주한미군 주둔에 있음을 지속적으로 선전·선동하여,

남한 내 반미세력의 입지를 강화하고, 남한 국민들 사이에서 주한미군에 대한 거부감을 확산시키며, 미군 철수 여론을 고양하였다.[28] 1990년대부터는 "핵 개발에 박차를 가해, 이를 카드로 미국과의 직접협상을 추구하고," "북미평화협정 체결을 통해 체제보장을 시도해 왔다." 한편, 북한은 핵/미사일 실험 이외에 천안함 피격과 연평도 포격 등 재래식 군사도발을 통해 "정전체제가 사실상 무산되었음을 보여주고, 평화협정이 시급함을 암시하기도 하였다."[29] [표 11-4]와 같이 김정은 시대에도 북한의 '평화협정' 체결 공세는 지속되고 있다.

[표 11-4] 김정은 집권 후 북한의 평화협정 언급 주요 사례

시기 (특징)	내 용
2015. 10. 7.	"우리가 보낸 평화협정 체결 메시지에 응답하라"
2015. 10. 17.	"미국은 평화협정 문제 회피 말고 옳은 선택하라"
2015. 10. 18.	"정전협정을 평화협정으로 바꾸는 문제는 미국이 용단을 내려야 할 문제", "미국이 평화협정 문제를 외면하거나 조건부를 다는 식으로 나온다면 우리에 대한 적대시 정책을 포기할 의사가 없다는 것을 세상에 드러내 보이는 것일 것"
2016. 1. 7. (4차 핵실험 후)	"평화협정 요구 외면한 미국에 대응, 수소탄 실험 단행"
2016. 2. 13. (미사일 발사 후)	"평화 보장되려면, 미국이 우리와 평화협정 맺어야"

출처: "평화협정 주장하는 北 속셈은 주한미군 철수," 『dongA.com』(2016. 3. 5.); "'평화협정' 놓고 동상이몽," 『KBS』(2016. 2. 22.)

셋째, 북한은 대남 군사도발로 탈냉전 시기에 약화된 중국 및 러시아와 연대를 다시 강화할 수 있다. 일례로 북한은 "천안함 피격 사건 등을 통해서 중국을 한미일 대 북중의 신냉전 구도로 끌어들여, 중국의 지지를 이끌어 내고, 중국 내 전통주의자들의 입지를 제고하여 전통적 북중관계의 강화를 시도"하였다.[30] 최근에는 북한의 핵/미사일 발사실험 도발과 미국의 한반도 THAAD 배치로 다시 한 번 '한미일 대 북중러의 신냉전구도'가 강화되고 있는 실정이다.[31] 시진핑은 북한의 화성-14호 ICBM 발사 이후 열린 2017년 7월 6일 한중 정상회담에서 문재인 대통령이 "북핵 문제 해결을 위해 중국이 더 많은 역할을 해 달라"고 발

언 하자, "중국은 최선의 노력을 다하고 있고," 중국과 북한은 '선혈로 응고된 관계'라는 말을 했다고 한다. '선혈로 응고된'이라는 표현은 '혈맹'의 중국식 표현이다.[32] 한편, 2017년 북한의 화성14호 ICBM 실험 발사에 대한 안보리 규탄 성명이 러시아의 반대로 무산되기도 했으며, 화성14호 발사 이후 대북제재 국면에서 러시아가 북한에 대한 원유지원을 2배 이상 늘리기도 하였다.[33]

넷째, 북한은 대남 군사도발을 자기 강화의 기회로 사용하고 있다. 북한은 대남 군사도발, 핵/미사일 실험 도발을 통해서 재래식 군사력의 열쇠를 만회하고, 비대칭 군사력을 증강하는 한편, 대한민국과 미국을 협상장으로 끌어들여 군사도발의 중지나 핵 개발 동결 등을 대가로 경제적 보상을 얻어내기도 하였다. 대표적인 사례가 1993년 1차 북핵위기시 핵 개발 동결을 대가로 북한이 얻어낸 경수로와 중유이다. 물론 이러한 대가는 협상 이행 단계에서의 난항으로 제공되지 않았다. 최근에는 경제적 보상을 떠나, 핵/미사일 포기가 불가하다는 입장을 굳히고 있는 실정이다.[34] 북한은 이미 "2013년 4월 최고인민회의 제12기 7차 회의에서 '자위적 핵보유국의 지위를 더욱 공고히 할 데 대하여'를 법령으로 채택해 핵보유를 법제화하고," "핵무기는 미국의 달러와 바꿀 수 있는 상품이 아니라는 것을 천명"했으며, "핵무기는 대화 마당이나 협상 테이블에 올려놓고 논의할 정치적 흥정이나 경제적 거래의 대상도 아니다"라고 강조한 바 있다.[35] 또한, 2022년 북한은 '핵 무력 정책법'을 제정하여 핵 무장과 핵보유국 지위를 기정사실화 하고 있다. 따라서 현실적으로 북한에게 있어 대남 군사도발, 특히 핵/미사일 실험 도발은 대한민국과 미국의 압도적인 군사력에 대한 견제와 억지, 즉, 세력균형의 추구인 것이다.[36]

결국, 북한은 주어진 '고립'과 '상대적인 국력의 열세'라는 전략적 환경 아래, '적화통일'이라는 '대남 전략목표'와 적화통일을 달성하기 위한 필요조건으로서 '남한과 미국의 약화', '정권과 체제 유지', '중국과 러시아의 지원 확보', '북한의 국력 강화' 등을 위해서 북한이 갖고 있는 유일한 수단이자 가장 경쟁력 있는 수단인 대남 군사도발을 끊임없이 사용해 왔던 것이다. 이러한 관점에서 보면 분명 북한은 합리적 행위자이며, 단순히 나쁘거나 비정상적이기 때문에 도발하는 것만이 아님을 알 수 있다.

다. 자유주의적 관점, 전환전쟁과 안보결집효과: 북한 대남 군사도발의 국내정치적 배경

이상 '합리적 행위자 모델'의 관점에서 북한의 대남 군사도발 원인을 살펴보았다. 이 관점에 따르면, 북한은 '적화통일'과 이를 위한 필요조건으로서 '체제유지', '중국-러시아와의 동맹 강화', '남한과 주한미군의 약화' 등 명확한 목표를 가지고, 합리적 선택의 결과로서 군사도발을 실행한다. 이는 정권 수립 이래 꾸준히 지속되어 온 북한의 대남 군사도발 원인을 잘 설명할 수 있다. 그러나 자세히 들여다보면, 북한의 대남 군사도발은 때론 감소하거나, 때론 증가하였고, 소강 국면에 접어들어 중단되기도 하였다. 즉, 꾸준히 유지되거나 증가하지 않았다. '왜 북한의 도발은 꾸준히 이어지지 않았을까?', '왜 어떤 경우에는 대화를 시도하다가도 갑자기 도발국면으로 전환되었을까?', '왜 특정시기에 도발이 더 많이 발생했을까?' 합리적 행위자 모델은 이러한 질문에는 답하지 못한다. 이는 합리적 행위자 모델이 북한을 단일한 행위자로 가정하고 분석하기 때문이다. 즉, '북한이 평화협상체결을 위해서 도발했다.', '북한은 경제적 보상을 위해서 도발했다.'는 식으로 북한을 단일한 국가이익과 목표, 선호의 위계를 갖고 있는 하나의 사람처럼 인격화하여 설명하는데, 이러한 관점에서는 당연히 설명의 폭이 좁아질 수밖에 없고, 대남 군사도발의 다양한 맥락을 포착하기 어렵다. 따라서 북한의 도발 패턴이 변하는 이유를 설명하기 위해서는 국내정치를 들여다보는 관점이 필요한데, 이러한 접근이 바로 자유주의적 관점이다.

자유주의적 관점에서 북한은 단일행위자가 아니다. 북한 내에는 다양한 행위자들이 존재한다. 이들은 자율성과 서로 다른 생각과 이해관계, 목표, 선호의 위계를 갖고 있다. 국익이 무엇인가에 대한 생각도 다르다. 즉, 하나의 단일한 '국익'이란 없다. 따라서 특정 이슈에 대해 누가, 어떤 세력이 더 큰 영향력을 발휘했느냐에 따라서, 한 국가의 대외행동(정책)과 추구하는 목표 등이 달라진다.

먼저 '왜 어떤 경우에는 대화를 시도하다가도 갑자기 도발국면으로 전환되는가?'라는 질문에 답해보자. 이러한 질문에는 '관료정치모델(bureaucratic politics model) 또는 정부정치모델'의 관점에서 설명할 수 있다. **관료정치모델**에 따르면, 한 국가의 행위는 협상 게임의 결과이다. 협상에 참여하는 행위자는 관료(기관)다. 관료들은 서로 다른 개인적 이익과 소속된 기관의 이익, 정책우선순위, 선호의 위계 등을 갖고 있고, 국익에 대한 생각도 서로 다르다. 이들이 정책결정과정에 참여해서 갈등, 흥정, 타협을 반복하고, 그 결과로서 정책이 결정된다. 이 과정에서 누군가의 의견은 더 많이 반영되고, 누군가는 그렇지 않다. 이슈의 성격, 협상에 참여하는 관료(기관)의 권력, 정치적 수완, 협상술 등에 따라 그 정도가 달라진다.[37] 따라서 이 관점에서 북한의 대남 군사도발 원인을 설명하면, 통상 '강경파(매파)' 또는 '군부'가 득세했기 때문에 도발이 발생한다. 군부는 군사적 수단을 선호하고, 군사적 수단의 사용을 통해서 자신들의 입지를 높일 수 있기 때문이다. 반대로 만약 도발국면에서 대화국면으로 전환되었다면, 이는 '온건파(비둘기파)' 또는 '내각(외교·경제라인)'이 득세했기 때문이며, 내각은 일반적으로 갈등에 대한 외교 · 경제적 해결을 우선시한다.

가장 잘 알려진 사례는 1969년 민족보위상 김창봉, 대남총책이자 총정치국장인 허봉학이 '대남 군사모험주의'로 숙청된 사건이다. 당시 김일성은 '1 · 21 청와대 기습'과 '미군 푸에블로호 나포', '울진 · 삼척 무장공비침투'의 책임을 물어 김창봉과 허봉학을 숙청하였고, 1972년 평양을 방문한 남한의 중앙정보부장(현재의 국정원장) 이후락에게 "1 · 21 청와대 기습사건은 나의 의사, 당의 의도와는 상관없이 좌경맹동주의자(대남 군사모험주의자)들에 의해 저질러졌으며, 책임자들은 문책을 당했다."고 말했다.[38]

한편, 또 다른 사례로 김일성 사망 이후 북한의 핵/미사일 실험과 남북, 북미 대화가 반복되던 1998-2009년까지의 시기를 들 수 있다. 이 시기 남북, 북미 관계에 있어서 당-군부-내각이 서로 경쟁하였고, 누가 더 큰 영향력을 발휘했느냐에 따라서 북한의 대외행동이 변화했다.[39] 이는 다음 [표 11-5]와 같다.

[표 11-5] 당-군-내각의 경쟁에 따른 북한의 대외행동 양상 변화

시 기	이슈영역	주도기관	북한의 대외행동
1999. 6	남북관계	군 부	NLL 해상 충돌
1999. 7	남북관계	내 각	장관급 협상
2000. 6	남북관계	내 각	남북정상회담, 미사일 동결
2000. 10	대미정책	내 각	고위급 평양/워싱턴 방문
2001. 6	남북관계	군 부	해상 충돌
2002. 6	남북관계	내 각	월드컵 개최 축하
2002. 9	남북관계	내 각	철도연결, 이산가족 상봉
2005. 9	대미정책	당/군부	BDA[40] 제재 반발
2006. 7	대미정책	군부/당	대포동2호 시험 발사
2006. 10	대미정책	군부/당	1차 핵실험
2007. 2	대미정책	내 각	비핵화에 관한 6자 회담
2008. 7	대미정책	내 각	영변 냉각탑 폭파

출처: Patrick McEachern, "Inside the Red Box: North Korea's Post-totalitarian Politics," Dissertation(2009), pp.182~183.

다음으로 '왜 특정시기에 도발이 더 많이 발생하는가?'라는 질문에 답해보자. 이러한 질문은 '전환전쟁이론(diversionary theory of war)'과 '안보결집효과(rally round the flag effect)'의 관점에서 설명할 수 있다. **전환전쟁이론**이란 '정치지도자들이 국내적으로 정치·경제·사회적 문제에 봉착했을 때, 국내적 불만으로부터 대중들의 관심을 다른 데로 돌리고, 자신들에 대한 지지를 이끌어내기 위해 대외적으로 위기(분쟁, 전쟁 등)를 일으킨다는 이론'이다.[41] 이러한 대외정책의 근거는 '안보결집효과'인데, **안보결집효과**란 '대외적 위기 발생 시, 정치지도자와 정권, 정부 정책에 대해 대중들의 지지(public approval)가 (대중의 정치적 성향을 떠나서) 단기적으로 상승하는 것'을 말한다. 지지율이 높아지는 이유는 대외적 위기가 발생하면, 정치지도자와 정권에 대한 반대세력의 비판이 줄어드는 반면, 국민들의 애국심이 고양되고, 지도자에 대한 자신들의 반대가 국가의 성공에 해를 끼칠 것을 염려하기 때문이다.[42]

[그림 11-3] 쿠바미사일 위기, 이라크전쟁, 9/11테러와 미대통령 지지율 변화

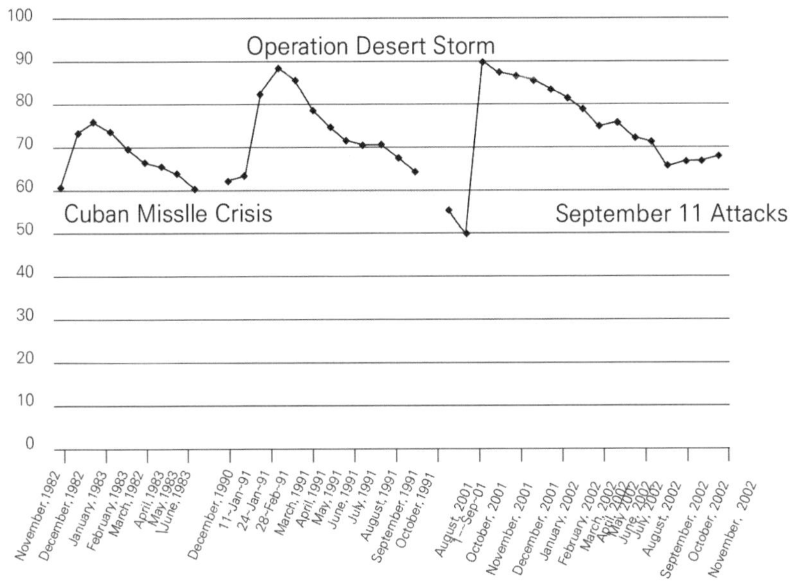

출처: The American Presidency Project, http://www.presidency.ucsb.edu/data/popularity.php; Marc J. Hetherington, Michael Nelson, "Anatomy of a rally effect: George W. Bush and the war on terrorism," PS: Political Science & Politics 36.1 (2003), p.38.

실제로 [그림 11-3]을 보면, 주요 위기 시 미국 대통령의 지지율이 단기적으로 상승한 것을 확인할 수 있다. 이는 러시아의 경우에도 마찬가지인데, [그림 11-4]에서와 같이 2013년 63.5%로 최저치를 기록했던 푸틴의 지지율은 2013~2014년 사이 크림반도 사태를 계기로 2014~2015년 80%대로 반등하였다. 따라서 이 관점에서 북한의 대남 군사도발은 경기침체, 권력투쟁과 숙청, 정권장악이나 권력승계(이양) 시기 중에 발생한 불만과 정국불안정을 불식시키기 위해, 엘리트와 대중의 관심을 전환시키고 정치지도자 및 정권에 대한 충성과 대내적 단결을 이끌어내기 위해 자행되는 것이다.

[그림 11-4] 러시아 푸틴 대통령의 지지율 변화

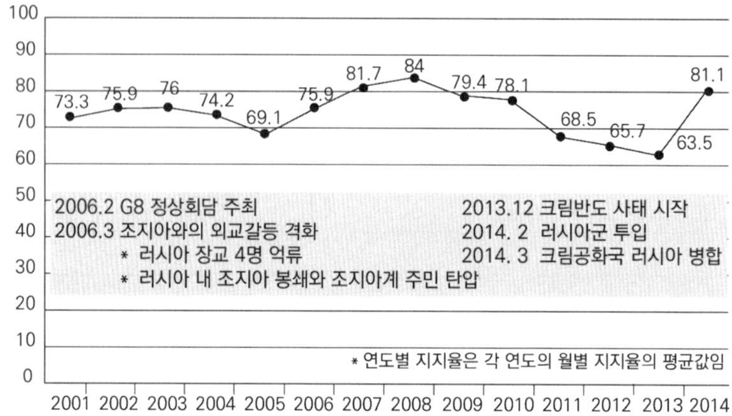

출처: Levada Center, https://www.levada.ru/en/ratings

한 통계적 연구에 따르면,[43] 북한에서도 이러한 전환전쟁과 안보결집효과 목적의 대남 군사도발 패턴이 발견되고 있다. 대남 군사도발의 발발에 영향을 미칠 것으로 판단되는 6개의 북한 국내적 요인(상황): ① 정권형성기(regime- building period), ② 숙청시기(purge period), ③ 숙청이후 시기(post-purge period), ④ 경제상황, ⑤ 핵실험, ⑥ 미사일실험을 독립변수로 설정하여 분석한 이 연구에 따르면, 북한에서는 정권형성기나 숙청시기에는 군사도발을 자제하는 경향이 있으며, 오히려 숙청이후에 도발하는 경향이 높은 것으로 드러났다.[44]

이는 어떻게 보면 상식적인 결과이다. 정권형성기나 권력이양기, 숙청 중에는 아직 권력을 장악하지 못해서 대외적으로 권력을 투사할 여력이 없을 것이다. 반면, 권력을 장악하고 숙청을 완료하게 되면 대외적으로 권력을 투사할 여력이 있을 것이며, 정치지도자는 장악한 권력을 사용하여 대외적 위기를 조성하고, 이를 통해 업적을 쌓아 정통성을 확보하며, 자신과 정권에 대한 충성과 지지를 더욱 높이려 할 것이다. 이런 측면에서 2010년 '천안함 피격'과 '연평도 포격도발'은 김정은이 권력을 장악하는 과정에서 발생한 것이 아니라 권력을 어느 정도 장악한 이후에, 장악한 권력을 토대로 대외적 위기를 조성하여 업적을 쌓고, 어

린 수령으로서 취약한 자신의 정통성을 강화하며, 정권에 대한 충성과 지지를 더욱 높이기 위해 시행한 것이라 볼 수 있다. 또한, 숙청 이후에 오히려 숙청결과에 대한 반발로서 정권에 대한 불만이 더 많이 발생하기 때문에 숙청 이후 군사도발을 실행할 가능성이 더 높은 것이라고 해석할 수도 있다.

한편, 일반적인 추측과 같이 북한의 1인당 국민소득과 군사도발 가능성은 음의 상관관계가 있는 것으로 나타났다.[45] 즉, 경기가 나쁠 때, 도발할 가능성이 높은 것이다. 이러한 결과는 1990년대 경제위기 기간에 왜 북한이 그토록 핵실험에 집착했는지, 2009년 화폐개혁의 부작용으로 인해 경제적으로 큰 어려움을 겪고 있던 2010년에 왜 천안함 피격이 발생했는지를 설명할 수 있다.

4. 대남 군사도발 실행 조직

가. 10국(구 통일전선부)

2023년 12월 당중앙위원회 전원회의에서 김정은은 당중앙위원회 통일전선부를 비롯한 대남사업 부문의 기구들을 개편하기 위한 대책을 세울 것을 언급하였고, 이후 통일전선부의 명칭이 10국으로 변경되었다. 10국에 관한 공식 자료는 확인되지 않았으나, 조직의 특성과 기능은 과거 통일전선부를 통해 유추해 볼 수 있다.

통일전선부는 1978년 김일성의 교시에 의해 설치된 조선노동당 예하 조직으로서 조선노동당의 대남사업 핵심기관이었다. 통일전선부는 대남혁명전술[46] 업무를 실질적으로 총괄하였으며, 구체적으로 정부 간 또는 민간 부분에서 '남북회담(대화)', '남북교류', '경제협력', '대남심리전 및 대남 통일전선전술 사업', '지하당 구축전술 사업', '조총련 및 해외교포공작 사업' 등의 업무를 수행하였다. 간첩의 남파를 주도하는 부서이기 때문에, 통일전선부는 '침투도발'에 연관되었을 가능성이 크다.[47]

통일전선부에는 통일전선부장 아래 (대남)정책, (남북)교류, (남북)회담, 연고자,

총련, 조직 담당 부부장들이 있었으며, 부부장들은 각자의 영역에서 통일전선부장을 보좌하였다.

통일전선부의 세부 편성에 관한 북한의 공식 자료는 부족하다. 다만, 탈북자 증언과 기존 연구 자료 등에 따르면, 통일전선부에는 상술한 부부장들 아래 다양한 부서(국, 실, 과)와 연구소, 연락소[48] 등이 존재하였으며, 약 3,000여 명이 종사하였던 것으로 알려져 있다.[49] 또한 2013년 아사히 신문 보도에 따르면, 내각 소속의 '225국'이 통일전선부로 편입되었다.[50] 225국은 과거 조선노동당 소속 시절부터 '대외연락부'란 이름 아래, 대남공작원을 선발, 밀봉교육[51]하여 남한으로 파견하는 등 '지하당구축전술'을 이행하던 부서로 최근에는 '문화교류국'으로 그 명칭이 변경되었다.[52]

나. 정찰총국

정찰총국은 2009년 인민무력성 소속의 정찰국(군사공작), 조선노동당 소속의 작전부(은밀공작)와 35호실(대남테러, 해외·대남정보수집 등 담당)이 통·폐합되어 만들어진 대남·해외공작활동을 총괄하는 핵심조직이며,[53] '간첩/공작원 양성·침투·호송·안내', '대남 군사공작·군사정보수집', '요인암살·납치', '대남·해외테러', '사이버 해킹' 등의 임무를 수행한다.[54] 따라서 정찰총국은 침투도발뿐만 아니라 국지도발이나 사이버 공격 등에 관여할 가능성이 크다.

정찰총국의 수장은 정찰총국장이다. 국무위원회 위원장(김정은)에게 직접 보고하는 정찰총국장은 대남·해외공작 및 도발의 총괄자로서, 대남 군사도발 및 공작활동의 양상에 상당한 영향을 미친다. 전 정찰총국장 김영철은 대남 강경파로 알려져 2010년 천안함 피격과 연평도 포격 도발, 2010년 4월 20일 탈북한 전 조선노동당 비서 황장엽 살해미수 사건, 2014년 미국 소니사 해킹, 2015년 비무장지대(DMZ) 목함 지뢰 도발, 2016년 초 탈북자인 고영환 국가안보전략연구원 부위원장에 대한 암살지령 하달 사건의 배후로 지목된바 있다. 따라서 어떤 성향의 인물이 정찰총국장에 임명되는가는 남한에게 관심의 대상이 되어 왔다.

[그림 11-5] 정찰총국 조직도(추정)

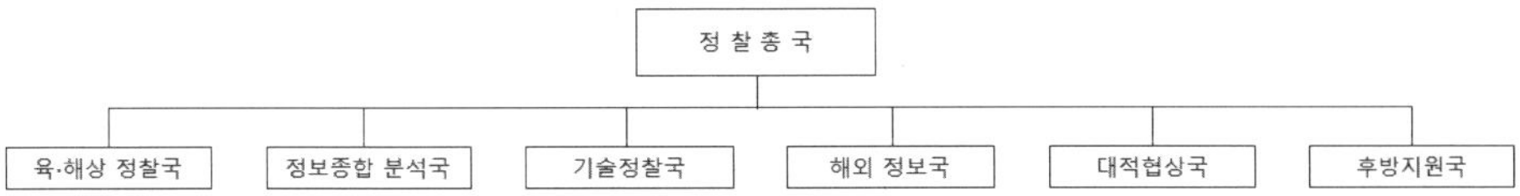

출처: 김일기, 김호홍, "김정은 시대 북한의 정보기구," INSS 연구보고서 2020-6(2020), p.63.

정찰총국이 어떻게 편성되어 있는지에 관한 북한 공식 자료는 부족하다. 다만 탈북자 및 전문가들의 증언과 기존 연구 자료에 따르면, 정찰총국은 크게 6개의 부서로 이루어져 있다. 육·해상 정찰국(제1국), 정보종합 분석국(제2국), 기술정찰국(제3국), 해외정보국(제4국), 대적협상국(제6국), 후방지원국(제7국)이다.[55]

육·해상 정찰국은 공작원 교육 및 호송·안내·복귀, 테러공작 등을 주요 임무로 하며, 북한의 여러 정보기관 중에서도 가장 위험한 임무를 맡고 있는 부서라고 볼 수 있다. 정보종합분석국은 무장공비의 양성과 남파, 납치 및 군사정찰 등을 주요 임무로 하며, 1968년 청와대 기습사건 및 1983년 아웅산 묘소 폭파사건 등의 침투 및 테러 공작활동을 수행했다. 기술정찰국은 사이버 테러, 해커 양성, 통신 감청 등을 담당하며, 대남 사이버 심리전, 디도스 공격 등을 전담한다. 해외정보국은 주로 해외에서 주재국의 대남 관련 정보수집과 남한의 요인 납치 및 테러 등의 임무를 수행하며, 신분 위장을 통해 공작원을 남한에 우회 침투시키기도 한다. 대적협상국은 대남 군사정책 및 군사회담과 관련한 전략을 수립하고 남북 군사 대화 관련 협상 기술 개발 및 회의 조정 등의 역할을 수행한다. 후방지원국은 지원부서로서 상술한 부서들을 지원하는 것으로 알려져 있다.

다. 특수작전군 및 전략군

마지막으로 북한군 예하 부대들이 대남 군사도발을 이행할 가능성이 높다. 특히 북한군 내 어떤 부대들이 군사도발을 이행할까? 먼저, 북한 특수작전군 부대들을 생각할 수 있다. 북한의 특수전 병력은 20만여 명에 달하는 것으로 평가된다. 이 부대들에는 총참모부 소속 11군단(폭풍군단)과 특수작전대대 전방군단의 경보병 사단 등이 있다.[56] 11군단은 대한민국의 특전사 같은 부대이다. 예하에는 경보병여단, 저격여단, 항공육전여단 등 약 4만 5천여명으로 구성된 총 10개의 여단이 있다. 전방군단에는 약 2만3천여 명으로 구성된 경보병사단과 여단, 저격여단이 있으며, 전방사단에도 약 1,400여명으로 구성된 경보병연대가 있다. 부대들의 배치는 [그림 11-6]과 같다.

[그림 11-6] 북한 전방군단 및 특수전부대 배치(추정)

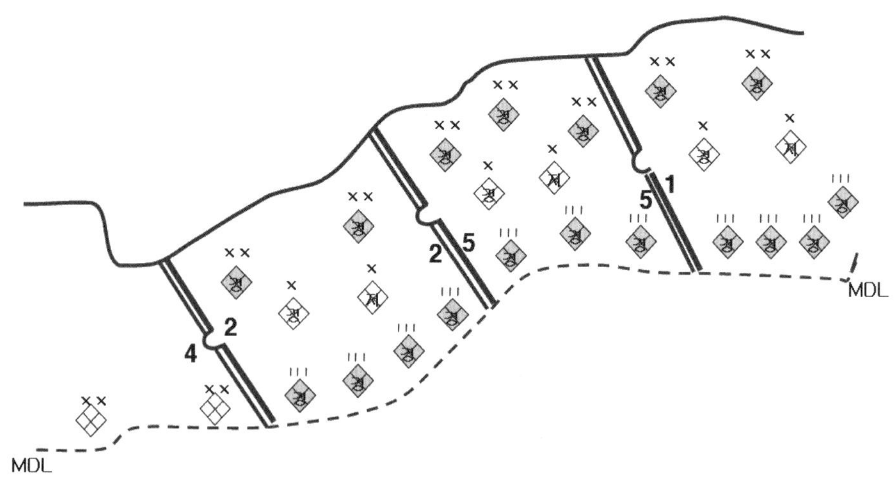

출처: 박용환, "북한군 특수전부대 위협 평가," 『국방연구』 제58권 제2호(2015. 6), p.122.

한편, 정찰총국에도 4천여 명의 요원으로 구성된 7개의 정찰대대가 있다. 육군에만 있는 것이 아니다. 해군과 공군에도 특수전 부대가 있다. 해군에는 해상저격여단(2개)이, 공군에는 공군저격여단(2개)이 각각 편성되어 있다.[57]

다음으로 북한의 포병전력을 생각해 볼 수 있다. 북한은 막강한 포병 전력을 갖고 있다. 총참모부 예하에 1개 포병사단이, 북한군 각 전방군단과 전방사단 예하에 다수의 포병부대들이 편성되어 있으며, 『The Military Balance 2021』에 따르면 북한은 122mm, 130mm, 170mm 등 다양한 구경의 야포 21,600여문과 122mm, 240mm, 300mm 등 다양한 구경의 다연장로켓, 소위 '방사포' 5,500여

문을 보유하고 있다. 『국방백서』에 따르면, 이러한 야포 및 방사포 중 170mm 자주포와 240mm 방사포는 수도권에 대한 기습적인 타격이 가능하며 최근 개발이 완료된 300mm 방사포와 대구경방사포는 한반도 전역을 타격할 수 있다. 한편, 서해 북방한계선 북측 해안 및 전선 지역에 배치된 122mm 방사포 역시 서해 5도 지역에 대한 기습 공격이 가능한데,[58] 이상 이러한 포병전력들이 '연평도 포격' 도발을 실행하였으며, 향후에도 유사한 도발을 자행할 가능성이 높다.

한편, 북한 총참모부 예하 '**전략군**' 역시 대남 군사도발, 특히 미사일 시험 발사를 통한 도발을 실행하고 있다. 전략군은 2014년 과거 전략로케트사령부가 승격된 조직으로서, 스커드, 노동, 대포동, 은하, 무수단, 화성 미사일 등 언론보도와 정부 발표 등에서 언급되는 중거리 탄도 미사일(IRBM)과 대륙 간 탄도미사일(ICBM)을 실험 발사하고 운용하는 부대이다.[59]

마지막으로 '천안함 피격'에서와 같이 북한 해군의 '잠수함 및 잠수정'이나 최근 이슈가 되고 있는 '무인기' 역시 정찰 및 공격용으로 대남 군사도발에 활용될 가능성이 높은 북한군의 전력인데, 『국방백서』에 따르면, 북한은 약 70여척의 잠수함정을 보유하고 있으며, 2015~2016년에 걸쳐 수 차례 잠수함발사탄도미사일(submarine launched ballistic missile: SLBM)발사 실험을 공개하였고, 2017년 경 남한에서 북한 무인기가 수차례 발견되기도 하였다.

5. 향후 북한의 대남 군사도발 전망

지금까지 대남 군사도발의 개념과 현황, 도발 원인과 조직을 살펴보았다. 본 절에서는 이상의 내용을 토대로, 향후 북한의 대남 군사도발 가능성을 전망해 보고자 한다. 대남 군사도발은 세 가지 측면에서 전망할 수 있다. 첫째는 이론적 관점이고, 둘째는 통계적 관점이며, 셋째는 역사적 관점이다.

먼저 이론적 관점에서 살펴보면, 북한은 대남 군사도발을 지속할 것이다. 구성주의적 관점에서 북한은 '군사적 수단'을 선호하는 사상을 갖고 있다. 북한에게 있어서 군사도발은 '최후의 자기방어 수단'이 아니라, 여러 정책 수단들 중의 하나이며, 심지어 필수 불가결하고 정당하게 여겨지는 수단이다. 또한, 전략문화 관점에서도 북한은 대화나 타협이 가능한 상황에서 오히려 공세적이고 무모하게 군사 도발할 가능성을 내재하고 있다.

합리적 행위자 모델의 관점에서 북한은 '적화통일'이라는 변하지 않는 대남 전략목표를 갖고 있고, '고립'이라는 전략적 환경에 놓여 있다. 따라서 북한은 적화통일의 필요조건인 '남한과 주한미군의 약화', '정권과 체제의 유지 · 강화', '중국 · 러시아의 지원 확보' 등을 위해서 유일하고 경쟁력 있는 수단으로서 군사도발을 끊임없이 사용할 것으로 보인다. 특히 북한은 생존과 세력균형의 수단으로서 핵/미사일발사 실험을 포기하지 않을 것으로 보인다. 과거 핵/미사일 도발은 경제적 대가를 얻어내기 위한 '외교협상용'이라는 평가를 받았지만, 최근에는 경제적 대가를 차치하고, 포기하지 않을 것이라 평가되고 있다.

한편, 자유주의적 관점에서는 위 분석과 다소 상이한 전망을 내릴 수 있다. 정부정치모델에 따르면, 군사도발은 '강경파(군부)'로 인해 발생한다. 대화와 도발이 교차하는 이유는 정책결정과정에서 때론 '강경파'가 때론 '온건파'가 득세하기 때문인데, 이는 만약 '온건파'가 득세할 수 있는 여건이 조성되면, 대남 군사도발의 발생 가능성이 낮아질 수 있음을 함의한다.

한편 전환전쟁/안보결집효과에 따르면, 대외 군사도발은 선거, 권력승계(이양), 권력투쟁 및 숙청, 경제 위기 등과 같이 정국이 불안하거나 정치변동이 발생하는 시기에 발생한다. 권력자는 엘리트와 주민들의 시선을 분산시키거나 불만을 잠재우기 위해, 지지를 얻거나 대내적인 단결을 도모하기 위해 대외적으로 분쟁(전쟁)을 일으킨다는 것이다. 이 관점에 따르면, 김일성, 김정일, 김정은 역시 권력 장악이나 권력의 이양, 권력투쟁과 숙청, 경제적 위기 상황에서 대외적으로 군사도발을 일으켰다. 이 관점을 토대로 향후 북한의 대남 군사도발 가능성을 전망하면, 권력이양기나 숙청, 경제적 위기 상황이 아닌 이상 북한이 도발할 가능성은 낮다.

다음으로 통계적 관점에서 향후 북한의 대남 군사도발을 전망할 수 있다. 통계적으로 보았을 때, 북한의 대남 군사도발은 침투도발보다는 국지도발이 지속될 것이다. [그림 11-7]에서와 같이 침투도발이 현저히 감소한 반면, 국지도발은 꾸준히 유지되었기 때문이다. 그런데 이러한 변화가 발생한 이유는 무엇일까? 무엇보다도 대한민국의 국력 신장과 민주화를 그 배경으로 짐작할 수 있다. 다시 말해, 남북 간 국력 격차 증가와 대한민국의 민주화로 인해 북한 공작원들이 더 이상 침투도발을 통해 정치군사적 목적을 달성하지 못하는 상황에 이른 것이다. 따라서 '연평도 포격', '천안함 피격', 'NLL 침범' 등과 같이 파괴력과 영향력이 크고, 정치적으로 이슈화되는 수준이 높은 국지도발을 선호하게 된 것이며, 이를 통해 다양한 목적을 달성하고 있는 것이다.

[그림 11-7] 북한 대남 군사도발 현황

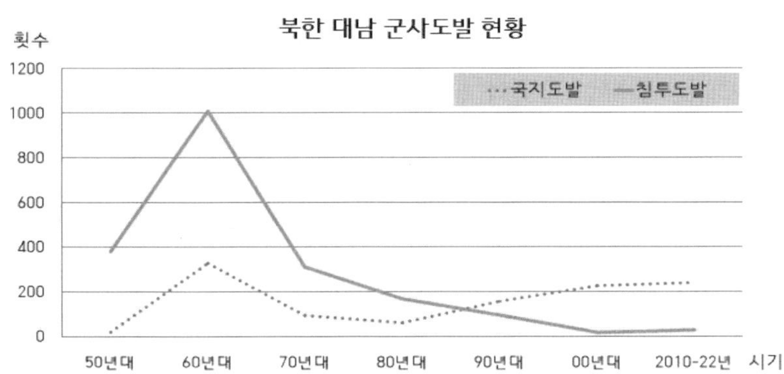

자료: 국방부, 『국방백서』(2022. 12.)

마지막으로 역사적 관점에서 북한의 대남 군사도발을 전망하면 다음과 같은 함의를 얻을 수 있다.[60] 첫째, 북한은 앞으로도 대남 군사도발을 지속할 것이다. 침투도발이 감소하였지만, 국지도발이 지속되고 있으며, 최근에는 사이버 도발이 증가하고 있다. 도발의 강도 또한 약화되지 않았다. '천안함 피격'과 '연평도 포격'이 있었고, '사이버 도발'은 침투·국지도발로 인한 피해보다 더 큰 피해와 국가적 혼란을 야기할 수 있다. 북한의 도발은 끝나지도 약화되지도 않았다.

둘째, 북한은 새로운 형태의 도발, 소위 신종 도발을 실시할 것이다. 북한은 지금까지 시대별로 자신의 능력과 정치적 목적, 국내외적 상황변화에 맞게 다양한 형태의 대남 군사도발을 자행하였다. 2010년 '천안함 피격'과 같이 도발의 주체를 추적하기 힘든 신종 도발을 시도하였으며, 최근에는 북한의 무인기가 빈번히 남한지역에서 발견되고 있다. 2015년에는 DMZ 일대 한국군 수색로 상에 목함지뢰를 설치하여 한국군 장병의 다리를 잃게 만들었고, 사이버 도발로 농협 전산망을 마비시키기도 하였다. 이처럼 북한은 새로운 무기체계이든 기존 무기체계이든 간에 그것을 예측하지 못한 시간과 장소, 방법으로 운영함으로써 대한민국에 대한 신종 군사도발을 지속할 것이다.

한편 군사도발에 대한 책임을 지속적으로 회피할 것이다. 북한은 대남 군사도발 후 대부분 관련되지 않았다고 부인하거나, 책임을 남한 및 미국에 전가하는 행태를 보여 왔다. 이러한 행태에는 여러 가지 이유가 있겠지만, 무엇보다도 두 가지 이유는 분명하다. 전술한 바와 같이 하나는 대한민국 정부의 무능력함으로 드러냄으로써 정부에 대한 국민의 신뢰를 떨어트리는 것이고, 다른 하나는 도발 사실을 부인하고, 도발의 주체에 대해서 '음모론' 등을 유포함으로써 남남갈등을 유발하는 것이다. 물론 도발 주체에 대한 논쟁은 진실을 규명하고 책임관계를 분명히 한다는 점에서 필요한 것이지만, 이것이 근거 없는 '음모론'과 소모적 정쟁으로 전개된다면, 분명 대남전략 측면에서 북한에게 유리한 상황이 조성되는 것이다.

넷째는 모험적인 도발 행동을 지속할 것이다. 앞서 살펴보았듯이 북한은 저강도의 대남도발만을 실시하는 것이 아니다. '천안함 피격'과 '연평도 포격'에서도 알 수 있듯이, 자신들의 정치적 목적을 위해서라면, 한반도에 심각한 안보위기 상황을 초래할 수 있는 고강도 도발을 전개할 수 있다. 가장 모험적 대남도발은 바로 북한의 '핵', '미사일' 개발이며, 최근에는 잠수함 발사 탄도미사일개발에 박차를 가하고 있다.

요약

1. 군사도발에 대한 고정된 정의는 없다. 실제로는 다양한 맥락 속에서 사용된다. 따라서 언론·정부 발표 등에서 사용되는 '군사도발'의 의미에 가장 가까운 학술적 개념은 '국가 간 무력분쟁'일 것이다. 한편, 합참 『군사용어해설』은 군사도발을 "군대, 군비, 전쟁에 의한 대한민국의 국민과 재산 또는 영역에 가하는 일체의 위해 행위"로 정의하고 있으며, 그 유형은 크게 '침투도발'과 '국지도발' 두 가지로 분류된다.

2. 북한의 도발 원인에 대해서는 다양한 설명들이 있다. 첫째는 '불량국가론', 즉, 북한이 '나쁘거나(bad),' '비정상이기(mad)' 때문에 도발한다는 설명이다. 이는 '구성주의'적 관점이다. 둘째는 '합리적 행위자론'이다. 이는 현실주의적 관점이다. 이 관점에 따르면, 북한은 국제환경이라는 구조적 제약 속에서 분명한 전략목표 아래 '합리적' 선택을 내린다. 셋째는 자유주의적 관점이다. 이 중 관료정치모델에 따르면, 북한이 도발하는 이유는 군부 또는 강경파가 득세했기 때문이다. 한편 전환전쟁이론과 안보결집효과에 따르면, 북한이 도발하는 배경은 정치지도자가 국내적 불만을 불식시키고 자신과 정권에 대한 지지와 충성을 이끌어내기 위해서이다.

3. 대남 군사도발을 이행하는 기관은 다양하다. 대표적으로는 통일전선부와 정찰총국이 있고, 북한군 내 특수부대와 포병부대 역시 군사도발에 운용될 가능성이 있으며, 최근에는 잠수함과 무인기, 사이버 전력이 주목받고 있다.

4. 이론적 관점에서 향후 북한은 대남 군사도발을 지속할 것으로 전망된다. 호전적인 사상과 전략문화를 갖고 있기 때문이며, 전략적 환경과 전략목표에 따른 합리적 선택의 결과이기 때문이다. 통계적 관점에서 향후 대남 군사도발의 양상은 침투도발보다는 국지도발의 형태로 전개될 것이다. 한편 역사적 관점에서 북한은 새로운 형태의 모험적인 군사도발을 자행하면서도 이에 대한 책임을 지속적으로 회피할 것으로 전망된다.

미주

1 Hazel Smith, "Bad, mad, sad or rational actor? Why the 'securitization' paradigm makes for poor policy analysis of North Korea," *International Affairs* 76.3 (2000), pp.593-617.

2 "北, 대남비방 등 도발행위 중단해야," 『연합뉴스』(2014. 3. 28.)

3 Daniel M. Jones, Stuart A. Bremer, J. David Singer, "Militarized interstate disputes, 1816~1992: Rationale, coding rules, and empirical patterns," *Conflict Management and Peace Science* 15.2 (1996), pp.163~173.

4 합동참모본부, 『군사용어해설』(검색일: 2017. 7. 12.)

5 강릉 무장공비 침투 사건은 1996년 9월 북한 상어급 잠수함에 탑승한 인민무력성 정찰국 소속 특수부대원 26명이 강릉 일대로 침투한 사건으로, 49일 동안 대간첩작전이 진행되어 그 과정에서 북한 무장간첩 25명이 사살되고, 우리 군경 11명(군인 9명, 경찰 1명, 예비군 1명), 민간인 4명이 사망하였다. 이 작전을 위해 육군 28개 부대, 해군 1개 함대, 공군 1개 전투비행단, 수십만의 예비군, 경찰병력 등 평균 일일 전투병력 4만 2천, 연일 150만의 전투인원이 투입되었고, 민간 손실액이 2천억 원에 달했다. "강릉 무장간첩 침투사건 기록들," 『동아일보』(1996. 11. 06.)

6 국방부, 『2014 국방백서』(2014. 12), p.252.

7 최종건, "구성주의 국제정치이론과 안전보장," 함택영 외, 『안전보장의 국제정치학』(서울: 사회평론, 2010).

8 정재욱, "북한의 군사도발과 전략적 과제," 한국국제정치학회 안보국방학술회의 (2011), p.188.

9 육군사관학교, 『북한학』(서울: 황금알, 2006), p.209.

10 육군사관학교(2006), p.209.

11 육군사관학교(2006), pp.209~210.

12 "특정 판단을 내리는데 있어서 정책결정자들에게 적절한 사고와 행동이 무엇인지 알려주는 규범, 교과서 역할을 하는 텍스트를 말한다." 학술적 개념은 "군사전략과 관련하여 특정국가 정책결정자들이 공유하는 사고방식의 원천에 해당하는 구성물"이다. 황일도, 『핵, 장서정포, NLL을 통해 들여다보는 북한 군사전략의 DNA』(서울: 플래닛미디어, 2013), p.29.

13 전략문화에 관한 대표적인 연구는 알래스테어 존스턴(Alastair I. Johnston)이다. 존스턴은 무경칠서(武經七書)라는 일련의 고전 병법서들을 중국의 키-텍스트로 선정하여, 이 책의 핵심내용들이 전략문화로서 현재까지도 하나의 규범으로서 중국 대외정책결

정과정에 압도적인 영향력을 끼치고 있다고 분석하였다. 연구결과에 따르면, 중국은 현실주의자로서 '무력을 통해 분쟁을 해결하고', '위기와 갈등에 제로섬 게임으로 접근하며', '방어나 중재보다는 강압전략을 사용하는' 경향이 있다. 황일도(2013), pp.30~31.

14 2004년 7월 김정일 명의로 하달된 '전시사업세칙 지시문', 1998년부터 2004년 사이 조선인민군출판사가 제작한 각급 부대원 및 지휘관 교육용 '학습제강', 2003년 배포된 병사 · 사관용 '학습제강' 등

15 황일도(2013), pp.18~64.

16 항상 적들에게 포위되어 있다는 강박관념

17 황일도(2013), pp.36~47.

18 황진환 외, 『新국가안보론』(서울: 박영사, 2017), p.371; Graham Allison, 김태현 역, 『결정의 엣센스』(서울: 모음북스, 2005), pp.53~68; 박재영, 『국제정치 패러다임』(서울: 법문사, 2014), pp.61~63.

19 Graham Allison, 김태현 역(2005), pp.53~68.

20 "조선노동당 당규약 서문,"『로동신문』(2021. 1.)

21 "조선노동당 당규약 서문," 위의 신문.

22 '북한사회주의 혁명역량 강화'는 한국에서 공산주의 혁명을 발생시키기 위해 그 전초기지로서 북한의 정치적, 경제적, 군사적 역량을 강화시키겠다는 것을 의미한다. 현대적으로 해석해 보면, 정치적 측면에서는 '김일성-김정일주의'로 엘리트계층과 주민들을 사상무장시키고 수령 중심의 당-국가체제를 고수 · 강화하며, 경제적으로는 자립적 민족경제 노선을 유지함과 더불어 이전 장에서 살펴본 이 노선의 단점을 수정하는 각종 개혁 · 개방정책을 관철하고, 군사적으로는 핵무기 개발을 지속 및 고도화하는 것을 의미할 것이다. '남한사회주의 혁명역량 강화'는 크게 두 가지 의미를 갖고 있다. 첫째는 한국 내에서 북한정권과 북한의 이념을 옹호하고 공산주의 혁명을 일으키고자 하는 세력이나 북한에 우호적이거나 동조하는 통일전선 세력의 역량을 강화시키는 것을 의미하며, 둘째는 반공산주의(반혁명) 세력의 역량을 약화시키며, 한국군을 와해시키고, 외세(미국)를 한국에서 축출하며, 한국 내부의 갈등(남남갈등)을 조장하고 첨예화시키는 등 적화통일을 위한 여건(결정적 시기)을 조성하는 것을 의미한다. '국제혁명역량 강화'란 한반도 적화통일을 위한 국제적 차원에서의 외교적 노력으로서 일반적으로 사회주의 및 제3세계 국가와의 관계 발전 도모, 자본주의 국가 내 노동운동 세력과의 관계 발전 도모, 전 세계 반제국주의 세력과의 관계 발전 도모와 이들에 대한 지원 등을 의미한다. 그러나 1990년대 공산권이 몰락한 이후 더 이상 제국주의 담론이 호소력이 있는 상황도 아니고, 사회주의 국가나 사회주의 세력 사이의 연대를 도모할 수 있는 상황도 아니기 때문에, 현재는 국제적 차원에서 북한 정권유지와 한반도 적화통

일에 도움이 되는 반미·반서구적이고, 북한에게 우호적인 국가들(중국, 러시아 등)과의 관계강화를 의미한다고 볼 수 있다. 육군사관학교(2006), pp.389-390, 참조.

23 총국력지수는 국력을 측정하는 통계적 지표로서, David Singer가 1968년에 개발하였고, 전 세계 총합 대비 각 국가의 총인구, 도시인구, 철강생산량, 에너지소비량, 국방비, 병력 비율들의 평균을 의미한다. 위 요소들은 전쟁에 직접적으로 동원되는 자원들로서 전쟁수행능력을 가늠할 수 있는 지표들이다.

24 한국 기업의 주가가 비슷한 수준의 외국기업 주가에 비해 낮게(discount) 형성되어 있는 현상. 『한경경제용어사전』

25 "北과 천안함 진상 조사하자는 황당한 촛불 청구서," 『동아일보』(2017. 6. 6.)

26 "유엔사 서울 이전 60주년…北 '유엔사 해체' 요구," 『SBS 뉴스』(2017. 7. 1.)

27 정재욱(2011), p.189.

28 "北 '미군 철수, 주변나라 절박한 관심사'…반미투쟁 선동," 『연합뉴스』(2016. 9. 7.)

29 정재욱(2011), pp.190~195.

30 정재욱(2011), p.195.

31 "선명해진 한미일-북중러 구도…베를린 구상 추진 '험로' 예고," 『연합뉴스』(2017. 7. 7.)

32 "문 대통령 '중국, 북핵 해결에 더 역할' 요구 … 시진핑 얼굴 굳어지며 '북과 혈맹' 즉흥발언," 『중앙일보』(2017.7.17.)

33 "안보리 '北 ICBM' 규탄 성명, 러시아 반대로 무산," 『연합뉴스』(2017. 7. 7.); "올해 원유수출 2배… 푸틴, 김정은 후원자로 나섰다," 『조선일보』(2017. 7. 25)

34 "北 '美 새 행정부, 핵강국 상대해야'…트럼프 향해 견제구," 『연합뉴스』(2016. 11. 10.)

35 "북한이 핵·미사일을 고집하는 이유," 『중앙일보』(2017. 7. 16.)

36 세력균형(balance of power)이란 어느 한 국가가 지배적인 위치를 차지하지 못하도록 군비, 외교, 전쟁 등을 통해 힘의 평형을 모색하는 '정책'이자 이를 통해 달성된 균형 '상태'를 말한다. 세력균형에는 내적균형(internal balancing)과 외적균형(external balancing)이 있으며, 내적균형은 자신의 국력(군사력)을 강화함으로서 적대국의 위협을 억제하고, 세력균형을 추구하는 것이다.

37 Graham Allison, 김태현 역(2005), pp.317-383; 황진환 외(2017), pp.373~376.

38 고명균, "1960년대 후반 북한의 군사모험주의와 당·군 관계 변화," 『현대북한연구』 18권 3호(2015), pp.11~12, 재인용.

39 Patrick McEachern, "Inside the Red Box: North Korea's Post-totalitarian Politics,". Louisiana State University Doctoral Dissertation(2009).

40 "마카오의 중국계 은행인 BDA는 2005년 9월 … (미국의) '애국법' 311조에 따라 자금세탁 우려 대상으로 지정됐다. 이로 인해 북한 비밀자금 2천500만 달러가 동결되고

제3국 은행들의 거래 기피로 BDA는 물론 북한의 대외송금 및 결제가 사실상 마비되는 결과를 가져왔다." "미국의 단둥은행 제재, 북한에 'BDA 악몽' 되살리나," 『연합뉴스』(2017. 6. 30)

41 Jack S. Levy, "Domestic politics and war," *The Journal of Interdisciplinary History* 18.4 (1988), pp.653-673; Jaroslav Tir, "Territorial diversion: Diversionary theory of war and territorial conflict," *The Journal of Politics* 72.2 (2010), p.413.

42 William D. Baker,, John R. Oneal, "Patriotism or opinion leadership? The nature and origins of the "rally'round the flag effect." *Journal of conflict resolution* 45.5 (2001), pp.661~687.

43 국방백서의 재래식 군사도발(침투 · 국지도발)만을 사례로 선정하였다.

44 Sangbeom Yoo, Sangjin Kim, "The Pattern of North Korea's Local Military Provocations," *The Korean Journal of International Studies* 15.1 (2017), pp.71~84.

45 Sangbeom Yoo, Sangjin Kim, Ibid, pp.71~84.

46 '지하당 구축전술', '통일전선전술', '민족공조론', '국군와해전취전술'이다. '지하당 구축전술'은 한국 내에서 조선노동당의 지시를 받아 활동하고 공산주의 혁명을 추구하는 맑스-레닌주의 정당을 구축하는 것이며, 대법원 판결을 받은 대표적 사례로 1960년대 '통일혁명당 사건'과 2011년 '왕재산 사건'이 있다. '통일전선전술'은 "한국 내에서 소수파의 지위를 가진 공산주의자가 자기편 세력을 결집하고 상대편을 약화/고립시킬 목적으로 이해관계가 일치하는 세력(계층, 정당, 사회단체 등)과 정치적으로 협동하고, 공산세력이 아니더라도 한국, 미국 정부에 반대하는 모든 세력과 연대하는 것"을 의미한다. '민족공조론'은 "외세와의 공조를 배격하고 민족공조로 통일문제를 우리민족 자체의 힘에 의하여 해결해 나가자"는 것으로, 적화통일을 달성하기 위해 한국 내 동조세력을 확보하고 한미공조를 와해시키려는 '기만적' 전술이다. '국군와해전취전술'은 북한과 한국 내 종북세력이 한반도 공산화에 방해가 된다고 여겨지는 대한민국 군대를 와해시키는 전술이다. 2011년 5월 인터넷 종북 카페의 '충성맹세문' 코너에 댓글을 올린 7명(초급장교 2명과 병사 5명)이 내사를 받은 사건, 2012년 3월 6일에는 종북 인터넷 카페를 운영하면서 북한을 찬양 · 동조하는 379건의 게시물을 올린 전직 장교가 징역 2년, 집행유예 3년을 선고받은 사건, 2008년 탈북한 원정화가 결혼정보회사를 통해 육군 장교와 교재하고, 그를 포섭해 간첩 활동을 하다 징역형을 선고받은 사건이 있다. 육군사관학교(2006), pp.390~392; 통일부 북한정보포털 "통일전선전술" 참조.

47 육군사관학교(2006), p.393.

48 101연락소, 26연락소 등이 있는데, 101연락소는 '대남 문화침투 연락소'로 불리며, "한국작가 또는 민중작가 명의로 소설 · 시집 등을 발간해 대학가 · 서점 등에 침투시키는 것"을 그 주 임무로 한다. 책의 주제는 반독재, 민주화, 고려연방제 찬양, 반미

등 다양하다. 26연락소는 한국 내에서 방송되는 것처럼 위장된 '구국의 소리' 방송을 담당한다. 한국식 억양 · 발음으로 훈련된 아나운서를 내세워 유언비어를 유포하고 한국 정부의 정책을 왜곡하는 등 전파 침투를 담당하고 있다. "북한 통일전선부 출신 탈북자가 증언한 대남공작부서의 모든 것," 『신동아』(2007.07.09.)

49 통일부, 『북한정보포털』(2016.08.02. 검색); "북한 통일전선부 출신 탈북자가 증언한 대남공작부서의 모든 것," 『신동아』(2007.07.09.)

50 "북 225국 통일전선부로 편입 … 총련 영향력 저하탓?", 『연합뉴스』(2013.10.17.)

51 첩자 등 특수목적을 수행할 사람을 양성하기 위해 외부와의 접촉을 금지하고 비밀리에 행하는 교육

52 "김정은, 해외 한국인 테러 지시 … 3개 공작조직이 경쟁," 『중앙일보』(2016.07.27.); 육군사관학교(2006), p.393.

53 정찰총국의 소속에 대해서는 국방성 소속이라고 주장하는 연구도 있고, 총참모부 소속이라고 주장하는 연구도 있다.

54 육군사관학교(2006), p.394.

55 김일기, 김호홍, "김정은 시대 북한의 정보기구," INSS 연구보고서 2020-6(2020), pp.61-70.

56 국방부, 『2022 국방백서』(서울: 국방부, 2022).

57 박용환(2015), p.124.

58 IISS, *The Military Balance 2021*(London: IISS/Routledge, 2021); 국방부, 『2022 국방백서』(서울: 국방부, 2022).

59 "北 신형IRBM '화성-12', 열병식서 공개됐던 ICBM급 미사일," 『연합뉴스』(2017. 5. 15.); "北, 미사일전력 통합 · 자동화…김정은 명령 신속수행," 『연합뉴스』(2014. 10. 12.)

60 이하 북한의 대남 군사도발에 대한 역사적 전망은 육군사관학교(2006), pp.395~409. 참조

제12장 북한은 왜 붕괴되지 않는가?

북한은 1990년대 중반 사회주의 계획경제체제의 구조적 모순, 사회주의 진영의 붕괴, 자연재해 등으로 인해 심각한 경제위기를 겪었다. 특히 '고난의 행군(1996~2000)'으로 불리는 이 시기에 33만여 명의 북한 주민이 굶주림으로 사망했다는 사실이 알려지면서 북한의 체제 붕괴가 임박했다는 주장이 제기되었다. 그러나 이러한 예상과 달리 북한의 김정일은 1998년 헌법 개정을 통해 안정적으로 권력을 장악하였다. 이와 더불어 1998년 집권과 함께 대북 포용정책을 추진한 김대중 정부와 2000년 남북정상회담을 통해 '6.15' 남북공동선언에 합의하자, 북한의 체제 붕괴에 대한 논의는 시들해졌다.

2003년 출범한 노무현 정부는 김대중 정부의 대북 포용정책을 계승하였지만, 북한은 2003년 NPT를 탈퇴한 데 이어 2006년 1차 핵실험을 감행하였다. 이에 따라 미국이 북한을 '악의 축(Axis of Evil)'으로 지정하고, 대북제재를 강화하면서 북한의 붕괴 가능성에 대한 논의들이 다시 수면 위로 올라왔다. 이후 2011년의 김정일 사망, 2013년의 장성택 처형 등 북한 주요 지도자의 신상에 변화가 생길 때마다 북한 전문가들 사이에서는 북한 체제의 붕괴 가능성에 대한 논의가 활발하게 이루어졌다. 그러나 이들의 전망을 비웃기라도 하듯 북한 체제는 아직까지 건재하게 유지되고 있다.

그렇다면 북한 급변사태에 대한 전문가들의 예측이 빗나가는 이유는 무엇일까? 첫째, 북한 사회의 폐쇄성으로 인해 분석을 위해 활용할 수 있는 정보의 획득이 제한된다는 점을 들 수 있다. 둘째, 이러한 정보의 제한으로 인해 많은 북한 전문가들이 개인적으로 신뢰하는 소식통이나 자신의 직관에 따라 북한 체제의 변화 가능성을 전망한다는 점이다. 이러한 한계를 극복하기 위해서는 사회과학의 주요 연구주제인 혁명이론을 중심으로 북한을 살펴볼 필요가 있다. 혁명은 정치 권력구조의 급작스러운 변화를 의미하기 때문에 혁명의 원인과 조건에 대한 분석은 북한의 급변사태를 전망하는데 도움이 되기 때문이다. 여기에서는 사회과학 분야에서 축적된 혁명의 원인과 조건을 중심으로 북한의 체제 변화 가능성을 검토해본다.

학습목표

1. 주요 혁명이론을 통해 북한의 급변사태 발생 가능성을 살펴본다.
2. 북한에 급변사태가 발생할 수 있는 조건을 이해한다.

탐구중점

1. 북한 급변사태는 언제, 누구에 의해서 발생하겠는가?
2. 북한의 국가구조가 정치적 저항운동에 취약한 이유는 무엇인가?

핵심개념

- 페이지(Paige)의 농민혁명 이론
- 오도넬과 슈미터(O'donnell and Schmitter)의 권력엘리트 이론
- 데이비스(Davies)의 J-curve 이론
- 스카치폴(Skocpol)의 혁명이론
- 트라곳(Tragout)의 조직이론

1. 급변사태의 주도 세력

가. 북한 농민의 저항 가능성

일반적으로 혁명을 통해 새롭게 등장하는 정치 질서는 '공공재(public good)'의 성격을 갖는다. 따라서 합리적 개인에게는 정권의 처벌 위협을 감수하면서 혁명에 가담하는 것은 어리석은 일이다. 결국 혁명을 성공시키기 위해서는 '집합행동의 딜레마(collective action dilemma)'를 극복할 수 있는 단체 또는 조직이 필요하다. 북한에서는 모든 조직생활이 노동당의 통제를 중심으로 이루어지기 때문에 반정부 활동을 전개할 것으로 예상되는 집단을 식별하는 것은 현실적으로 쉽지 않은 일이다. 이로 인해 북한 전문가들은 북한의 급변사태 가능성에 대해 논의하면서도 누가 정치적 저항운동을 주도할 것인가에 대한 명확한 답은 내놓지 못하고 있다.

이러한 상황에서 기존 혁명이론들이 혁명의 주도세력으로 농촌 사회를 주목해왔다는 점은 눈여겨볼만하다. 맑스(Karl Marx)는 선진자본주의 국가에서는 자본가 계급과 노동자 계급의 투쟁으로 인해 사회주의 혁명이 발생하게 된다고 설명한다. 그러나 선진자본주의 국가의 산업 노동자들이 혁명을 주도할 것이라는 예측과 달리 사회주의 혁명은 주로 저개발국가의 농민, 특히 농촌 지역의 임금 노동자와 빈농에 의해 이루어졌다. 농촌 지역이 혁명의 토대로 작동하는 이유는 오랜 기간 동안 토지에 묶여 함께 생활하면서 형성된 연대감이 집합행동의 딜레마를 극복하는 데 도움이 될 수 있기 때문이다.

[표 12-1] 페이지의 농민혁명 이론[1]

구분		경작자의 소득 원천	
		토지(자영농)	임금(임금노동자)
비경작자의 소득 원천	토지 (지주)	상업적 아시엔다 (반란)	소작제/이주노동 (혁명)
	자본 (자본가)	소농 (상품 개혁)	플랜테이션 (노동 개혁)

페이지(Jefferly Paige)는 저개발국가의 **농민혁명**은 실제 경작자(농민)와 비경작자(지주 및 자본가)의 소득 원천이 어떻게 조합되느냐에 따라 달라졌다고 설명한다. 첫째, 경작자는 어떻게 소득을 얻느냐에 따라 자신이 보유한 토지로부터 소득을 얻는 토지 노동자와 토지를 소유하지 않는 임금 노동자로 구분된다. 토지 노동자는 혁명과 같은 정치적 급변사태로부터 토지를 잃게 될 우려 때문에 정치적 모험을 회피하려는 보수적인 성향이 강하다. 반면 임금 노동자는 잃어야할 재산이 없기 때문에 정치적 모험을 선호한다. 둘째, 비경작자는 지주와 자본가로 구분된다. 지주는 토지 외에 가용한 자본이 없기 때문에 농업 생산성을 향상시키기 위해 농민에게 강제 노동을 강요한다. 따라서 농민들에게 정치·경제적 권리를 부여하는데 반대한다. 반면 자본가는 농업 생산성을 향상시키기 위해 기계, 비료 등 다양한 자본재를 활용할 수 있기 때문에 농민들에게 정치·경제적 권리를 부여하는데 관대하다. 이처럼 경작자와 비경작자는 소득 원천에 따라 정치적 성향이 다르기 때문에 지주와 임금 노동자가 결합된 농촌 지역에서 농민혁명이 발생할 가능성이 커진다.

상업적 아시엔다와 플랜테이션

상업적 아시엔다는 노예의 강제노동에 의존하는 중남미의 거대한 농장을 의미하며, 플랜테이션은 자본과 기술을 보유한 선진국의 거대기업이 제3세계의 저렴한 노동력을 이용하여 상품작물을 재배하는 농업방식을 말한다.

1945년 일본 식민지배로부터 해방된 직후 남·북한은 전형적인 농업국가의 형태를 갖고 있었다. 그러나 1960년대 이후 지속된 산업화로 남한의 농가인구는 전체의 6.6%로 낮아졌다. 반면 북한은 1990년대 경제위기를 거치면서 1차 산업이 가장 큰 비중을 차지하는 산업구조로 회귀하게 되었다. 그 결과 북한의 농가인구 비중은 1960년대와 비슷한 수준이다. 이러한 현실을 고려할 때, 농촌 사회의 불안은 북한 체제의 안정을 흔들 수 있는 중요한 요인이 될 수 있다. 북한은 이미 사회주의화가 달성되었다는 점에서 북한에 사회주의 혁명이론을 그대로 적용하는 것은 적절하지 않다. 북한에서는 "생산수단과 생산물이 전사회적 또는 집단적으로 소유되는" 사회주의적 소유 제도에 따라 토지는 협동농장이 소유하고, 농민들은 각자의 노동 참여분에 따라 연말에 현금 또는 현물로 생산량을 분배받는다. 그럼에도 불구하고 북한 정권이 농업 생산성을 향상시키기 위해서 농민들에게 강제 노동을 강요하면서 생산물을 수탈하려고 한다면 북한 체제에 부정적인 영향을 미칠 수 있다.

[표 12-2] 남북한 농가인구 비교

연도	남한		북한	
	농가인구	비중(%)	농가인구	비중(%)
1965	15,810	55.1	4,990	40.8
1990	6,661	15.5	7,644	37.8
2010	3,063	6.2	9,744	39.6
2021	2,215	4.3	9,695	37.4

자료: 통일부 북한정보포털

페이지의 이론을 통해 살펴보았을 때, 북한의 농촌 사회는 당분간 안정을 유지할 것으로 보인다. 북한 정권은 농민들에게 노예 노동을 강요하기 보다는 인센티브 제공을 통한 농업 생산성 향상을 시도하고 있기 때문이다. 북한 정권은 정부와 농민 사이에 발생할 수 있는 농업 생산물 배분을 둘러싼 갈등을 회피하기 위해 1996년부터 분조도급제를 도입하고 있다. 분조도급제는 초과생산분에 대한 우대제 및 자유 처분권 적용, 생산계획의 하향 조정 등을 통해 농민들의 이익을 보장해주는 방안이다.[2] 특히 북한의 김정은은 가족 단위로 포전(일정한 면적의 논밭)을 경작하고, 작업 실적에 따라 현물 분배량을 확대할 수 있도록 하는 '포전담당제'를 시행하였다.[3] 이처럼 북한 정권이 농민들에게 정치 · 경제적 양보를 제공할 경우 북한 농민들은 굳이 북한 정권에 도전할 필요가 없다.

[표 12-3] 지역별 식량 분배량

구 분	식량생산량 (A) (1,000t)	식량할당량(B) (1,000t)	(B)/(A)
황 남	1,214	322	26.5%
황 북	642	419	65.3%
평 양	93	1,300	1,397.8%
평 남	764	1,081	141.5%
평 북	956	417	43.6%
자 강	148	126	85.1%
양 강	134	130	97.0%
강 원	250	522	208.8%
함 남	501	360	71.9%
함 북	322	348	108.1%

출처: 김인수·강경일, "북한의 사회적 유통망과 지역별 식량난," 『통일정책연구』제23권 2호(2014), p.49.

그럼에도 불구하고 북한에서는 지역에 따라 정권에 대한 불만의 정도가 다를 수 있다는 점에 주목할 필요가 있다. 예를 들어 북한의 가장 대표적인 곡창지대인 황해남도 지역의 식량난은 다른 지역에 비해 심각한 수준이다.[4] 김인수와 강경일의 연구에 따르면 북한의 각 지역에서 생산된 식량은 북한 특유의 유통망을 통해 각 지역으로 다시 분배된다.[5] 이 때, 평양에는 지역 생산량의 14배에 가까운 식량이 유입되지만, 황해남도의 경우 지역 생산량의 26.5%만이 황해남도로 유입될 것으로 예상된다. 황해도 지역에서는 '군량미,' '수도미' 등을 확보하기 위한 군과 당 간부의 식량 강탈이 빈번하게 이루어지는 것으로 알려져 있다.[6] 이러한 강압적 수탈이 지속된다면 황해도 지역의 농민들은 다른 지역의 농민들에 비해 조직적인 저항을 일으킬 가능성이 높다.

나. 북한 권력엘리트의 내부 갈등 가능성

일부 북한 전문가들은 북한의 권력승계 과정에서 발생할 수 있는 권력엘리트의 내부 갈등으로 북한 체제가 위로부터 붕괴할 가능성에 대해 이야기한다. 실제로 권력엘리트 이론은 민주화가 이루어지기 위해서는 강경파와 온건파의 대립이 반드시 필요하다고 설명한다. 특히 권력엘리트 이론의 대표적인 학자인 오도넬과 슈미터(Guillermo O'donnell and Philippe C. Schmitter)에 따르면 민주화는 자유화(liberalization), 이행(initial transition), 공고화(consolidation)의 3단계로 진행된다.[7] 1단계로 강경파와 온건파가 민주화의 필요성을 둘러싼 갈등을 보이게 되면 권위주의적 통제가 약화되는 자유화가 이루어질 수 있다. 자유화가 진행되면 2단계로 국민들의 정치참여 욕구를 반영하여 자유로운 선거가 이루어지는 이행이 시작되고, 마지막 3단계로 민주주의 제도가 정착되고 성숙되는 공고화가 진행된다. 그러나 이행 과정이 모두 민주주의 공고화로 이어지는 것은 아니다. 민주화로 인해 기득권에 침해를 받을 것으로 생각하는 강경파는 자신의 집단적 이익을 보호하기 위해 독재정권으로의 복귀를 시도할 수 있다. 이 때, 민주화를 중단하고 독재정권으로 복귀하기 위해서는 군부의 지지가 반드시 필요하다. 만약 군부 지도자가 강경파와 협력을 거부한다면 독재정권은 붕괴를 피할 수 없다.

권력엘리트 이론에 따르면 북한 정권이 위로부터 붕괴되기 위해서는 다음과 같은 두 가지 조건이 충족되어야 한다. 첫째, 온건파와 강경파가 대립하는 가운데 강경파의 양보로 정치적 자유화가 진행되어야 한다. 기존 연구에서는 군부 및 권력층에 상당한 영향력을 발휘하고 있는 장성택이 온건파의 대표 역할을 할 수 있을 것으로 분석하였다.[8] 그러나 이러한 분석은 현실에 부합하지 않는 것으로 나타났다. 김인수는 김정은 현지지도 수행인원의 변화를 통해 장성택의 정치적 영향력을 평가하였다.[9] [그림 12-1]은 2012년부터 2015년까지 김정은의 현지지도를 수행한 202명의 북한 권력엘리트를 김정은 친화성이 높은 순서부터 차례로 나열한 결과를 보여준다. 여기서 김정은 친화성 지수가 낮은 인원은 장성택의 측근으로 분류된다. 분석결과는 장성택이 북한 권력층에 미친 영향이 미미했다는 사실을 보여준다. [그림 12-1]을 살펴보면 김정은의 현지지도를 수행하는 권력엘리트 중 김정은 친화성 지수가 매우 낮은 인원은 소수에 불과했다. 이러한 결과가 나타난 이유는 수령을 중심으로 하는 북한의 권력구조에서 최고지도자와 경쟁할 수 있는 정치세력이 등장하는 것이 현실적으로 불가능하기 때문이다. 따라서 북한에서는 강경파와 대립하면서 자유화를 추진할 수 있는 온건파의 등장을 기대하기 어렵다. 둘째, 북한 군부 지도자가 민주주의로의 이행을 지지하여 강경파와 협력을 거부해야 한다. 북한 정치체제의 특성을 고려할 때, 이러한 사태가 발생할 가능성 역시 높지 않다. 북한의 군부 지도층은 당과 정권의 고위직을 겸직하며 권력을 공유하기 때문이다.

[그림 12-1] 개인별 김정은 친화성 지수의 분포[10]

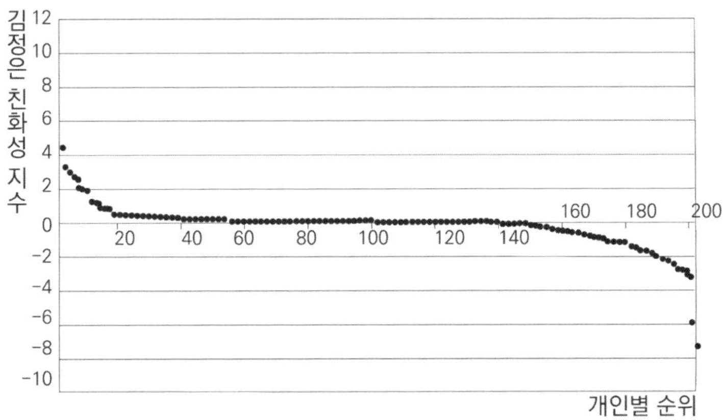

2. 급변사태의 발생 시기

2016년 탈북한 태영호 공사는 "북한 민중이 분노와 좌절을 집단적으로 표출하는 순간 북한 체제는 단번에 무너진다"[11]고 주장하였다. 그러나 언제 이러한 순간이 찾아올 지에 대해서는 설명하지 않았다. 근대화이론(modernization theory)은 이러한 질문에 대한 답을 찾는데 유용하게 활용될 수 있다. 미국의 정치학자 헌팅턴(Samuel P. Huntington)은 "어느 정도의 사회 · 경제적 발전을 이룩했지만, 이에 수반하는 정치적 발전이 뒤따르지 못하는 사회에서는 폭력 사태와 정치적 불안정에 직면할 가능성이 크다"[12]고 설명한다. 반면 매우 안정적인 전통사회나 이미

근대화를 이룩한 사회에서는 혁명이 발생할 수 없다. 기존의 사회적 가치와 규범이 흔들림 없이 유지되는 상황에서는 혁명의 이념과 열기가 사회 전반으로 확산되기 어렵기 때문이다. 이에 주목한 심리학자들은 근대화 과정에서 혁명이 발생하는 이유를 개인들의 심리적 좌절을 통해 설명하고자 하였다.

[그림 12-2] 데이비스의 J-Curve 혁명이론

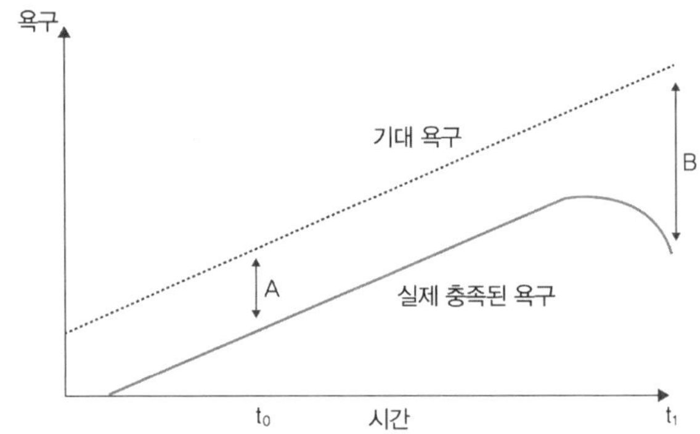

데이비스(James C. Davies)는 J-curve 이론을 통해 급격한 사회변화 과정에서 생기는 기대 욕구와 실제로 충족된 요구의 간극이 혁명의 주된 원인이라고 설명한다. [그림 12-2]에서 X축은 시간을 의미하고, Y축은 욕구의 수준을 보여준다. 사회가 지속적으로 성장하는 시기에 개인은 앞으로도 사회가 안정적으로 발전하게 될 것이라는 기대를 갖게 된다. 그러나 개인이 기대하는 욕구와 실제 충족된 욕구가 반드시 일치하는 것은 아니기 때문에 기대욕구와 실제 충족된 욕구 사이에 격차가 발생한다. 대부분의 인간은 일상적으로 이러한 욕구의 격차를 느끼면서 살아가기 때문에 이로 인해서 심각한 수준의 불만이 생기지는 않는다. 예를 들어 t0에서는 기대 욕구와 실제 충족된 욕구의 차이(A)가 인내할 수준이기 때문에 정치적 행동이 발생하지 않는다. 그러나 기대 욕구와 실제 충족된 욕구의 차이(B)가 급격하게 커지는 t1에서는 사회구성원들이 심각한 좌절감을 느낄 수 있고, 이로 인한 정치적 불만이 혁명으로 이어질 수 있다. 데이비스의 이론에 따르면 혁명은 경제적 궁핍과 정치적 억압을 실질적으로 개선시키는 성공적인 개혁의 과정에서 발생할 가능성이 크다.

[그림 12-3] 북한의 1인당 GDP

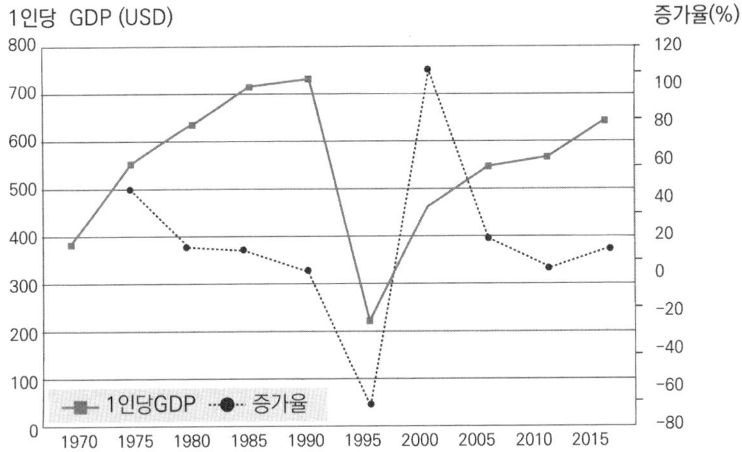

자료: UN Statistics Division

[그림 12-3]은 1970년 이후 꾸준히 성장해오던 북한의 경제가 1995년 급격하게 침체되었다가 다시 회복하는 양상을 보여준다. 데이비스의 이론에 따르면 1995년은 혁명이 발생하기에 유리한 상황이었던 것으로 보인다. 그러나 이 시기에 북한 주민들의 저항운동은 발생하지 않았다. 1995년에 북한에 급변사태가 발생하지 않은 이유는 다음과 같은 두 가지 측면에서 살펴볼 수 있다.

첫째, 1990년대에 북한 주민들의 기대 욕구가 상승한 것으로 보기 어렵다. 1985년 이후 북한의 GDP 증가율이 급격하게 감소하기 시작하였고, 1990년 이후에는 경제성장이 정체되었기 때문이다. 둘째, 근대화이론에 따르면 기대 욕구가 상승하기 위해서는 무엇보다 먼저 정치·경제적 개혁이 이루어져서 북한 주민들의 삶이 실질적으로 개선되어야 한다. 그러나 오늘날 북한 정권은 개혁과 개방이 체제 안정을 위협할 수 있다고 보고 3대 세습체제를 공고화하는데 모든 노력을 기울이고 있다. 따라서 실질적인 개혁이 이루어지지 못함으로써 기대욕구가 상승할 수 없었다. 이러한 상황이 지속된다면 급작스러운 북한의 체제변화를 기대하기 어렵다. 이에 따라 북한의 체제 붕괴 가능성을 살펴보기 위해서는 다른 혁명 이론을 살펴볼 필요가 있다.

3. 북한 정권의 급변사태 대응능력

가. 국가구조의 한계

국가중심이론(state-centered perspective)은 혁명에 취약한 국가구조가 존재한다는 사실에 주목한다. 예를 들어 스카치폴(Theda Skocpol)은 프랑스, 러시아, 중국에서 혁명이 성공한 원인을 불만세력의 성장과 국가 위기의 결합에서 찾는다. 스카치폴에 따르면 농민들이 자율적인 공동체를 조직하여 생활했던 농촌 지역에서만 정권에 도전할 수 있는 농민반란이 가능했다. 이 때, 농민들의 반란은 반드시 성공적인 혁명으로 이어지지 않는다. 예를 들어 무어(Barrington Moore)는 "20세기에 발생한 혁명의 성패를 결정지은 것은 노동자 계급이 아니라 이들과 경쟁하는 군대였다"고 설명한다.[13] 따라서 농민반란을 진압할 수 있는 효율적인 군대가 존재하지 않는 상황이 필요하다. 프랑스, 러시아, 중국은 외국과의 지속되는 경쟁 과정에서 국가 재정이 고갈되는 위기를 겪었다. 재정 위기를 극복하기 위해서는 기득권 세력의 협조를 통해 개혁을 추진해야 한다. 그러나 이들 국가에서는 귀족세력이 정부 주도의 개혁에 반발하여 개혁이 실패하였다. 이로 인한 재정 위기는 국가의 관료체계와 군대를 약화시켰고, 결국 반란세력을 진압하는데 실패하게 된 것이다.

[그림 12-4] 스카치폴의 혁명이론[14]

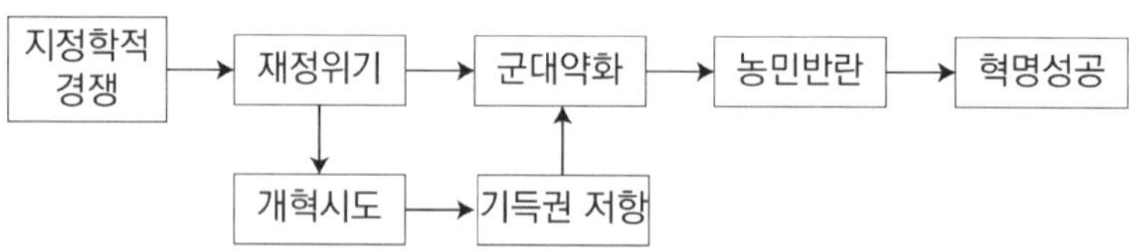

국가중심이론은 앞서 살펴본 농민혁명이론 및 근대화이론과 비교할 때, 북한의 급변사태를 예측하는 데 있어서 두 가지 장점을 갖는다. 첫째, 반란세력을 식별하는 데 유리하다. 농민혁명이론은 기본적으로 자본가 계급과 노동자 계급의 갈등을 전제로 하기 때문에 북한과 같은 사회주의 국가에 적용하는데 한계를 갖는다. 근대화이론 역시 개인의 불만이 정치적 행동으로 이어지는 과정을 설명하지 못하는 한계를 안고 있다. 그러나 국가중심이론은 개인들이 혁명에 참여하도록 하는 조건을 다음과 같이 구체화한다.[15] 첫째, 개인들이 갖고 있는 불만이 정치화되어야 한다. 만약 자신이 겪고 있는 불행에 대해 정부가 아무런 책임이 없다고 한다면 누구도 정부를 공격하려 하지 않을 것이기 때문이다. 둘째, 정부가 반대세력의 개혁요구를 무시하면서 무차별적인 폭력을 사용한다. 셋째, 일상화된 부정부패가 국가의 능력을 약화시켜 반대세력을 효율적으로 진압할 수 없다. 이러한 상황에서 개인들은 혁명 이외에는 자신들이 처한 상황을 개선할 방법이 없다고 인식하고 혁명에 적극적으로 참여하게 된다.

둘째, 국가중심이론은 혁명에 취약한 국가의 유형으로 약한 권위주의 국가(weak authoritarian state)에 주목한다. 약한 권위주의 국가는 다음과 같은 세 가지 특징을 갖는다. 첫째, 국가 조직의 측면에서 전문성을 갖춘 관료가 아니라 지배자에게 충성을 다하는 개인적 심복이 공직을 차지하는 가산적 구조를 갖는다. 둘째, 정치 체제의 측면에서 정권에 반대하는 입장을 인정하지 않는 배타적·강압적 속성을 갖는다. 셋째, 국가의 통치력이 지방 말단까지 미치도록 하는 국가기반능력(infrastructural power)이 약하다.

[그림 12-5] 약한 권위주의 국가의 구조적 특성[16]

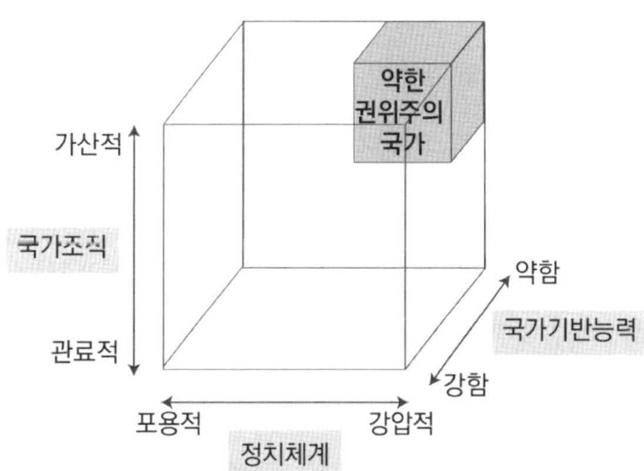

이러한 논의를 북한에 적용해보면 북한의 국가구조는 전형적인 약한 권위주의 국가의 모습을 보인다. 첫째, 김일성, 김정일, 김정은으로 이어지는 북한의 3대 세습체제 하에서 이들과 개인적인 친분을 맺고 있는 사람들이 고위직에 등용되고 있다. 둘째, 북한은 사회통제를 유지하기 위해 정치범수용소 등 강압적인 수단에 의존하고 있다. 셋째, 북한은 정치적 불만족, 낙후된 공공 서비스 및 치안 기구, 정부 권위의 실추 등 통치 능력의 측면에서 낮은 수준을 보이는 실패한 국가로 평가되고 있다.[17]

나. 북한 군대의 특성

북한에 급변사태가 발생하지 않는 이유는 통상 두 가지 측면으로 설명된다. 첫째, 엄격한 사회통제로 인해 체제 저항세력이 조직화되지 못하고 있다. 둘째, 군대를 중심으로 위기를 극복하려고 시도하고 있다. 1994년 김일성 사망과 함께 발생한 체제 위기를 극복하기 위해 북한의 김정일은 국방위원장을 중심으로 하는 군사 중심 체제를 구축하였다. 또한 김정일은 "군사를 국사 중의 제일국사로 내세우고 군력 강화에 나라의 총력을 기울이는 군사선행의 정치"를 의미하는 선군사상을 통치이데올로기로 제시하였다.[18] 이러한 노력을 통해 군의 충성심을 유지할 수 있다면 북한 정권은 당분간 안정을 유지할 수 있을 것으로 보인다. 그러나 국가의 기능이 정상적으로 유지되는 상황에서도 군은 반란세력에 대한 진압을 거부함으로써 혁명을 성공시키는 원인이 될 수 있다. 이에 따라 징병제가 도입된 근대국민국가에서는 왜 혁명세력과 같은 노동자 계급에 속한 장병들이 혁명을 진압하려고 하는지에 대한 연구가 이루어졌다.

이와 관련된 대표적인 논의로는 군대의 정치적 속성을 조직적 측면에서 분석한 트라곳(Mark Traugott)의 연구가 있다. 1840년대 프랑스에서는 늘어나는 실업자들에게 일자리를 제공하기 위해서 모바일가드(Mobile Guard)와 내셔널워크숍(National Workshop)이라는 군사 조직이 만들어졌다. 1848년 노동계급에 의한 혁명이 일어났을 때, 시위대에 대한 이들의 태도는 서로 다르게 나타났다. 모바일가드는 적극적으로 무력을 사용하여 시위대를 진압한 반면, 내셔널워크숍은 시위대에 가담하였다. 트라곳은 이들 두 조직이 조직적 특성에서 서로 달랐다는 점에 주목하였다. 첫째, 모바일가드의 경우 프랑스 정부가 장교단에 대한 통제를 강력하게 유지했지만, 내셔널워크숍의 경우 조직 창설자가 해임된 이후 장교단에 대한 중앙집권적인 통제가 불가능해졌다. 둘째, 모바일가드의 경우 장병들에 대한 처우가 개선되어 조직에 대한 불만이 없었지만, 내셔널워크숍의 경우 조직을 해체하겠다는 정부의 공식 발표가 있어 정부에 대한 장병들의 불만이 높았다. 셋째, 모바일가드의 장병들은 병영에서 고립된 생활을 유지하여 시위대와 접촉할 기회가 없었지만, 정부에 대한 불만이 많았던 내셔널워크숍의 장병들은 시위대와 연대하려고 하였다. 이러한 분석결과에 따르면 강력한 리더십, 병영 생활에 대한 만족도, 공간적 격리 등의 요건이 모바일가드 장병들에게 시위대와 자신을 확연히 구별하도록 하는 정체성을 형성할 수 있도록 했으며, 이를 통해 시위 진압이 가능했다.

오늘날 북한의 현실을 고려할 때, 북한군은 이러한 조건을 충족시키지 못할 것으로 보인다. 첫째, 북한에서는 김정은 집권 이후 2015년 말까지 총정치국장 1회, 총참모장 3회, 인민무력부장 5회 등 지휘부의 교체가 빈번하게 이루어졌다.[19] 이러한 지휘부의 교체는 김정은에 대한 군부의 충성심을 강화시킬 수 있는 수단이 될 수 있지만, 북한군 전체의 일사불란한 지휘체계를 유지하는데 부정적인 영향을 미칠 수 있다. 둘째, 북한의 경제난으로 인해 병영생활에 대한 불만이 커지고 있다. 최근 휴전선을 통한 북한 장병들의 귀순이 증가하고 있는데, 이들은 구타 및 가혹행위와 부족한 보급 등 열악한 병영생활을 귀순 동기로 설명하고 있다.[20] 셋째, 북한의 경제난으로 군대와 사회의 접촉이 일상화되면서 민간인을 상대로 한 절도와 살인 등 북한군의 일탈행위가 늘어나고 있다. 이와 같은 군기강 해이가 지속된다면 북한군이 시위대를 대상으로 정권을 보호하는 최후 보루로서의 기능을 발휘하는 것이 불가능할 것으로 보인다.

이러한 문제로 인해서 북한과 같은 독재국가에서는 대외 안보를 담당하는 정규군과 달리 정권 안보를 전담하는 친위부대를 육성하는 경향이 있다. 북한에는 최고지도자의 경호와 쿠데타 또는 폭동을 진압하기 위한 목적으로 편성된 호위사령부가 존재한다. 3개 군단 10만여 명의 병력으로 구성된 북한의 호위사령부는 원칙적으로 국무위원장의 직접 지휘를 받으며, 호위군관들은 풍족한 생활 여건을 보장받는 것으로 알려져 있다.[21] 그러나 친위부대를 육성했다고 해서 반드시 성공적으로 시위를 진압할 수 있는 것은 아니다. 군이 정치에 개입할 수 있는 능력은 군의 내부적 단결 정도에 따라 달라질 수 있기 때문이다.[22]

김인수는 중동의 독재국가들에서 나타난 군부의 분열양상이 2000년대에 발생한 이들 국가의 시민혁명에 미친 영향을 분석하였다.[23] 이러한 분석에 따르면 정치 지도자와 같은 부족 출신으로 부대를 편성한 시리아와 바레인에서는 성공적으로 반정부 시위를 진압할 수 있었지만, 군이 내부적으로 분열된 이집트, 리비아, 예멘에서는 시위 진압에 실패하였다. 군 지도층이 정치 지도자의 친인척으로 구성된 예멘에서는 중간계층 장교들이 군 지휘체계로부터 이탈하여 군이 시위를 진압할 수 없도록 하였다. 군이 정규군과 친위부대로 분리된 이집트와 리비아에서 친위부대는 시위를 진압하기 위해 적극적으로 활동하였지만, 정규군은 친위부대의 활동을 가로막아 결국 정권이 붕괴되도록 하였다.

[표 12-4] 군의 내부 분열 양상과 병력 동원 능력[24]

구분	내부 결속	수직적 분열	수평적 분열
분열양상	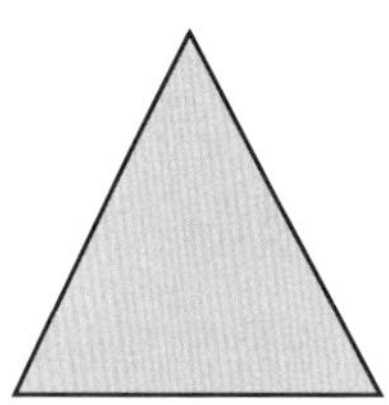	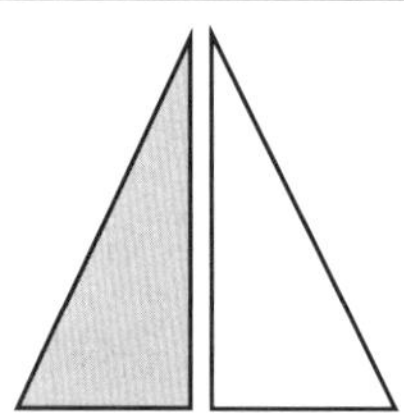	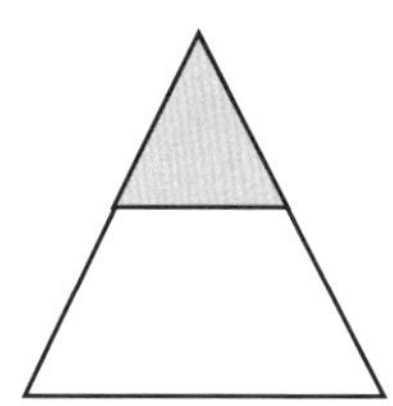
동원 능력	강	중	약
진압 결과	진압 성공	진압 실패	진압 포기
사례	시리아, 바레인	이집트, 리비아	예멘

북한의 호위사령부가 정규군에 대한 감시 및 통제를 담당하면서 무소불위의 권력을 휘두르고 있다는 점을 고려하면 호위사령부와 정규군 사이의 협력관계를 기대하기는 어려울 것으로 보인다. 따라서 북한에 대규모 반정부 시위가 발생할 경우 독재정권 하에서 특권을 누리는 친위부대와 권력으로부터 소외된 정규군의 갈등 수위가 북한 정권의 붕괴에 결정적인 영향을 미칠 것으로 보인다.

4. 북한 급변사태의 조건과 시나리오

지금까지 살펴본 내용을 종합하면, 북한 체제는 아래로부터의 정치적 저항에 직면할 경우 크게 동요될 수 있는 취약한 구조를 갖고 있다. 북한의 국가구조가 혁명에 취약한 약한 권위주의 국가 형태를 갖고 있고, 군부가 내부적으로 분열되어 강력한 진압 능력을 발휘하기 어렵기 때문이다. 그러나 강력한 사회통제 체제를 갖고 있는 북한에서는 아래로부터의 저항을 기대하기 어렵다. 이에 따라 북한 체제가 붕괴되기 위해서는 다음과 같은 상황이 전개되어야할 것으로 보인다.

먼저 북한에서 정치·경제적 개혁이 진행되어야 한다. 스카치폴의 논의에 따르면 대북 경제제재와 군사적 압박을 지속할 경우 북한은 위기를 극복하기 위해 스스로 개혁을 추진할 수 있다. 만약 시장의 확대와 정치적 자유화를 포함하는 개혁이 추진된다면 강경파와 온건파 엘리트 사이의 갈등이 형성되고, 이로부터 체제 변화가 시작될 수 있다. 그러나 북한의 권력엘리트는 기득권을 보호하기 위해 개혁에 반발할 수 있다. 만약 북한 정권이 내부의 저항에 부딪혀 개혁을 성공적으로 추진하지 못한다면 북한 정권의 통치력은 더욱 약화되고, 아래로부터의 도전에 취약한 불안정한 현상 유지가 지속될 것이다. 특히 개혁의 실패는 북한의 농촌 사회를 더욱 불안하게 만드는 요인이 될 수 있다. 외부로부터 농업 생산성 향상을 위한 자원 도입이 불가능한 상황에서 농촌으로부터 더 많은 자원을 추출하기 위해서는 보다 강압적인 방법에 의존할 수밖에 없기 때문이다. 페이지와 데이비스의 논의에 따르면 이러한 상황은 농민반란이나 농민혁명을 초래할 수 있다. 따라서 대북제재가 지속되는 가운데 북한이 개혁을 거부한다면 농민들의 불만이 정치화될 가능성이 크다. 이와 달리 시장의 확대와 정치적 자유화를 포함하는 개혁이 성공적으로 추진된다면 농촌 지역은 상대적으로 안정되겠지만, 북한 주민들의 불만이 정치화되고 정권에 대한 비난이 이어지면 북한 정권은 폭압적인 방법을 활용하여 이를 억누르려고 할 것이다. 그 결과 일상화된 부정부패로 취약해진 북한 정권과 북한군은 북한 주민들의 저항을 억누르기 어려운 상황에 직면할 수 있다.

요약

1. 페이지는 임금을 주요 소득원으로 하는 농민과 노예노동을 통해 생산성을 올리려고 하는 토지 소유주가 결합된 농촌 조직에서 농민혁명이 발생할 가능성이 크다고 설명한다. 북한 정권은 농민에게 노예노동을 강요하기 보다는 다양한 인센티브 제공을 통해 생산성을 올리려고 시도하고 있기 때문에 농민 주도의 급변사태가 발생하기 어렵다.

2. 데이비스는 장기간 지속되던 사회 · 경제발전이 갑자기 중단되어 기대 욕구와 실제 충족된 욕구의 격차가 커질 때, 혁명이 발생한다고 설명한다. 만성적인 경제난이 지속되는 북한에서는 기대 욕구가 상승할 수 없기 때문에 사회 · 경제발전을 가능하도록 하는 성공적인 개혁이 추진되지 않는 이상 급변사태가 발생하기 어렵다.

3. 스카치폴은 지정학적 압력에 의해 초래된 국가의 재정 위기를 극복하기 위한 정부의 개혁이 기득권 세력의 저항으로 실패할 경우 국가의 통치 능력이 약화되어 혁명에 취약한 상황이 발생한다고 설명한다. 북한은 가산적 국가조직, 배타적 · 강압적 정치체제, 약한 국가기반능력을 특징으로 하는 약한 권위주의 국가의 전형적인 모습을 갖고 있으므로 정치적 저항운동에 취약하다.

4. 트라곳은 장병들이 강력한 리더십, 만족스러운 생활여건, 공간적 격리 등을 통해 시위대와 구분되는 독립적인 정체성을 유지할 수 있을 때, 군이 적극적으로 반란을 진압하게 된다고 설명한다. 북한군의 경우 부정부패로 인한 리더십의 약화, 경제난으로 인한 열악한 복무 환경, 주민들과의 일상적인 접촉 등으로 인해 반란세력의 진압에 적극적으로 참여하지 못할 것으로 보인다.

미주

1 Jefferly M. Paige, *Agrarian Revolution* (NY: The Free Press, 1975), p.11.

2 김영윤, "북한 협동농장의 운영 실태와 개편 방향," 『통일경제』 2001년 5 · 6월호, p.43.

3 『연합뉴스』, 2014년 2월 7일.

4 『조선일보』, 2012년 7월 8일.

5 김인수 · 강경일, "북한의 사회적 유통망과 지역별 식량난," 『통일정책연구』 제23권 2호(2014), pp.33~54.

6 http://www.asiapress.org/korean/all/2012_3/

7 Guillermo O'donnel and Philippe C. Schmitter, *Transition from Authoritarian Rule : Tentative Conclusion about Uncertain Democracy* (Baltimore: The Johns Hopkins University Press, 1986)

8 Paul B. Stares & Joel S. Wit, 심범철 · 전경주 평역, "북한급변사태의 대비," 국방연구원.

9 윗글, pp.131~161.

10 김인수, "북한 권력엘리트의 감정은 친화성 지수 개발: 장성택 숙청 이후 현지지도 수행 인원의 변화를 중심으로," 『통일과 평화』 9집 1호(2017), p.151.

11 『조선일보』, 2017년 7월 4일.

12 Samuel p.Huntington, *Political Order in Changing Societies* (New Heaven, CT: Yale University Press, 1968), p.265.

13 Barrington Moore, *Injustice: The Social Bases of Obedience and Revolt* (White Plain, NY: M. E. Sharpe, 1978), p.375.

14 Theda Skocpol, *States and Social Revolution: A Comparative Analysis of France, Russia, and China* (NY: Cambridge University Press, 1979).

15 Jeff Goodwin, "Revolution and Revolutionary Movement," in Thomas Janoski (eds), *The Handbook of Political Sociology* (NY: Cambridge University Press, 2005), pp.413-417.

16 Jeff Goodwin, op.cit., p.420.

17 『JTBC』, 2012년 6월 19일, http://news.jtbc.joins.com/article/article.aspx?news_id=NB10124059

18 통일교육원, 『북한 이해』(서울: 통일교육원, 2017), p.68.

19 『중앙일보』, 2015년 12월 6일.

20 『아시아경제』, 2017년 7월 3일.

21 『뉴스한국』, 2008년 8월 4일.

22 Morris Janowitz, *Military Institutions and Coercion in the Developing Nations* (Chicago: University of Chicago Press, 1977), p.144.

23 김인수, 앞의 글.

24 김인수, "중동 독재국가 군부의 분열양상과 민주주의 혁명," 『국제문제연구』 제14권 3호(가을, 2014), p.88, p.99 참고.